1000MW超超临界火电机组系列培训教材

DIANQI SHEBEI FENCE

电气设备分册

长沙理工大学　华能秦煤瑞金发电有限责任公司　组编

中国电力出版社
CHINA ELECTRIC POWER PRESS

内 容 提 要

为确保1000MW火电机组的安全、稳定和经济运行，提高运行、检修和技术管理人员的技术素质和管理水平，适应员工岗位培训工作的需要，华能秦煤瑞金发电有限责任公司和长沙理工大学组织编写了《1000MW超超临界火电机组系列培训教材》。

本书是《1000MW超超临界火电机组系列培训教材》中的《电气设备分册》。全书共分十二章，详细介绍了同步发电机的原理、结构及主要故障及处理，电力变压器的类型、结构及试验与运行，高压电器的作用，高压断路器、隔离开关、避雷器、互感器等高压电器的结构，发电厂高压电气一次接线的基本形式及运行方式，低压电气设备及380V厂用电系统接线方式和运行，同步发电机励磁系统、准同期控制装置、厂用电源的快速切换装置及发电机—变压器组故障录波装置等自动装置，发电机—变压器组继电保护及输电线路继电保护装置，发电厂直流系统、不间断电源（UPS）系统及柴油发电机，简单介绍了发电厂控制和调度自动化及高压电气设备绝缘试验。

本套教材适用于1000MW及其他大型火电机组的岗位培训和继续教育，供从事1000MW及其他大型火电机组设计、安装、调试、运行、检修等工作的工程技术人员和管理人员阅读，也可供高等院校相关专业师生参考。

图书在版编目（CIP）数据

1000MW超超临界火电机组系列培训教材．电气设备分册/长沙理工大学，华能秦煤瑞金发电有限责任公司组编．—北京：中国电力出版社，2023.7（2024.1重印）
ISBN 978-7-5198-7452-0

Ⅰ.①1… Ⅱ.①长…②华… Ⅲ.①火电厂—超临界机组—电气设备—技术培训—教材 Ⅳ.①TM621.3

中国国家版本馆CIP数据核字（2023）第081887号

出版发行：中国电力出版社
地　　址：北京市东城区北京站西街19号（邮政编码100005）
网　　址：http：//www.cepp.sgcc.com.cn
责任编辑：赵鸣志
责任校对：黄　蓓　王海南
装帧设计：赵丽媛
责任印制：吴　迪
印　　刷：三河市万龙印装有限公司
版　　次：2023年7月第一版
印　　次：2024年1月北京第二次印刷
开　　本：787毫米×1092毫米　16开本
印　　张：21.75
字　　数：454千字
印　　数：1001—2000册
定　　价：108.00元

《1000MW 超超临界火电机组系列培训教材》

┨ 编写委员会 ┠

主　　任　洪源渤

副 主 任　李海滨　何　胜

委　　员　郭志健　吕海涛　宋　慷　陈　相　孙兆国　石伟栋

　　　　　钟　勇　张建忠　刘亚坤　林卓驰　范贵平　邱国梁

　　　　　夏文武　赵　斌　黄　伟　王运民　魏继龙　李　鸿

┨ 编写工作组 ┠

组　　长　陈小辉

副 组 长　罗建民　朱剑峰

成　　员　胡建军　胡向臻　范存鑫　汪益华　陈建华

┨ 电气设备分册编审人员 ┠

主　　编　孙春顺

参编人员　雷治洋　唐小雄　荣永忠　杨江涛　张　媛

　　　　　李　强　陈　磊　康　健　许庆晖　杨更发

　　　　　曾裕亮　邹火金

审核人员　张德军　李世成

序

电力行业是国民经济的支柱行业。2006 年，首台单机百万千瓦机组投产发电，标志着中国火力发电正式步入百万千瓦级时代。目前，中国的火力发电技术已经达到世界先进水平，在低碳、节能、环保方面取得了举世瞩目的成就。

习近平总书记在党的二十大报告中指出："深入实施人才强国战略，培养造就大批德才兼备的高素质人才，是国家和民族长远发展大计。"随着科技的进一步发展和电力体制改革的深入推进，大容量、高参数的火力发电机组因其较低的能耗和污染物排放成为行业发展的主流，火电企业迎来了转型发展升级的新时代，既需要高层次的管理和研究人才，更需要专业素质过硬的技能人才。因此，编写一套专业对口、针对性强的火力发电专业技术培训丛书，将有助于火力发电机组生产人员学践结合，有效提升专业技术技能水平，这也是我们编写出版《1000MW 超超临界火电机组系列培训教材》的初衷。

华能秦煤瑞金发电有限责任公司（以下简称瑞金电厂）通过科学论证、缜密规划、辛苦建设，于 2021 年 12 月成功投运了 2 台 1000MW 超超临界高效二次再热燃煤机组，各项性能指标在同类型机组中处于先进行列，成为我国 1000MW 级燃煤机组"清洁、安全、高效、智慧"生产的标杆。尤其重要的是，瑞金电厂发挥"敢为人先、追求卓越"的精神，实现了首台（套）全国产 DCS/DEH/SIS 一体化技术应用的历史性突破，为机组装上了"中国大脑"；并集成应用了 BEST 双机回热带小发电机系统、智慧电厂示范、HT700T 高温新材料、锅炉管内壁渗铝涂层技术、烟气脱硫及废水一体化协同治理、全国产 SIS 系统等"十大创新"技术。瑞金电厂不断探索电力企业教育培训的科学管理模式与人才评价有效方法，形成了以员工职业生涯规划为引领的科学完备的培训体系，培养出了一支高素质、高水平的生产技能人才队伍，为机组的稳定运行提供了保障。

为更好地总结电厂运行与人才培养的经验，瑞金电厂和长沙理工大学通力合作，编写了《1000MW 超超临界火电机组系列培训教材》。本套培训教材的编撰立足电厂实际，注重科学性、针对性和实用性，历时两年，经过反复修改和不断完善，力求在内容上理论联系实际，在表述上做到通俗易懂。本套培训教材包括《锅炉分册》《汽轮机分册》《电气设备分册》《热工控制分册》《电厂化学分册》《燃料分册》《脱硫分册》和《除灰分册》等 8 个分册，以机组设备及系统的组成为基础，着重于提高生产人员对机组设备及系统的运行、维护、故障处理的技术水平，从而达到提高实际操作能力的目的。

我们希望本套培训教材的出版，能有效促进 1000MW 超超临界火力发电机组生产人员技术技能水平的提高，为火电企业生产技能人才队伍的建设提供帮助；更希望其能够作为一个契机和交流的载体，为推动低碳、节能、环保的 1000MW 超超临界火力发电机组在中国更好更快地发展增添一份力量。

2023 年 4 月

当前，加快转变经济发展方式已成为影响我国经济社会领域各个层面的一场深刻变革。在火力发电行业，大容量、高参数、高度自动化的大型火电机组不断增加，1000MW 超超临界燃煤机组因其较低的能耗和超低的污染物排放，成为行业发展的主流。为确保 1000MW 超超临界燃煤机组的安全、可靠、经济及环保运行，机组生产人员的岗位技术技能培训显得十分重要。

2021 年 12 月，国家能源局首台（套）示范项目——华能秦煤瑞金发电有限责任公司二期扩建工程全国产 DCS/DEH/SIS 一体化智慧火电机组成功投运，实现了我国发电领域"卡脖子"核心技术自主可控的重大突破。为将实践和理论相结合并进一步升华，更好地服务于火电企业生产技术人员培训，华能秦煤瑞金发电有限责任公司和长沙理工大学合作编写了《1000MW 超超临界火电机组系列培训教材》。本系列培训教材包括《锅炉分册》《汽轮机分册》《电气设备分册》《热工控制分册》《电厂化学分册》《燃料分册》《脱硫分册》《除灰分册》等 8 册，今后还将根据火力发电技术的发展，不断充实完善。

本系列培训教材适用于 1000MW 及其他大型火力发电机组的生产人员和技术管理人员的岗位培训和继续教育，可供从事 1000MW 及其他大型火力发电机组设计、安装、调试、运行、检修等工作的工程技术人员和管理人员阅读，也可供高等院校相关专业师生参考。

《电气设备分册》共十二章，详细介绍了发电机、变压器、高压电器、一次接线、厂用电系统、自动装置、继电保护、直流系统、不间断电源（UPS）系统、发电厂控制和调度自动化及高压电气设备绝缘试验等方面的内容。

本书由长沙理工大学孙春顺主编，张德军、李世成审核。

本书在编写过程中参阅了同类型电厂、设备制造厂、设计院、安装单位等的技术资料、说明书、图纸，在此一并表示感谢。

由于编者水平所限和编写时间紧迫，疏漏之处在所难免，敬请读者批评指正。

编 者
2023 年 4 月

目录

序

前言

第一章 同步发电机 ··· 1

第一节 同步发电机概述 ······························· 1

第二节 同步发电机原理 ······························· 2

第三节 典型 1000MW 汽轮发电机的基本参数 ··············· 3

第四节 1000MW 汽轮发电机结构 ····················· 6

第五节 发电机的主要故障及处理 ······················ 24

第二章 电力变压器 ·· 27

第一节 变压器的类型及参数 ·························· 28

第二节 变压器的结构 ······························· 31

第三节 分裂绕组变压器 ····························· 41

第四节 变压器的检查、试验及运行维护 ················· 43

第五节 变压器常见事故及故障处理 ···················· 47

第六节 变压器的油质监测 ··························· 51

第七节 变压器在线监测系统 ·························· 56

第三章 高压电器 ·· 61

第一节 高压断路器 ································· 61

第二节 SF_6 断路器 ······························· 67

第三节 高压断路器的操动系统 ······················· 72

第四节 真空断路器 ································· 77

第五节 高压限流式熔断器—交流高压真空接触器组合装置（F-C 回路） ········ 88

第六节 隔离开关 ·································· 105

第七节 金属氧化物避雷器 ··························· 112

第八节 电流互感器 ································ 115

第九节 电压互感器 ································ 120

第十节 封闭母线 ·································· 128

第四章　发电厂高压电气一次接线 ································· 131

第一节　发电厂电气主接线 ································· 131
第二节　电气主接线的运行方式 ························· 138
第三节　发电厂的厂用电接线 ····························· 139
第四节　瑞金电厂二期工程厂用电接线及运行 ····· 144

第五章　低压电气设备及 380V 厂用电系统 ············· 146

第一节　低压开关柜 ··· 146
第二节　交流空气开关 ······································ 148
第三节　其他低压电器 ······································ 154
第四节　典型工程 380V 厂用电接线方式和运行 ····· 157
第五节　380V 厂用电的事故处理 ························ 164

第六章　自动装置 ··· 165

第一节　同步发电机励磁系统 ····························· 165
第二节　准同期控制装置 ···································· 174
第三节　厂用电源的快速切换装置 ······················ 179
第四节　发电机-变压器组故障录波装置 ··············· 189

第七章　发电机-变压器组继电保护 ························· 195

第一节　概述 ··· 195
第二节　发电机-变压器组保护配置 ····················· 200
第三节　装置硬件介绍 ······································ 214

第八章　输电线路的继电保护 ································· 216

第一节　线路保护的配置 ···································· 216
第二节　线路保护的构成原理 ····························· 217
第三节　数字式超高压线路保护装置简介 ·············· 222

第九章　直流系统 ··· 225

第一节　概述 ··· 225
第二节　蓄电池 ·· 226
第三节　充电及监控装置 ···································· 232
第四节　直流系统异常及故障处理 ······················ 249

第十章　不间断电源（UPS）系统及柴油发电机 ········· 254

第一节　UPS 电源 ··· 254

第二节 柴油发电机 …………………………………………………………… 263

第十一章 发电厂控制和调度自动化 …………………………………………… 270

第一节 发电厂控制 ………………………………………………………… 270

第二节 调度自动化 ………………………………………………………… 280

第三节 计算机监控系统 …………………………………………………… 293

第四节 保护测控装置 ……………………………………………………… 297

第十二章 高压电气设备绝缘试验 ……………………………………………… 300

第一节 同步发电机试验 …………………………………………………… 300

第二节 电力变压器试验 …………………………………………………… 316

第三节 互感器试验 ………………………………………………………… 322

第四节 高压断路器及隔离开关试验 ……………………………………… 327

第五节 金属氧化物避雷器试验 …………………………………………… 330

参考文献 …………………………………………………………………………… 333

第一章　同步发电机

同步发电机是发电厂极其重要的电气设备，结构复杂，造价昂贵，其运行的安全性直接影响电网运行的安全性。本章主要介绍同步发电机的基本工作原理、基本参数、1000MW 汽轮发电机的结构、主要故障及处理。

第一节　同步发电机概述

一、发电机型号及代表意义

国产大功率汽轮发电机根据各厂产品型号、容量、电压、冷却方式的不同，现已形成不同的系列，如 TQN、QFSS、QFQS、QFS、SQF 等系列。发电机型号中，第一、第二个字母 TQ 表示同步汽轮发电机，QF 表示汽轮发电机；第三、第四个字母分别表示转子和定子的冷却方式，S 代表水内冷，N 代表氢冷。

1000MW 级 Ⅱ 型水氢内冷汽轮发电机是上海电气电站设备有限公司发电机厂基于模块化系列化技术，对原 1000MW 级水内冷汽轮发电机进行升级的新一代产品，其定子绕组采用水冷，定子铁芯和转子绕组采用氢冷，工作频率 50Hz。当功率因数为 0.9 时，可以与相应容量、各类型号的亚临界、超临界、超超临界汽轮机相匹配。

例如，QFSN-1000-2-27 型汽轮发电机型号所表示的意义为：

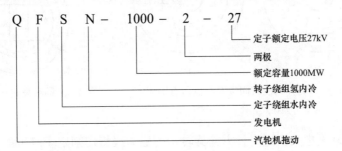

二、同步发电机额定值

额定容量（VA、kVA、MVA 等）或额定功率（W、kW、MW 等）：指发电机输出功率的保证值。发电机通过额定容量值可以确定电枢电流，通过额定功率可以确定配套原动机的容量。补偿机则用 kvar 表示。

额定电压：指额定运行时定子输出端的线电压，V、kV 等。

额定电流：指额定运行时定子的线电流，A。

额定频率：指额定运行时发电机电枢输出端电能的频率，我国标准工业频率规定为 50Hz。

额定转速：指额定运行时发电机的转速，即同步转速。

除上述额定值外，同步发电机铭牌上还常列出一些其他的运行数据，例如，额定负荷时的温升、励磁容量和励磁电压等。

第二节　同步发电机原理

同步发电机是电力系统中生产电能的重要设备，其工作原理是利用电磁感应原理将原动机转轴上的动能通过定子、转子间的磁场耦合，转换到定子绕组变为电能。

按原动机的不同，同步发电机分为水轮发电机、汽轮发电机、柴油发电机等。水轮发电机、柴油发电机转速较低，极数多，多为凸极式转子，汽轮发电机转速很高，采用隐极式转子。旋转磁极式同步发电机示意如图 1-1 所示。

发电机主要有定子和转子两部分，定子、转子之间有气隙，其工作原理如图 1-2 所示。定子上有 AX、BY、CZ 三相绕组，它们在空间上彼此相差 120°电角度，每相绕组的匝数相等。转子磁极（主极）上装有励磁绕组，由直流励磁，其磁通方向从转子 N 极出来，经过气隙、定子铁芯、气隙，再进入转子 S 极而构成回路，如图 1-2 中的虚线所示。

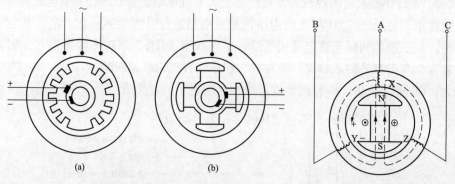

图 1-1　旋转磁极式同步发电机示意图　　　　图 1-2　同步发电机的工作原理
（a）隐极式；（b）凸极式

用原动机拖动发电机沿逆时针方向旋转，则磁力线将切割定子绕组的导体，由电磁感应定律可知在定子导体中就会感应出交变的电动势，即

$$e = B_{\mathrm{m}} l v \sin\omega t = E_{\mathrm{m}} \sin\omega t \tag{1-1}$$

$$\omega = 2\pi f$$

式中：B_{m} 为正弦波磁密的最大值；l 为磁力线切割导体的长度；v 为磁力线切割导体的线速度；f 为电动势的频率。

由于发电机定子三相绕组在物理空间布置上相差 120°，那么转子磁场的磁力线势必将先切割 A 相绕组，再切割 B 相，最后切割 C 相。因此，定子三相感应电动势大小相等，在相位上彼此互差 120°电角度，如图 1-3 所示。假设相电动势最大值为 E_m，A 相电动势的初相角为零，则三相电动势的瞬时值为

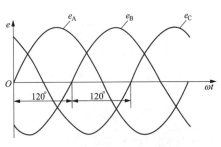

$$\left.\begin{array}{l} e_A = E_m\sin\omega t \\ e_B = E_m\sin(\omega t - 120°) \\ e_C = E_m\sin(\omega t - 240°) \end{array}\right\} \quad (1\text{-}2)$$

图 1-3　三相电动势曲线

同步发电机指发电机的转速为同步转速（恒定值），设产生定子侧旋转磁场的交流电流的频率为 f，发电机的极对数为 p，则同步发电机转速 n 与电流频率 f 和极对数 p 的基本关系为

$$n = \frac{60f}{p} \quad (1\text{-}3)$$

我国规定交流电网的标准工作频率（简称工频）为 50Hz，即同步转速与极对数成反比，最高为 3000r/min，对应于 $p=1$。极对数越多，转速越低。1000MW 同步发电机的转速为 3000r/min。

第三节　典型 1000MW 汽轮发电机的基本参数

瑞金电厂二期工程采用上海电气生产的 1000MW 级Ⅱ型水氢内冷发电机，为汽轮机直接拖动的隐极式、二极、三相同步发电机。发电机采用水氢氢冷却方式，配有一套氢油水控制系统，采用静止晶闸管，机端变自励方式励磁，并采用端盖式轴承支撑。

QFSN-1000-Ⅱ型（二次再热）1000MW 汽轮发电机额定工况下的技术数据（设计值）见表 1-1～表 1-7。

表 1-1　　　　　　　　　　　　　　基本数据

参　数	技术数据
额定容量（MVA）	1112
最大容量	与汽轮机匹配
额定功率（MW）	1000
定子电压（kV）	27
定子电流（A）	23 778
功率因数	0.90（滞后）
氢压（MPa）	0.5
额定转速（r/min）	3000
旋转方向	从非出线端向发电机看为顺时针
相数	3
接法	YY
频率（Hz）	50
短路比	0.48

参　　数	技术数据
稳态负序能力 $(I_2/I_N)(\%)$	6
暂态负序能力 $(I/I)^2 t(s)$	6
定、转子绝缘等级	F 级
效率（设计值）	99.00%（静态）/98.98%（无刷）
噪声（距机壳 1m 处，额定功率时 A 声级）[dB(A)]	≤90（或按技术协议）

表 1-2　　　　　　　　　　　　　励磁数据

参　　数	技术数据
发电机空载励磁电流（A）	1974
发电机空载励磁电压（75℃）(V)	145
发电机满载励磁电流（A）	5932
发电机满载励磁电压（80℃）(V)	443

表 1-3　　　　　　　　　　　　　发电机参数

参　　数	技术数据
定子电阻（20℃）(Ω/相)	1.08×10^{-3}
转子电阻（20℃）(Ω)	0.0605
定子绕组每相对地电容（μF）	0.284
转子绕组自感（H）	0.65
定子漏抗 $X_1(\%)$	17.8
保梯电抗 $X_p(\%)$	25.2
直轴超瞬态电抗 X''_{du}（不饱和值）(%)	22.5
直轴超瞬态电抗 X''_d（饱和值）(%)	18.2
交轴超瞬态电抗 X''_{qu}（不饱和值）(%)	24.8
交轴超瞬态电抗 X''_q（饱和值）(%)	20.1
直轴瞬态电抗 X'_{du}（不饱和值）(%)	26.4
直轴瞬态电抗 X'_d（饱和值）(%)	23.8
交轴瞬态电抗 X'_{qu}（不饱和值）(%)	71.2
交轴瞬态电抗 X'_q（饱和值）(%)	64.1
直轴同步电抗 $X_d(\%)$	261
交轴同步电抗 $X_q(\%)$	248
负序电抗 X_{2u}（不饱和值）(%)	23.6
负序电抗 X_2（饱和值）(%)	19.1
零序电抗 X_{0u}（不饱和值）(%)	11.7
零序电抗 X_0（饱和值）(%)	11.1
直轴瞬态开路时间常数 $T'_{do}(s)$	8.85

参　数	技术数据
交轴瞬态开路时间常数 $T'_{qo}(s)$	2.50
直轴瞬态短路时间常数 $T'_{d}(s)$	0.842
交轴瞬态短路时间常数 $T'_{q}(s)$	0.550
直轴超瞬态开路时间常数 $T''_{do}(s)$	0.036
交轴超瞬态开路时间常数 $T''_{qo}(s)$	0.200
直轴超瞬态短路时间常数 $T''_{d}(s)$	0.030
交轴超瞬态短路时间常数 $T''_{q}(s)$	0.085
短路电流非周期分量的时间常数 $T_{a}(s)$	0.285

表 1-4　　　　　　　　　通风数据

参　数	技术数据
转子上风扇	汽端多级风扇（4 级）
风扇压头（kPa）	35（等效空气中）
风量（m³/s）	33
冷氢进口温度（℃）	≤46（或按技术协议）

表 1-5　　　　　　　　　氢气冷却器

参　数	技术数据
冷却器额定冷却容量（kW）	9400
进水温度（℃）	≤38（或按技术协议）
出风温度（℃）	≤46（或按技术协议）
计算气体压力降（Pa）	1188
需要的冷却水量（m³/h）	725
内部水压降（kPa）	50
氢气压力（MPa）	0.5
发电机容量（MVA）	889（800MW）

表 1-6　　　　　　　　定子绕组冷却水数据

参　数	技术数据
冷却水量（m³/h）	120
冷却水压降（MPa）	0.15～0.2
冷却水最高进水温度（℃）	50（或按技术协议）

表 1-7	重量及外形等	
参　　　数	技术数据	
发电机转子质量（t）	90	
定子质量（包括端盖、轴承、冷却器和出线盒）(t)	470	
发电机转子转动惯量 J（kg·m²）	17000（相当于飞轮力矩 GD^2 为 68t·m²）	
惯性常数 H（kW·s/kVA）	0.76	
突然短路力矩（绝对值）(N·m)	2.41×10^7	
发电机转子临界转速（单跨）(r/min)	一次	640
	二次	1900

第四节　1000MW 汽轮发电机结构

发电机由定子、转子、轴承、轴密封、冷却器等部件组成。其中，定子包括定子机座、定子铁芯与定子绕组装配、冷却器、冷却器端罩和端盖；转子包括转轴、转子绕组、转子护环和励磁连接线。氢系统、油系统、水系统和电气系统为发电机运行所需的辅助系统。

发电机机座能承受较高压力，且为气密型，在汽端和励端均安装有端盖。氢冷却器垂直布置在汽轮机端的冷却器端罩内。

QFSN-1000-2-27 水氢氢冷汽轮发电机外形如图 1-4 所示。

图 1-4　QFSN-1000-2-27 水氢氢冷汽轮
发电机外形图

一、定子

定子主要由机座（外定子）和内定子、端盖轴承构成。内定子由定子铁芯、定子绕组等组成。机座可与定子铁芯分开同步制造（平行作业），两者通过机座弹簧板用焊接方法连接。

（一）机座

机座为具有气密性及耐压力的焊接结构，用于安装内定子以及氢冷却器，氢冷却器垂直安装在汽端的冷却器端罩中，如图 1-5 所示。

为保证机座的强度及刚度，机座设计成圆形及内部有轴向加强筋的笼式结构。带有轴承及轴密封部件的端盖通过螺栓固定在机座两端端板上。在端盖的密封槽中注有高黏度的密封剂，以保证密封面的气密性。

机座上焊有立式弹簧板，定子铁芯由夹紧环固定，通过弹簧板焊接固定在机座上。在机座内壁焊有用于冷却定子铁芯及转子绕组的通风管道。

机座上焊有底脚板，底脚板通过地脚螺栓牢固地固定在基础底板上。

带有铁芯和定子绕组的机座是发电机中最重的部件。在运行期间，由于机座受到力和力矩的作用，因此要求机座具有足够的刚度。此外，由于发电机采用氢气冷却，所以要求机座抗压，其内部抗压水平应达到约 1.0MPa。

机座包括圆柱形的机壳及汽端冷却器端罩，机壳端罩由两端法兰环和若干轴向及径向加强筋组成。冷却器端罩有可将冷风导入通往励端的冷却风道。

机座加强筋的布置和尺寸取决于冷却风道的布置及所要求的机械强度和刚度。加强筋的设计同时考虑了振动的影响，因此，从机械强度考虑，筋的壁厚应大于所需的壁厚。

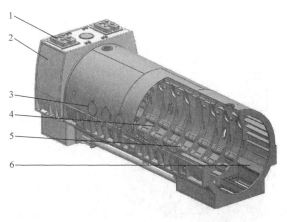

图 1-5　机座

1—冷却器；2—冷却器端罩；3—人孔盖板；
4—中壁；5—风罩；6—筋板

机座中铁芯支撑（弹簧板固定）的两个横向支撑点紧靠机座在基础上的支撑点布置。由于机座具有足够的设计刚度，所以由重量及短路引起的力不会导致机座出现过应力。

在机座内的顶部和底部布置有向发电机中充入二氧化碳（CO_2）和氢气（H_2）的汇流管（见图 1-6）。这些汇流管的接口并排设置在机座下部。

机座上有能抗压且有密封结构的人孔盖板（见图 1-7），通过这些人孔可到固定铁芯的弹簧板区域，通过端盖和冷却器端罩上的人孔，可进入端部绕组区域。在励端的机座下部布置有发电机出线盒，出线盒由非磁性钢板制成，发电机出线从出线盒接出。

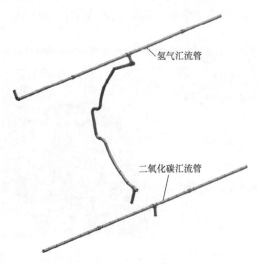

图 1-6　汇流管

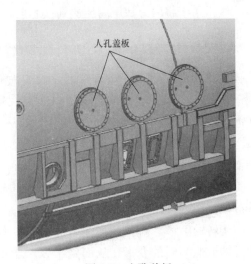

图 1-7　人孔盖板

冷却器端罩（见图 1-8）安装在定子机座的汽端，它包括挡环、挡环支架和氢气冷却器。冷却器竖直安装在冷却器端罩中。冷却器端罩内的加强筋用于改善冷风的导流，并提高部件的机械强度和刚度。位于冷却器端罩及定子机座励端的端盖中包含发电机轴承和轴密封。

图 1-8 汽端冷却器端罩

（1）机座的气密及水压试验。机座加工完成后，要以 1.0MPa 压力对机座进行水压试验，以确保其能够承受最大的爆炸压力。试验过程中水压循环增加，每次增大水压后，再将水压减小到大气压，以测量机座的永久变形量。此试验还可检查焊缝是否泄漏。此外，还对焊接结构进行气压试验，以检查其气密性。

（2）螺栓连接的法兰的密封。螺栓连接的法兰具有气密性，密封连接采用氟橡胶密封、密封垫圈或密封剂注入相应的密封槽中。

圆形法兰（如人孔、套管、出线盒）采用 O 形密封圈密封。

测温引线盒采用密封垫圈实现密封。

（二）定子铁芯

为使横穿过铁芯的旋转磁通引起的磁滞和涡流损耗降至最小，铁芯由多层薄扇形硅钢片叠压而成。扇形片由 0.5mm 厚的高硅成分的硅钢片冲制而成，仔细去毛刺后，两面涂绝缘清漆。各层交错叠压，以保证具有相同的磁导率。

为保证在操作中对铁芯最大压紧但又不过度压实，在叠压过程中，以一定的时间间隔对硅钢片用液压设备压紧，并在规定的阶段加热铁芯，以使其进一步压实。利用夹紧螺栓和压圈对整个铁芯段加压。

穿过铁芯的穿心螺杆由非磁性钢制成，并与铁芯和压圈绝缘。

压指用于将压力从压圈传递到铁芯上。压指延伸至铁芯齿部，从而保证齿部区域也具有足够的压紧力。

在铁芯端部采用阶梯式结构（见图 1-9），可减少涡流损耗及局部发热。阶梯处硅钢片表面涂有黏结漆，使端部形成一个很好的整体。压指由非磁性钢制成，以防止涡流损耗。

完成铁芯的叠压和夹紧后，将支持筋插入铁芯外圆的槽内，两端焊接到压圈上。

为保证充分散热，铁芯中有若干贯通轴向孔，使励端冷风流经这些孔到达汽端。

旋转的磁场会对铁芯产生一个拉力，使铁芯发生周期性的近似椭圆的变形，从而定子以 2 倍的系统频率振动。为减小传递到基础上的动态振动，采用弹簧板将定子铁芯固定到机座内。另外，采用若干组夹紧环收紧铁芯，每一组夹紧环包括上、下两部分，而每一部分又由钢管连接在一起的两个半圆环组成，如图 1-10 所示。

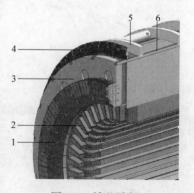

图 1-9 铁芯端部

1—磁屏蔽；2—齿压板；3—压圈；
4—挡风板；5—夹紧环；6—支持筋

每组夹紧环上、下两部分环绕铁芯布置，然后利用收紧螺栓收紧后焊在一起，再与铁芯支持筋焊接。

铁芯穿入机座后，每组夹紧环由弹簧板连接到机座上。弹簧板在铁芯的圆周上沿切线方向布置，每组环由2～3块弹簧板为一组固定，即在铁芯的两侧各垂直布置一块弹簧板，在铁芯的下方水平布置一块弹簧板。

图1-10　夹紧环

下面的弹簧板防止铁芯在水平方向发生偏移。弹簧板的弹力使铁芯的支撑点可径向移动，并大大减小了传递给机座的倍频振动。并且，由于弹簧板在切线方向具有足够的刚度，它能承受设备的短路力矩。

对各部件的自振频率进行了模拟计算，以避免设备在系统频率和2倍系统频率下发生共振。

（三）定子端盖

所有轴承和密封油进口及出口管道永久地安装在端盖上。

分为上、下两拼的端盖为空心箱型结构。径向和轴向加强筋起到增大端盖强度的作用。

下半端盖中有绝缘的下半轴承座。绝缘的目的是为防止轴电流流过轴承。

下半轴承座上是球形轴承座，由于它们的自身形状，保证了轴承能够相对于转子轴线进行自找正。

轴承油通过和下半轴承座内的管道输送到润滑间隙中。

励端端盖如图1-11和图1-12所示。

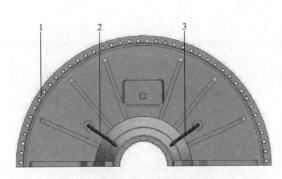

图1-11　励端端盖（从发电机内部看）

1—端盖；2—密封油供油管；
3—密封油供油管

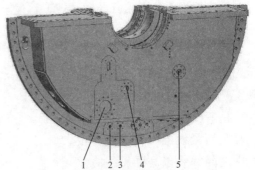

图1-12　励端端盖（从发电机外部看）

1—轴承油出口；2—密封油进口；3—氢减压环；
4—轴承油进口；5—快速降低氢气室压力的接口

轴承外侧（机外）利用挡油盖挡油，发电机内侧利用轴密封（密封瓦）以及内侧迷宫环密封氢气，密封油通过管道供给。流向空侧的密封油与轴承油一起排放。流向氢侧的密封油首先汇集在轴承室下方的消泡箱中除去泡沫，然后流入密封油供给系统。

励端端盖上覆盖有锥形铜屏蔽，以防止定子绕组和机座之间产生杂散磁场，如图1-13所示。

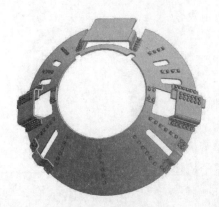

图 1-13　铜屏蔽

（四）定子绕组及固定冷却系统

三相定子绕组为由独立线棒组成的双层绕组。每个定子槽中嵌有上、下层两根线棒。

定子槽中的上层线棒与一个绕组跨距的下层线棒，在端部连接成一匝线圈。多匝线圈串接后形成线圈组。多个线圈组通过定子端部的并联环连接在一起，形成发电机三相绕组。

这种布置使端部线棒形成一个锥形绕组，该绕组在电气性能和抗电磁力方面具有显著的优点。

（1）线棒结构。线棒由多股绝缘股线和不锈钢通水管交叉组成，从而减少了集肤效应损耗。

小矩形截面股线采用玻璃纤维烧结及漆包双重绝缘，并在定子槽宽度内并排布置。各排之间通过排间垫条相互绝缘。在直槽部分，股线以 540°交叉换位。

由于定子槽内存在正交磁场及端部绕组漏磁通，在各股线内引起感应电压，而股线的换位可使该感应电压基本相等，并且能确保环流最小。因此，流过股线的电流均匀分布在整个线棒的横截面上，从而减小与电流有关的损耗。

在换位处，采用绝缘垫片加强绝缘。

为保证股线能牢固地固定在一起，并在槽内不变形，采用电加热加压对定子线棒进行固化。在对线棒进行绝缘处理之前，利用专用装置将线棒端部在一个锥体模具上压成渐开线。这样保证在线棒安装完成后，在整个端部线匝长度范围内相邻同相线棒间距相同。

（2）定子线棒绝缘。定子线棒绝缘采用成熟的 SVPI 绝缘系统，从定子线棒的一端至另一端连续半叠包少胶云母带，VPI 后模压固化而成。

弯曲的线棒端部采用玻璃纤维带作为最终保护性包扎层，以获得平滑的表面。

（3）定子槽内布置。如图 1-14 所示，定子线圈在槽内固定于高强度槽楔下，防止运行中因振动而产生位移。

楔下设有高强度弹性绝缘波纹板，在径向压紧线圈。在槽底和上、下层线圈之间都垫以高强度绝缘垫条，并采用了胀管热压工艺，使线圈能在槽内紧固可靠地就位。为了线圈表面能良好接地，防止槽内电腐蚀，在侧面用半导体波纹板紧塞线圈，形成弹性防松结构。槽底安装有槽底半导体垫条，用于补偿线棒与槽底表面的不平

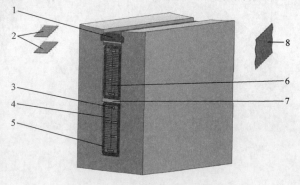

图 1-14　定子槽内布置

1—高强度槽楔；2—高强度绝缘弹性波纹板；
3—不锈钢空导；4—实心铜导线；5—主绝缘（防晕层）；
6—排间垫条；7—层间垫条；8—侧面弹性半导体波纹板

整间隙。每槽上、下层线圈层间埋置有铂热电阻测温元件，每一根上层或下层线圈绝缘引水管的出口水接头上，也各埋有一支电阻测温元件，用来检测各支路出水的温度。

（4）定子端部结构（见图 1-15）。定子绕组的端部采用成熟可靠的端部整体灌胶结构。它由上层压板、层间压板、绝缘螺杆等结构件以及灌注胶、适形材料等将伸出铁芯槽口的绕组端部固定在绝缘锥环内，成为一个牢固的整体。而绝缘锥环的环体则固定在绝缘支架上，支架又通过弹簧板固定在铁芯端部，形成沿轴向的弹性结构，使绕组在径向、切向具有良好的整体性和刚性，而沿轴向却具有一定程度的伸缩能力，从而有效地缓解了由于运行中温度变化而因铜铁膨胀量不同在绝缘中所产生的机械应力，故能充分地适应机组的调峰方式和非正常运行工况。氢冷的定子绕组连接线也固定在锥环和绝缘支架上。为了运行安全，绕组端部上的紧固零件全部为高强度绝缘材料所制成。

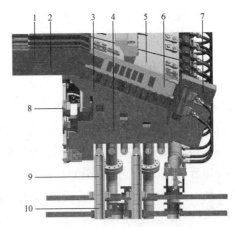

图 1-15　定子端部结构

1—上层线棒；2—下层线棒；3—锥环；

4—端部支架；5—端部连接片；6—灌注胶；

7—绝缘盒；8—弹簧板；9—并联环；10—主引线

所灌注的绝缘胶在 80℃时压缩强度不小于 $55N/mm^2$，已达到桥梁工程中 C60 高强度混凝土的力学性能水平。这一技术极大地提升了超大电流下端部绕组固定结构的整体性和抗突然短路的能力，同时解决了端部绕组对于防潮、防油污、防异物的设计要求，提高了发电机端部防晕水平，并简化了定子绕组的嵌线工序。

（5）水电连接。

1）普通线棒间的电气连接。上层和下层线棒之间的电气连接通过导电接头接触进行电气连接，如图 1-16 所示。

2）并联环和相线棒间的电气连接。并联环由铜管制成，采用的铜管横截面使电流负载很低。相间连接线采用冷却气体进行直接冷却。

并联环绝缘采用半叠包多胶云母带绝缘结构，然后，通过热收缩带加热固化成形。

并联环和相线棒之间的连接，如图 1-17 所示。

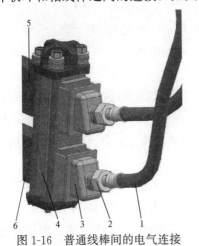

图 1-16　普通线棒间的电气连接

1—绝缘引水管；2—水接头；3—水盒；

4—导电接头；5—下层定子线棒；6—上层定子线棒

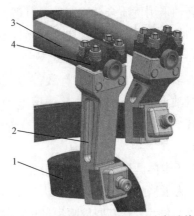

图 1-17　并联环和相线棒间的电气连接

1—相线棒；2—导电接头；

3—并联环；4—夹板

3）冷却水供给。总进、出水管安装在汽励端机座内，对地设有绝缘，运行时所有水管需接地。总进、出水管法兰在机座上方，对机座密封，能适应温度变化而产生的变形，对机座和相连接的外部管道为可靠对地绝缘。在汽端总出水管上装有总水管测温元件。

在用水冷专用测量绝缘电阻测试仪表测量定子绕组绝缘电阻时，要求总进、出水管对地有一定的绝缘电阻，而在做绕组耐电压试验时又要求把它们接地；为了试验时方便，在接线端子板上各设有接地接线柱，专为变更总进、出水管对地绝缘或接地之用。

冷却水从励端总进水管通过成型绝缘引水管分别流入定子上、下层线棒水盒，流经定子线棒后通过定子绕组汽端的水盒流入绝缘引水管并最终流入汽端总出水管。每个独立水支路由一根上层或一根下层线棒形成，共有 84 个独立的绕组水支路。请参阅出厂文件"定子绕组水电连接图"。

（6）出线套管。

1）出线套管的布置。三相绕组的出线端子、中性出线端子通过出线套管从出线盒中引出，出线套管密封，防止氢气泄漏。测量和继电保护用电流互感器为套管式结构，安装在出线盒上。

2）出线套管的结构。出线套管采用直接气体冷却结构。空气端和氢气端连接法兰均镀银，以减小螺栓连接的接触电阻。出线套管由一个环氧树脂筒进行绝缘。绝缘和空心铜管采用 O 形圈相互密封。套管的安装法兰位于绝缘筒之上并黏结固定。此外，安装法兰与绝缘筒之间采用环形密封。

3）出线套管的冷却。出线套管中铜管产生的热耗直接由流过导体表面的冷却气体带走。从流经励端的冷氢气，经导气管引入出线套管。气体从顶部的连接法兰进入空心铜管，反向流经空心铜管和绝缘筒之间后，再通过顶部的风孔排出出线套管，最后流入风扇进风口。

二、转子

（一）转轴

转轴采用优质合金钢制造，其锻件经真空浇注、锻造、热处理和全面试验检查，确保了转轴的均匀性及机械性能、导磁性能要求，以承受在发电机运行中，转子离心力和发电机短路力矩所产生的巨大机械应力。

转轴由一个电气上的有效部分（转子本体）和两端轴伸组成，如图 1-18 所示。在发电机轴承外侧，与转轴整体锻造的联轴器，分别将发电机转子与汽轮机和集电环相联。转子本体圆周上约有 2/3 开有轴向槽，用于嵌放转子绕组。转子本体的两个磁极相隔 180°。

转子本体圆周上的轴向槽分布不均匀，使直轴与横轴的惯性矩不同，将导致转子倍频振动。为了消除此振动，转子大齿上设有横向槽，以平衡直轴与横轴的刚度差。

转子大齿上开有嵌放阻尼槽楔的轴向槽，并放置阻尼槽楔，提高负序能力；在转子绕组槽中，转子槽楔也起阻尼绕组的作用。

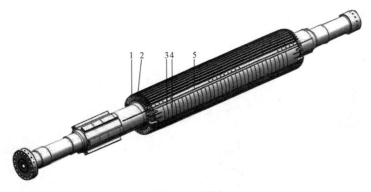

图 1-18　转轴

1—转子槽；2—转子齿；3—磁极横向槽；4—磁极；5—阻尼绕组槽

（二）转子风扇

发电机内冷却气体由汽端轴上的多级轴流风扇进行循环。风扇压力及转子自泵作用产生的压力一起作用冷却转子绕组。

风扇座热套在转轴上，风扇叶片安装在风扇座的 T 形槽上。转子风扇如图 1-19 所示。

（三）护环

护环（见图 1-20）承受转子端部绕组及自身产生的离心力。护环一端热套在转子本体上，另一端悬挂在转子端部转轴上，不与转轴接触。这种悬挂式护环的结构，消除了转轴挠曲产生的影响。

图 1-19　转子风扇

图 1-20　护环

中心环热套在护环自由端内圆，圆周方向支撑了护环，提高了护环的刚度，同时在轴向支撑转子端部绕组。环键防止护环的轴向位移。为了降低杂散损耗，并满足机械强度要求，护环采用高强度反磁钢冷加工制造。

采用全面的无损检测手段，超声波检查和着色探伤，以保证护环材料性能满足规定的要求。

（四）转子绕组

转子绕组（见图 1-21）采用两端进风中间出风的通风冷却方式。转子绕组材料采用耐高温蠕变的无氧含银空心矩形铜线，直线部分为双孔铜线，端部为单孔铜线，采用直角焊接而成。

转子匝间绝缘材料为一层 0.21mm 厚单面上胶聚酰酸纸和一层 0.21mm 厚环氧玻璃

布板，上下层拼缝错开，其结构示意图如图 1-22 所示。

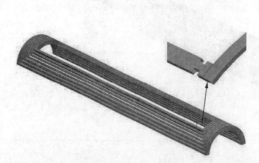

图 1-21　转子绕组

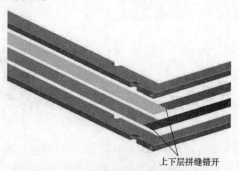

上下层拼缝错开

图 1-22　转子绕组匝间绝缘接缝示意

（五）轴向径向引线

轴向径向引线为转子绕组引入励磁电流，一端与转子绕组连接，另一端与集电环连接。1000MW 发电机轴向径向引线采用插入式导电杆连接的 Pin 结构。轴向径向如图 1-23 所示。

（六）转子绕组装配

转子槽内布置如图 1-24 所示，转子槽内部

图 1-23　轴向径向引线

件有槽底垫条、槽绝缘、转子绕组、楔下垫条。

槽绝缘由两个 L 形槽绝缘组成，如图 1-25 所示。

图 1-24　转子绕组槽内布置

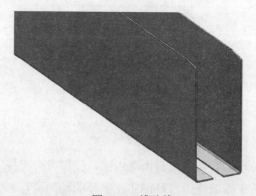

图 1-25　槽绝缘

楔下垫条为一整根，采用高强度环氧玻璃布板 3248，上表面覆有聚芳酰胺纤维纸 SF2347，中心部分配合绕组开通风孔，如图 1-26 所示。

端部垫块为端部绕组之间的绝缘垫块，起固定支撑作用，如图 1-27 所示。

护环绝缘由三层绝缘板叠包形式，拼缝错开，如图 1-28 所示。

图 1-26　楔下垫条

图 1-27 端部垫块

图 1-28 护环绝缘

三、轴承

励端轴承如图 1-29 所示。

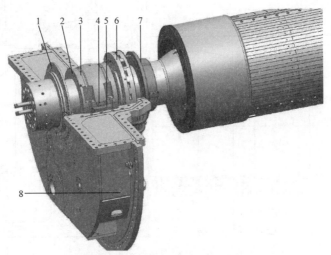

图 1-29 励端轴承示意图

1—挡油盖；2—安装挡油板的法兰面；3—上半轴瓦；4—定位销；5—下半轴承座；
6—轴密封装置；7—迷宫环；8—下半端盖

在发电机启动和盘车期间，套筒轴承采用高压顶轴油系统。为消除轴电流，所有轴承都分别与定子和底板绝缘。轴承温度由埋入下轴瓦的热电阻进行测量，测量点直接布置在巴氏合金下面。温度测量及所有要求的温度记录与汽轮机的监测一起进行。轴承安装振动传感器，监视轴承振动。

转子支撑在滑动轴承上。轴承为端盖式轴承。轴承润滑和冷却所用油由汽轮机油系统提供，通过固定在下半端盖上的油管、下半轴承座和下半轴瓦实现供油。

下半轴瓦安装在轴承座上，其接触面为可自调心的外球面。下半轴承座与端盖是绝缘的，可以防止轴电流通过，该绝缘还是发电机轴承的对地绝缘。径向定位块通过螺栓连接固定在上半端盖上，用于轴瓦垂直方向的定位。定位块应进行调节，使轴瓦和径向绝缘定位块之间维持 0.3～0.4mm 的间隙。

轴瓦中分面处设有定位销，防止轴瓦在轴承座内转动。

轴瓦铸件的内表面有燕尾槽，使巴氏合金与轴瓦本体牢固地结合成一体。下半轴瓦上有一道沟槽，供轴承油流到轴瓦表面。上半轴瓦上有一周向槽，使润滑油流遍轴颈，进入润滑间隙内。油从润滑间隙中横向泄出，经挡油板，在轴承座内汇集，通过管道返回到汽轮机油箱。

所有的发电机轴承都配备高压油顶轴系统，高压油顶起转轴，在轴瓦表面和轴颈之间形成润滑油膜减小汽轮发电机组启动阶段轴承的摩擦。

轴瓦的温度通过位于最大油膜压力处的热电阻来监测。热电阻用螺纹从外侧固定在下半轴瓦两侧，其探头伸至巴氏合金层。

汽励端轴瓦上均装有轴向限位块，用于防止转子穿装时动静叶片发生意外碰磨，限位块位置如图 1-30 所示。需注意，发电机转子穿装时需根据提供的转子轴向和间隙图要求的间隙进行穿装。

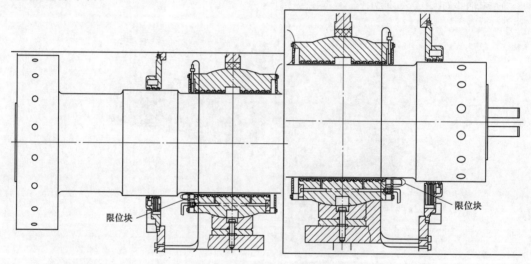

图 1-30　汽励端限位块示意图

四、轴密封

转子轴承端采用轴密封，轴密封结构如图 1-31 所示。

这种轴密封结构，在转轴和非旋转的浮动密封瓦之间，保持一层连续的油膜，从而防止转轴和机壳之间的氢气泄漏。为此，在一闭式回路内，向密封瓦提供稍高于氢压的密封油。此外，密封瓦的空气侧供有浮动油，以确保它轴向自由移动。在氢气侧，密封瓦处的二次油密封，可以减小氢侧油的侧泄量，保持氢气的纯度。

轴密封具有以下特点：轴向长度较小；与相应的轴向位置和径向位置无关；供油回路配有可对密封油进行连续真空处理的装置。更详细的密封油系统说明另见单独的说明书。

铸有巴氏合金的两半式密封瓦，以很小间隙浮动于轴颈，并由一个轴向分离式密封瓦支座控制轴向位置，防止密封瓦发生变形和弯曲。密封瓦在径向可以相对自由浮动，但周向有定位销，使其不会旋转。密封瓦支座周向用螺栓固定在端盖上，相互间绝缘，防止轴电流通过。密封油以两种不同的压力（密封油压和较高的浮动油压），通过端盖处密封瓦支座上的安装法兰向轴密封提供。密封油通过密封瓦支座和密封瓦间的油道，进入密封瓦

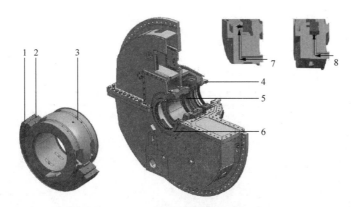

图 1-31　端盖轴承轴密封

1—下半轴承座；2—轴承座绝缘；3—轴瓦；4—迷宫环；5—轴密封装置；6—挡油盖；
7—浮动油进油；8—密封油进油

的环形槽内。在转轴与密封瓦之间形成一层连续的油膜。转轴和密封瓦之间的间隙，在不需太大的密封油流量下，应能在转轴和密封瓦间保持足够厚度的油膜层，且摩擦损耗降至最小，从而降低密封油的温升，保证密封的可靠。密封瓦的巴氏合金层确保了密封瓦在即使有摩擦时，也具有很高的可靠性。

密封油泵通过一只压差阀以高于轴密封处氢气压力 0.07～0.1MPa 的压力供给密封油。

较高压力的浮动油供至空侧密封瓦支座环形槽内，并在密封瓦和密封瓦支座之间加压。通过这种方式，作用在密封瓦上的油压和氢压得以平衡，同时减小了密封瓦和密封瓦支座之间的摩擦。这样，密封瓦可以自由地调整其径向位置，这在发电机启动阶段是非常重要的。密封瓦将根据轴的状态调整其位置，轴的状态由油膜厚度和振动情况所确定。

密封瓦不需随发电机转轴作轴向移动，转轴的轴向移动主要是由汽轮机热膨胀所引起的。设计允许转轴在密封瓦处滑移，而不影响密封效果。

五、冷却系统

发电机内部产生的热耗，由氢气和一次水传递到二次冷却介质（如生水或凝结水）。

发电机采用直接冷却，冷却介质直接吸收热量。这将大大地降低热点温度、相邻部件之间的温差及其导致的热膨胀差异，从而能够使各部件，尤其是铜线、绝缘材料、转子和定子铁芯等所受的机械应力减至最小。

发电机定子绕组采用水直接冷却，转子绕组、相连接线和出线套管均采用氢气直接冷却。发电机其他部件的损耗，如铁芯损耗、风摩损耗以及杂散损耗所产生的热量，均由氢气带走。

（1）氢冷却系统。如图 1-32 所示，通过转子汽端的一台多级轴流式风扇，氢气在发电机内部封闭循环。风扇从气隙和铁芯抽出热气体，将其送入冷却器。经汽端氢气冷却器冷却后的冷氢分两部分进入发电机，其中：

第一部分流入定子背部，该部分气流在汽端分为 3 路：第 1 路进入磁屏蔽径向风道，

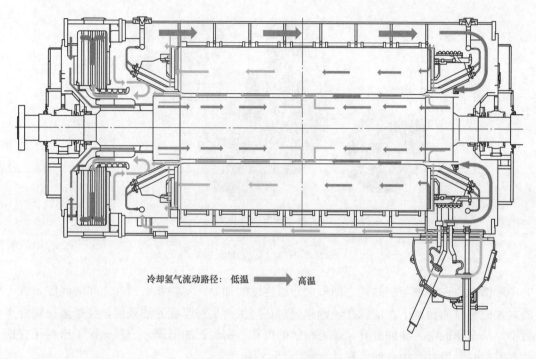

冷却氢气流动路径：低温 ➡ 高温

图 1-32　发电机冷却风路图

外圆流至内圆冷却汽端磁屏蔽；第 2 路流入边段铁芯风道，由铁芯外圆至内圆流入气隙；第 3 路经由定子背部风管流至励端。其中，最后一路流至励端的氢气在励端又分为 6 个支路：支路 1 流入定子铁芯轴向通风道，冷却定子铁芯后由汽端排出，进入汽端端部空间；支路 2 进入励端磁屏蔽径向风道，外圆流至内圆冷却励端磁屏蔽；支路 3 经由气隙隔板进入气隙；支路 4 进入励端转子护环下部，冷却转子绕组端部后，由转子绕组励端端部出风孔排出，经大齿上的月亮型通风槽流入气隙；支路 5 自励端转子护环下部，经转子绕组本体部分的进风孔，进入转子绕组本体部分的轴向冷却通道，通过转子本体中部槽楔上的通风孔流入气隙；支路 6 流入并联环，冷却并联环后进入主引线，后排至出线盒，再由定子背部的回风管流回汽端。

第二部分由风扇座底部流入汽端转子护环下部，冷却转子绕组汽端本体和端部；其中，冷却转子绕组汽端本体部分的氢气，经转子绕组汽端本体部分的进风孔，进入轴向冷却通道然后在转子中部由槽楔上的通风孔流入气隙；冷却转子绕组汽端端部的氢气，从汽端转子护环下部进入，冷却转子绕组端部后，由转子绕组汽端端部出风孔排出，经大齿上的月亮型通风槽流入气隙。

所有氢气经高压风扇升压后，经冷却器冷却，再次进入发电机，如此循环往复，实现对发电机的冷却。

冷却介质的温度控制：氢冷却器的冷却水流量是自动控制的，以便在各种不同负荷和冷却水温度条件下，以冷氢温度为参考值，使氢气保持在相同的温度。

（2）一次冷却水系统。冷却定子绕组的净化水被称为一次水，以区别于二次冷却水（生水或凝结水）。一次水在闭式系统中循环，并将所吸收的热量传递到二次冷却水中。将来自一次水冷却器的一次水，用泵将其经过滤器，送到发电机入口。

冷却水进入发电机励端的汇流管后，经绝缘引水管流到定子线棒。每一根定子线棒通过一根独立的绝缘引水管与汇流管相连。冷却水经定子线棒不锈钢空导流向发电机的汽端，流出定子线棒后，冷却水通过绝缘引水管流到汽端汇流管，再返回冷却器。冷却水仅沿一个方向流过定子线棒，最大限度减小了冷却介质的温升（减小了定子线棒的温升），因而将上、下层定子线棒由于热膨胀不同而导致的相对移动减小到最低。

在水冷却器的二次水路上设有温度调节阀，以保证在不同负荷条件下，发电机进水温度稳定。

六、冷却器

氢气冷却器为串片式热交换器（见图 1-33），用于冷却发电机内的氢气。氢气冷却器吸收的热量通过冷却水带走。冷却管内侧为冷却水通道，而冷却管外散热片侧为氢气通道。氢冷却器垂直安装在冷却端罩内，上端通过螺栓固定就位，而下端用胶木块限位。冷却器穿装如图 1-34 所示。

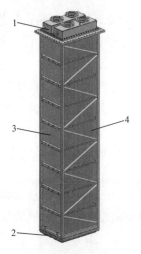

图 1-33　氢气冷却器
1—前水室；2—后水室；
3—框架；4—冷却管及翅片

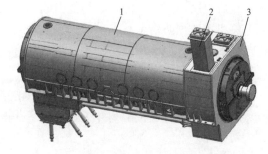

图 1-34　冷却器安装
1—机座；2—冷却器；
3—冷却器端罩

各组冷却器的冷却水路并行连接。冷却器进水管安装有截止阀（由设计院设计供货）。所有并行连接的水路具有相同的流阻，以保证各冷却器的冷却水供应均匀，并保证各冷却器的冷风温度相同。所需冷却水流量是通过热水侧（出水侧）的调节阀调节。通过对出口侧的冷却水流量进行控制，可以确保冷却水不间断地流经各冷却器，而不影响冷却器性能。

为保证在各种运行条件下，冷风的温度保持在近似恒定的水平，在冷却器的冷却水管道上配置调节阀，调节阀由安装在发电机内的冷风温度信号控制。

七、保护与在线监测装置

（一）发电机机械保护装置

（1）跳闸保护。汽轮发电机需要有完善的安全和监控装置，以防止发电机受到损害和较长时间的强迫停机。

保护装置能在初期检测到危险的运行工况，预防其发展成为有害的工况。这种保护措施免除了操作人员作出必要的快速决定。

发电机机械保护装置检测到发电机以下情况后，由发电机保护回路执行。

发电机内冷风温度过高。

每次发生这种情况都会使汽轮机跳闸。发电机从系统解列，并通过双通道的反向功率继电器灭磁。

（2）保护回路。由冷却气体温度高引起过热的发电机保护。

涉及上述的保护回路，防止冷却不充分，导致在冷风温度过高时，氢冷部件过热。

冷风温度由双通道结构电路中的电阻测温元件检测，直接传递给双通道保护电路。

（二）发电机电气保护

发电机是确保连续供电的高质量设备，除了要具有合适的设计和可靠的运行模式外，还必须具有自动保护装置。这种保护必须确保对于任何故障都能进行快速、优先的检测，以将危险的影响降至最低。

保护装置的设计必须能在任何严重的故障发生时，都将使发电机立即从系统解列并灭磁；对于未造成直接损害的故障，必须能引起操作人员的注意，使他们操作机组脱离危险范围，或为停机采取预防措施。

短路、接地故障、过电压、欠励磁、过热和过应力等都可能危及发电机。

建议使用下列保护装置：

（1）差动保护。不同定子相绕组之间的绝缘击穿会导致内部短路。使用差动继电器检测到该故障后，立即将发电机解列并灭磁。为了获得较高的灵敏度，保护范围应仅限于发电机。

继电器动作值：$0.2 \sim 0.4 I_\mathrm{N}$。

继电器动作时间：$\leqslant 60\mathrm{ms}$。

在一些特定的场合，发电机也会处于主变压器和厂用变压器的差动保护中。这时发电机就会同时受到两种差动保护装置的检测。

（2）定子接地故障保护。定子绕组和机座间的绝缘击穿将会导致定子接地故障。如果可能，定子接地故障保护应包括发电机中性点在内的整个绕组。保护会立即将发电机解列并灭磁。

继电器动作时间：$\leqslant 1\mathrm{s}$。

应合理选择接地变压器的负载阻抗和中性点电动势所需提升的数值，使故障的接地电流小于15A。

（3）转子接地故障保护。基于以下原因要求发电机具有快速故障检测能力：

1）励磁回路中断，电弧以热量形式释放出巨大的能量，导致发电机严重烧毁。

2）单点接地故障可能会发展成两点接地故障，将导致危险的励磁不平衡。

为了减少间接损害，推荐对发电机提供具有延迟响应的保护电路。

继电器动作时间：大约1s。

（4）欠励保护。电压调节器故障、发电机或变压器控制系统的不当操作，以及发电机运行于容性负荷的系统中，都会导致励磁减小，要求预先设定最小值，以确保系统的稳定。短路或者励磁回路的中断会导致失磁，使发电机处于不稳定状态。这样会导致发电机转子和铁芯端部温度升高、转子过电压、系统波动以及转轴扭振。

瞬间超过稳态的稳定性限定值不应导致稳定性的丧失。因此建议设计欠励保护装置，当达到稳态的稳定性限定值时报警。发电机在数秒后停机。

当到达稳态的稳定性限定值时，如果失磁，保护装置必须同时动作。

如果不能直接检测到失磁，建议采用包括磁导值 $1/X_d$ 和 $1/X_d'$ 范围的二次定子判断标准，当超过此标准时，立即跳闸。

（5）过电流保护。系统故障会使发电机产生不能允许的热应力。基于此原因，应提供过电流保护，在系统故障时动作。

为此，可采用定时的延时过电流继电器，但其动作时间应长于系统保护时间。

继电器动作值：$1.3I_N$。

继电器动作时间：最长6～8s。

为防止动作时间过长，对于大型发电机，推荐配置阻抗继电器。这种继电器由过电流激发，根据短路位置，动作时间可长可短。

如果把过电流保护装置接到中性点上，过电流保护就起差动保护的备用保护作用。

（6）负荷不平衡保护。发电机运行于相互连接的系统中，通常仅承受很小的不平衡负荷。然而，所有系统中发生的单相或两相接地故障，断相或者断路器故障，实际上都是负荷不平衡，将使转子产生非常高的热应力。

推荐采用2级负荷不平衡保护。达到允许连续运行的不平衡负荷时，发出警报，超过此值时，发电机从系统解列。

对于大容量机组，推荐采用不平衡负荷与时间特性相结合的保护。继电器的动作值和时间应与发电机的不平衡负荷和时间特性匹配。

（7）电压陡升保护。当系统部分或全部甩负荷时，随着原动机的升速，会引起电压上升。这将导致发电机及其关联部件受到过电压的危害。对发电机手动电压调节器的不当操作，会对这些部件产生不能允许的过电压。由于切换操作时产生电压突变，对于大容量电动机来说，建议至少要提供2级升压保护，即：

较高电压（$1.45U_N$），立即动作；

较低电压（$1.2U_N$），延时动作。

（8）低频保护。在互相连接的系统中，较大的扰动会导致发电机低频运行。在额定电压下，发电机能在95%的额定频率时以额定容量连续运行。

为了避免较高的磁通和热应力，推荐提供低频保护。

由于系统扰动引起的频率偏移通常伴随着电压偏移，所以该保护的设计应基于发电机频率和电压偏差下所允许的负荷特性。

（9）逆功率保护。无论由于什么原因使系统频率升高时，都会导致控制阀门关闭，汽轮机由发电机工作在电动机状态来拖动。由于不再有蒸汽供给汽轮机，机组必须从系统解列。为了防止对系统振荡产生不利的影响，继电器必须经过20s左右的延迟后动作（长时间设定）。

汽轮发电机内部一些特定故障会触发紧急跳闸，导致汽机蒸汽供给中断。紧急断汽阀全关的一个可靠依据，是功率从系统反向输至发电机。

发电机出现逆功率运行状态后，仅允许采用发电机断路开关，经4s延迟，将机组从系统解列（短时间设定）。

继电器动作值：50%～80%的逆功率。

继电器动作时间：长时间设定为20s左右；短时间设定为4s左右。

（10）过压保护。在机组变压器的高压侧考虑使用避雷器，足以满足对发电机在系统中免遭大气过电压和开关电涌危害的保护要求。

考虑到机组变压器高压绕组和低压绕组之间可能发生闪络，建议在发电机的相与地之间也设置避雷器。

一般来讲，避雷器靠近机组变压器安装。通常认为由于负荷隔离开关或发电机和变压器之间的断路开关，产生的开关电涌不会危害到发电机。

为了安全起见，防止危险伤及人或者电厂附近的设备，应采用防爆型避雷器或适当的结构措施。

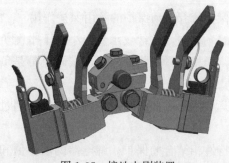

图 1-35　接地电刷装置

（三）转子接地系统

接地电刷安装在汽端密封环外面，以消除转轴的静电荷。接地电刷装置如图 1-35 所示。

刷握呈 90°排列，确保至少有一个电刷与转轴接触。可在运行期间拉出任何一个刷握更换电刷。

（四）测量电刷

测量电刷装在励端端盖外面，用来测量转子轴电压。

刷握为单体刷握，可在运行期间拉出刷握更换电刷。若外接轴电流轴电压测量装置，需长期安装工作状态，若无该装置，可临时拔出。

测量电刷安装在机组投运后，方可安装投用（以避开励端联轴器上的平衡螺钉，防止碰坏测量电刷）。

（五）测量和监控装置简介

监控装置包括警报装置和测量装置。测量装置提供了系统参数的直观显示，而警报装置则在控制量低于或者超过预先限定值时发出可视或可听信号。在多数情况下，测量和警报装置结合，共同构成了一套监控装置。

与监控装置密切相关的是调节系统，自动控制和保护装置，这些都减轻了手动监控的工作量。

在线监测装置包含局部放电监测装置、绝缘过热监测装置、转子匝间短路监测装置等。

（六）测温装置

电阻测温元件用来测量发电机的槽内温度、冷氢温度和热氢温度等。三线制的单支元件、双支元件均被采用。

当采用电阻测温元件进行测量时，电阻元件处于被测量的温度中。测温元件导体的电阻以温度的函数而变化。可以按照下面的公式来计算：

$$R = R_0 \times (1 + \alpha T)$$

式中　R_0——0℃时的参考阻值；

　　　α——温度系数；

　　　t——摄氏度单位的温度值。

铂电阻元件的标准参考电阻为 100Ω，0~100℃ 范围内的平均温度系数 $\alpha = 3.85 \times 10^{-3}/℃$。0℃时电阻值为 100Ω 的铂电阻测温元件的电阻特性如图 1-36 所示。

（七）发电机温度监控

（1）定子线棒温度。定子线棒温度测量使用电阻测温元件。铂丝置于一模压的绝缘垫条内，使其绝缘避免遭压挤，如图 1-37 所示。

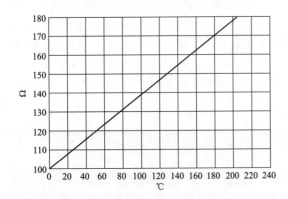

图 1-36　0℃时电阻值为 100Ω 的铂电阻
测温元件的电阻特性

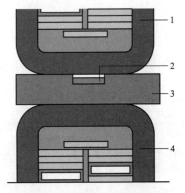

图 1-37　定子槽内电阻测温元件
1—上层线棒；2—测温元件；
3—层间垫条；4—下层线棒

电阻测温元件直接埋置于预计会出现最高温度部位的定子槽内上、下层线棒之间。

电阻测温元件有以下特性：温度、电阻为线性关系，较高的机械强度，对电磁场不敏感。

（2）冷、热氢温度。热氢和冷氢的温度通过氢气冷却器的进风口和出风口的电阻测温元件测量。测得的温度提供给氢气温度控制系统和发电机电子保护设备作为参考。

发电机内部的测温元件，置于气密的护套管中，护套管焊接固定于发电机机座上。

（3）定子线棒出水温度。定子线棒出水管中的热水温度用电阻测温元件测量。测温元件置于护套管中，护套管焊接固定在总出水管上，并浸于热水中。

（八）发电机轴承温度监控

发电机轴承温度采用位于下半轴承的热电阻测温元件进行测量。测量点位于巴氏合金层与轴承套的交接面处。

温度的测量与记录和汽轮机的监测一同进行。超过最高允许温度时，整台汽轮机保护装置触发跳闸。

第五节　发电机的主要故障及处理

由于不能预先罗列所有可能的故障，因此对故障的细节及其可能产生的原因和采取的正确措施不可能面面俱到。在多数情况下，操作人员必须根据运行方式决定采取何种措施。

一、定子故障及处理

定子故障及处理方法见表 1-8。

表 1-8　　　　　　　　　　　定子故障及处理方法

故障/原因	解决方法
定子绕组各相间的定子槽内温度差异	当定子三相电流相同，而定子槽内的温度显示不同时，应检查埋入的电阻测温计（RTD）。发电机停机且无励磁时，才能进行此项检查。检查包括电阻测量、元件引线测试、测点切换开关及指示器的检查。在测量埋入电阻测温计（RTD）的电阻时，应注意不能使其受热，以免数据不准确。很多情况下，通过重新校正电阻测温计（RTD）可排除故障
热氢气温度偏高和/或冷氢气温度偏高。 氢气温度控制出现故障。 流经氢气冷却器的冷却水流量不足。 流经某一组氢气冷却器的冷却水流量不足。 注意：如果冷氢气温度继续上升，机械保护系统将跳闸	检查相应的指示器（所有冷却器中的温度均匀上升），确定故障原因。 检查相应冷却器的阀门位置，检查并确认冷却水入口阀门全开。调节冷却水出口阀门，改变冷却水流量，降低有故障的冷却器的冷氢气温度。确保所有氢气冷却器出口冷氢气温度相等
系统不平衡负荷导致发电机负载不平衡	由于特殊的系统条件，发电机带不平衡负荷运行，必须注意不能超过允许的连续不平衡负荷。不平衡负荷是负序电流与额定电流之比。任何一相的定子电流不能超过允许的额定电流。当不平衡负载高于连续允许不平衡负荷时，应采取措施使系统负载均匀。如果不能使三相的负荷更均匀一些，发电机应解列

二、转子故障及处理

转子故障及处理方法见表 1-9。

表 1-9　　　　　　　　　　　　　　　　　转子故障及处理方法

故障/原因	解决方法
轴振过大（相对或绝对振动超过警报值）	该信号是由一个故障感应器触发的，该信号表明由于多种因素共同作用，转轴在机械上产生了不平衡。这些因素包括电气短路、通风道阻塞、转子接地、局部温升过高、重量不平衡、线棒膨胀不畅、轴承表面或支撑面磨损。 有时，进油温度低导致内部油过于黏稠，从而导致轴振增大。这一情况可以通过确保进油温度符合设计要求来逐步改善。 除了上面所说的由于进油低温造成的轴振增大以外，其他情况均不能通过操作进行改善。所以，一旦故障发生，需尽快安排维护检修。 通常，造成转子轴振过大的原因是电气短路、通风道阻塞、局部温升过高，该振动会受励磁电流的影响，可通过调整励磁电流来判断，调整范围大约在额定励磁电流的±10%。如果确认是励磁电流对振动产生了影响，可以调整励磁电流以使电动机在安全范围内运行，等待时机进行维护检修。 如果振动不随励磁电流的变化而变化，该振动很可能是由机械原因引起的。此时，需要对振动水平进行监测，同时联系发电机制造商安排售后服务来改善运行状况
转子接地（报警或转子接地故障）	转子接地故障监测仪监测的是一个置于转子绕组与转子轴之间的电阻。如果该电阻的阻值降至预设值以下，则说明转子接地故障发生，触发警报。由于转子是一个不接地系统，因此，一点转子接地故障并不至于引起高度重视，但是该接地故障的发生加大了两点接地故障发生的可能性，两点接地故障则很可能导致对电机的严重损害。当转子接地故障发生时，整个机组须停机，同时须联系发电机制造商售后部门对转子进行检测

三、轴承故障及处理

轴承故障及处理方法见表 1-10。

表 1-10　　　　　　　　　　　　　　　　　轴承故障及处理方法

故障/原因	解决方法
发电机轴承的温度异常	1. 检查进油温度，进油压力是否符合要求； 2. 检查管道油路是否畅通，有无堵塞等； 3. 检查轴承载荷有无异常，轴系标高有无异常，基础有无沉降等； 4. 检查油质； 5. 瓦温持续升高并达到报警值，应密切关注；达到跳机值时停机检查
高压顶轴油管的油压下降	1. 检查油温有无异常； 2. 检查单向阀、节流阀管道有无泄漏等异常情况； 3. 检查母管压力、母管管道、节流孔板等
轴承对地绝缘低于要求值	低于 0.5MΩ 时需停机检查

四、氢气冷却器故障及处理

氢气冷却器故障及处理方法见表 1-11。

表 1-11　　　　　　　　　　氢气冷却器故障及处理方法

故障/原因	解决方法
氢气冷却器管束中发生渗漏现象。 警告：氢气泄漏有导致爆炸和着火的风险。当发电机充满氢气的情况下，不要拆解冷却器的任何零件。在发电机内氢气完全排空并且发电机内充满空气之前，禁止对冷却器进行任何拆解	停机并停止对冷却器供水，对氢气进行置换，变为空气。排尽冷却器内的冷却水，如果需要，可以通过压缩空气在低压力下将冷却器内的剩余水排出，以确保水完全排干。移除管道和冷却器，对各个冷却器做水压试验，以确认有缺陷的管子。对有缺陷的管子进行堵管处理，如果数量过多（超过总数的 5%）建议更换此冷却器

第二章 电力变压器

电力变压器是发电厂中重要的电气设备。发电厂中使用的电力变压器造价昂贵，数量众多，包括升压主变压器、厂用变压器、启动/备用变压器等。本章主要介绍电力变压器的基本工作原理、结构、试验及运行。

变压器是应用电磁感应原理来进行能量转换的，其结构的主要部分是两个（或两个以上的）互相绝缘的绕组，套在一个共同的铁芯上，两个绕组之间通过磁场而耦合，但在电的方面没有直接联系，能量的转换以磁场为媒介。其中一个绕组接至交流电源，称为一次绕组；另一个绕组接负载，称为二次绕组。

如图 2-1 所示，当一次绕组接入交流电压 u_1 时，一次绕组中有交变电流 i_1 流过，并在铁芯中产生交变磁通 Φ，其频率与电源电压频率相同。铁芯中的交变磁通同时交链一次、二次绕组，根据电磁感应定律，分别在一次、二次绕组中产生交变的感应电动势 e_1 和 e_2。当感应电动势的

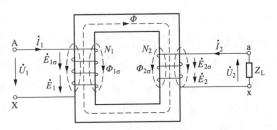

图 2-1 变压器工作原理示意图

正方向与磁通的正方向符合关系时，它们之间的关系为

$$N_1/N_2 = e_1/e_2$$

式中　N_1——一次绕组匝数；

　　　N_2——二次绕组匝数。

交变磁通在绕组中的感应电动势与绕组的匝数成正比。一般情况下 $N_1 \neq N_2$，所以 $e_1 \neq e_2$。如果忽略一些次要因素，可以认为 $e_1 = u_1$，$e_2 = u_2$，因此可得 $u_1 \neq u_2$，这就实现了交换电压的目的。

变压器是变换交流电压、电流和阻抗的器件，当一次绕组中通有交流电流时，铁芯（或磁芯）中便产生交变磁通，使二次绕组中感应出电压（或电流）。变压器由铁芯（或磁芯）和绕组组成，绕组有两个或两个以上的绕组，其中接电源的绕组叫一次绕组，其余的绕组叫二次绕组。当变压器的一次绕组接通交流电源时，在绕组中就会有交变的电流通过，并在铁芯中产生交变的磁通，该交变磁通与一次、二次绕组交链，在它们中都会感应出交变的感应电动势。二次绕组有了感应电动势，如果接上负载，便可以向负载供电，传输电能，实现了能量从一次侧到二次侧的传递。变压器工作原理示意图见图 2-1。

第一节 变压器的类型及参数

一、变压器的分类

按单台变压器的相数来区分，电力变压器可分为三相变压器和单相变压器。在三相电力系统中，一般使用三相变压器。当容量过大受到制造条件或运输条件限制时，在三相电力系统中也可由三台单相变压器连接成三相组使用。在单机容量为 1000MW 的发电厂，都采用发电机—变压器组单元接线，其中主变压器（常称为主变）的容量都在 700MVA以上，多采用三相变压器，也有采用由三台单相变压器接成三相组的。

按电力变压器每相绕组数分，有双绕组、三绕组或更多绕组等型式。双绕组变压器是适用性强、应用最多的一种变压器。三绕组变压器常在需要把 3 个电压等级不同的电网相互连接时采用。例如，系统中 220、110、35kV 之间有时就采用三绕组变压器来连接；1000MW 发电机的厂用工作电源都由发电机出口支接，当厂用高压为 10.5kV 和 3kV 两个电压等级时，也常采用三绕组变压器。三绕组变压器的一般结构为：在每个铁芯柱上同心排列着三个绕组。中压绕组靠近铁芯，低压绕组处于中压绕组与高压绕组之间，高压绕组仍放在最外层，常用于功率流向由高压传送至中压和低压。1000MW 机组的启动兼备用变压器，当高压和两级中压（10.5kV 与 3kV）绕组均为 Y 接线时，为提供变压器 3 次谐波电流通路，保证主磁通接近于正弦波，改善电动势的波形，常在该变压器上设有第四个△接线的绕组，即成为四绕组变压器。

大容量机组（单机 200MW 及以上）的厂用电系统，当只采用 6kV 一级厂用高压时，为安全起见，主要厂用负荷需由两路供电而设置两段母线。这时常采用分裂低压绕组变压器，简称分裂变压器。它有一个高压绕组和两个低压绕组，两个低压绕组称为分裂绕组，实际上这种变压器是一种特殊结构的三绕组变压器。

分裂绕组变压器的结构特点是，绕组在铁芯上的布置应满足两个要求：①两个低压分裂绕组之间应有较大的短路阻抗；②每一分裂绕组与高压绕组之间的短路阻抗应较小且应相等。高压绕组采用两段并联，其容量按额定容量设计；分裂绕组都是低压绕组，其容量分别按 50％额定容量设计。其运行特点是：当一低压侧发生短路时，另一未发生短路的低压侧仍能维持较高的电压，以保证该低压侧母线上的设备能继续正常运行，并能保证该母线上的电动机能紧急启动，这是一般结构的三绕组变压器所不及的。

此外，自耦变压器也可能在某些大型电厂升压所中应用，用于连接电压级差不大的两个高压系统。自耦变压器的工作原理与普通变压器的工作原理有所不同。自耦变压器的两个绕组之间不仅有磁的联系，而且还有电路上的直接联系。通过自耦变压器传输的功率也由两部分组成：一部分是通过串联绕组由电路直接传输，另一部分通过公共绕组由电磁感应传输。单相双绕组自耦变压器，如果接成三相，以星形—星形连接最为经济而常用，但由于铁芯的磁饱和特性，在绕组的感应电动势中有 3 次谐波出现。为了消除 3 次谐波，以及减小自耦变压器的零序阻抗以稳定中性点电位，在三相自耦变压器中，除公共绕组和串联绕组外，一般还增设了一个接成三角形的第三绕组，第三绕组与公共绕组、串联绕组之间只有磁的联系，没有电路上的直接联系。自耦变压器的第三绕组通常制成低压 6～35kV，除用于消除 3 次谐波，还可用于对附近地区供电，或者用于连接调相机、补偿电容器等。

电力变压器为了加强绝缘和改善散热，其铁芯和绕组都一起浸入灌满变压器油的油箱中，故称为油浸式变压器，包括油浸自冷变压器、油浸风冷变压器、强迫油循环风冷变压器和强迫油导向循环水冷变压器等。此外，还有一类电压不太高的、无油的干式变压器，适用于需要防火等场合。在 1000MW 机组厂房内的厂用低压变压器和励磁变压器，出于防火要求而普遍采用干式变压器。

除了电力变压器，按用途分变压器还包括特殊用途变压器。特殊用途变压器是根据不同用户的具体要求而设计制造的专用变压器。它主要包括整流变压器、电炉变压器、试验变压器、矿用变压器、船用变压器、中频变压器、测量变压器和控制变压器等。

二、变压器的技术参数

变压器的技术参数有额定容量、额定电压、额定电流、额定温升和阻抗电压百分数，都标在变压器的铭牌上。此外，在铭牌上还标有相数、接线组别、额定运行时的效率及冷却介质温度等参数或要求。

（1）额定容量：额定容量是设计规定的在额定条件使用时能保证长期运行的输出能力，单位为 kVA 或 MVA。对于三相变压器而言，额定容量是指三相总的容量。

（2）额定电压：额定电压是由制造厂规定的变压器在空载时额定分接头上的电压，在此电压下能保证长期安全可靠运行，单位为 V 或 kV。当变压器空载时，一次侧在额定分接头处加上额定电压，二次侧的端电压即为二次侧额定电压。对于三相变压器，如不作特殊说明，铭牌上所标明的有关参数，如额定电流是线电流，额定电压是指线电压。

（3）额定电流：变压器各侧的额定电流是由相应侧的额定容量除以相应绕组的额定电压计算出来的线电流值，对于三相变压器，如不作特殊说明，铭牌上标的额定电流是指线电流。

（4）额定频率：我国规定标准工业频率为 50Hz，故电力变压器的额定频率都是 50Hz。

（5）额定温升：变压器内绕组或上层油的温度与变压器外围空气的温度（环境温度）之差，称为绕组或上层油的温升。在每台变压器的铭牌上都标明了该变压器的温升限值。一般规定绕组温升的限值为 65℃，上层油温升的限值为 55℃，并规定变压器周围的最高温度为 40℃。因此，变压器在正常运行时，上层油的最高温度不应超过 95℃。

（6）阻抗电压百分数：阻抗电压百分数在数值上与变压器的阻抗百分数相等，表明变压器内阻抗的大小。阻抗电压百分数又称为短路电压百分数。

短路电压百分数是变压器的一个重要参数。它表明了变压器在满载（额定负荷）运行时变压器本身的阻抗压降大小。它对于变压器在二次侧发生突然短路时，将会产生多大的短路电流有决定性的意义；对变压器的并联运行也有重要意义。

短路电压百分数的大小，与变压器容量有关。当变压器容量小时，短路电压百分数也小；变压器容量大时，短路电压百分数也相应较大。我国生产的电力变压器，短路电压百分数一般在 4%～24% 的范围内。

（7）空载损耗：是以额定频率的正弦交流额定电压施加于变压器的一个线圈上（在额定分接头位置），而其余线圈均为开路时，变压器所吸取的功率，用以供给变压器铁芯损耗（涡流和磁滞损耗）。

（8）空载电流：变压器空载运行时，由空载电流建立主磁通，所以空载电流就是励磁电流。额定空载电流是以额定频率的正弦交流额定电压施加于一个线圈上（在额定分接头位置），而其余线圈均为开路时，变压器所吸取电流的三相算术平均值，以额定电流的百分数表示。

（9）短路损耗：是以额定频率的额定电流通过变压器的一个线圈，而另一个线圈接线短路时，变压器所吸收的功率，它是变压器线圈电阻产生的损耗，即铜损（线圈在额定分接头位置，温度为70℃）。

（10）额定冷却介质温度：对于强迫油循环水冷却的变压器，冷却水源的最高温度不应超过+30℃，当水温过高时，将影响冷油器的冷却效果。对冷却水源温度的规定值，标明在冷油器的铭牌上。此外，还对冷却水的进口水压有规定，必须比潜油泵的油压低，以防冷却水渗入油中，但水压太低了，水的流量太小，将影响冷却效果，因此对水的流量也有一定要求。对不同容量和型式的冷油器，有不同的冷却水流量的规定。以上这些规定都标明在冷油器的铭牌上。

三、变压器的型号及其含义

变压器的型号由汉语拼音字母和数字组成，每一个字母及数字都表示着一定的意义，字母用以表示变压器的品种、规格、材料、结构特征和使用范围；数字则表示变压器容量的大小及电压等级等。变压器的产品型号除新的国家标准外，目前旧的型号仍在沿用，为同时熟悉新、旧两种型号所代表的意义，将新、旧型号的代表符号列表，如表2-1所示。

表 2-1　　　　　　　　　　　　　　变压器型号的含义

分类项目	代表型号	
	新型号	旧型号
单相变压器	D	D
三相变压器	S	S
油浸式	不表示	J
风冷式	F	F
水冷式	W	S
强迫油循环	P	P
强迫油导向循环	D	不表示
三绕组变压器	S	S
有载调压	Z	Z
铝线变压器	不表示	L
干式	G	K
自耦变压器	O	O
分裂变压器	F	F
干式浇筑绝缘	C	C

变压器型号后面的数字所代表的意义是：斜线的左面表示容量，单位为 kVA；斜线的右面表示高压侧的额定电压，单位为 kV。

例如，型号为 SFP-800000/220 的主变压器表示的意义：

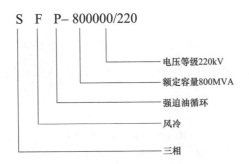

第二节 变压器的结构

较大容量的油浸式变压器一般是由铁芯、绕组、油箱、冷却装置、绝缘套管、绝缘油以及附件构成，附件包括油泵、控制箱、温度计、气体继电器、有载或无载开关及操动机构、压力释放阀、吸湿器、变压器智能在线监测系统、油流继电器、蝶阀等设备。其整体结构如图 2-2 所示。

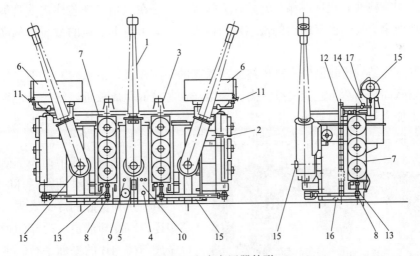

图 2-2 电力变压器外形

1—高压套管；2—高压中性套管；3—低压套管；4—分接头切换操作器；5—铭牌；6—储油柜；
7—冷却器风扇；8—油泵；9—油温指示器；10—绕组温度指示器；11—油位计；12—压力释放装置；
13—油流指示器；14—气体（瓦斯）继电器；15—人孔；16—干燥和过滤阀；17—真空阀

一、铁芯

铁芯是变压器的磁路部分。为了降低铁芯在交变磁通作用下的磁滞和涡流损耗，铁芯材料采用厚度为 0.35mm 或更薄的优质硅钢片。铁芯由几种不同尺寸的硅钢片在其两面涂以绝缘漆后叠装而成。叠装的原则是接缝越小越好，第一层接缝与第二层接缝互相错开，叠片第二层压在第一层上，第三层压在第二层上，以此类推。目前广泛采用导磁系数高的冷轧晶粒取向硅钢片，采用 45°斜接缝，以缩小体积和重量，也可节约导线和降低导线电阻所引起的发热损耗，如图 2-3 所示。

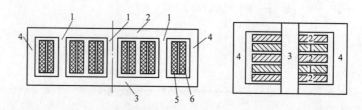

图 2-3　冷轧硅钢片叠装
1—铁芯柱；2—上铁轭；3—下铁轭；4—旁轭；5—低压绕组；6—高压绕组

铁芯包括铁芯柱和铁轭两部分。铁芯柱上套绕组，铁轭将铁芯柱连接起来，使之形成闭合磁路。铁芯只允许一点接地，接地片用厚度 0.5mm、宽度不小于 30mm 的紫铜片，插入 3～4 级铁芯间，对大型变压器插入深度不小于 80mm，其外露部分应包扎绝缘，防止短路铁芯。

按照绕组在铁芯中的布置方式，变压器又分为铁芯式和铁壳式（简称芯式和壳式）两种。铁芯式三相变压器有三相三铁芯柱式和三相五铁芯柱式两种结构，三相五铁芯柱式（简称三相五柱式）也称三相三铁芯柱旁轭式，它是在三相三铁芯柱式（简称三相三柱式）外侧加两个旁轭（没有绕组的铁芯）而构成，但其上、下铁轭的截面积和高度比普通三相三铁芯柱式的小。

芯式变压器结构比较简单，高压绕组与铁芯的距离较远，绝缘较易处理。壳式变压器的结构比较坚固，制造工艺较复杂，高压绕组与铁芯柱的距离较近，绝缘处理较困难。壳式结构易于加强对绕组的机械支撑，使其能承受较大的电磁力，特别适用于通过大电流的变压器。所以壳式结构也用于大容量电力变压器。

图 2-4　铁芯结构图

在大容量变压器中，为了使铁芯损耗发出的热量能被绝缘油在循环时充分地带走，从而达到良好的冷却效果，通常在铁芯中还设有冷却油道。冷却油道的方向可以做成与硅钢片的平面平行，也可以做成与硅钢片的平面垂直。

三相五柱式铁芯变压器的基本结构如图 2-4 所示。

二、绕组

绕组全部采用铜导线，制作绕组时，对绕组的电气强度、耐热强度、机械强度等基本要求都要满足。

变压器的绕组，按其高压绕组和低压绕组在铁芯上相互间的布置，有同心式和交叠式两种基本形式。同心式绕组,高压绕组和低压绕组均做成圆筒形,但圆筒的直径不同,然后同轴心地套在铁芯柱上。交叠绕组,又称为饼式绕组,高压绕组和低压绕组各分为若干线饼,沿着铁芯柱的高度交错地排列着。交叠绕组多用于壳式变压器。芯式变压器一般都采用同心式绕组。为了绝缘方便,通常低压绕组装得靠近铁芯,高压绕组则套在低压绕组的外面,低压绕组与高压绕组之间,以及低压绕组与铁芯之间都留有一定的绝缘间隙和散热油道,并用绝缘纸筒隔开。

绕组是变压器运行时的主要发热部件,为了使绕组有效地散热,除绕组纵向内、外侧设有油道外,对双层圆筒形绕组,在其内外层之间,多用绝缘的撑条隔垫开,以构成纵向油道;对线饼式绕组,每两个线饼之间也用绝缘板条隔开构成横向油道。纵向和横向油道是互相沟通的。

SFP-800000/220 主变压器是严格按照匝间工作场强不大于 2kV/mm 来选取导线匝绝缘厚度,增加线端局部线匝的匝间层垫或加小角环,提高绕组在 VFTO 快速暂态过电压作用下的可靠性,保证了产品的长期可靠运行。

高压绕组中部出线,采用插花纠+普纠+内屏+连续式的分区补偿结构,中部出线,提高了纵向电容,改善了绕组的冲击分布,电位和梯度能得到有效控制,绝缘安全裕度大。

低压绕组采用双层螺旋式结构,上部出线,由于首、末端电流方向相反,可以极大地抵消端部漏磁场强度,消除了因大电流产生的漏磁引起金属结构件局部过热的问题。由于采用双层螺旋式结构,绕组中部没有换位,电场更均匀,允许的场强值高。

高、低压绕组内径侧采用特硬纸筒,所有导线均采用半硬自粘性换位导线,提高了绕组的机械强度,并减少绕组的涡流损耗及环流损耗。

高压绕组采用"之"字形导油隔板,并放置轴向油道,低压绕组内、外层之间设置轴向油道,使油流分布均匀,油流量按每个绕组损耗的大小来分配,油流速控制在 0.5m/s 以下,从而消除油流带电现象,保证绕组具有良好的冷却效果,降低了绕组热点温升,避免局部过热,也因此消除了大容量变压器长期运行时由于过热造成的热击穿问题。

绕组采用整体大压板及专用压紧装置进行压紧。铁芯与绕组整个器身形成一个坚固的整体,如图 2-5 所示。

图 2-5　绕组

三、油箱

变压器油箱即变压器的本体部分,其中充满油将变压器的铁芯和线圈密闭在其中,油箱一般由钢板焊接而成,顶部不应形成积水,内部不能有窝气死角。大、中型变压器的器身庞大、笨重,在检修时起吊器身很不方便,所以都做成箱壳可吊起的结构,这种箱壳好像一只钟罩,当器身需要检修时,吊去较轻的箱壳,即上节油箱,器身便完全暴露出来,如图 2-6 所示。

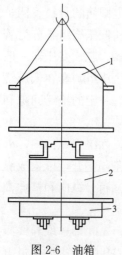

图 2-6 油箱
1—上节油箱；2—器身；
3—下节油箱

变压器油箱的基本作用可概括为：保护油箱、盛油，外部组件安装骨架、散热。按油箱外形结构型式可将变压器分为桶式油箱变压器和钟罩式油箱变压器两类。本产品油箱属于桶式油箱。油箱采用平顶桶式油箱结构，U 型加强铁，简洁美观，安装维护方便。低压升高座采用独特的三相一体共箱水平出线结构，升高座全部使用无磁钢板，内壁四周放置铜屏蔽，利用铜屏蔽的涡流反磁原理有效抵消低压大电流产生的磁场，并且共箱结构中和部分三相磁场，达到降低杂散损耗进而有效降低升高座中的热点温升，防止了升高座及油箱局部过热。针对国内某大型水电站以前出现低压升高座在运行过程中发生局部过热的问题，采取电屏蔽等多项措施，可有效地防止低压大电流产生的漏磁引起的升高座局部过热问题。

对油箱温度分布进行详细计算，准确定位热点温升，低压侧油箱磁屏蔽采用横向 L 型磁屏蔽，并辅以铜屏蔽结构，可靠避免油箱及油箱附件的局部过热。

对油箱的强度进行详细计算，即起吊、运输、正压及真空强度、地震强度。采用计算确定的高强度钢材，油箱与器身间以及在油箱的横向、纵向、上下方向采取具有六向紧固器身的装置，保证变压器在运输过程中承受冲撞时，无松动、变形和损坏。所有气体通路具有斜度引向气体继电器。

四、胶囊式储油柜、油位计及呼吸器

储油柜的外形是一个两端封闭的圆柱体，通常按能承受真空的结构设计的。如果储油柜是要求耐真空的，那么，它所有的连接件也是耐真空的。

储油柜都装有一个油位计。

每个储油柜都有一个根据环境温度标记的注油油位指示牌。

浮球机构与分度盘间的连接是磁性的。

油位计安装在储油柜的下部，浮球沿储油柜的长度方向作垂直运动。

胶囊像一个气球，其外形与储油柜的内部形状一样。当油位上升时，气囊漂浮在变压器油的上面。

胶囊内的空气是通过位于储油柜和胶囊顶部中间的一个法兰与外界空气隔离开的。该法兰与一个硅胶呼吸器相连，以避免潮气凝结在胶囊内和在寒冷天气条下结冰。

此种储油柜均为耐真空型，并在储油柜的顶部设有一段带阀门的联管将胶囊和储油柜本体相连。在注油期间，只需将此连通阀门打开，便可以保证在注油过程中，胶囊内外的压力保持一致。胶囊式储油柜的结构图如图 2-7 所示。

储油柜的作用如下：

（1）起到连通器的作用，保证变压器中处处有变压器油；

（2）由于胶囊或膨胀节的作用，保证变压器油不与空气接触，减少变压器老化。

大容量变压器上，储油柜都装有一个油位计。油位计的安装尺寸如图 2-8 所示。

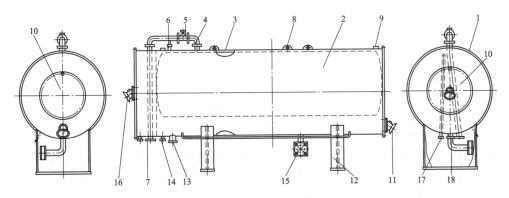

图 2-7　胶囊式储油柜的结构图

1—柜体；2—胶囊；3—胶囊挂钩；4—储油柜本体连通管接头；5—胶囊与储油柜本体连通阀门；
6—胶囊连通管接头；7—主体储油柜呼吸口管；8—吊拌；9—放气塞；10—人孔盖板；
11—主体储油柜油位计；12—柜脚；13—集污盒及油污塞；14—主体储油柜注放油管；
15—气体继电器联管；16—开关储油柜油位计；17—开关储油柜呼吸管；18—与开关连接管

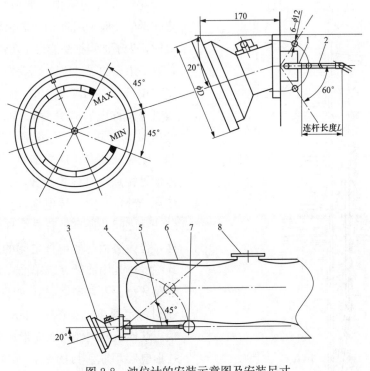

图 2-8　油位计的安装示意图及安装尺寸

1—摇臂；2、5—连杆；3—油位计；4—胶囊；6—储油柜；7—浮球；8—手孔

　　当变压器储油柜的油面升高或下降时，油位计的浮球或储油柜的隔膜随之上下浮动，使摆动作上下摆动运动，从而带动传动部分转动，通过耦合磁钢使报警部分的磁铁（或凸轮）和显示部分的指针旋转，指针指到相应位置，当油位上升到最高油位或下降到最低油位时，磁铁吸合（或凸轮拨动）相应的干簧触点开关（或微动开关）发出报警信号。

　　呼吸器，为了能使储油器内的油面自由地升降，而又防止空气中的水分和灰尘进入储油器内油中，变压器的储油器通过一根管道，再经一个呼吸器（又称换气器）与大气连通。呼吸器内装有干燥剂（或称吸湿剂），通常采用硅胶。

五、无载分接开关

变压器分接头切换开关，简称分接开关，是用来调节绕组（一般为高压绕组）匝数的装置。变压器为适应电网电压的变化，在其高压绕组（或中压绕组）设有一定数量的抽头（即分接头）。如果切换分接头必须将变压器从电网切除后进行，即不带电才能切换，称为无励磁调压，这种分接开关称为无励磁分接开关，也称为无载调压分接开关。

六、套管

变压器绕组的引出线从箱内穿过油箱引出时，必须经过绝缘套管，以使带电的引线绝缘。绝缘套管主要由中心导电杆和瓷套组成。导电杆在油箱内的一端与绕组连接，在外面的一端与外线路连接。

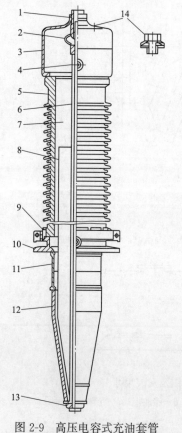

图 2-9　高压电容式充油套管

1—顶端螺母；2—可伸缩连接段；

3—顶部储油室；4—油位计；5—空气侧瓷套；

6—导电管；7—变压器油；8—电容式绝缘体；

9—压紧装置；10—安装法兰；11—安装电流互感器；

12—油侧瓷套；13—底端螺母；14—密封塞

绝缘套管的结构主要取决于电压等级。电压低的一般采用简单的实心瓷套管。电压较高时，为了加强绝缘能力，在瓷套和导电杆间留有一道充油层，这种套管称为充油套管。

电压在 110kV 以上时，采用电容式充油套管（简称电容式套管）。套管内绝缘油与变压器本体油和大气隔绝，具有防潮能力强、绝缘强度高、油质稳定、质量轻、安装方便等特点。电容式套管，除了在瓷套内腔中充油外，在中心导电杆（空心铜管）与安装法兰之间，还有包着导电杆的电容式绝缘体，作为法兰与导电杆之间的主绝缘。电容式绝缘体是用油纸（或单面上胶纸）加铝箔卷制成型。卷制时，是在油纸（绝缘纸）每卷到一定厚度，如 1～2mm 时即卷一层铝箔，这样从内到外表面就形成多个同心的圆柱形电容串联。目的是利用电容分压原理，使径向和轴向电位分布趋于均匀，以提高绝缘击穿强度。有的电容式套管，则是环绕着导电杆包有几层贴附有铝箔的绝缘纸筒，各纸筒之间还留有筒形空间，构成有效的冷却通道，用以散热，以提高载流容量和热稳定性。高压电容式充油套管的一种结构如图 2-9 所示。

套管的储油柜为全密封结构，因而避免了大气的侵蚀，为避免温度增高时油体积膨胀造成油套管内压力过大，在储油柜上部留有一定空间缓冲，装有油位计供观察油位。

七、气体继电器

变压器在运行过程中，有时会遇到突然短路、空载合闸、过负荷、线圈匝间层间短路等不良现象，如安装一些保护装置，可有效预防这些突发故障，保护变压器长期稳定运行中不受损坏。

气体继电器又称瓦斯继电器，双浮子瓦斯继电器开关装置如图 2-10 所示。它装在储油柜与主油箱之间的连接管路上。气体继电器能检测变压器内部产气、油位过低和严重故障引起油的大量分解等。

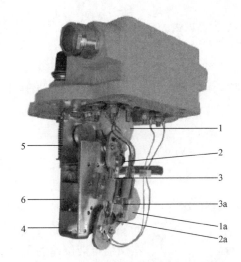

图 2-10　双浮子气体继电器开关装置

1—上浮子；1a—下浮子；2—上浮子恒磁磁铁；2a—下浮子恒磁磁铁；3—上开关系统；3a—下开关系统；
4—框架；5—测试机械；6—挡板（挡板由恒磁磁铁拦挡，并操纵下开关系统）

在出现过热故障时，绝缘材料因温度过高而分解产生气体，少量气体能溶解在变压器油中，当产生的气体过多，变压器油不能溶解所产生的气体量时，气体就会上升到油箱上部，通过联管进入到继电器中，继电器的设计使得该部分气体能存留在继电器中，这时继电器的上浮子位置逐渐下降，液面下降到对应继电器整定的容积时，上浮子上的磁铁使继电器内的干簧触点动作，继电器给出信号，如图 2-11 所示。

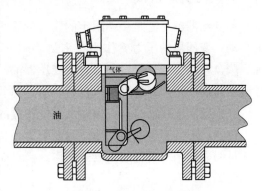

图 2-11　继电器给出信号

在变压器出现漏油或其他故障时，引起储油柜内的变压器油通过联管流出，油位逐渐下降，上浮子动作给出信号。如果故障没有及时处理，油位继续下降，下浮子的位置也逐渐下降，当下浮子位置达到设定的位置时，下浮子磁铁使继电器内的干簧触点动作，继电器给出变压器应分闸的信号，如图 2-12 所示。

在变压器内部有严重故障，引起油的大量分解，产生的气体在储油柜联管内产生很高的流速，油流推动气体继电器内的挡板，下浮子动作，气体继电器给出变压器应分闸的信号，如图 2-13 所示。

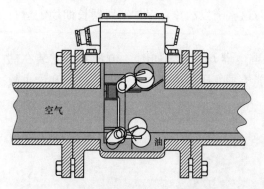

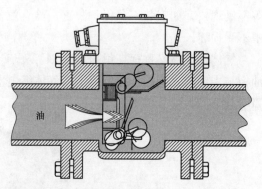

图 2-12   继电器给出变压器应分闸的信号   图 2-13   气体继电器给出变压器应分闸的信号

图 2-14   取气盒外形图

八、取气盒

取气盒的接头用联管与气体继电器的气室接头连通，正常情况下取气盒内充满变压器油，当需要采集气体时，开启下部的气塞逐渐放掉盒内的变压器油，随之气体继电器气室内的故障气体在储油柜液位差的压力下充入取气盒，即可在上部的气塞采集气体。取气盒安装在变压器油箱箱壁上，外形见图 2-14。

九、压力释放阀

当变压器油对密封垫圈限定的膜盘的面积上的压力，大于弹簧的压力时，膜盘开始向上移动，变压器的压力就作用在密封垫圈上，由于作用面积增加，膜盘上的压力快速增加，膜盘移动到弹簧限定的位置，变压器油排出。变压器内的压力迅速降低到正常值，膜盘受弹簧的作用，回复到原来位置，压力释放阀重新密封。

在膜盘向上移动时，机械指示销受膜盘的推动，也向上移动，并由销的导向套保持在向上位置，不随膜盘回复到原位置而下落，带颜色的销向上突出，可以从远处看到，给运行人员明显指示表明释放阀已经动作。销只能用手动方式向下推，使其返回到原来接触膜盘的位置。

压力释放阀有信号开关安装在盖上，开关是单级双投开关，用三芯电缆连接，用于远距离信号或报警。开关动作后就自己闭锁，必须手动推复位杆才能返回。压力释放阀结构图如图 2-15 所示。

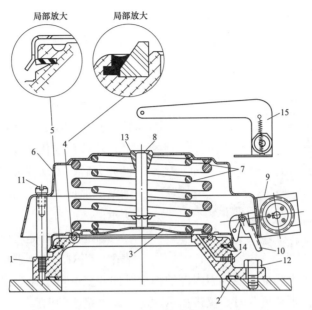

图 2-15 压力释放阀结构图

1—安装法兰；2—密封垫圈；3—膜盘；4、5—胶垫；6—阀盖；7—弹簧；8—机械指示销；9—接线盒；
10—复位杆；11—阀盖固定螺栓；12—固定螺栓；13—销的导向套；14—放气塞；15—信号杆

十、速动油压继电器、温控器、风冷却器及油流指示器

当变压器油的压力变化时，使检测波纹管变形，这一作用传递到控制波纹管，如果油压是缓慢变化的，则两个控制波纹管同样变化，速动油压继电器的开关不动作；当变压器油的压力突然变化时，检测波纹管变形，一个控制波纹管发生变形，另一个控制波纹管因控制小孔的作用不发生变形。传动连杆移动，使电气开关发出信号，切断变压器的电源。速动油压继电器的外形图及结构图如图 2-16 所示。

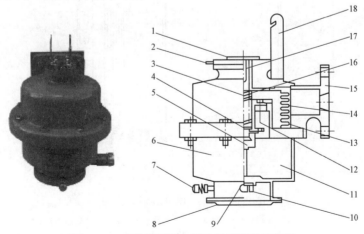

图 2-16 速动油压继电器的外形图及结构图

1—试验孔盖；2—放气塞；3—隔离器板；4—工作膜盒；5—微动开关；6—外壳；
7—试验杆；8—端子盖；9—引出线管；10—端子；11—空气盒；12—平衡器；
13—油室；14—隔离波纹管；15—安装法兰；16—弹簧；17—定位器；18—杆支架

温控器包括油面温控器和绕组温度计。

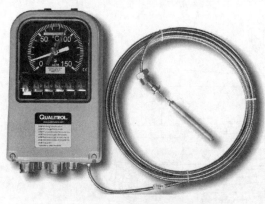

图 2-17　油面温控器的指示仪表

油面温控器将温包放置在和变压器油温相同的温度计座内，温包内充有感温液体，当变压器油温变化时，感温液体的体积也随之变化，这一体积变化通过毛细管传递到指示仪表。在指示仪表内有弹性元件，将体积变化转变成机械位移，通过机械放大后，带动仪表指示，表示变压器的油温。油面温控器的指示仪表如图 2-17所示。

绕组温度计是将电热元件置于指示仪表中，当对应变压器负载的电流通过电热元件时，电热元件产生热量，使仪表内部的弹性元件的变形量增大，此增加量对应铜油温差，因此，在变压器带有负载时，仪表指示对应变压器绕组的温度。

风冷却器是利用变压器油泵的强制作用，把变压器因热损耗而生成的热油吸入冷却器本体，通过风扇作用，将热量吸出冷却器外，从而达到变压器冷却的目的。风冷却器的结构示意图如图 2-18 所示。

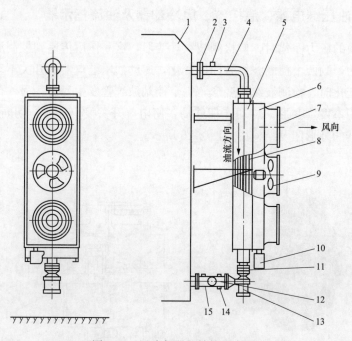

图 2-18　风冷却器的结构示意图

1—变压器；2、9、11—蝶阀；3—放气塞；4—上部导油管；5—冷却器本体；6—导风筒；
7—风扇窗；8、10—分控箱；12—油流继电器；13—油泵；14—放油塞；15—下部导油管

油流指示器主要安装在冷却器与变压器油泵之间管道中。当变压器冷却系统的油泵启动后就有油流循环，油流量达到动作油流量以上时，冲动继电器的动板旋转到最终位置，

通过磁钢的耦合作用带动指示部分同步转动，指针指到流动油量，微动开关动合触点闭合，发出正常工作信号。当油流量减少到返回油流量（或达不到动作油流量时），动板借助复位弹簧的作用带动动板返回，使微动开关的动合触点打开，动断触点闭合发出故障信号。

第三节　分裂绕组变压器

一、分裂绕组变压器的用途

随着变压器容量的不断增大，当变压器二次侧发生短路时，短路电流数值很大，为了能有效地切除故障，必须在二次侧安装具有很大开断能力的断路器，从而增加了配电装置的投资。如果采用分裂绕组变压器，则能有效地限制短路电流，降低短路容量，从而可以采用轻型断路器以节省投资。现在大型电厂的启动变压器和高压厂用变压器一般均采用分裂绕组变压器。如某电厂高压厂用变压器采用分裂绕组变压器后，采用的接线如图 2-19（a）所示。若两机一变扩大单元制的升压变压器采用分裂绕组变压器后，接线如图 2-19（b）所示。

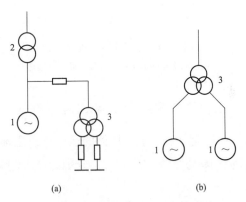

图 2-19　分裂绕组变压器接线图
(a) 高压厂用变压器；
(b) 两发电机一变压器扩大单元制升压变压器
1—发电机；2—升压变压器；3—分裂绕组变压器

二、分裂绕组变压器的结构原理

分裂绕组变压器将普通双绕组变压器的低压绕组在电磁参数上分裂成额定容量相等的两个完全对称的绕组，这两个绕组间仅有磁的联系。没有电的联系，这种磁的联系是弱联系。由于低压侧两个绕组完全对称，因此它们与高压绕组之间所具有的短路电抗应相等。两个分裂绕组是相互独立供电的，但两个分裂绕组的容量相等，且为变压器额定容量 1/2，或稍大于 1/2。如某电厂高压厂用变压器容量为 50/31.5-31.5MVA，分裂绕组的额定容量即为 31.5MVA。

三相分裂绕组的结构布置形式有轴向式和径向式两种。在轴向式布置中，被分裂的两个绕组布置在同一个铁芯柱内侧的上、下部，不分裂的高压绕组也分成两个相等的并联绕组，并布置在同一铁芯柱外侧的上、下部。绕组排列和原理接线如图 2-20 所示。

在径向式布置中，分裂的两个低压绕组和不分裂的高压绕组都以同心圆的方式布置在同一铁芯柱上，且高压绕组布置在中间，绕组排列和原理接线如图 2-21 所示。

两种布置的共同特点是两个低压分裂绕组在磁方面是弱联系，这是双绕组分裂变压器与三绕组普通变压器的主要区别。

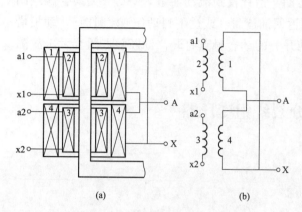

图 2-20　三相铁芯柱轴向布置
（a）绕组排列情况；（b）绕组原理接线图

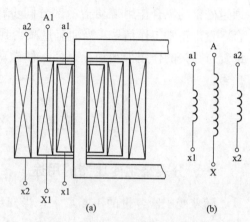

图 2-21　三相铁芯柱径向布置
（a）绕组排列情况；（b）绕组原理接线图

三、分裂绕组变压器的运行方式

在讨论分裂绕组变压器的运行方式之前，先假设 Z_g 为分裂绕组变压器高压侧绕组的阻抗，取 $Z_g \approx 0$，Z_{d1} 和 Z_{d2} 分别为高压侧绕组开路时两个低压侧绕组的漏抗，均等于 Z，即 $Z_{d1} = Z_{d2} = Z$。

分裂绕组变压器有三种运行方式：

（1）分裂运行。两个低压分裂绕组运行，低压绕组间有穿越功率，高压绕组开路，高、低压绕组间无穿越功率。在这种运行方式下，两个低压分裂绕组间的阻抗称为分裂阻抗，用 Z_{d1-d2} 表示，即 $Z_{d1-d2} = 2Z$。由于两个低压绕组之间没有电的联系，而空间布局使它们之间仅有较弱的磁的耦合，所以在分裂运行时，漏磁通几乎都有各自的路径，互相干扰很少，这样它们都具有较大的等效阻抗。

（2）穿越运行。两个低压绕组并联、高、低压绕组运行，高、低压绕组间有穿越功率，在这种运行方式下，高、低压绕组间的阻抗称为穿越阻抗，用 Z_{g-d} 表示，即 $Z_{g-d} = Z_g + \dfrac{Z_{d1} + Z_{d2}}{Z_{d1} \cdot Z_{d2}}$，当 $Z_g = 0$ 时，则 $Z_{g-d} = 0.5Z$。穿越阻抗的物理现象是当该变压器不作分裂绕组运行，而改作普通的双绕组运行时，一次、二次绕组之间所存在的等效阻抗。这个等效阻抗百分比是比较小的。

（3）半穿越运行。当任一低压绕组开路，另一低压绕组和高压绕组运行时，高、低压绕组之间的阻抗称为半穿越阻抗，是分裂绕组变压器的主要运行方式。由于分裂绕组 2 和 3 的等值阻抗比不分裂运行时（即普通双绕组变压器运行时）大得多，所以半穿越阻抗的百分比也是比较大的，因此，工程上用来有效地限制短路电流。

根据上面的分析可得到分裂绕组变压器的特点如下：

（1）能有效限制低压侧的短路电流，因而可选用轻型开关设备，节省投资。

（2）在降压变电站应用分裂绕组变压器对两段母线供电时，当一段母线发生短路时，除能有效地限制短路电流外，另一段母线仍能保持一定的水平，不致影响供电。

（3）当分裂绕组变压器对两段低压母线供电时，若两段负荷不相等，则母线上的电压不等，损耗增大，所以分裂绕组变压器适用于两段负荷均衡又需限制短路电流的场所。

（4）分裂变压器在制造上比较复杂，如当低压绕组发生接地故障时，很大的电流流向一侧绕组，在分裂变压器铁芯中失去磁的平衡。在轴向上由于强大的电流产生巨大的机械应力，必须采取结实的支撑结构，因此，在相同容量下，分裂绕组变压器约比普通变压器贵 20%。

第四节　变压器的检查、试验及运行维护

一、变压器投入运行前的检查

变压器投入运行前应仔细地检查，确认是在完好状态，检查工作的重点如下：

（1）变压器联结的线路或系统处于正常待机状态。

（2）所有阀门的开闭状态和各管路连接均应正确无误。

（3）附件的安装位置、数量及技术要求应与产品装配图相一致。整个变压器应无渗漏现象。

（4）铁芯接地引线应由接地套管从油箱箱盖引出，并引至油箱下部接地固定板，可靠接地。

（5）储油柜及套管的油面应合适。三个无励磁调压开关分接位置指示准确，相分接位置应相同。

（6）气体继电器、压力释器、电流继电器、油泵、风扇、各种测温元件、套管式电流互感器等附件的保护、控制及信号回路的接线应正确无误。

（7）变压器油的最后化验结果应符合：耐压不小于 60kV、含水量不大于 $10\mu L/L$、含气量不大于 0.5%（90℃）。

（8）启动所有冷却器的油泵、风扇运行 30min，检查油泵、风扇运行情况，电流继电器的指示应正确。冷却器停止运行后，利用所有放气塞放气。

（9）气体继电器安装方向正确，充油正常，储气室中无气体。

二、变压器正常运行时的检查

（一）变压器送电前的检查

（1）有关检修工作票全部终结，安全措施全部拆除，常设遮栏和标示牌恢复。变压器本体清洁，无杂物，外壳接地应完好，变压器顶部、散热器、油阀门及本体等处均无渗、漏油现象。

（2）变压器储油柜和充油套管的油色应透明，油位高度应正常。

（3）温度计完好，指示正常。中性点接地装置完好。

（4）气体继电器应充满油，连接门打开，无报警。

（5）变压器分接头位置正确，且三相一致；有载调压装置远方操作可靠，位置指示正确。

（6）冷却装置启动、联动以及自启动正常，冷却电源联动试验正常，各组冷却器控制

选择开关位置正确。

（7）变压器的一、二次引线各部连接牢固，继电保护整定符合规定，保护投入正确。

（8）变压器间隔内清洁，无危及安全的杂物，消防系统完好。

（二）变压器正常巡视检查项目

（1）检查变压器绕组温度、油温度是否超过有关标准规定，并与当时的负载情况对照，注意变压器内部是否有短路故障而引起的过热及温度表指示异常。

（2）检查变压器油面的高低，有无漏油现象。油面一般应在油位表量程的 $1/4\sim3/4$ 处。油面过低，会使油停止循环，造成散热不良，导致变压器过热；油面过高，则当温度升高时，油料将膨胀而溢出变压器。检查油位表是否失灵，油孔是否堵塞，有无表内油位不能上下的情况。

（3）变压器储油柜、高压套管油位、油色正常，气体继电器内充满油且无气体；变压器套管无裂纹、破损，无严重放电痕迹。

（4）变压器本体清洁、无杂物、各部无渗油、漏油现象。

（5）变压器压力释放阀正常，呼吸器硅胶未失效。

（6）变压器本体无异振、异声、异味，各部引线接头无松动、过热、断裂现象。

（7）有载调压分接头调节装置运行正常，分接头位置正确且与集控室指示一致。

（8）变压器冷却器控制箱正常，箱门关闭，各开关位置准确，油泵、风扇运行正常，油流正常。

（9）中性点接地装置正常，外壳接地线正常。

（10）检查防爆管的隔膜是否完整，有无冒油现象。

（11）检查电缆盒电缆头有无异常，如漏油、发热。

三、变压器试验

变压器在运输途中会受到振动甚至撞击，大修时对变压器进行吊芯（或吊罩）时也可能受到碰撞，为了防止人为故障，在投入运行前对新装或大修后变压器应做以下工作。

（一）试验及验收

为了提高大型变压器的制造质量，确保安全运行，变压器制造厂应有健全的质量保证体系和严格的质量管理措施。用户应对变压器设计、制造工艺、材料及附件选用、工厂试验及包装运输等各关键工序实施质量监督。及时发现产品缺陷和隐患并消除在制造过程中，严把质量关。工厂试验应在变压器整体预组装情况下进行，除包括按国标规定的各项型式试验、例行试验、特殊试验（包括绕组变形试验）外，对 500kV 变压器还应进行 12h 空负荷试验、油流静电试验、转动油泵时的局部放电测量等。

变压器运输前的包装应符合铁路、公路或海运部门的有关规定，并加以切实的保护，保证变压器本体内部在运至现场的全过程中不受潮。在运输过程中应采用可靠的防受冲击措施，装设量程合适的冲撞记录仪，冲撞记录仪的记录作为变压器运至目的地后的交接内容，以验证变压器在运输过程中是否受到冲击，确保变压器内部结构相互位置不变，紧固件不松动。变压器运至现场后，除包括按国标规定的各项例行试验（测量绕组连同套管的介质损耗因数、直流泄漏电流、交流耐压试验、局部放电试验、额定电压下的冲击合闸试验等）外，应再次进行绕组变形试验，并将试验记录存档。变压器正式运行后，如经受过严重的外部故障，应复做绕组变形试验，并与原始试验记录进行比较，验证变压器绕组是否发生变形，绕组承受短路冲击后的动、静稳定特性是否良好。

（二）进行 3～5 次冲击试验

新装或大修后的变压器在带电投入空负荷运行中，会产生励磁涌流，其值可达 6～8 倍的额定电流。初始励磁涌流衰减较快，一般经 0.5～1s 后即可衰减到额定电流值的 0.25～0.5 倍，但完全衰减的时间较长，大容量的变压器可达几十秒。由于励磁涌流会产生很大的电动力，为了考验变压器的机械强度，同时考察励磁涌流衰减初期是否会造成继电保护装置误动，故需做冲击试验。

另外，在拉开空载运行变压器时，有可能产生操作过电压。在中性点不接地或经消弧线圈接地的电力系统中，其过电压幅值可达 4～4.5 倍相电压；在中性点直接接地时，也达 3 倍相电压。为了检查变压器绝缘强度能否承受高电压或操作过电压，也需做冲击试验。冲击试验对新产品进行 5 次，对大修后的变压器进行 3 次。每次冲击试验均要检查变压器有无异声、异状。

（三）短路试验

变压器制造商对变压器短路力及其效应不仅限于理论的研究或统计，还应通过大量的、各种不同型式的短路验证试验及现场短路事故的经验总结，验证计算方法、理论分析的准确性，加深对短路力的研究、理解，为用户提供高压电抗器短路能力的电力变压器。制造商应向买方提供相同（或相似）容量变压器的实际短路冲击试验报告，或变压器绕组承受短路冲击的动、静稳定的计算报告和提高变压器绕组承受短路冲击能力的关键措施等。

（四）空载试验

根据变压器的空载试验结果，可以求得变比 k、空载损耗、空载电流以及励磁阻抗。将变压器二次侧开路，在一次侧施加额定电压。在试验时，调整外施电压以达到额定值，忽略相对较小的压降，感应电动势、铁芯中的磁通密度均达到正常运行时的数值，忽略相对较小的一次侧绕组的铜耗，空载时输入功率等于变压器的铁耗。

（五）对气体继电器动作的判断和处理

新装或大修后的变压器在加油、滤油时，会将空气带入变压器内部，之后又未能及时排出。当变压器运行后，油温逐渐上升，形成油的对流，内部储存的空气被逐渐排出，从而使气体继电器动作。气体继电器动作的次数，与变压器内部储存的气体多少有关。遇到上述情况时，应根据变压器的声响、温度、油面以及加油、滤油工作情况综合分析。如变压器运行正常，可判断为进入空气所致，否则应取气做点燃试验，以判断是否是变压器内部有故障。

四、变压器的运行与维护

运行中变压器要根据需要经常加油，储油柜添加油的方法见说明书。允许运行的油质最低标准为：耐压不小于 60kV、含水量不大于 $20\mu L/L$、含气量不大于 2.5%。

（一）铁芯接地的检测

铁芯接地是由接地套管从油箱箱盖引出，并引至油箱下部接线，可利用此接地套管检测铁芯的绝缘情况。测量时先接入仪表，再打开接地线，避免瞬时开路形成高压。测量完毕，将接地线可靠接地后再拆下仪表接线。在变压器运行过程中，要定期监视其接地系统。

（二）运行期间必须进行的检查和试验

储油柜装有防油老化的胶囊，储油柜下方装有运行中加添油用的注油阀，可用此阀加添油。在加油过程中（油质应符合规定），应按储油柜安装使用说明书进行操作。

运行期间必须按以下规定定期检查及进行防护性试验：

（1）检查及检测周期：开始运行的第 1 个月每 10 天进行 1 次，第 2 个月每 15 天进行 1 次，第 3～6 个月每月进行 1 次，以后每 3 个月进行 1 次。

（2）检查及试验项目：

1）检查记录变压器各测量仪表的读数，测量变压器外部构件的温升；

2）检查变压器密封情况，发现渗漏油情况应及时处理；

3）取油样化验，化验项目包括测定耐压、含水量、含气量、tanδ、色谱分析等，这对发现变压器潜伏性故障具有重要意义，如有异常情况，应与制造厂联系。运行中若变压器油质下降很快，应尽快分析原因，并通知制造厂，及时采取处理措施。

（三）运行规定值

主变压器在额定频率下，对于额定电压的短时工频电压升高倍数的持续时间应符合表 2-2 的要求。

表 2-2　　工频电压升高时的运行持续时间

工频电压升高倍数	相间	1.10	1.2	1.50	1.58
	相对地	1.10	1.25	1.90	2.00
持续时间		<20min	<20s	<1s	<0.1s

当电流为额定电流的 $K(0 \leqslant K \leqslant 1)$ 倍时，应保证能在下列公式确定的值下正常运行：$u(\%)=110-5K_2$。

变压器的过载能力符合 GB/T 1094.7—2008《电力变压器　第 7 部分：油浸式电力变压器负载导则》的规定。变压器过负荷运行时，线圈最热点的温度不超过 140℃。在环境温度 40℃，满载启动，变压器允许短时间过载能力应满足表 2-3 的要求。

表 2-3　　短时过载能力

过电流（%）	允许运行时间（min）
20	480
30	120
45	80
60	45

过电流（%）	允许运行时间（min）
75	20
100	10

　　主变压器电源侧系统表观容量的短路电流（有效值）高压侧为 50kA，低压侧为 300kA。主变压器承受故障的能力：变压器应能承受高压侧的三相和单相故障，并能承受低压侧的三相故障。当变压器由无限大容量的母线供电，变压器输出端发生出口短路时，能保持动、热稳定而无损坏。在无限大电源时，变压器任一侧出口处发生三相短路时，变压器能耐受 3s 不应有变形和损坏，线圈温度应低于 250℃，保证该变压器可继续运行。在发电机甩负荷时，变压器能承受 1.4 倍额定电压，历时 5s 而不出现异常。

　　冷却器台数（包括 1 台备用）为 4 台，布置方式为挂在油箱高、低压侧。但至少应有一台冷却器为备用。变压器满载运行时，当全部冷却器退出运行时，允许继续时间至少 20min，当油面温度不超过 75℃时，允许上升到 75℃，但切除冷却器后的变压器允许继续运行 1h。不同环境温度下，投入不同数量的冷却器时，变压器允许满负载运行时间及持续运行的负载系数和变压器允许长期运行的负载也不同。

第五节　变压器常见事故及故障处理

　　根据我国的实际情况，变压器和发电机与高压输电线路元件相比，故障概率比较小，但其故障后果对电力系统的影响却很大。

一、变压器主要故障类型

（一）相间短路

　　这是变压器最严重的故障类型。它包括变压器箱体内部的相间短路和引出线（从套管出口到电流互感器之间的电气一次引出线）的相间短路，由于相间短路会严重地烧损变压器本体设备，严重时会使变压器整体报废。因此，当变压器发生这种类型的故障时，要求瞬时切除故障。

（二）接地或铁芯短路

　　对这种故障的处理方式和相间短路故障是相同的，但同时要考虑接地短路发生在中性点附近时的灵敏度。

（三）匝间或层间短路

　　对于大型变压器，为改善其冲击过电压性能，广泛采用新型结构和工艺，匝间短路故障发生的几率有增加的趋势。当短路匝数少，保护对其灵敏度不足时，在短路环内的大电流往往会引起铁芯的严重烧损。如何选择和配置灵敏的匝间短路保护，对大型变压器就显得比较重要。

（四）铁芯局部发热和烧损

　　由于变压器内部磁场分布不均匀、制造工艺水平差等因素，会使铁芯局部发热和烧损，继而引起更严重的相间短路。

（五）油面下降

由于变压器漏油等原因造成变压器内油面下降，会引起变压器内部绕组过热和绝缘水平下降，给变压器的安全运行造成危害，因此，当变压器油面下降时，应及时检测并予以处理。

二、变压器运行时异常及故障处理

变压器运行中发生的异常运行主要包括：上层油温或绕组温度超限；油位、油色异常；气体继电器报警、冷却系统故障等。当运行人员发现变压器处于异常运行状态时，应及时分析其性质、原因及影响，并采取适当的处理措施，以防止事态的发展，保证变压器和其他电气设备的安全运行。

（一）变压器上层油温或绕组温度超限

当运行中的变压器上层油温或绕组温度突然升高时，应从以下几个方面进行分析处理：

（1）检查变压器的负载和冷却介质的温度是否发生较大幅度的变化，并与同工况情况下做比较。

（2）检查变压器冷却装置是否发生故障，如风扇、油泵是否运转正常，如有故障应相应降低变压器负荷后消除故障。

（3）应核对表计及其回路是否正常，将现场表计与遥测表计相比较，并暂以两者的高值作为控制变压器负荷的依据。若不能判断为温度表指示错误时，应适当降低变压器负荷，以限制温度上升，并使之逐渐降至允许值以内。

（4）若发现油温较正常情况高出 10℃ 以上且有继续上升的趋势，而冷却装置和表计均正常，则很可能是变压器内部发生故障，应设法及时停用变压器，进行检查分析。

（二）油浸变压器油位过高

引起油浸变压器油位过高的主要原因有：

（1）变压器长期受高温影响，油受热膨胀，造成油位上升；

（2）加油时油温偏低，环境温度上升时引起油位高。

油位过高时，容易引起溢油或喷油，危及安全运行。因此，检查中发现油位过高，要及时通知检修人员放油处理，同时适当降低变压器的负荷，对于采用隔膜式储油柜的变压器应检查胶囊的呼吸是否畅通，以及储油箱内气体是否排尽等问题，以避免产生假油位。

（三）油浸变压器油位过低

引起油浸变压器油位过低的主要原因有：

（1）变压器漏油；

（2）原来油位不高，变压器负荷突然降低或环境温度突降。

当油位低于气体继电器时，气体继电器将动作报警，如油位低于变压器上盖，则变压器的引线暴露在空气中，这不但降低了绝缘能力，可能产生闪络放电，而且对变压器的绝缘强度也有影响。油位的继续下降将使铁芯甚至绕组与空气直接接触，后果更为严重。因此，遇到变压器油位明显下降时，应尽快查明原因，设法恢复正常油位。如果因漏油严重导致油位明显降低，则应禁止将气体保护由跳闸改信号，同时迅速消除漏油原因，恢复正常油位，否则将变压器退出运行。

（四）冷却系统故障

冷却系统发生故障时，可能迫使变压器降低容量，严重者可能被迫停用甚至烧坏变压器。

冷却系统故障的可能原因如下：

（1）电源故障或供电母线故障；

（2）电源熔断器熔断或冷却装置电源断路器跳闸；

（3）单台冷却器自动开关故障跳闸；

（4）油泵、风扇损坏；

（5）连接管道漏油。

对于风冷干式变压器，发生风扇电源故障时，应监视变压器绕组温度不超过规定值，必要时调整变压器所带的负荷。

对于强油导向风冷及强油循环冷却的变压器，如果其冷却装置供电电源全部中断，应设法尽快恢复冷却装置电源。在进行处理的同时，必须密切注意变压器的上层油温，适当降低负荷。如果短时内不能恢复电源，则停用变压器。如果是部分冷却器损坏或部分电源失去，应根据冷却器台数与相应容量的关系立即调整变压器的负荷使之不超过允许值，直至供电电源恢复或冷却器修复。大型变压器的冷却器一般设有备用冷却器，因此仅个别冷却器故障时，投入备用冷却器即可，无需调整变压器的负荷。注意当冷却装置电源恢复时，应逐台启动冷却器，避免同时启动全部冷却器，以免产生油流静电损坏绕组绝缘。

（五）变压器有载调压分接头调节失灵

（1）遥控调节失灵时，应检查控制回路，如有故障应消除之；若查不出原因或故障一时无法消除，可联系妥当后，至近控箱近控调节。

（2）如近控也失效且系统需要调节时，可做好联系进行手动操作。

（3）寻找故障原因并予以消除。

（六）气体继电器动作报警

（1）如检查是由于变压器油位过低引起时，可按变压器油位不正常降低处理。

（2）如由于直流接地或气体继电器二次线绝缘不佳引起，应将气体保护由跳闸改信号并消除故障。

（3）如外部检查正常，信号报警是由于气体积聚引起时，应立即将气体继电器内气体收集在取样袋内，并由化学人员鉴定气体性质，同时按表2-4原则进行处理。

表2-4　　　　　　　　　　　气体性质及处理表

气体性质	故障性质	处　理
无色、无臭、不能燃烧	空气	放出空气，注意下次发生信号的间隔，若间隔逐渐缩短，应将气体保护跳闸停用（如有备用变压器，换用备用变压器）

续表

气体性质	故障性质	处　理
淡灰色、强烈臭味、能燃烧	变压器内部绝缘材料（纸或纸质板）故障	停用变压器进行检查
微黄色、燃烧困难	变压器内部木质材料故障	停用变压器进行检查
灰黑色或黑色可燃	油的故障	停用变压器进行检查

气体继电器动作报警时，应注意如下几点：

（1）应迅速进行鉴定（因为经过一定时间后颜色会消失）。

（2）检查气体是否可燃时，不可将火种靠近气体继电器顶端（应离开 5～6cm）。

（3）如试验结果不能确定为空气，应通知化学部门化验油的闪燃点，若较上次低 5℃ 时，应停用该变压器。

（4）有载分接头装设瓦斯保护的，在调节分接头时如伴随气体继电器动作报警，则有可能是分接头换接开关的平衡电阻损坏，应停止调节，设法停用变压器进行检查。

（5）若由于空气使主变压器气体继电器频繁动作报警时，有可能是强油循环装置不严密所致，应进行查漏，条件许可时，可考虑停用工作冷却器，以观察报警时间是否延长。

（6）当检查结果并非上述原因时，应查明是否为气体继电器缺陷。

（七）气体保护（重瓦斯）动作使断路器跳闸

（1）有备用变压器的，迅速投入备用变压器。

（2）试验气体继电器内气体性质，判断是否由于变压器内部故障引起，若系变压器内部故障，应隔绝复修；若非内部故障，且一般检查无异状时，可重新投入运行。

（3）如为大量漏油所致，应迅速消除漏油，并加油后恢复运行。

（4）如为气体保护误动，可停用气体保护后，继续将变压器投入运行，但禁止停用差动保护。

（八）变压器自动跳闸的处理

（1）有备用变压器者应迅速将其投入，如投入后又跳闸时，应查明故障点，消除后方可投入变压器。

（2）查明变压器跳闸原因。

（3）如无备用变压器或备用变压器无法投运时，则根据继电保护动作情况和跳闸时的象征分析故障性质。若变压器跳闸是由于继电保护、二次回路误动作、人员误碰、外部故障或 其他设备故障（联锁跳闸引起）等原因所致，变压器可不经外部检查重新投入运行，如投入后又跳闸时，应彻底查明故障原因并予消除。

（4）如变压器有内部故障象征时，应隔绝电源交检修人员处理。

（九）压力释放阀动作报警

（1）如变压器已自动跳闸，则按变压器自动跳闸内容处理。

（2）现场检查确系压力释放阀动作（压力释放阀有喷油痕迹），联系值长停用检修。

（3）如由于直流接地或压力释放阀二次线绝缘不佳引起误报警时，应及时通知检修消除。

（十）变压器着火处理

（1）立即隔绝各侧电源，对发电机-变压器组还应灭磁。

（2）投入备用变用器。

（3）停用冷却设备。

（4）根据着火情况判断是否需将变压器放油（若油溢在变压器顶盖上而着火时，则应打开下部油门放油至适当油位。若是变压器内部故障引起着火时，则不能放油，以防变压器发生爆炸）。

（5）通知消防队，并按消防规程进行灭火。

（6）装有水灭火装置的变压器着火时，应立即使用水灭火装置进行灭火。

（十一）停用变压器

遇到下列情况时，应紧急停运变压器：

（1）变压器内部明显异常声响，且有不均匀的爆裂声；

（2）在正常负荷和冷却条件下，变压器油温异常升高，并不断上升；

（3）变压器储油柜喷油或从防爆门、压力释放阀喷油；

（4）大量漏油，使油位下降直至看不见油位；

（5）变压器油色发生变化，明显变黑，油内出现碳质；

（6）变压器套管严重破损，并有放电现象；

（7）变压器发生着火情况；

（8）变压器油的气相色谱分析结论认为不能继续运行时。

第六节　变压器的油质监测

一、变压器油的性能

绝缘油的性能一般指变压器油的性能，它是天然石油经过蒸馏、精炼而获得的一种矿物油。它是由各种碳氢化合物所组成的混合物。碳、氢两种元素占其全部质量的 $95\%\sim99\%$，其他为硫、氮、氧及极少量的金属元素等。石油基碳氢化合物有烷烃、环烷烃、芳香烃和烯烃等。变压器油的耐电强度、传热性及热量都比空气好得多，因此，目前国内外的电气设备，特别是大中型电力变压器和电抗器、电流互感器、电压互感器等基本上都采用油浸式结构，并且变压器油起着绝缘和散热的双重作用。

运行中的变压器油质量标准如表 2-5 所示。

表 2-5　　　　　　　　　　　　　　运行中变压器油质量标准

序号	项目	设备电压等级（kV）	质量标准		检验方法
			投入运行前的油	运行油	
1	外状		透明、无杂质或悬浮物		外观目视
2	水溶性酸 pH 值		>5.4	≥4.2	GB/T 7598—2008《运行中变压器油水溶性酸测定法》
3	酸值（mgKOH/g）		≤0.03	≤0.1	GB/T 7599—1987 或 GB/T 7304—2014《石油产品酸值的测定　电位滴定法》
4	闪点（闭口）（℃）		≥140（10、25号油）≥135（45号油）	与新油原始测定值相比不低于10	GB/T 261—2021《闪点的测定宾斯基-马丁闭口杯法》
5	水分/（mg/L）	330~500	≤10	≤15	GB/T 7600—2014《运行中变压器油和汽轮机油水分含量测定法（库仑法）》或 GB/T 7601—2008《运行中变压器油、汽轮机油水分测定法（气相色谱法）》
		220	≤15	≤25	
		≤110	≤20	≤35	
6	界面张力（25℃，mN/m）		≥35	≥19	GB/T 6541—1986《石油产品油对水界面张力测定法（圆环法）》
7	介质损耗因数（90℃）	500	≤0.007	≤0.020	GB/T 5654—2007《液体绝缘材料相对电容率：介质损耗因数和直流电阻率的测量》
		≤330	≤0.010	≤0.040	
8	击穿电压（kV）	500	≥60	≥50	GB/T 507—2002《绝缘油击穿电压测定法》或 DL/T 429.9—1991《电力系统油质试验方法　绝缘油介电强度测定法》
		330	≥50	≥45	
		66~220	—	≥35	
		35 及以下	≥35	≥30	
9	体积电阻率（90℃，Ω·m）	500	≥6×10^{10}	≥1×10^{10}	GB/T 5654—2007 或 DL/T 421—2009《电力用油体积电阻率测定法》
		≤330		≥5×10^{9}	
10	油中含气量（体积分数，%）	330~500	≤1	≤3	DL/T 423—2009《绝缘油中含气量测定方法真空压差法》或 DL/T 450—1991《绝缘油中含气量的测试方法　二氧化碳洗脱法》
11	油泥与沉淀物（质量分数，%）		<0.02（以下可忽略不计）		GB/T 511—2010《石油和石油产品及添加剂机械杂质测定法》
12	油中溶解气体组分含量色谱分析		按 DL/T 722—2000 规定		GB/T 17623—2017《绝缘油中溶解气体组分含量的气相色谱测定法》 GB/T 7252—2001《变压器油中溶解气体分析和判断导则》
			取样油温为 40~60℃		

运行中变压器油的质量随着老化程度与所含杂质等条件不同而变化很大，除能判断变压器故障的项目（如油中溶解气体色谱分析等）外，通常不能单凭任何一种试验项目作为评价油质状态的依据，应根据几种主要特性指标进行综合分析，并随变压器电压等级和容量不同而有所区别。运行中变压器油常规检验周期及检验项目见表 2-6。

表 2-6　　　　　　　　　　　　　运行中变压器油常规检验周期及检验项目

设备名称	设备规范	检验周期	表 2-5 中检验项目
变压器（电抗器）	330～500kV	设备投运前或大修后每年至少一次 必要时	1～10 1～3，5～10 4，11
	66～220kV、8MVA以上	设备投运前或大修后每年至少一次 必要时	1～9 1～3，5，7，8 6，9，11
	＜35kV	设备投运前或大修后三年至少一次	自行规定
套管		设备投运前或大修后每年1～3 年 必要时	自行规定

由于充油电气设备容量和运行条件的不同，油质老化的速度也不一样。当变压器油的 pH 值接近 4.4 或颜色骤然变深，其他某项指标接近允许值或不合格时，应缩短检验周期，增加检验项目，必要时采取有效处理措施。

二、变压器油产气机理

变压器油是由天然石油经过蒸馏、精炼而获得的一种矿物油。它是由各种碳氢化合物所组成的混合物，其中，碳、氢两元素占其全部质量的 95%～99%，其他为硫、氮、氧及极少量金属元素等。石油基碳氢化合物有环烷烃（C_nH_{2n}）、烷烃（C_nH_{2n+2}）、芳香烃（C_nH_{2n-m}）以及其他一些成分。

一般新变压器油的分子量在 270～310 之间，每个分子的碳原子数在 19～23 之间，其化学组成包含 50% 以上的烷烃、10%～40% 的环烷烃和 5%～15% 的芳香烃。表 2-7 列出了部分国产变压器油的成分分析结果。

表 2-7　　　　　　　　　　　　　部分国产变压器油的成分分析

油类及厂家	芳香烃（C_A%）	烷烃（C_P%）	环烷烃（C_N%）
新疆独炼，45 号	3.30	49.70	47.00
新疆独炼，25 号	4.56	45.83	50.06
兰炼，45 号	4.46	45.83	49.71
兰炼，25 号	6.10	57.80	36.10
东北七厂，25 号	8.28	60.46	31.26
天津大港，25 号	11.80	24.50	63.70

环烷烃具有较好的化学稳定性和介电稳定性，黏度随温度的变化小。芳香烃化学稳定性和介电稳定性也较好，在电场作用下不易析出气体，而且能吸收气体。变压器油中芳香烃含量高，则油的吸气性强，反之则吸气性差。但芳香烃在电弧作用下生成碳粒较多，又会降低油的电气性能；芳香烃易燃，且随其含量增加，油的密度和黏度增大，凝固点升高。环烷烃中的石蜡烃具有较好的化学稳定性和易使油凝固，在电场作用下易发生电离而析出气体，并形成树枝状的 X 蜡，影响油的导热性。

变压器油在运行中因受温度、电场、氧气及水分和铜、铁等材料的催化作用，发生氧化、裂解与碳化等反应，生成某些氧化产物及其缩合物——油泥，产生氢及低分子烃类气体和固体 X 蜡等。绝缘油劣化反应过程如下

$$RH + e \longrightarrow R^* + H^* \tag{2-1}$$

式中：e 为作用于油分子 RH 的能量；R^* 和 H^* 分别为 R 和 H 的游离基。游离基是极其活泼的基团，与溶解于油中的氧作用生成更活泼的过氧化游离基，即

$$R^* + O_2 \longrightarrow ROO^* \tag{2-2}$$

$$H^* + H^* \longrightarrow H_2 \tag{2-3}$$

过氧化氢继续对烃类作用，生产过氧化氢物，即

$$ROO^* + RH \longrightarrow ROOH + R^* \tag{2-4}$$

过氧化氢也是极不稳定的，可分解成 ROO^* 和 OH^* 两个游离基，使氧化反应继续下去。

上述 ROO^*、R^* 仍会继续反应，过氧化物再经一系列反应，最终生成醇（ROH）、醛（RCHO）、酮（RCOR）、有机酸（RCOOH）等中间氧化物，同时生成 H_2O、CO_2 及氢和碳链较短的低分子烃类。此外，在无氧气参加反应时，RH 也会生成低分子烃类，以 C_3H_8 为例，即

$$C_3H_8 \longrightarrow C_2H_4 + CH_4 \tag{2-5}$$

$$2C_3H_8 \longrightarrow 2C_2H_6 + C_2H_4 \tag{2-6}$$

变压器油一旦开始劣化，即使外界不供给能量，绝缘油本身也能把以游离基为活化中心的链式反应自动持续下去，而且反应速度越来越快。这时，只有加入抗氧化剂（惰性气体），依靠抗氧化剂的分子和氧化剂中的自由基相互作用，使氧化反应链中断才能抑制变压器油的老化。实验证明：绝缘油未加抗氧化剂时产气速率若为 100%，则有抗氧化剂时的产气速率仅为 26.9%，这就证明，抗氧化剂对链式反应是有很好的抑制的。

在变压器油中加抗氧化剂对延缓变压器油老化有明显效果；此外，如加 1、2、3 苯并三唑（BTA）还可抑制油流带电现象。通常，在油未开始氧化时加氨基比林，在氧化初期加氨基比林或烷基酚等，在油激烈氧化阶段加邻位氨基苯酚都能有效抑制变压器油老化。

变压器油在受高电场能量的作用时，即使温度较低，也会分解产气。在场强为 130kV/cm 时，变压器油在 25～30℃时的产气成分如表 2-8 所示。

表 2-8 场强 130kV/cm 作用下变压器油的产气组分（体积，%）

试样编号	CH_4	C_2H_6	C_2H_4	C_2H_2
1	3.3	1.7	1.9	3.0
2	2.2	1.4	2.3	2.4
3	3.72	1.01	1.61	1.42

绝缘油电劣化产气机理，仍基于电场能量使油中发生和发展游离基链式反应理论，绝缘油中溶解的气体在电场作用下将发生电离，释放出的高能电子与油分子发生碰撞，使 C—H 或 C—C 键断裂，把其中的 H 原子或 CH_3 原子团游离出来而形成游离基，促使产生二次气泡。若以 e 表示电场能量，则

$$CH_4 + e \longrightarrow CH_3^* + H^* \tag{2-7}$$

$$\begin{cases} CH_3^* + C_nH_{2n+2} \longrightarrow CH_4 + C_nH_{2n+1} \\ H^* + H^* \longrightarrow H_2 \end{cases} \tag{2-8}$$

$$2C_nH_{2n+1} \longrightarrow C_nH_{2n+2} + C_nH_{2n} \tag{2-9}$$

当电场能量足够时即可发生上述反应。上述反应的产气速率取决于化学键强度，键强度越高，产气速率越低。同时产气速率还与电场强弱、液相表面气体的压力有关，可用经验关系式描述，即

$$\frac{dp}{dt} = k(u - u_s)^n p^\gamma \tag{2-10}$$

式中 $\frac{dp}{dt}$——产气速率；

k——常数，取 0.06；

u——工作电压，kV；

u_s——析气时的起始电压，一般为 3kV±0.5kV；

p——油面气体压力；

n——常数，取 1.82；

γ——常数，取 0.16。

总之，在热、电、氧的作用下，变压器油的劣化过程以游离基链式反应进行。反应速率随着温度的上升而增加。氧和水分的存在及其含量高低对反应影响很大，铜和铁等金属也起触媒作用使反应加速，老化后所生成的酸、H_2O 及油泥等物质危及油的绝缘特性。

三、固体绝缘材料产气机理

纸、层压板或木块等固体绝缘材料分子内含有大量的无水右旋糖环和弱的 C—O 键及葡萄糖键，它们的热稳定性比油中的碳氢键要弱，并能在较低的温度下重新化合。聚合物裂解的有效温度高于 105℃，完全裂解和碳化高于 300℃，在生成水的同时，生成大量的 CO 和 CO_2 及少量烃类气体和呋喃化合物，同时油被氧化。CO 和 CO_2 的形成不仅随温度而且随油中氧的含量和纸的湿度增加而增加。

概括上述要点，不同的故障类型产生的主要特征气体和次要特征气体见表 2-9。

　　分解出的气体形成气泡，在油里经对流、扩散，不断地溶解在油中。这些故障气体的组成和含量与故障的类型及其严重程度有密切关系。因此，分析溶解于油中的气体，就能尽早发现设备内部存在的潜伏性故障，并可随时监视故障的发展状况。

表 2-9　　　　　　　　　　　　　不同故障类型产生的气体

故障类型	主要气体组分	次要气体组分
油过热	CH_4、C_2H_4	H_2、C_2H_6
油和纸过热	CH_4、C_2H_4、CO、CO_2	H_2、C_2H_6
油纸绝缘中局部放电	H_2、CH_4、CO_2	C_2H_2、C_2H_6、CO_2
油中火花放电	H_2、C_2H_2	
油中电弧	H_2、C_2H_2	CH_4、C_2H_4、C_2H_6
油和纸中电弧	H_2、C_2H_2、CO、CO_2	CH_4、C_2H_4、C_2H_6

　　在变压器里，当产气速率大于溶解速率时，会有一部分气体进入气体继电器或储油柜中。当变压器的气体继电器内出现气体时，分析其中的气体，同样有助于对设备的状况做出判断。

四、油中气体的其他来源

　　在某些情况下，有些气体可能不是设备故障造成的，如油中含有水，可以与铁作用生成氢。过热的铁芯层间油膜裂解也可生成氢。新的不锈钢中也可能在加工过程中或焊接时吸附氢而又慢慢释放到油中。特别是在温度较高、油中有溶解氧时，设备中某些油漆（醇酸树脂），在某些不锈钢的催化下甚至可能生成大量的氢。某些改型的聚酰亚胺型的绝缘材料也可生成某些气体而溶解于油中。油在阳光照射下也可以生成某些气体。设备检修时，暴露在空气中的油可吸收空气中的 CO_2 等。这时，如果不真空滤油，油中 CO_2 的含量约为 $300\mu L/L$(与周围环境的空气有关)。

　　另外，某些操作也可生成故障气体，如有载调压变压器中切换开关油室的油向变压器主油箱渗漏，或选择开关在某个位置动作时，悬浮电位放电的影响；设备曾经有过故障，而故障排除后绝缘油未经彻底脱气，部分残余气体仍留在油中；设备油箱带油补焊；原注入的油就含有某些气体等。

　　这些气体的存在一般不影响设备的正常运行。但当利用气体分析结果确定设备内部是否存在故障及其严重程度时，要注意加以区分。

第七节　变压器在线监测系统

一、局部放电的在线监测

　　局部放电的过程除了伴随着电荷的转移和电能的损耗之外，还会产生电磁辐射、超声、发光、发热以及出现新的生成物等。因此，针对这些现象，局部放电监测的基本方法有脉冲电流测量、超声波测量、光测量、化学测量、超高频测量以及特高频测量等方法。

其中脉冲电流法放电电流脉冲信息含量丰富，可通过电流脉冲的统计特征和实测波形来判定放电的严重程度，进而运用现代分析手段了解绝缘劣化的状况及其发展趋势，对于突变信号反应也较灵敏，易于准确及时地发现故障，且易于定量，因此，脉冲电流法得到广泛应用。目前，国内不少单位研制的局部放电监测装置普遍采用这种方法来提取放电信号。该方法通过监测阻抗、接地线以及绕组中由于局部放电引起的脉冲电流，获得视在放电量。它是研究最早、应用最广泛的一种监测方法，也是国际上唯一有标准（IEC 60270）的局部放电监测方法，所测得的信息具有可比性。图 2-22 为比较典型的局部放电在线监测（以变压器为例，图中 TA 表示电流互感器）原理框图。

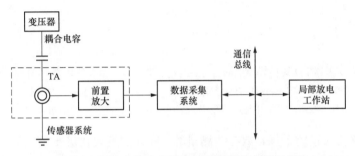

图 2-22　脉冲电流法监测变压器局部放电原理框图

随着技术的发展，针对不同的监测对象，近年来发展了多种局部放电在线监测方法。如光测量、超高频测量及特高频测量法等。利用光电监测技术，通过光电探测器接收的来自放电源的光脉冲信号，然后转为电信号，再放大处理。不同类型放电产生的光波波长不同，小电晕光波长不大于 400nm，呈紫色，大部分为紫外线；强火花放电光波长自小于 400nm 扩展至大于 700nm，呈橘红色，大部分为可见光，固体、介质表面放电光谱与放电区域的气体组成、固体材料的性质、表面状态及电极材料等有关。这样就可以实现局部放电的在线监测。同样，由于脉冲放电是一种较高频率的重复放电，这种放电将产生辐射电磁波，根据这一原理，可以采用超高频或特高频测量法监测辐射电磁波来实现局部放电在线监测。

日本 H. KAwada 等人较早实现了对电力变压器 PD 的声电联合监测（见图 2-23）。由于被测信号很弱而变电所现场又具有多种的电磁干扰源，使用同轴电缆传递信号会接收多种干扰，其中之一是电缆的接地屏蔽层会受到复杂的地中电流的干扰，因此，传递各路信号用的是光纤。通过电容式高压套管末端的接地线、变压器中性点接地线和外壳接地线上所套装的带铁氧体（高频磁）磁心的罗戈夫斯基线圈供给 PD 脉冲电流信号。通过装置在变压器外壳不同位置的超声压力传感器，接收由 PD 源产生的压力信号，并由此转变成电信号。在自动监测器中设置光信号发生器，并向图中所示的 CD 及各个 MC 发出光信号。最常用的是，用 PD 所产生的脉冲电流来触发监测器，在监测器被触发之后，才能监测到各超声传感器的超声压力波信号。后由其中的光信号接收器接收各个声、电信号。

综合分析各个传感器信号的幅值和时延，可以初步判断变压器内部 PD 源的位置。如果像图 2-24 所示的波形及时延情况，则可判断 PD 源离 MC2 的位置更近一些。

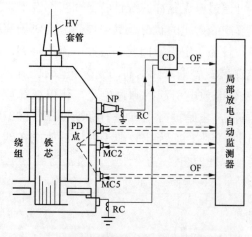

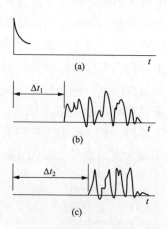

图 2-23　电力变压器 PD 的在线声电联合监测
CD—电流脉冲检测器；MC—超声压力传感器；
RC—罗戈夫斯基线圈；NP—中性点套管

图 2-24　电力变压器 PD 的在线监测时获得
的电流脉冲及超声信号
（a）来自某 RC；（b）来自 MC2；（c）来自 MC5

　　由于现场存在大量的干扰，故在线测量的 PD 灵敏度要比屏蔽的实验室条件下测量的灵敏度低得多。IEC 要求新生产的不小于 300kV 变压器在制造厂的实验室里试验时，PD 的视在放电量应小于 300～500pC。一般认为现场大变压器的 PD 量在不小于 10 000pC 时，应引起严重关注。所以 PD 的监测灵敏度至少应达到 5000pC。然而即使是这样一个要求，在进行在线测量时，也并非一定能够实现。

二、气相色谱分析及在线监测方法简介

　　油中溶解气体分析就是分析溶解在充油电气设备绝缘油中的气体，根据气体的成分、含量及变化情况来诊断设备的异常现象。如当充油电气设备内部发生局部过热、局部放电等异常现象时，发热源附近的绝缘油及固体绝缘（压制板、绝缘纸等）就会发生过热分解反应，产生 CO_2、CO、H_2 和 CH_4、C_2H_4、C_2H_2 等碳氢化合物的气体。由于这些气体大部分溶解在绝缘油中，因此，从充油设备取样的绝缘油中抽出气体，进行分析，就能够判断分析有无异常发热，以及异常发热的原因。气相色谱分析是近代分析气体组分及含量的有效手段，现已普遍采用油色谱分析在线监测的原理框图，如图 2-25 所示。

　　进行气相色谱分析，首先要从运行状态下的充油电气设备中取油样，取样方法和过程的正确性，将严重影响到分析结果的可信度。如果油样与空气接触，就会使试验结果发生一倍以上的偏差。因此，在 IEC 和国内有关部门的规定中都要求取样过程应尽量不让油样与空气接触。其次，要从抽取的油样中进行脱气，使溶解于油中的气体分离出来。脱气方法有多种，常用的是振荡脱气法，即在一密闭的容器中，注入一定体积的油样，同时再加入惰性气体（不同于油含有的待测气体），在一定温度下经过充分振荡，使油中溶解的气体与油达到两相动态平衡。于是就可将气体抽出，送进气相色谱仪进行气体组分及含量的分析。

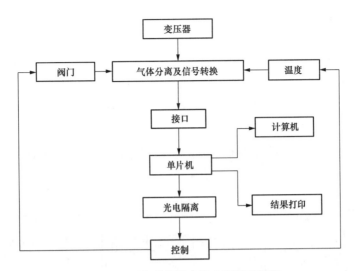

图 2-25 油色谱分析在线监测原理框图

常规的油色谱分析法存在一系列不足之处,不仅脱气中可能存在较大的人为误差,而且监测曲线的人工修正法也会加大误差,从取油样到实验室分析,作业程序复杂,花费的时间和费用较高,在技术经济上不能适应电力系统发展的需要;监测周期长,不能及时发现潜伏性故障和有效的跟踪发展趋势;因受其设备费用和技术力量的限制,不可能每个电站都配备油色谱分析仪,运行人员无法随时掌握和监视本站变压器的运行状况,从而会加大事故率。因此,国内外不仅要定期作以预防性试验为基础的预防性检修,而且相继都在研究以在线监测为基础的预知性检修策略,以便实时或定时在线监测与诊断潜伏性故障或缺陷。

绝缘油气相色谱在线监测主要解决油气分离问题,目前在线监测油气分离采用的是不渗透油只渗透各种气体的透气膜,集存渗透气体的测量管和装在变压器本体放油阀上变换气流通过的六通阀以及电动设备;气体监测包括分离混合气体的气体分离柱及监测气体的传感器,控制气体分离柱工作温度的恒温箱、载气、继电器自动控制以及辅助电路设施。

三、绝缘油溶解气体的在线检测

(一)油中氢气的在线检测

不论是放电性故障还是过热性故障都会产生 H_2,由于生成氢气需克服的键能最低,所以最容易生成。换句话说,氢气既是各种形式故障中最先产生的气体,也是电力变压器内部气体各组成中最早发生变化的气体,所以若能找到一种对氢气有一定的灵敏度,又有较好稳定性的敏感元件,在电力变压器运行中监测油中氢气含量的变化、及时预报,便能捕捉到早期故障。

目前常用的氢敏元件有燃料电池或半导体氢敏元件。燃料电池是由电解液隔开的两个电极所组成,由于电化学反应,氢气在一个电极上被氧化,而氧气则在另一电极上形成。电化学反应所产生的电流正比于氢气的体积浓度。半导体氢敏元件也有多种:如采用开路电压随含氢量而变化的钯栅极场效应管，或用电导随氢含量变化的以 S_nO_2 为主体的烧结型半导体。半导体氢敏元件造价较低，但准确度往往还不够满意。

不仅油中气体的溶解度与温度有关，在用薄膜作为渗透材料时，渗透过来的气体也与温度有关。因此进行在线监测时，宜取相近温度下的读数来作比较，或在系统中考虑到温度补偿。测得的氢气浓度，一般在每天凌晨时测值处于谷底，而在中午时接近高峰。

（二）油中多种气体的在线检测

监测油中的氢气可以诊断变压器故障，但它不能判断故障的类型。图 2-26 给出了诊断变压器故障及故障性质的多种气体在线检测装置。

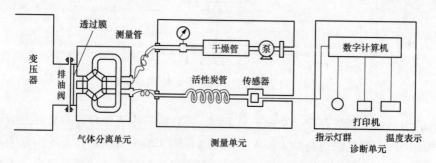

图 2-26 变压器油中气体在线检测原理

气体分离单元包括不渗透油而只渗透各气体成分的氟聚合物薄膜（PFA）、集存渗透气体的测量管和装在变压器本体排油阀上改变气流通过的六通控制阀，排油阀通常在打开位置。当渗透时间相当长时，则渗透气体浓度与油中气体浓度成正比。检测单元通过一直通管与气体分离单元相连，利用空气载流型轻便气相分析仪进行管中各渗透组成气体的定量测定，诊断单元包括信号处理、浓度分析和结果输出等功能。

用色谱柱进行气体分离后可测量出变压器油中色谱图（见图 2-27）。得到这些气体的含量，就可根据比值准则，利用计算机进行故障分析，可以诊断变压器中局部放电、局部过热、绝缘纸过热等故障。

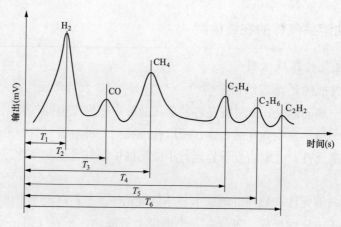

图 2-27 六种气体色谱图例

第三章 高 压 电 器

发电厂中使用的高压电器种类繁多，数量庞大，特性各异，其中断路器、隔离开关等开关电器操作频繁。本章主要介绍高压断路器、隔离开关、避雷器、互感器、封闭母线等高压电器的基本工作原理、结构、参数及运行与维护。

第一节　高压断路器

一、高压断路器的基本作用

高压断路器是电力系统中最重要的控制和保护设备，是发电厂最重要的电气设备之一，是结构最复杂、功能最完善、价格最昂贵的一类开关电器，在发电厂乃至整个电力系统中起着至关重要的作用。

无论电网处于何种状态，断路器都应可靠工作。其在电网中的主要作用有两个方面。

一是控制作用，即根据电网运行需要投入或切除部分电力设备和线路。在系统正常运行时，高压断路器用来将高压电气设备或高压输电线路接入电路或退出运行，倒换电气接线的运行方式，起着控制电路的作用。此时，高压断路器接通和断开的电路中通过的是正常工作电流。

二是保护作用，即通过继电保护及自动装置，将故障部分从电网中迅速切除，以保证电网非故障部分的正常运行。在电力设备或线路发生故障时，高压断路器能与继电保护及自动装置配合，快速切除故障设备或故障回路，以保证非故障部分正常运行，并使故障设备或故障回路免遭更严重的损坏，防止故障更进一步扩大，起着保护作用。此时，高压断路器断开的电路中通过的是短路电流。

高压断路器在接通或断开电路时，无论是当时通过的是正常工作电流还是短路电流，高压断路器动、静触头间将会产生电弧，只有将触头间的电弧熄灭之后，电路才能真正断开。另外，在电弧重燃或熄灭电弧的过程中，可能会产生过电压，威胁电气设备的绝缘和系统的稳定运行。为了在正常或故障等任何情况下保证高压断路器都能可靠地接通与断开电路，要求高压断路器必须具有完善的灭弧装置和快速动作的特性，必须具有足够的开断能力，即切断电流时熄灭电弧的能力。

二、高压断路器的基本结构和类型

高压断路器通断电路是由操动机构经过传动机构驱动两个金属触头（通常称动、静触头）的接触和分开而得以实现的，且必须保证可靠地熄灭电弧。

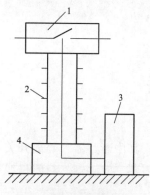

图 3-1　高压断路器典型
结构简图

1—开断元件；2—绝缘支柱；
3—操动机构；4—基座

高压断路器的典型结构如图 3-1 所示。图中开断元件是断路器用来进行关合、开断电路的执行元件，它包括触头、导电部分及灭弧室等。触头的分合动作是靠操动机构来带动的。开断元件放在绝缘支柱上，使处在高电位的触头及导电部分与地电位部分绝缘。绝缘支柱则安装在基座上。

虽然高压断路器的种类繁多，但其主要结构相似，一般分为导电回路、灭弧室、绝缘部分、操动机构、传动部分、外壳及支持部分。

高压断路器的种类很多，按断路器的安装地点分为户内式和户外式，按断路器的灭弧介质分为油断路器、空气（压缩）断路器、SF_6 断路器和真空断路器等。

SF_6 断路器采用具有优良灭弧性能和绝缘性能的 SF_6 气体作为灭弧介质的断路器，称为 SF_6 断路器。SF_6 断路器断开电路时，利用具有一定压力的 SF_6 气体吹动电弧，致使电弧迅速熄灭。SF_6 断路器开断容量大、体积小、噪声低、检修周期长、维护工作量小、运行稳定、安全可靠、使用寿命长，已广泛应用于电力系统中，特别是用于 GIS 组合电器。

真空断路器是利用真空的高介质强度来实现灭弧的断路器，称为真空断路器。真空断路器具有灭弧速度快、结构简单、耗材少、开断能力强、维护简便、无爆炸和火灾危险、使用寿命长和体积小等优点，已逐渐广泛应用于电力系统中。随着大机组对厂用电可靠性要求的提高，真空断路器已取代少油断路器，成为大型电厂厂用电系统的首选断路器。

三、高压断路器灭弧

（一）开关电器中的电弧

高压断路器中电弧的形成是触头间具有电压及介质分子被游离的结果。电弧是触头在分合闸间隙中的中性质点（如油、空气和 SF_6 等介质的分子）游离而引起的放电现象：电子在强电场作用下，高速冲向阳极时，碰撞中性质点，使其离解为电子和正离子，一个接一个形成极强的连锁反应，即碰撞游离，电子冲向阳极，正离子奔向阴极，形成电弧，介质的质点高速热运动而互相碰撞，形成热游离。触头分开距离增大后，电场减弱，最后，电弧便越来越小，直至熄灭。具体过程如下所述。

（1）电弧的产生。当用开关电器开断具有一定电压和电流的电路时，只要电源电压大于 10～20V，电流大于 80～100mA，在开关电器的触头刚刚分离之后瞬间，动、静触头之间便会产生电弧，如图 3-2 所示。这时，开关的动、静触头虽然已分开，但是由于触头间的电弧形成了离子导电通道，因而仍有电流通过，电路实际上处于接通状态。只有当开关的动、静触头之间的电弧完全熄灭之后，电路才算真正断开。电弧之所以能形成导电通道，是因为电弧弧柱中出现了

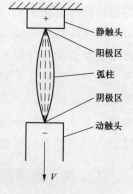

图 3-2　电弧的形成

大量导电粒子的缘故。

触头周围的介质虽因开关型式而有所不同，但通常情况下都是绝缘的。电弧的产生，说明了绝缘介质发生了物态变化而变成了导电体。任何一种物质都有三态，随着温度由低至高呈现出固态、液态和气态。处于气态的物质，如果温度进一步升高至 5000℃ 以上，就会转化为等离子体态。任何等离子体态的物质都是以离子状态存在的，因而具有导电特性。可见电弧的形成过程也就是绝缘介质向等离子体态转化从而导电的过程。

电弧的产生和维持燃烧是触头间的绝缘介质中性质点被游离的结果，游离就是绝缘介质中性质点在一定条件下转化为带电质点的过程。从电弧的形成过程和维持来看，游离过程主要有 4 种形式。

1）强电场发射。当动、静触头分离瞬间，触头间距离很小，虽然触头间的电压不一定很高，但也可能产生很强的电场，当电场强度超过 $3 \times 10^6 \text{V/m}$ 时，触头阴极表面的电子就会被强电场力拉出而成为触头间介质中的自由电子，这种游离形式称为强电场发射。

2）热电发射。开关触头都是由金属材料制成的。在开关断开之前，由于触头接触压力和有效接触面逐渐减小，引起触头接触电阻逐渐增大，触头表面会形成炽热的斑点。炽热表面上的自由电子能量随着温度升高而增加，电子的运动加剧。在触头断开后，阴极表面上的电子就可能逸出金属表面，进入触头间的绝缘介质中，形成热电发射。特别是在电弧形成后，弧隙间的高温使阴极表面出现强烈的炽热点，会不断发射出自由电子。

强电场发射和热电发射是弧隙间最初产生自由电子的原因。这些自由电子在电场力的作用下，向阳极作加速运动。

3）碰撞游离。如图 3-3 所示，开关触头间隙中的自由电子，包括阴极表面发射出的电子和弧隙中原有的少数电子，在强电场的作用下向阳极高速运动。自由电子在向阳极加速运动过程中，与触头间隙中的介质中性质点发生碰撞。当高速运动的自由电子具有足够的动能时，这种碰撞将使中性质点内的一个或几个电子脱离原子核的束缚，离开原有的运行轨道，从而使原中性质点游离出正离子和自由电子，这种现象称为碰撞游离。新产生的自由电子在强电场作用下，继续高速向阳极运动，导致碰撞游离不断发生。碰撞游离连续进行的结果是，开关触头间隙中充满了正离子、负离子和自由电子。随着带电质点数量的急剧增加，触头间隙中带电质点的浓度越来越大，这些带电质点在触头间外加电压的作用

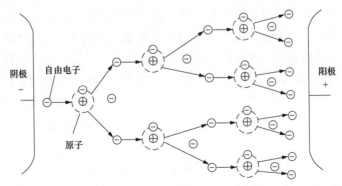

图 3-3　气体碰撞游离放电示意图

下，分别向阳极或阴极运动，触头间隙的绝缘介质被击穿而形成电弧。

4）热游离。电弧形成之后，弧柱中的温度很高。在高温作用下，介质质点的不规则热运动加剧。具有足够动能的中性质点相互碰撞时，又会游离出正离子和自由电子，这种现象称为热游离。一般气体开始发生热游离的温度为 9000～10 000℃，金属蒸气的热游离温度为 4000～5000℃，而弧柱中心温度最高可达 10 000℃左右。金属触头表面的部分金属熔化蒸发后形成金属蒸气进入弧柱区，进一步加强了热游离。

由于电弧的弧隙电压主要降落在阴极区和阳极区，而两极区间的弧柱电压低（电导很大），加之触头间的距离逐渐增大，所以弧柱区的带电质点浓度主要靠热游离维持，即电弧的持续燃烧主要是靠热游离来维持。

（2）电弧的熄灭。

在开关触头间隙中产生上述游离过程的同时，还存在着使带电质点减少的去游离现象。去游离主要有复合和扩散两种形式。

1）复合去游离。复合是指正离子和负离子互相吸引，相互接触后电荷中和，使带电质点减少的过程。相异电荷要在一定时间内处在很近的范围内，且相对运动速度较小时，才能完成复合过程。因电子质量小，其运动速度约为正离子的 1000 倍，且与正离子的运动方向相反，所以相互间相对速度较大，两者直接复合的概率较小。通常的情形是，电子首先附着在中性质点上形成负离子，运动速度大大降低，而负离子与正离子的相对速度要小得多，从而比电子与正离子间的复合容易得多。

2）扩散去游离。扩散是指带电质点从电弧内部逸出，进入周围介质中，从而使弧柱带电质点减少的现象。自然扩散有两种形式：一是浓度扩散。由于电弧弧柱中带电质点浓度很高，而弧柱周围介质中带电质点浓度较低，这种浓度差异的存在使得带电质点从浓度较高的区域向浓度较低的区域扩散，弧柱中的带电质点因此而减少。二是温度扩散。由于电弧弧柱中温度相当高，而弧柱周围介质的温度相对低得多，这种温度差异使得处于高温弧柱中的带电质点向周围的低温区域扩散，弧柱中的带电质点因此而减少。

游离和去游离是电弧燃烧时同时存在的两个相反过程。游离过程使弧柱中带电质点增加，有助于电弧的产生和燃烧；去游离过程使弧柱中的带电质点减少，有利于电弧的熄灭。当这两个过程处于动态平衡时，电弧将处于稳定燃烧状态；若游离过程大于去游离过程，电弧加剧燃烧；若去游离过程大于游离过程，电弧燃烧减弱，并最终趋于熄灭。

在开关电器中，为了加强灭弧能力，都要采取措施加快去游离过程和减弱游离过程。增大触头开距从而拉长电弧，加速对电弧的冷却使其温度降低，加大气体介质的压力从而提高气体介质的浓度，均有利于复合去游离；使用高速气流吹动电弧，能带走弧柱区的大量带电质点，从而加强扩散去游离，同时还能带走大量的热量使弧柱区温度急剧下降，减弱热游离程度。而扩散出去的带电质点，因受冷却而复合为中性质点。

开关电器中的电弧是否能够最终熄灭，首先取决于弧柱区内介质的游离和去游离速度，其次是电源加在触头之间的外施电压的大小。当弧柱区的去游离速度远大于游离速度时，弧柱区内的带电质点数量不能维持足够的电弧电流时，电弧便熄灭。当触头间的外加电压过低时，不能保证弧柱区内有足够数量的带电质点运动到触头的两极，因而不能维持足够的电弧电流时，触头间的电弧也会熄灭。

可以这样理解，弧隙中，在产生电子和正离子游离过程的同时，还存在着带正、负电质点复合为中性质点和带电质点由弧柱中心扩散到表面或外部的去游离过程。若游离强于去游离，则电弧可维持，反之，电弧便越来越小，直至熄灭。

在交流电弧中，电流过零时，电弧会自然熄灭，能否重燃取决于弧隙是否会被重新击穿。如果冷却和电弧拉长足够，去游离作用极强，则弧隙不会产生热游离击穿；弧隙中介质恢复绝缘强度的速度高于外施电压的恢复上升速度，弧隙也不致被击穿，电弧便得以熄灭。

（二）高压断路器熄灭电弧的基本方法

高压断路器断开电路时，电弧能否熄灭，决定于电弧电流过零时，弧隙的介质强度恢复速度和弧隙电压恢复速度的快慢。加强弧隙的去游离以提高介质强度恢复速度，或改变电路结构以降低弧隙电压上升速度和熄弧时的过电压，都可以加快电弧的熄灭。

（1）利用性能优良的灭弧介质。电弧中的去游离速度，在很大程度上取决于电弧周围介质的特性，如介质的传热能力、介电强度、热游离温度和热容量。这些参数的数值越大，则去游离作用越强，电弧就越容易熄灭。氢的灭弧能力是空气的 7.5 倍，所以利用变压器油或断路器油（绝缘油）作为灭弧介质，绝缘油在电弧的高温作用下分解出氢气（H_2 占 70%~80%）和其他气体来灭弧；六氟化硫（SF_6）是良好的负电性气体，氟原子具有很强的吸附电子的能力，能迅速捕捉自由电子而成为稳定的负离子，为复合去游离创造了有利条件，因而具有很好的灭弧性能，SF_6 气体的灭弧能力比空气强约 100 倍；若用真空（气压低于 133.3×10^{-4} Pa）作为灭弧介质时，弧隙间的自由电子很少，碰撞游离的可能性大大减小，况且弧柱对真空的带电质点的浓度差和温度差很大，有利于扩散，真空的介质强度比空气约大 15 倍。因此，采用不同介质可以制成不同类型的断路器，如空气（压缩）断路器、油断路器、SF_6 断路器和真空断路器等。

（2）采用特殊金属材料制成的灭弧触头。电弧中的去游离强度，在很大程度上取决于触头材料。若采用熔点高、导热系数和热容量大的耐高温金属作为触头材料，可以减少热电发射和电弧中的金属蒸气，抑制游离作用。同时，触头材料还要求有较高的抗电弧、抗熔焊能力。常用的触头材料有铜钨合金、银钨合金和铜铬合金等。

（3）利用气体或油流吹动电弧。电弧在气流或油流中被强烈地冷却而使复合去游离加强，同时高速油气流吹弧有利于带电粒子的扩散。气体或油的流速越大，其去游离作用越强。在高压断路器中利用各种结构形式的灭弧室，使气体或油在巨大的压力下有力地吹向弧隙，使电弧熄灭。如空气断路器采用充入压力约 2.3MPa 的干燥压缩空气作为吹动电弧的灭弧介质，SF_6 断路器利用 0.304~0.608MPa 的纯净 SF_6 气体作为灭弧介质，油断路器则利用油和油在电弧作用下分解出的气体吹动电弧。吹弧方式有纵吹和横吹等，如图 3-4 所示。吹动方向与弧柱轴线平行的称为纵吹，吹动方向与弧柱轴线垂直的称为横吹。纵吹主要使电弧冷却变细，最后熄弧；而横吹则把电弧拉长，增大表面积并加强冷却。在断路器中更多地采用纵、横混合吹弧的方式，熄弧效果更好。此外，在某些高压断路器中，还采用环吹灭弧方式。

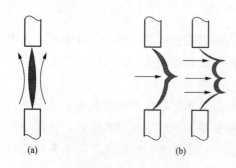

图 3-4 吹弧方式

(a) 横吹；(b) 纵吹

（4）采用多断口熄弧。在高压断路器中，每一相采用两个或更多的断口串联熄弧时，断口把电弧分割成多个小电弧段，在相等的触头行程下，多断口与单断口相比，电弧被数倍拉长，从而增加了弧隙电阻；而且电弧被拉长的速度，即触头分离的速度也增加，加速了弧隙电阻的增大，同时也增大了介质强度的恢复速度。由于加在每个断口的电压降低，使弧隙恢复电压降低，也有利于熄灭电弧。

（5）拉长电弧并加快断路器触头的分离速度。迅速拉长电弧，可使弧隙的电场强度骤降，同时使电弧的表面积突然增大，有利于冷却电弧和带电质点向周围介质中扩散，使热游离作用削弱，加快离子的复合速度，从而加速电弧的熄灭。为此，在高压断路器中都装有强有力的分闸装置，以加快触头的分断速度。高压断路器分闸速度的快慢，通常由开断时间来衡量，它包括断路器的固有分闸时间和燃弧时间两部分。开断时间大于 0.12s 者，称为低速断路器；小于 0.08s 者称为高速断路器；介于 0.08～0.12s 之间者称为中速断路器。

（6）断路器加装并联电阻。在高压断路器的触头两端并联一个电阻，则当触头分开时，关联电阻 r 接入电路，使其在触头断开过程中起分流作用，r 越小则分流越大，对触头的灭弧也越有利。有并联电阻时，当触头间的电弧熄灭后，还有电流通过并联电阻流通，但数值上已减小。为最终切断电路，必须另加一对辅助触头。因此，为加装并联电阻，高压断路器的灭弧室中除装有一对主触头 QF1 外，还装设有一对辅助触头 QF2，其连接方式如图 3-5 所示。图（a）为并联电阻 r 与主触头 QF1 并联后再与辅助触头 QF2 串联，图（b）为辅助触头先与并联电阻 r 串联后再与主触头 QF1 并联。断开电路时，主触头 QF1 先断开，由于有并联电阻接入电路，不仅使恢复电压的数值和上升速度降低，主触头间产生的电弧容易熄灭，而且并联电阻还可对电路的振荡过程起阻尼作用，可能使振荡过程变为非周期振荡，从而抑制过电压的产生。当主触头 QF1 间的电弧熄灭后，辅助触头 QF2 接着断开，切断通过并联电阻的电流，使电路最终完全断开。接通电路时 QF1、QF2 的动作顺序与上述相反，即辅助触头 QF2 先合上，然后合上主触头 QF1，并将并联电阻 r 短接。

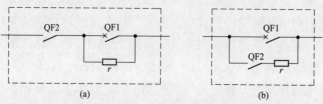

图 3-5 灭弧室的并联电阻连接方式

(a) 辅助触头 QF2 与主触头 QF1 串联；(b) 辅助触头 QF2 与主触头 QF1 并联

（7）断路器加装并联电容。当电压等级较高时，高压断路器常采用多个灭弧装置串联，形成多断口断路器。这种多断口的结构，使得各个断口在开断位置的电压分配和开断过程中的恢复电压出现不平衡现象，第一个断口的工作条件比第二个断口的工作条件要严重，影响整个断路器的灭弧能力。

为了充分发挥每个灭弧室的作用，应使两个断口的工作条件接近相等。通常在每个断口两端并联一个电容 C，称之为均压电容。只要电容量足够大，就可以使两断口上的电压分布近似相等，从而保证了断路器的灭弧能力。220kV 及以上的 SF_6 断路器用多个灭弧装置串联的多断口结构中并联均压电容，使在开断中各断口电压基本相等，以利熄弧。此外，在低压断路器中，通常利用短弧原理在固体介质的狭缝中熄弧。

（8）减小断路器触头接触电阻。各种导体之间的接触电阻决定于连接的质量，其值越小越好。断路器触头的接触电阻小到一定程度，即可保证正常运行且通过触头的电流是额定电流时，触头的温度不超过允许温度；故障通过短路电流时，因触头具有足够的热稳定性，因而不致使触头熔接或失去机械强度。减小触头接触电阻的措施一般采用增加接触压强、电阻系数小的触头材料、镀银或钨（防止触头表面氧化形成氧化膜）、使触头在分合过程中少许滑动自洁、浸入油中以及选择理想的接触方法（在面接触、线接触、点接触中，多采用线接触）等。

触头还必须有足够的机械强度，结构可靠，以满足正常合闸时的冲击和故障时短路电流引起的电动力的影响。

第二节　SF_6 断路器

SF_6 作为一种绝缘气体，具有很多优点，是一种无色、无味、无毒、不可燃的惰性气体，并有优异的冷却电弧特性，特别是在开关设备有电弧高温的作用下产生较高的冷却效应，避免局部高温的可能性。SF_6 的绝缘性能远远超过传统的油、空气绝缘介质。其用于电气设备中，可以缩小设备的尺寸，提高设备绝缘的可靠性。其缺点是在电弧放电时，分解形成硫的低氟化合物，不但有毒，且对某些绝缘材料和金属具有腐蚀作用。

SF_6 断路器具有以下优点：

（1）开断容量大。SF_6 断路器的开断电流目前已达 40～63kA，最大电流达到 80kA。

（2）电器寿命长。修检周期可长达 10～20 年。

（3）开断性能好。不仅开断短路性能好，而且具有开断空载长线路和空载变压器不重燃，过电压低等优点。

（4）灭弧室断口耐压高。目前已达到单断口 245kV、50kA 的水平，因此，断路器的结构简单、紧凑、占地面积小。

（5）安全。无火灾和爆炸危险。

瑞金电厂二期工程的 220kV 系统高压断路器，采用山东泰开高压开关有限公司生产的 LW30-252L 高压交流 SF_6 瓷柱式断路器。该型号的断路器具有以下主要优点：该断路器采用自能式灭弧原理，具有开断性能优良，燃弧时间短，电寿命长，操作噪声小的优点。采用绝缘及灭弧性能优异的 SF_6 气体为绝缘灭弧介质，无燃烧、爆炸危险，可用于人口密集地区。CTY-10 型液压弹簧操动机构，结构简单紧凑，可靠性高，维护工作量少，机械寿命长达 10000 次。

一、LW30-252L 断路器主要技术参数

LW30-252L 断路器主要技术参数见表 3-1。

表 3-1   LW30-252L 断路器主要技术参数

序号	名 称			单位	数 据	
1	额定电压			kV	252	
2	额定频率			Hz	50	
3	额定电流			A	4000	
4	额定短路开断电流			kA	50	40
5	额定短路关合电流			kA	125	100
6	额定短时耐受电流 4s			kA	50	40
7	额定峰值耐受电流			kA	125	100
8	首开相系数				1.3	
9	近区故障开断电流			kA	37.5/45	30/36
10	额定线路充电开断电流			A	125	
11	额定失步开断电流			kA	12.5	10
12	额定操作顺序				O-0.3s-CO-180s-CO	
13	接线端子静拉力	水平拉力	纵向 F_{thA}	N	1500	
			横向 F_{thB}		1000	
		垂直拉力（向上及向下）F_{thV}			1250	
14	额定绝缘水平	1min 工频耐压	相间及对地	kV	460	
			断口间		460＋145	
		雷电冲击耐受电压（全波峰值）	相间及对地		1050	
			断口间		1050＋200	
		零表压 5min 工频耐压			220	
15	无线电干扰水平			V	＜500	
16	分闸时间			ms	＜30	
17	合闸时间			ms	＜90	
18	分闸同期			ms	＜2	
19	合闸同期			ms	＜4	
20	合分时间			ms	＜60	
21	满容量累计开断次数			次	20	
22	机械寿命			次	10 000	
23	SF$_6$ 气体年漏气率				＜0.3％	
24	SF$_6$ 气体水分含量（μL/L，20℃）				≤150	

续表

序号	名　　称	单位	数　　据	
25	主回路电阻	μΩ	<70	
26	SF$_6$气体质量（单相）	kg	13	10
27	断路器总质量	kg	3500	
28	SF$_6$气体额定压力（20℃）	MPa	0.6±0.02	0.4±0.02
29	SF$_6$气体低气压报警压力（20℃）	MPa	0.53±0.01	0.35±0.02
30	SF$_6$气体低气压闭锁压力（20℃）	MPa	0.5±0.01	0.3+0.02

二、SF$_6$断路器的结构和工作原理

（一）断路器的总体结构

LW30-252L型断路器机械联动的断路器三相各有一个支架，相间使用矩形管支撑连接。机构和断路器中相本体之间通过输出拉杆连接，并由水平拉杆（在相间支撑筒内运动）与边相连接，实现三相机械联动。该产品配用CTY-10液压弹簧操动机构，置于中相支架内，由支撑筒挂接在中相传动箱上。LW30-252L型断路器总体结构见图3-6。

操动机构箱内装有电动机驱动弹簧操动机构。连接操动机构箱和灭弧室单元的是支持绝缘套管，绝缘操作杆从中穿过。

每个灭弧室单元包括一个灭弧室瓷套和带触头系统的上、下电流通道，灭弧室套管与两个法兰和支柱

图3-6　LW30-252L型SF$_6$
断路器总体结构

构成整体。压气室在下电流通道上移动，固定触头与上、下电流通道构成一个整体。

断路器极柱分别安装在热镀锌支架上，支架由两个焊接成分体和用螺栓连接的支撑板组成。

断路器每极灭弧室均充有SF$_6$气体，各极之间相互独立，并且均装有独立的监控元件（密度继电器）来监视SF$_6$气体的压力。在20℃时，SF$_6$气体的绝对压力为0.7MPa，断路器工作环境最低温度不得低于−30℃。

（二）断路器灭弧室及工作原理

灭弧室采用压气式、变开距、自能式双吹结构，它由静触头系统、动触头系统、灭弧室瓷套、支柱瓷套、直动密封等组成，如图3-7所示。

电力引线接在灭弧室瓷套的接线端子上，具体安装孔尺寸由现场决定。

在合闸位置时，电流从一个灭弧室单元的接线端子经静触头系统、动触头系统，再经过中间机构和另一个灭弧室单元的动触头系统、动触头系统，从该灭弧室单元的接线端子流出。

分闸时，由绝缘拉杆（图中未示出）带动动触头系统中运动部分——压气缸一起向下（以图 3-7 为参照）运动，封闭在压气缸中的 SF_6 气体被压缩。压气缸经过一段滑动后，动弧触头和静弧触头分离，产生电弧，这时在压气缸内和压气缸外已建立起了 SF_6 气体压力差，随着动触头系统的继续运动，该压力差越来越大。在此压力差作用下，在喷口内形成的强烈的 SF_6 气流，吹灭电弧。

合闸时，绝缘拉杆向上运动，这时所有的运动部件按分闸操作的反方向动作，SF_6 气体进入压气缸，动触头最终到达合闸位置。

支柱瓷套的底部安装有直动密封，保证 SF_6 气体的密封。静触头座内装有吸附剂，吸附剂用来保持 SF_6 气体干燥，并吸收由电弧分解所产生的劣化气体。

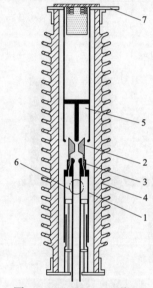

图 3-7　LW30-252L 型 SF_6
断路器灭弧室单极剖面图
1—压气缸；2—喷口；
3—弧触头；4—灭弧单元；
5—静触头系统；6—动触头系统；
7—接线端子

上述灭弧室的工作过程可以进一步用如图 3-8 所示的典型变开距灭弧室分析其动作原理。

变开距触头系统有工作触头、弧触头和中间触头。工作触头和弧触头放在外侧，可以改善散热条件，提高断路器的热稳定性。灭弧室的可动部分由动触头和喷嘴及压气缸组成。为了使分闸过程中压气室（压气缸内腔）的气体集中向喷嘴吹弧，而在合闸过程中不致在压气室形成真空，故设有逆止阀。合闸时，止回阀打开，使压气室与活塞内腔相通，SF_6 气体从固定活塞的小孔充入压气室；分闸时，止回阀堵住小孔，让 SF_6 气流集中向喷嘴吹弧。变开距灭弧室的动作过程如图 3-8 所示。图 3-8（a）所示为合闸位置；图 3-8（b）所示为预分闸阶段，分闸时可动部分向右移动，此时，压气室内 SF_6 气体被压缩并提高压力；图 3-8（c）所示为气吹阶段，随着可动部分进一步右移，工作触头首先分离，弧触头随即分离并产生电弧，同时也产生气流向喷嘴吹弧；图 3-8（d）所示为熄弧后的分闸位置。

从以上可以看出，触头的开距在分闸过程中是变化的，故称为变开距结构。

（三）断路器 SF_6 气体系统

如图 3-9 所示，断路器的三极灭弧室 SF_6 气体系统各自独立，分别有便于安装和维修的气阀经气管连向气体压力表、气体密度开关和供气口。

阀 E 在正常情况下，应处于开启位置，以维持灭弧室、气压表和气体密度开关中的 SF_6 气体压力一致。阀 D 在正常情况下，应处于闭合位置。供气口应用"O"形密封圈和专用法兰密封。当 SF_6 气体密度降低，发出报警时，可由此口补给 SF_6 气体，即便是在带电运行的条件下，也可由此口补气。

气体密度开关 GA/GL 原理及结构见图 3-10。该密度开关具有温度变化补偿功能，正常情况下压力变化应符合图 3-11 所示的 P_r 曲线。当 SF_6 气体压力降至 P_a 曲线时，气体密度开关发出报警信号，SF_6 气体压力降至 P_l 曲线时，断路器自行闭锁，并发出闭锁信号。气体密度开关的动作值偏差应符合前述规定。

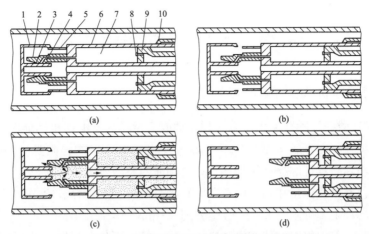

图 3-8　变开距灭弧室结构及动作原理

（a）合闸位置；（b）预压缩阶段；（c）气吹阶段；（d）分闸位置

1—主静触头；2—弧静触头；3—喷嘴；4—弧动触头；5—主动触头；

6—压气缸；7—压气室；8—止回阀；9—固定活塞；10—中间触头

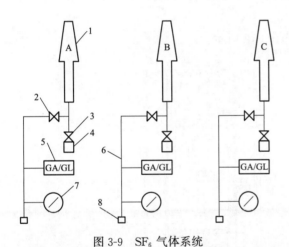

图 3-9　SF₆ 气体系统

1—灭弧室；2—截止阀 E（动合）；

3—截止阀 D（动断）；4—供气口；5—气体密度开关；

6—SF₆ 气管；7—气体压力表；8—检查口

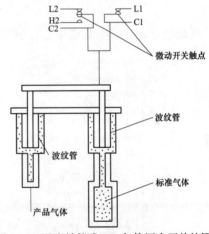

图 3-10　温度补偿式 SF₆ 气体压力开关的原理

C1—L1：作为低气压报警的 GA；

C2—L2：作为低气压闭锁的 GL

（本图表示的是气压低于"闭锁气压"时的触点状态）

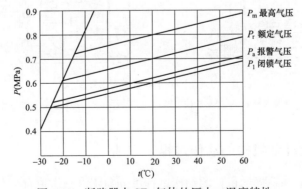

图 3-11　断路器中 SF₆ 气体的压力—温度特性

第三节　高压断路器的操动系统

一、弹簧操动机构的结构

LW30-252L 型 SF_6 断路器采用可分相操动或三相联动的电动机储能全弹簧操动机构。操动机构经绝缘拉杆与断路器的机械系统相连。操动机构里的合闸弹簧控制断路器的闭合，分闸弹簧与断路器柱的操动机构连接，合闸时断路器分闸弹簧被储能。操动机构里的脱扣掣子装置使断路器保持在闭合状态，断路器分闸时只需要释放脱扣掣子装置。操动机构的正常操作循环是：分闸—0.3s—合闸分闸—3min—合闸分闸。

操动机构的各部件集中安装在操动机构箱内，箱内还装有带操动设备的控制盘。操动机构的主体由装有一个蜗轮的电动机储能的弹簧组和启动分闸合闸动作的机构组成。在断路器每次合闸操作之后电动机自动给合闸弹簧储能，合闸掣子将合闸弹簧保持在储能状态，可使断路器在 0.3s 无电流休止时间间隔之后快速重合闸。合闸弹簧也可用一根手柄储能。

电动机驱动弹簧操动机构的外形结构如图 3-12 所示。

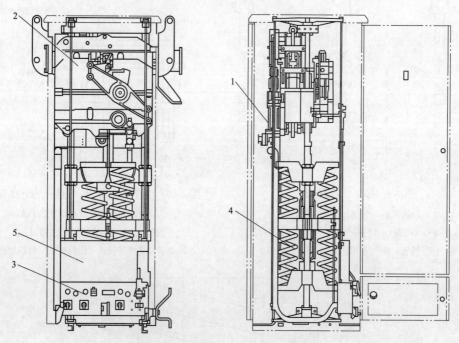

图 3-12　电动机驱动弹簧操动机构

1—驱动装置；2—操动机构主体；3—控制盘；4—弹簧组；5—加热器

二、弹簧储能操动机构的动作过程

如图 3-13 所示，弹簧操动机构的动作过程可分为正常操作位置、分闸、合闸和合闸弹簧储能四个阶段。

（一）正常操作位置

如图 3-13（a）所示。在正常操作位置，断路器处于分闸状态，合闸弹簧和分闸弹簧皆已储能。由分闸掣子把断路器保持在合闸位置，掣子的保持力来自已储能的分闸弹簧。此时操动机构已为随时执行分闸操动作好了准备，而且能够执行一个完整的重合闸循环（O—0.3s—CO）。

（二）分闸

如图 3-13（b）所示。当断路器分闸时，掣子被其电磁铁释放。分闸弹簧拉着断路器朝着分闸位置运动。操动杠杆朝右方运动并最终停靠在凸轮盘上。触头系统的运动当接近行程末端时，由一个油缓冲装置对其进行缓冲。

（三）合闸

如图 3-13（c）所示。当断路器合闸时，合闸掣子被其电磁铁释放，链轮被锁住以防止其转动，从而合闸弹簧的能量通过环形链条段传递给自身具有凸轮盘的链轮。凸轮盘进而把杠杆向左推，到达此杆杆尾端被分闸掣子锁住的位置，凸轮盘余下的一部分转动被缓冲装置所缓冲，而在链轮上的一个锁定掣子逐渐恢复其原先的位置，顶住合闸掣子。

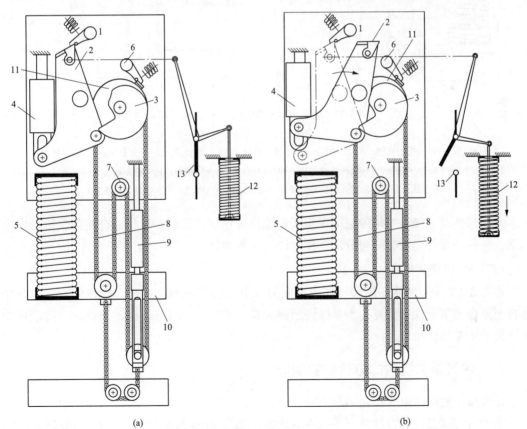

(a)　　　　　　　　　　(b)

图 3-13　弹簧操动机构的动作过程（一）

（a）正常操作位置；（b）分闸

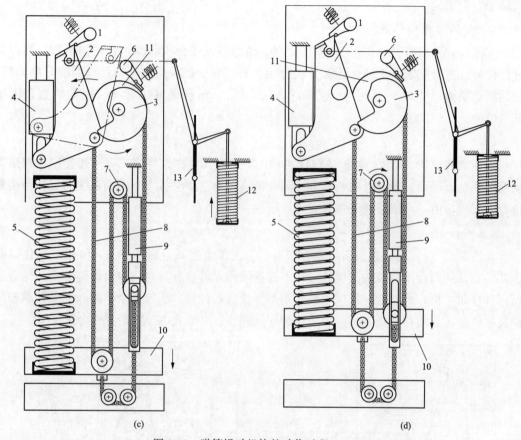

图 3-13 弹簧操动机构的动作过程（二）

（c）合闸；（d）合闸弹簧储能

1—分闸掣子；2—操动杠杆；3—凸轮盘；4—油缓冲装置；5—合闸弹簧；6—合闸掣子；7，11—链轮；

8—链条；9—缓冲装置；10—弹簧横担；12—分闸弹簧；13—断路器

（断路器已合闸，合闸弹簧和分闸弹簧已储能，操动机构已为操作循环做好准备）

合闸操作时，操动机构的合闸弹簧所储能量被释放，活塞和拉杆由合闸弹簧推动向上运动。所有传动件运动方向与分闸操作时的运动方向相反。

（四）合闸弹簧储能

如图 3-13（d）所示。断路器完成合闸后，电动机启动驱动链轮，链轮带着它的凸轮盘转至被合闸掣子锁定位置。于是链条把弹簧横担拉起，合闸弹簧因此而储能，操动机构再次处于正常操作位置。

三、弹簧操动机构的电气控制回路

弹簧操动机构的电气控制回路如图 3-14 所示。

图中 S4 为就地/远方转换开关，具有就地、远方和隔离三个位置，BG 为断路器的辅助触点，BD 为 SF_6 气体密度继电器的信号触点。

（一）合闸回路

通过对 S4 的切换，可使合闸掣子操作线圈 Y3 电动，从而实现对断路器的远方和就地控制。当断路器处于合闸位置时，合闸回路被断路器的分闸触点 BG 所断开，避免可能的合闸脉冲再次使 Y3 动作。

（二）分闸回路

弹簧操动机构具有两个独立的分闸掣子操作线圈（Y1 和 Y2），可通过对 S4 的切换，实现对本机构的就地或远方控制电动操作。当断路器处于分闸位置时，断路器的辅助触点 BG 将所有可能发给分闸线圈（Y1 和 Y2）的电气脉冲切断。

图 3-14 对应于断路器处在分闸位置，气体容积充压之前，操动机构合闸弹簧未储能，操作电压未接入，而且就地/远方控制选择开关处于隔离位置。图中各符号的意义如表 3-2 所示。

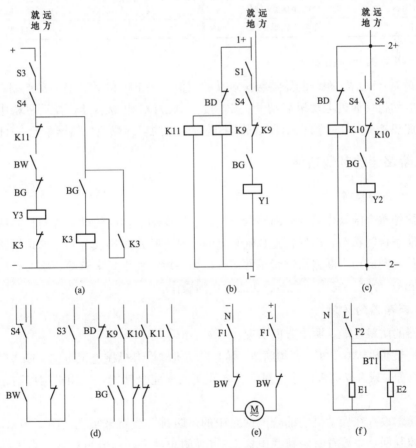

图 3-14　弹簧操动机构的控制回路

（a）合闸回路；（b）分闸回路 1；（c）分闸回路 2；（d）信号；（e）电机控制回路；（f）加热器回路

（三）监控与信号

断路器的 SF_6 气体的密度和操动机构的工作状态都受到电气监视，并给出响应的远方指示信号：

（1）SF_6 气体充气警报（报警信号）；

（2）SF$_6$ 气体密度过低（闭锁信号）；

（3）电动机启动开关断开；

（4）弹簧储能指示。

表 3-2 弹簧操动机构的控制回路元件表

文字符号	名　称	文字符号	名　称
S1	分闸开关	BD	密度继电器的信号触点
S3	合闸开关	BG	断路器的辅助触点
S4	就地/远方控制选择开关	BT1	加热器温控开关
Y1、Y2	分闸掣子操作线圈	BW	限位开关
Y3	合闸掣子操作线圈	E1、E2	加热器
K3	防跳继电器	F1	电动机启动开关
K9、K10	分闸闭锁继电器	F2	加热器回路微型开关
K11	合闸闭锁继电器	M	电动机

（四）电动机和加热器回路

当断路器合闸后，跟踪断路器触头运动的限位开关 BW 的动断辅助触点闭合，用于弹簧储能的电动机可通过电动机启动开关 F1 接于 AC/DC 电源启动。操动机构中设置了一个防冷凝加热器 E1 和一个能保证在低温下进行操作的自动温控加热器单元（BT1 和 E2）。

四、断路器的其他功能

（一）重合闸操作

断路器的重合闸操作是依靠断路器分闸后，其操动机构的传动系统与控制回路能迅速地恢复到准备合闸状态，然后在重合闸装置的控制下断路器再次合闸。如果短路故障已经解除，则重合闸成功，断路器继续正常运行，如果短路故障尚未解除，则关合后立即（但不小于 40ms）分闸，完成一次不成功的重合闸操作。

（二）断路器的防跳

断路器的防跳性能从两个方面实现。

第一是操动机构本身实现机械防跳。弹簧操动机构设有机械连锁机构。如果断路器已经处于合闸位置，或者操动机构的合闸弹簧未储能或未完全储能，连锁机构可防止进行合闸操作。

第二是由设置在操动机构的合闸回路中的"防跳"线路来实现。图 3-14（a）所示的操动机构控制回路中设置有防跳继电器 K3（为防止冲突，厂家可以取消电气防跳，但如果用户不提要求，则厂家断路器是带电气防跳的），其工作原理如下：

当用合闸开关 S3 合闸时，如果合闸在预伏故障线路上，断路器的继电保护将会动作使断路器分闸，断路器的动断辅助触点 BG 闭合，倘若此时 S3 接通时间过长或其触点未复归，则断路器将再次合闸，从而产生断路器多次分合的跳跃现象。为避免这种情形的发生，在合闸回路中设置防跳继电器 K3。当出现上述情况时，断路器的动合辅助触点 BG 闭合，启动 K3，K3 的一对动断触点断开合闸线圈回路，断路器不能再次合闸；K3 另一对动合触点起到自保持作用。

（三）断路器的闭锁

为保证断路器获得所需要的开断能力，在断路器操动机构的控制回路中设有闭锁装置。当 SF_6 气体密度过低时，气体密度继电器（BD）的动断触点闭合，使辅助继电器（K9、K10 和 K11）动作从而切断分、合闸脉冲。当断路器完成合闸操作之后，防跳继电器（K3）将仍然发送过来的任何合闸脉冲切断，从而避免了断路器的跳跃现象的发生。

（四）断路器的缓冲

为使断路器的分、闸操作比较平稳，断路器的操动机构采用了油缓冲器来吸收分、合闸操作中的剩余能量，减少对断路器本身的冲击，提高产品的机械可靠性。

五、SF_6 断路器的运行检查与维修

（一）2～4 年检修维护周期的外观检查

（1）通过断路器的 SF_6 气压表检查 SF_6 气体的气压是否符合规定。

（2）检查断路器的绝缘子是否完好，有无裂纹和放电现象。

（3）检查操动机构各部件有无开焊变形锈蚀松动和脱落现象，连接轴销子和紧固螺母等是否完好。

（4）检查加热器和温控开关工作是否正常。

（5）进行必要的清洁和润滑。

（6）进行几次断路器操作。

（二）14～16 年或经过 5000 次操作后的检查

（1）进行上述 2～4 年检查项目。

（2）移去操动机构箱顶盖，进行部件的清扫、防锈和润滑。

（3）检查缓冲装置是否完好。

（4）根据产品标准检测断路器的各项性能参数。

（三）断路器的性能参数检测

（1）时间参数，包括合闸时间、分闸时间和合分时间。

（2）速度参数，包括合闸速度、分闸速度、过冲以及缓冲时间。

（3）主回路的电阻。

第四节　真空断路器

一、真空断路器的特点

电力系统中早期普遍采用的油开关存在一定的火灾与爆炸危险，可靠性较低，而且检修周期短、工作量大，现今逐步被无油开关所取代。真空开关就是很好的替代种类，它包括真空断路器、真空负荷开关、真空接触器、真空重合器和分段器等。其灭弧介质和灭弧后触头间的绝缘介质都是高真空。ABB 公司生产的 VD4 型真空断路器的外形结构与所配

的真空灭弧室如图 3-15 和图 3-16 所示。由图可见，与其他开关相比，真空开关的最大特点是触头和灭弧系统极其简单。它具有体积小、重量轻、使用寿命长、适于频繁操作、灭弧室不用检修等，这些显著优点是其他开关品种所不具备的。

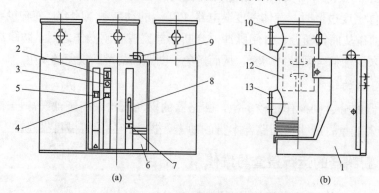

图 3-15　VD4 真空断路器外形结构

（a）真空断路器的正视图；（b）真空断路器的侧视图

1—操动机构的外壳；2—手动合闸按钮；3—手动分闸按钮；4—断路器分合闸位置指示器；

5—断路器动作计数器；6—铭牌；7—储能状态指示器；8—储能手柄插孔；9—二次接线进口处；

10—上接线端子；11—断路器本体；12—真空灭弧室；13—下接线端子

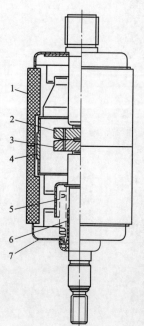

图 3-16　VD4 真空断路器
灭弧室结构

1—陶瓷外壳；2—静触头；

3—动触头；4—屏蔽罩；

5—金属波纹管；

6—导向圆柱套；7—筒盖

真空开关自进入应用领域，在由低压小容量向高压大容量、体积小型化的发展过程中，每上一个台阶都伴随着触头结构或触头材料的改进。真空开关的触头结构由无磁场的简单平板触头发展到各式横磁场触头进而到各式纵磁场触头，触头材料由单元素触头材料发展到各种多元素复合材料进而到今天广泛采用的综合性能指标极高的铜铬触头材料。横磁场触头是利用被开断电流流过触头上特定的导电路径，在弧区产生与真空电弧垂直（也即与触头轴线垂直）的横向磁场的触头。而纵磁场触头能驱动电弧在电流流经触头上的特定的导电路径，在弧区产生与电弧方向相同的磁场的触头。两种典型的横磁场触头与纵磁场触头结构如图 3-17 所示。触头材料与开断性能、耐压能力及操作过电压的大小密切相关。

真空开关也有其固有的弱点，这就是存在弧后延时重击穿和操作过电压以及真空灭弧室在恶劣环境下的外绝缘问题。要解决这些问题，必然以降低真空开关的其他性能为代价。

我国自 20 世纪 60 年代始即自行研制真空开关，70 年代末引进真空接触器技术后，80 年代后引进了触头材料制造、封装排气工艺等技术及设备，使真空开关在我国的生产和应用取得了突破性的进展，开断电流不断增大，开断后的冲击耐压水平不断提高，截流值可降到 3A 左右的水平，过电压也得到控制，弧后延时重击穿的现象也大大减少。真空开关的优点已逐渐为人们所认识，在我国已逐步得到了广泛应用。

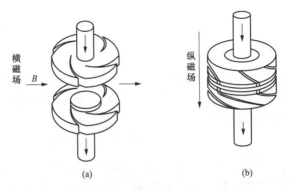

图 3-17　真空断路器典型触头结构

（a）螺旋槽横磁场触头；（b）杯状纵磁场触头

二、真空绝缘特性与电弧的产生

真空是一个笼统的术语，指的是气体稀薄的空间，常有低真空、高真空之别，气压为零的绝对真空不存在，工程上用帕（Pa）作为真空度的单位。使用中的真空灭弧室要求其真空不低于 10^{-2}Pa，出厂时的真空灭弧室要求其真空度在 10^{-4}Pa 以上。灭弧室真空长期存放或使用一段时间后，金属触头或灭弧室其他固体构件中吸附或残存的气体会析出而使灭弧室真空度下降。

真空之所以有很高的绝缘强度是因为真空中气体分子极少。真空灭弧室中的气体分子密度约为 1×10^5Pa 压力下气体密度的 $\dfrac{10^{-3}\,\text{Pa}}{0.1\times10^6\,\text{Pa}}=\dfrac{1}{10^8}$，在这种情况下，电子的平均自由行程约为 25m，而通常的真空灭弧室电极间的距离仅几毫米到几十毫米。因此，以碰撞游离为基础的气体击穿理论在这里不再适用。气体间隙的击穿电压随压力的变化曲线如图 3-18。曲线所示的右

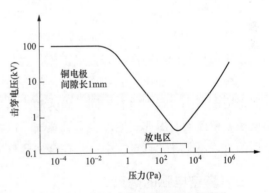

图 3-18　间隙击穿电压随压力的变化

半部，可由人们所熟知的巴申（Paschen）定律作出解释，但曲线左半部 10^{-2}Pa 以上的高真空区域击穿电压不随压力的下降而增大，在这里，击穿强度已取决于其他条件。不存在气体粒子的碰撞游离正是高真空具有很高的电气击穿强度的原因所在。10mm 的高真空间隙，其击穿电压约为大气压力下击穿电压的 6 倍以上。

导致真空间隙的绝缘破坏原因说法有很多，下面两种说法较易为人们所接受。

（一）场—热作用击穿模型

图 3-19 是这种模型对击穿机理的解释。该模型认为：即使将电极表面研磨得十分光滑并洗净，微观上表面仍然是凸凹不平的，存在着许多的局部凸起［见图 3-19（a）］，这

些微观尖突处的电场将局部增强，电场局部增强系数 β（最大局部电场强度/平均电场强度）可高达 $10 \sim 100$。

在电极间所加电压的作用下，这种尖突处将因电场集中而放射电子。电子流虽然极小，尖突的微观面积也很小（如 $10^{-8}\mathrm{mm}^2$），所以电流密度可高达 $10^5 \sim 10^6 \mathrm{A/mm}^2$，存在明显的局部发热。这不仅引起电子发射进一步增强，而且电极可能因表面局部过热而熔融、蒸发，产生的金属蒸气原子受电极表面发射的高速电子的碰撞而造成游离，随后将出现与气体间隙击穿相类似的过程［见图 3-19（b）］。

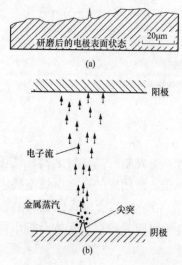

图 3-19　场热作用下的真空击穿

（a）研磨后的电极表面状态；（b）真空击穿

（二）微块击穿模型

真空间隙中，电极表面在微观结构上不仅是凹凸不平的，而且不可避免地总会存在一些附着不牢的碎片微块（clumps）。微块产生的原因很多，如电极加工时，表面会附着粒子和灰尘，尤其是经一次或几次开断后电极表面尖突在 $10^5 \sim 10^6 \mathrm{V/cm}$ 量级的静电场作用下，静电场产生的力及发射电流产生的高温足以使尖突或翘起的碎片等分裂成许多微块并离开电极向对方电极加速运动，当接近对方电极时，会因感应使其端部带有与对方电极相异的电荷而发生放电，当撞击到对方电极时，又会引起局部发热、气化，放出大量金属蒸气而导致绝缘破坏。

上述两种说法，前者与小间距下的实验结果较符合；后者与微块加速并具有一定的动能有关，得出的击穿电压与间隙距离的开方成正比，这与 10mm 以上的间隙击穿曲线相接近。

间隙击穿后，如果电源功率足够，就会在间隙中形成电弧。而真空开关触头在开断电流时形成电弧的过程则略有不同，因为触头是从合到分的，最先在触头间形成高温的液态金属桥，桥断裂时爆炸式地产生金属蒸气，以维持电弧的存在。因此，真空电弧从产生到最后熄灭，不是在"真空"中而是在金属蒸气中进行的。

三、真空电弧的熄灭

如何使电弧尽快熄灭是断路器开断电路过程中要完成的最根本任务。熄灭交流电弧的基本出发点是创造各种条件阻止电弧电流过零后的重燃。真空间隙所以有很强的熄弧能力，就在于弧柱中各种带电的和不带电的粒子因弧柱周围是真空而以极高的速度向四周飞逸扩散；当电弧柱随电流瞬时值的减小而减小时，触头向真空间隙空间供给的金属蒸气和带电粒子越来越少，阴、阳极表面所接受的能量输入也越来越小。当交流电流过零点时，原则上电弧已不存在。从弧柱和弧根两方面来看此时的电弧：就弧柱而言，残存于弧柱空间的导电粒子很快消散；而决定真空电弧是否熄灭更主要的是弧根，电流过零后，两电极的极性互换，新的阴极表面若不存在局部的熔融，无法向间隙空间供给电子和金属蒸气，电弧就无法重燃，电路也就被断开。要想旧阳极在过零后变成新的电弧阴极就必须加很高的电压于真空间隙两端，这相当于真空间隙具有很高的耐电强度。

正是因为真空有很强的熄弧能力，故当开断电流很小时，电弧被截断而使电流强迫过零，这就是所谓的"截流"现象。这是我们所不希望的，是真空灭弧能力过强而造成的不足。

研究表明，真空电弧以两种基本的形态存在：一种称为扩散型电弧，另一种称为收缩型（也称集聚型）电弧。前者的特征是阴极上有许多微小的明亮斑点，弧柱多支并存［见图3-20（a）］，电弧电压低，而阳极则是模糊的一片，无明显斑点。后者的特征是阴极上也有斑点存在，扩散并联的细弧柱已收缩为一根集中明亮的粗弧［见图3-20（b）］，电弧电压高。这种集聚型真空电弧在性质上与扩散型真空电弧有很大的不同，属高气压电弧的范畴。

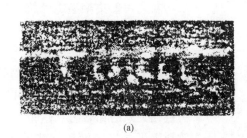
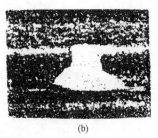

图 3-20　真空电弧的形态
（a）扩散型真空电弧；（b）集聚型真空电弧

从灭弧的角度讲，希望开关的电弧始终保持扩散型，或至少在电流过零前能恢复为扩散型，只有这种扩散型电弧才会有前述的熄灭过程，否则，开关将无法使电流切断。原因是：任何灭弧装置的熄弧过程实质是一种电弧能量的控制和处理过程，在相同的燃弧电流下，若能在电流零区将弧隙温度降到可耐受恢复电压的程度，就能熄灭电弧。扩散型电弧电压比集聚型的低得多，在相同的电流和相同的燃弧时间下输入弧隙的能量小，在相同的弧隙条件下，电弧的熄灭容易得多，这是从能量的角度看问题。再作进一步分析：扩散型电弧阴极斑点有许多个，并且在不停地游动、熄灭和再生过程中。带马蹄形非线性铁磁物质的触头间扩散型电弧随电流瞬时值不同表现出的几个形态如图 3-21 所示。这种电极间存在极不均匀的纵向磁场分量，但能保持电弧在电流半波中始终为扩散型。由图可知，电流峰值时，电弧几乎布满了整个空间，但接近电流零点前，并联电弧的支数越来越少，到电流零点前某瞬间阴极将只有一个细小的斑点存在，其热惯性很小，工频半波后（即又要转换为阴极时）已冷却到无法供给弧隙金属蒸气的程度。而阳极因无明显的斑区，冷得更快，如前所述，不易转换为新的阴极。集聚型电弧则不

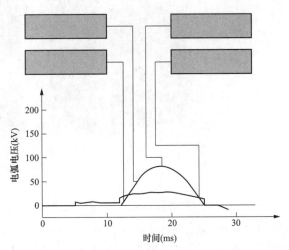

图 3-21　扩散电弧布满电极表面（$I_m = 43\text{kA}$）

同，阴、阳极都只有一个明显的弧根，弧根处的电极表面往往就是一个局部的熔坑（如果电弧停止不动），热惯性很大，电流过零时仍向弧隙发散着金属蒸气，这将无法耐受恢复电压而重新燃弧。

由此可以看出，开断能力与触头表面的利用率密切相关，扩散型电弧因阴极斑点能在电极表面扩散呈均匀分布，电弧向电极表面输入的能量也能均匀分布，不至像集聚型电弧那样高度集中于某一点而成熔坑。

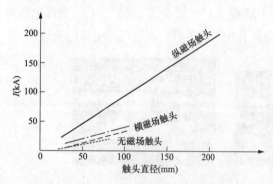

图 3-22　不同触头结构开断能力的比较

在燃弧过程中触头的有效利用表面越大，开断能力越强。如前所述，利用横向磁场触头可使集聚型电弧绕电极跑弧面迅速旋转而避免了局部过热；利用合适的纵磁场触头可使电流高达 200kA 仍能保持电弧为扩散型。图 3-22 所示出简单无磁场平板触头与有磁场触头间极限开断电流与触头直径关系的比较。从这里可以看出，有效利用了电极表面积就能减小触头直径，也就能减小灭弧室的尺寸。

四、VD4 型真空断路器的结构

瑞金电厂二期工程中，6kV 工作段及备用进线电源回路断路器选用 ABB 公司生产的 VD4-12/3150A，40kA 真空断路器；6kV 系统容量 1000kW 及以上的电动机和 1250kVA 及以上变压器等馈电回路采用 ABB 公司生产的 VD4-12/1250A，40kA 真空断路器。

（一）总体结构

VD4 型真空断路器外形结构和结构布置分别如图 3-23 和图 3-24 所示。

图 3-23　VD4-12/3150A，40kA 真空断路器外形图

VD4 型真空断路器系列产品总体结构为壁挂式，每一相由两只悬挂绝缘子固定。断路器配用中间封接式纵磁场真空灭弧室和直流控制的弹簧储能式操动机构。操动机构和真空灭弧室采用前后布置，断路器为手车式，操动机构通过绝缘拉杆与真空灭弧室导电杆相连，带动真空灭弧室动触头完成分合动作。为了保证触头在分合闸过程中对中良好，提高

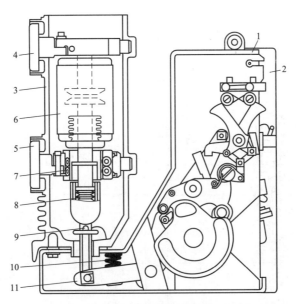

图 3-24　VD4 系列真空断路器结构布置图

1—断路器操动机构外壳；2—可移动的面板；3—绝缘材料制成的断路器本体圆筒；
4—上部接线端子；5—下部接线端子；6—真空灭弧室；7—滚动触头；
8—压力弹簧；9—绝缘连杆；10—分闸弹簧；11—双臂移动连杆

开断短路电流能力和灭弧室的机械寿命，固定灭弧室的支架上装有辅助导向装置。

（二）弹簧操动机构

VD4 真空断路器弹簧操动机构图如图 3-25 所示。操动机构采用夹板式结构，机械储能驱动部分和合闸弹簧分别布置在左、右侧板外边，侧板外边还布置着切换电动机回路的行程开关、辅助开关、由独立电源供电的分闸电磁铁、"分闸"按钮。左侧侧板外面布置着接线端子、储能指标。计数器、"分合"指示牌、合闸电磁铁、合闸按钮布置在机构正中位置。机构通过固定在左、右侧板上的两根角钢上的安装孔，安装在手车机构板上，机构输出轴与位于机构上面的断路器主轴相连。

弹簧操动机构与真空断路器组成手车如图 3-26 所示，装配于开关柜时的控制回路图。其中，操作电源电压、跳合闸线圈电压、储能机构电压均为直流 110V。

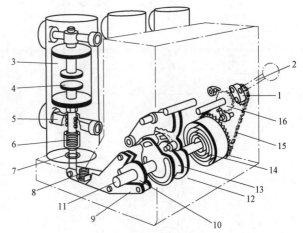

图 3-25　VD4 真空断路器弹簧操动机构的结构

1—插孔；2—储能手插；3—真空灭弧室；4—动触头；
5—滚动触头；6—压力弹簧；7—绝缘连杆；8—分闸弹簧；
9—双臂移动连杆；10—凸轮盘；11—主轴；12—脱扣机构；
13—制动盘；14—带外罩的平面蜗卷弹簧；15—传动链；16—棘轮

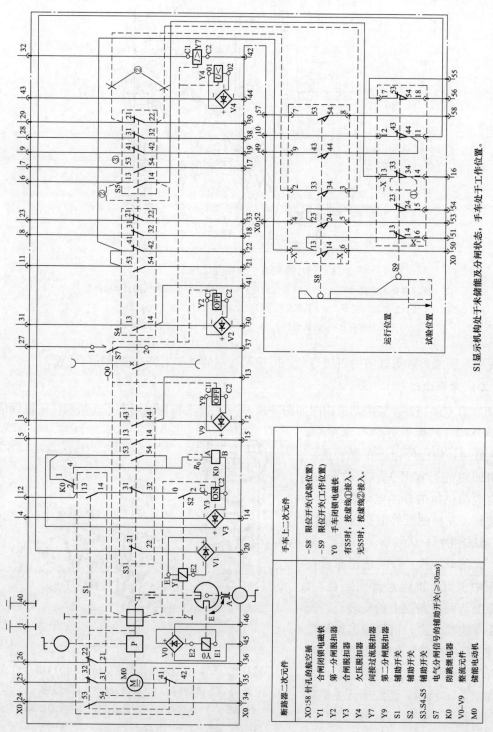

图 3-26 VD4 手车式开关柜电气控制回路图

五、真空断路器在使用中应注意的几个问题

真空断路器同其他类型的开关一样，在工作过程中不可避免地要经受电、热、机械、大气以及时间等因素的影响。因此，在使用中，应当考虑这些影响，并尽量满足一系列要求。

（1）绝缘安全可靠。真空断路器的绝缘能力，既要考虑额定电压的长期作用，也要考虑短路时过电压的作用。真空断路器尽管触头部分是密闭的，不会因潮气、灰尘、有害气体等影响而降低其开断性能，但是，在特别恶劣的环境中使用时，真空断路器的密封部分，特别是波纹管，还是会受到影响而可能使真空度降低，同时断路器的外绝缘也可能遭到破坏引起闪络、放电、短路等。因此，在使用中应尽量保持良好的环境，并定期检查灭弧室的真空度。

（2）在正常负载电流下，能长期正常工作。虽然真空断路器具备良好的散热条件和足够的热容量，正常情况下不会因温升过高而受到损坏，但额定电流下的接触电阻发热特别是开断短路电流之后可能过重烧损触头的接触电阻发热要引起重视，在运行中要加强监视。

（3）具有一定的过载能力。

（4）具有足够的机械强度。断路器在正常工作中将受到正常的分、合闸作用力，开断短路电流的电动力，操动机构的各种内应力，地震力及其他外力等的作用，要求真空断路器在使用寿命期内能承受这些力的作用，不致因机械磨损而导致损坏。真空断路器能适应频繁操作要求，在使用中应对断路器经常检查、调整和维护。

（5）限制截流值和重燃率，避免真空断路器本身和其他高压设备因过电压受到损坏。真空断路器具有良好的开断性能，但开断小电流时将产生电压截流现象。虽然在开关触头中使用了铜铬材料，使截流水平降低到了3A左右的水平，但截流产生的急剧电流变化会在电感的两端产生过电压，特别是对中小容量电动机、干式变压器这类易受过电压影响的电感性负荷，尤其要引起注意。

（6）断路器的基本性能主要取决于真空灭弧室的技术性能，同时需要操动机构的很好配合才能实现；只有当真空断路器的各项机械特性参数满足要求，断路器的各项技术指标和性能才有保证。除了正常工作时的分、合闸和短路情况下的分断外，操动机构对断路器的以下几项机械性能产生极大的影响：

1）触头开距与接触行程。触头开距太小会引起开断能力和耐压水平的下降，开距太大同样会引起开断能力的下降，还会导致开关管机械寿命的降低。接触行程是断路器的一项重要机械参数。其主要作用是保证触头在一定程度的磨损后仍能保持一定的接触压力，保证可靠的接触；在触头闭合时提供缓冲，减少弹跳；在触头分闸时，使动触头获得一定的初始加速度，拉断熔焊点，减少燃弧时间，提高介质恢复速度。通常真空开关触头的接触行程取触头开距15%～40%。

2）触头接触压力。真空灭弧室的动、静触头在大气自闭力的作用下总是处于闭合状态。触头自闭力的大小基本上取决于波纹管。真空开关在工作状态时，触头自闭是不能满足触头间电动斥力要求的，操动机构还必须给予一个外加压力。这一外加压力的下限便是最小触头工作压力。最小工作压力和自闭力的合力称作触头接触压力。

触头接触压力至少应满足下列四个方面的要求：一是足以使真空灭弧室触头接触电阻保持在规定的数值之内；二是满足动稳定试验要求，即在工作状态时两触头间的压力必须大于动稳定电流产生的斥力；三是能抑制合闸弹跳；四是减小分闸弹振。

限于真空断路器灭弧室本身机械强度的影响，触头压力也不宜选择过大，把触头超行程限制在一定范围之内即可。真空断路器触头压力根据开断电流大小得出的一组最小触头压力经验数据见表 3-3。

表 3-3 真空断路器触头压力最小值标准

开断电流（kA）	8	12.5	16	20	25	31.5	40
压力（N）	300	500	700	900～1200	1400～1700	1400～1800	2300～3000

3）分合闸速度。真空断路器分合闸时，触头运动速度对开断性能和机械性能影响极大。动触头运动速度必须高于某一数值；从开断能力、机械寿命和限制截流值方面，就需要一个最低运动速度。因此，真空断路器的触头运动速度既不能太高，也不能太低。太高了，结构元件的机械强度，操作过程中的震动（包括弹跳和弹振）以及截流都会成为突出问题。太低了，不仅对灭弧不利，加速触头的电磨损，还会引起开断失败和重击穿，产生严重的过电压。一般分合闸速度选择在 0.3～1.5m/s 范围内。至于具体分闸或合闸速度的选择，则要根据真空断路器的工作任务，作出适当的选择。

六、VD4 型真空断路器的主要技术参数

（1）型号：VD4-12/1250 40kA；VD4-12/3150 40kA。

（2）额定电流：1250A、3150A。

（3）额定短路开断电流：40kA。

（4）额定动稳定电流：100kA。

（5）3s 热稳定电流：40kA。

（6）额定操作循环：自动重合闸为分—0.3s—合分—180s—合分；非自动重合闸为分—180s—合分—180s—合分。

（7）额定短路容量开断次数：30 次。

（8）1min 工频耐受电压：42kV。

（9）雷电冲击耐受电压（峰值）75kV。

（10）合闸时间：55～66ms；

分闸时间：33～45ms；

开断时间：48～60ms；

燃弧时间：≤15ms。

七、成套真空断路器柜

成套真空断路器柜是成套高压开关柜的一种，它是由制造厂家成套供应的设备，其外形是封闭和半封闭的金属柜，其中的主体设备就是真空断路器。瑞金电厂二期工程的 6kV 厂用电系统的主要回路（厂用 6kV 工作段电源、厂用 6kV 备用电源、1000kW 及以上的

电动机以及 1250kVA 及以上的干式变压器）均采用厦门 ABB 公司制造的 ZS1 金属铠装全隔离中置式真空断路器柜。

（一）真空断路器柜的整体结构

成套配电装置就是将各种电气设备，按照一定的接线图，有机地组合而成的配电装置。成套高压开关柜是成套高压开关柜的一种类型，其优点是结构紧凑，占地少，维护检修方便，大大地减少现场的安装工作量，缩短施工工期。

根据配电网络的连接形式和设置地点的不同，可选用不同种类和性能的配电装置。通常将配电装置分为户外式和户内式两种。而 10kV 及以下的配电装置多采用户内式。户内式配电装置又多选用成套开关柜（屏）组合成配电装置。

成套开关柜（屏）按电压可分为高压开关柜、低压开关柜（低压配电屏）和动力、照明配电箱等几类。

成套真空断路器柜除了主体设备真空断路器外，可装设测量仪表、保护装置和辅助设备等。一个柜构成一个回路，所以通常一个柜就是一个间隔。使用时按设计的厂用电主电路方案，选用适合各种回路的开关柜，然后组合起来便构成整个高压配电装置。

高压开关柜内的电器、载流导体之间以及这些设备与金属外壳之间是互相绝缘的。目前我国生产的高压开关柜，其绝缘大多是利用空气和干式绝缘材料，而其发展方向是塑料树脂浇注的全绝缘高压组合电器。

高压开关柜由接地的金属隔板将开关柜分隔成仪表室、手车室、母线室、电缆室四个功能小室。

（1）仪表室：仪表室用于安装各类继电器、仪表、信号指示装置、控制与操作回路器件，其上部有小母线室，可敷设二十回路控制小母线。

（2）手车室：手车室内安装了特定的轨道和导向装置，供断路器手车或 F-C 手车在内滑行与工作。在静触头的前端装有活门机构，手车离开柜体后活门自动滑落，从而保障了操作人员及维修人员的安全。

（3）母线室：母线室用于主母线的安装。柜与柜的连通用穿墙套管来完成，保证了每个柜子的独立性，可防止事故的扩大。母线室设计有充裕的空间，可实现柜顶联络和架空进出线功能。

（4）电缆室：电缆室可安装电流互感器、具有 80kA 短路电流能力的接地开关、避雷器（过电压保护装置）和电缆。电缆的安装高度距地大于 800mm，方便检修。

（二）金属铠装开关柜的结构特点

开关柜柜体为全组装式框架结构，具有良好的密封性，防护等级不低于 IP30；在柜体中断路器手车有明显的工作位置、试验位置和检修位置之分，各位置均能自动锁位和安全接地；开关柜为关门操作，手车在三个位置时，门都能关上，实现关门操作，且手车到达工作位置时柜门不能被打开，充分保证了操作者的安全；同时，在开关柜的前门上设有断路器的机械、电气位置指示器，在不开门的情况下能方便地监视断路器或接触器的分合闸状态。

此外，该型开关柜还具有如下特点。

（1）开关柜内所配一次设备（含接地开关），都与断路器、接触器参数相配合，各元件的动、热稳定性满足要求。

（2）开关柜设有防止误分、合断路器（接触器），防止带负荷拉动小车，防止带接地开关送电，防止带电合接地开关，防止误入带电间隔等"五防"措施。

（3）所有操动机构和辅助开关的接线除有特殊要求外，均采用相同接线，以保证开关柜小车的互换性。

（4）柜内采用绝缘母线，并且有防潮和阻燃性能以及足够的介电强度。各组件及其支持绝缘件的绝缘爬电距离按凝露型考虑，其纯瓷绝缘不小于 1.8cm/kV，环氧树脂绝缘不小于 2.0cm/kV。

（5）柜内相间对地的空气间隙不小于 125mm，复合绝缘距离不小于 30mm。

（6）F-C 回路采用柜宽为 600mm 的单回路形式，比双回路柜的操作更灵活和安全。该柜型采用一次触头插入深度自测装置，保证了一次插头的准确定位。

ZS1 金属铠装全隔离中置式真空断路器柜外形结构如图 3-27 所示。

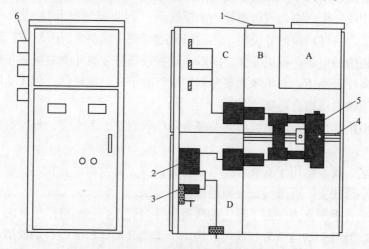

图 3-27　断路器柜外形结构图

A—仪表室；B—手车室；C—母线室；D—电缆室

1—泄压装置；2—电流互感器；3—接地开关；4—手车轨道；5—手车；6—穿墙套管

第五节　高压限流式熔断器—交流高压真空接触器组合装置（F-C 回路）

随着电力事业的发展，发电机组的容量的增大，电力系统对高压断路器的要求越来越高，采用维修量少而又无燃烧危险的无油开关设备已成大势。在电厂厂用电系统中，因为回路多，如果全部采用真空断路器将使工程造价大幅度上升。因此亟待一种经济合理，技术先进的高压开关设备。近年来，随着高压限流式熔断器制造技术的不断成熟，由限流式熔断器与接触器组合来控制和保护负荷这一低压领域中的做法，率先引入到高压厂用电系统中，形成了高压限流式熔断器—交流高压真空接触器组合装置（F-C 回路）。

通常，将由高压限流熔断器（FUSE、代号 F）与交流高压真空接触器（CONTACTOR，代号 C）及隔离插头装配而成的手车称为 F-C 手车，将由 F-C 手车、综合保护装置及连接主母线、电缆的分支母线所组成的回路称为 F-C 回路。另外，将用一组阻抗可不计的导线代替熔断器时回路中流过的电流称为预期电流，两种过电流保护装置的时间—电流特性间交点的电流坐标称为交接电流，F-C 回路中 F 开断动作时达到的电流最大瞬时值称为允许通流。

一、F-C 回路工作原理

高压限流式熔断器、真空接触器、集成化的多功能综合保护继电器及过电压保护装置按特定的方法和要求在元件特性上相互配合，构成了 F-C 回路的保护基本特性。用户可按此来确定被保护或操作负荷的类型及容量。

F-C 回路的基本工作原理是负荷的正常启动和停止全部依靠真空接触器来完成，同时还承担着部分过负荷电流的开断任务，充分利用真空接触器可频繁操作、机械寿命长这种优势；而较为严重的过负荷电流或短路电流的开断任务则由高压限流式熔断器（F）来完成，充分利用高压限流式熔断器的限流特性以及预期开断电流大的优势。将这两种元件组合在一起，保护上相互配合，扬长避短，使 F-C 回路具有不同于其他开关装置的一些特点，如额定电流小，开断电流大，可频繁操作，机械寿命长，可以用于某些特定的场合，以控制和保护某些负载，利用 F-C 回路的限流特性又可减少电缆的截面积从而降低工程的造价。

现以高压电动机的速断保护来分析 F-C 回路的速断保护特性与断路器的速断保护特性之间的差别。

在高压电动机的速断保护中一般采用 GL 型继电器或 DL 型继电器进行保护。如果简单地从 GL 型或 DL 型继电器的动作时间来看，断路器似乎可以起到速断保护的作用，因为 GL 型继电器的动作时间为 30ms，DL 型继电器的动作时间为 60ms，但是，考虑到断路器的固有分闸时间和灭弧时间等因素，断路器的速断保护也是需要很长时间的。以目前国内惯用的少油断路器为例作一简单的分析。少油断路器的固有分闸时间为 60ms，灭弧时间为 19ms。如果选择 GL 型继电器作为保护，断路器的断开电流的时间为 $T = t_1 + t_{2+} + t_3 = 60 + 19 + 30 = 109$(ms)；如果选用 DL 型继电器作为保护，断路器断开电流的时间为 $T = t_1 + t_{2+} + t_3 = 60 + 19 + 60 = 139$(ms)；如果再考虑到保护装置中设有一个中间出口继电器，那么还应该再增加 10ms。这样，断路器断开电流的实际时间将为 119～149ms（真空断路器的分闸时间在 55～65ms 之间，因此这种时间对比对真空断路器也一样）。

采用 F-C 回路的速断保护是由高压限流熔断器来完成的。熔断器作为保护元件后，减少了继电保护的动作时间、断路器的固有分闸时间等中间环节，熔断器断开电流（熔体熔化并产生断口）的时间将大大缩短，而且电流越大，断开电路的时间就越短。研究表明，短路电流大约为 3kA 以上时，熔断器断开电路的时间就将小于 10ms，但此时若采用少油断路器或真空断路器作为速断保护，其断开电路的时间仍需要 119～149ms。因此，采用 F-C 回路对电动机及电缆的保护将更为有利，其快速切换特性将减少故障对电网的影响。

二、F-C 回路的特点

（一）F-C 回路的应用范围

目前大容量的真空断路器柜造价昂贵，在高压厂用电系统中全部采用真空断路器柜显然是不现实的。为满足发电厂厂用电系统的无油化需要，一般可以采用 F-C 回路与真空断路器柜组成的组合式配电装置。另外，F-C 柜还因其独具的无油、无爆炸、可频繁操作且具有限流特性，可广泛地应用于冶金、化工等其他部门对 6kV、1200kW 以下电动机和 1600kVA 及以下变压器进行控制和保护。

（二）采用 F-C 回路可节省占地面积

近几年来，随着我国电力事业的迅速发展，机组容量不断扩大，除引进的大型机组外，国产 100 万 kW 机组也已出现。因此，随着机组容量的扩大，原来在中小机组中的低压供电厂用辅机大量升入到高压厂用电系统中，从而引起高压开关柜数量剧增。例如，原来一台 20 万 kW 机组的 6kV 回路约为 50 个，一台 30 万 kW 机组 6kV 回路增加到 70 多个，而一台 60 万 kW 机组的 6kV 回路就已增加到 90 个，这就要求增大配电装置室的面积，但是，在大型机组中，由于设计的需要，又不允许在主厂房内的配电装置占用太大面积。这个突出的矛盾已使得一些机组的厂用电装置配置得不尽合理。

采用 F-C 回路便可缓解这一矛盾。例如，在一台 30 万 kW 机组 6kV 的 70 个回路中有 55 个回路可以采用 F-C 回路开关柜。如果 60 万 kW 机组采用 10kV 和 3kV 两级高压厂用电压，那么其中 3kV 厂用负荷几乎全部可以采用 F-C 回路供电。随着国内应用科学技术的不断进步，熔断器加接触器的组合元件越来越趋向小型化，在一个与少油断路器柜同样大小的柜内可以放置 2 个回路。这样一台 30 万 kW 机组 70 个回路采用 F-C 回路后，实际占地面积只相当于采用少油断路器 47 个回路的占地面积。同样，在一台 60 万 kW 机组 92 个回路采用 F-C 回路后，实际占地面积只相当于采用少油断路器 65 个回路的占地面积。由此可见，采用 F-C 回路后可以大大缩小厂用配电装置在主厂房中的占地面积，这对于电气设施面积十分紧张的主厂房是极为重要的。

（三）采用 F-C 回路的技术合理性

在高压厂用电系统中，以往一般都是采用高压断路器开关柜向厂用电动机、厂用变压器供电的。从断路器的作用来看，断路器身兼控制和保护两种功能。在正常情况下作为控制元件，接通和断开故障电流只是偶尔为之。然而，由于断路器的控制与保护功能无法分开，其接通和断开电流必须按很少出现的最严重的故障情况来选择。但是，由于断路器的遮断容量随着额定电流的增大而增大，要想切断最严重的故障电流，就必须采用大额定电流断路器。例如，开断电流为 40kA 的 SN10-10 Ⅲ 型少油断路器的额定电流已达 2500～3000A，正常情况下，经常的大量操作显然不需要这样大的接通和切断能力，这种大材小用的现象显然不合理。

采用 F-C 回路后，从其本质上讲就是把断路器身兼的保护和控制功能分开。大量的控制功能由接触器来完成，即接通电动机的启动电流和变压器的空载电流，断开电动机或变压器的负荷电流。少量的保护功能则由熔断器来完成，即在故障情况下断开回路的各种故障电流。这样，F-C 回路的各种元件真正做到了物尽其用。同时，由于熔断器和接触器的制造技术要比大容量断路器制造技术简单，材料用量、制造成本也都低很多，其技术合理性是显而易见的。

（四）采用 F-C 回路的经济效益

如果在高压厂用电系统中全部采用无油断路器，势必造成厂用电设备系统造价大幅度上升。与真空断路器相比较，接触器与熔断器的配合显得价格低廉。可以这样认为，F-C组合既满足了断路器无油化的需要，又最大限度地降低了无油化改造的造价。况且由于F-C 回路的独特优点，厂用电的造价并非仅仅是配电装置本体价格的降低，而且是整个厂用电系统造价的降低。

无论采用少油断路器柜还是用真空断路器柜，高压厂用电系统的电缆截面积都必须按偶尔出现的最严重的故障电流来选择。高压电缆截面积一般都在 $120\sim150\text{mm}^2$，工程中采用 F-C 回路后，由于 F-C 回路中熔断器为限流型，故在该回路中的电气设备的动热稳定参数可以按接触器的极限通过电流来设计，电缆截面积可缩小到 $90\sim120\text{mm}^2$。这样，在敷设等长电缆的情况下，仅电缆一项就可节省 50% 的铜材。

此外，由于 F-C 回路属于真空系列有利于环境保护、节省占地面积，有利于保护土地资源，具有完善的防误功能，可有效避免设备及人身事故的发生等优点。

三、F-C 回路的保护特性

高压限流熔断器、高压真空接触器和电动机微机综合保护器，按照特定的方法和要求，在特性上相互配合，构成了 F-C 回路保护负载的基本特性。它具有控制和保护高压中型电动机和电力变压器的功能。

（一）用于 $3\sim6\text{kV}$ 级 1250kW 以下的各系列三相异步电动机保护的 F-C 回路具有的功能

（1）短路（速断）保护。短路（速断）保护由高压限流熔断器的时间—电流特性来实现，它是电动机相间短路及电动机与配电装置间连接电缆上发生故障的主保护。

（2）过载（过电流）保护。过载（过电流）是电动机不正常的工作状态，机械负荷的过载、电压和电网频率的降低，电动机启动和自启动时间过长、一相断路造成的二相运行等，都能引起过电流。在 F-C 回路中，利用电动机微机综合保护器实现过载（过电流）保护，其特性为反时限过流特性，接近电动机的实际发热曲线，有助于提高电动机的工作效益，并且区分了电动机的冷态过负荷和热态过负荷。

（3）电动机的堵转保护。电动机正常启动时间结束后，电流还没有降至正常工作电流，则由电动机微机综合保护器命令高压接触器跳闸，实现了电动机的堵转保护。电动机正常工作时，如果电流达到 2.5 倍的预定电流值，由可在 1s 的时间内动作的接触器跳闸，实现了电动机转子堵转的保护。

（4）零序电流保护。在中性点不接地的 6kV 配电回路中，电动机回路的单相接地电流（零序电流）不大于 10A，F-C 回路中的多功能综合保护继电器利用接在主回路中的三台电流互感器构成的零序电流过滤器进行工作。

（5）一次过电压保护。国产电动机的实际耐压水平 $U=2.828U_\text{n}+1.414\text{kV}$（峰值），式中 U_n 为电动机的标称电压，因此 6kV 电动机的耐压水平为 18.328kV，与 IEC 标准推荐的电动机的基本绝缘水平（BIL）大于 $4U_\text{n}+5\text{kV}$（峰值）即大于 29kV（峰值）相差太远，因此须对 F-C 回路的操作过电压进行限制。一般有两种方法，一种为采用氧化锌避雷器限制其过电压的幅值，另一种为采用 RC 装置构成过电压保护，其标称放电电流残压不大于 15kV，是一种理想电压保护装置。

（二）用于电力变压器保护的 F-C 回路所具有的功能

（1）电流速断保护。由高压限流熔断器的时间—电流特性和电力变压器本体上气体保护相结合，以保护变压器内部和电源侧引出线上的全部故障，高压限流熔断器承担回路的电流速断保护。

（2）过电流保护。为了防止变压器的异常运行，F-C 回路中配置两相定时限过流接地保护装置，对变压器实现定时限的过电流保护。

（3）单相接地保护。F-C 回路中的单相接地保护由一台零序电流互感器与两相定时限过流接地保护装置来实现。

（4）一次过电压保护。F-C 回路中设有带串联间隙的氧化锌避雷器，对操作过电压的幅值起限制作用，其标称放电电流下的残压不大于 24kV。

（5）F-C 回路中配有断相保护装置，当熔断器有一相或二相熔断之后，指示高压接触器跳闸，以保护其后的电气设备不受损坏。

四、F-C 回路保护特性与配合及限流式熔断器的选择

对组成 F-C 回路的各种主要元件必须按给定负荷的具体参数和负载的类型，进行合理的选择，以便保护特性相互配合。交接电流是制造厂按 F-C 回路一组最大配合所给出的安全开断电流，并留有了一定的裕度。因此各种组合的保护交接电流均不应超过该点的电流值（3.52kA）。即在 F-C 回路中，当系统出现大的过载电流及故障电流时，由高压限流熔断器起到保护作用，而在一般小过载（3.52kA）和正常操作时应由接触器来完成。

（一）用于电动机负载的 F-C 回路中限流熔断器的选择及保护配合

（1）负载类型为电动机，功率 1200kW 以下，每小时启动次数不超过 32 次。

1）高压限流式熔断器的额定电压不低于电动机的额定电压。

2）高压限流式熔断器的额定电流，按以下方法进行选择：

$$I = K \times K_q \times I_n$$

式中　I——电动机启动时间内的电流值，A；

K_q——电动机启动电流倍数；

I_n——电动机满载电流；

K——高压限流熔断器过载系数，按表 3-4 选取。

表 3-4　　　　　　　　　　　　高压限流熔断器过载系数

每小时启动次数	2	4	8	16	32
过载系数 K	1.7	1.9	2.1	2.3	2.5

在高压限流熔断器的时间—电流特性图上以 I 及电动机启动时间为选择点，该点或该点右边的曲线为所需高压限流熔断器熔体的额定电流值，取为 I_{r1}，因高压限流熔断器装于封闭的小车内，考虑到温度对其时间—电流特性的影响，还需要按照下式进行修正：

$$I_{r2} = I_{r1}(1 - X\%)$$

式中　I_{r2}——最终选定的熔体额定电流值，A；

　　$X\%$——降容系数，一般取 10%。

（2）高压限流熔断器与高压真空接触器稳定性的配合要求。

1）高压限流熔断器的截流值必须小于接触器的半波峰值耐受电流 40kA。

2）高压限流熔断器的 I^2t 必须小于接触器短时耐受电流的平方与时间的乘积值 6.4×10^7，并具有适当的裕度。

1）、2）、两条原则也适用保护变压器负载的 F-C 回路。

（3）过载保护与高压限流熔断器及高压真空接触器特性的配合。

1）过载保护与高压限流熔断器时间—电流特性曲线的交点电流值必须小于接触器的最大开断电流值，使高压真空接触器的运行安全可靠。

2）过载保护，堵转保护和零序电流保护的整定，应按照电动机的实际工况参数和电动机微机综合保护装置的使用说明进行合理的配合整定。

特别注意将电动机微机综合保护装置的正序电流（短路）功能解除。

（二）用于变压器负载的 F-C 回路中高压限流熔断器的选择及保护配合

（1）变压器保护用高压限流熔断器的额定电压为 12kV，可用于 6kV 系统。

（2）变压器保护用高压限流熔断器的额定电流按下述原则确定和配合：

1）变压器空载启动时间持续 0.1s 的 12 倍额定电流的涌流曲线，应处于变压器保护高压限流熔断器的时间—电流特性曲线的左边。

2）变压器低压侧自启动电动机的启动特性曲线，应处于变压器保护用高压限流熔断器的时间—电流特性曲线的左边。

3）变压器保护用高压限流熔断器的熔体额定电流，应大于变压器的满载电流。

4）变压器内部故障，或者低压侧母线短路电流产生时，F-C 回路应能可靠动作，以隔离故障源。

5）变压器的热特性应处于变压器保护用高压限流熔断器的时间—电流特性曲线的右边。

6）变压器低压侧保护装置（低压熔断器或自动开关）的特性，与变压器保护用高压限流熔断器的时间—电流特性的交点电流值，应大于变压器低压侧短路引起的高压侧最大故障电流值。

7）当环境温度高于熔断器允许使用温度时，应降低容量使用，一般情况下，降容系数取 10%。

（3）两相定时限过流保护装置的设置与整定：

1）当变压器的备用容量足够大时，可以不设置过电流保护。

2）两相定时限过电流保护的电流和时间的整定。

动作电流按下式计算

$$I_{az} = \frac{K_k K_{zp} I_e}{K_{fh} N_1}$$

式中　K_k——可靠系数，取 1.2；

　　　K_{zp}——自启动系数，取 2～3；

　　　I_e——变压器满载电流，A；

　　　K_{fh}——返回系数，取 0.9；

　　　N_1——互感器变比。

过电流保护动作时限，要与变压器低压侧保护装置（低压熔断器或自动开关）互相配合。

3）接地电流按系统要求进行整定。

（三）F-C 回路限流熔断器熔芯电流的选择

一般情况下，F-C 回路限流熔断器熔芯电流的选择，对于电动机负载，可参照表 3-5 执行，对于变压器负荷，可参照表 3-6 执行。

表 3-5　　　　　　　　　　　电动机保护用高压限流熔断器选择表

电动机功率 （kW）	启动时间 （s）	启动电流 （A）	熔断器熔体额定电流（A）				
			启动频次（次/h）				
			2	4	8	16	32
250	6	220	100	100	105	105	105
315		250	125	125	160	160	160
400		300	160	160	160	160	160
500		400	160	160	200	200	200
630		500	200	200	224	224	224
800		600	224	224	224	224	224
900		700	224	250	250	250	250
1000		750	250	250	250	250	250
1120		850	315	315	315	315	315
1250		950	315				
250	15	200	100	100	125	125	125
315		250	125	125	160	160	160
400		300	160	160	160	200	200
500		400	200	200	200	224	224
630		500	224	224	224	224	224
800		600	224	224	224	250	250
900		700	250	250	250	315	315
1000		750	315	315	315		
1120		850					
1250		950					

续表

电动机功率 （kW）	启动时间 （s）	启动电流 （A）	熔断器熔体额定电流（A）				
			启动频次（次/h）				
			2	4	8	16	32
250		200	125	125	125	160	160
315		250	160	160	160	160	160
400		300	200	200	200	200	200
500		400	224	224	224	250	250
630	30	500	250	250	250	315	315
800		600	224	315	315	315	315
900		700	315	315			
1000		750					
1120		850					
1250		950					

注 1. 电动机的启动电流倍数均以 6.5 计算。

2. 电动机的功率因数为 0.85～0.88。

3. 表中的数据考虑了降容系数。

表 3-6 变压器用高压限流熔断器选择表

变压器容量（kVA）	熔断器熔体的额定电流（A）
200	40
250	50
315	63
400	80
500	90
630	100
800	112
1000	125

注 1. 变压器的变化为 6/0.4kV。

2. 变压器的阻抗电压为 4.5%～6%。

3. 变压器保护用高压限流熔断器的额定电压为 12kV。

五、限流式熔断器

（一）石英砂熔断器

10kV 户内用石英砂熔断器的结构原理图如图 3-28 所示。

石英砂熔断器由瓷质熔管、端帽、熔体、石英砂等组成。使用时，熔管安装在两个支持绝缘子上。

额定电流 7.5A 及以下的熔体，由于熔丝很细，需将熔丝绕在瓷质的芯棒上。这样，熔管的长度可以缩短 20%，但开断过载电流（3 倍额定电流）时，由于熔体的熔化时间长，芯棒会因过热而损坏。所以，带芯棒的石英砂熔断器不宜作过载保护。

额定电流大于 7.5A 的熔体是由一根或几根熔丝并联而成。每根镀银的细铜丝绕成螺旋状（增加熔丝长度）直接埋放在石英砂中间。熔体分成几根并联的细丝后，每根细丝的截面积很小，熔丝熔断后电弧出现在几条石英砂窄缝中。由于每条窄缝中的金属蒸气少，冷却效果好，电弧容易熄灭。

单根熔管的额定电流最大可达 100A，额定电流更大的熔断器可将几个熔管并联，将端帽焊接在一起，如 200A 和 400A 的熔断器分别由 2 个和 4 个熔管并联组成。

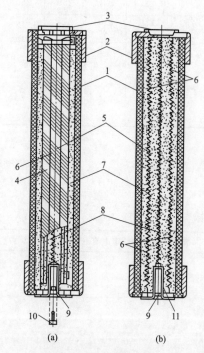

图 3-28 石英砂熔断器

(a) 额定电流 7.5A 及以下；

(b) 额定电流 10A 及以上

1—瓷质熔管；2—端帽；3—端盖；

4—瓷质芯棒；5—熔体（熔丝）；

6—小锡球；7—石英砂；8—拉丝；

9—动作指示装置；10—动作后

小铜帽掉出；11—弹簧

石英砂熔断器依靠增大电弧电压来熄灭电弧，熔体很长。当熔体中通过的电流较大，熔丝全长同时熔断气化时，可能出现危险的过电压。为了降低过电压，常使熔体由几段不同线径的熔丝串联而成。连接处焊以小锡球，小锡球还可减小熔断系数 K_m。短路电流通过时，直径最细的熔丝首先熔断、气化，由于熔丝都不长（只是总长度的一部分），间隙击穿电压低，所以过电压小；接着线径较粗的熔丝依次熔断、气化，由于每段熔丝都较短，因此虽然多次出现熔丝间隙的击穿，但每次击穿电压都不高，过电压也低，不会危及设备的绝缘。RN-10 型石英熔断器的试验结果表明，采用线径不等的熔丝串联后，过电压由原来的 4.5 倍相电压降为 2~2.5 倍，效果明显。

石英砂熔断器的灭弧能力强，在电弧熄灭时也会出现过电压，但幅值低，可不予考虑。石英砂熔断器的全部动作过程在密闭的熔管内完成。熔断器是否动作，从熔管外不能见到，因此熔断器上必须有动作指示装置 9。它由拉丝 8、指示用的小铜帽 10 和拉力弹簧 11 组成（见图 3-28）。熔体熔断后，电流通过拉丝使拉丝立即熔断，小铜帽在拉力弹簧作用下弹出，指示熔断器已经动作。保护电压互感器的石英砂熔断器由于可通过与电压互感器二次侧连接的电压表来判断，因而不需要指示装置。

石英砂熔断器中，石英砂的质量对开断性能影响很大。选用石英砂时要注意砂粒的纯度，颗粒的大小和外形。目前的资料和试验结果表明，石英砂的纯度越纯，密度越高，吸收热量越多。颗粒细，限流作用强，但过电压高；颗粒粗，过电压低，但颗粒间的空隙大，气体多，燃弧过程中，气体加热后压力可能较高，容易使瓷质的熔管损坏。一般情况选用直径为 0.2~0.4mm 的砂粒为宜。

除石英砂外，还可使用氧化铝砂粒，表 3-7 中给出了石英砂和氧化铝砂粒的物理性能，可见氧化铝砂的热导率比石英砂高很多。因此在同样额定电流下，在氧化铝砂中的熔丝直径可以细些，这对减少金属蒸气，提高开断性能是十分有利的。氧化铝砂与铝熔体不起化学反应，适宜用在铝熔体的熔断器中，但价格昂贵。

表 3-7　　　　　石英砂（SiO_2）氧化铝砂（Al_2O_3）的物理性能（填充率为 55％）时

砂类	密度（g/cm^3）	热导率［$W/(cm \cdot K)$］	比热［$J/(cm^3 \cdot K)$］	熔化温度（℃）	从常温到熔化温时的熔化热（J/cm^3）
SiO_2	1.45	0.0029	1.5	1610	2595
Al_2O_3	2.25	0.0037	2.3	2045	7058

（二）石英砂熔断器的限流特性

石英砂熔断器的电弧电压高，灭弧能力强，开断大电流时的燃弧时间（t_s）只有几毫秒。如果熔体的熔化时间也只是几毫秒，那么开断过程中实际流过熔断器的最大短路电流 I_O 将小于无熔断器时电路中短路电流最大值 I_m，后者称为预期短路电流最大值。考虑短路电流中有直流分量，预期短路电流最大值 I_m 可能达到短路电流有效值 I_S 的 2.55 倍，如图 3-29 所示。I_O 小于 I_m 的现象称为熔断器具有限流效应。有限流效应的熔断器至少有两个优点。

（1）线路中实际流过的电流小于预期短路电流。这样对线路中各电气设备的动、热稳定性的要求都可降低。

（2）开断过程中，电弧能量小，电弧容易熄灭，声光效应也小。

I_O 与预期短路电流最大值 I_m 以及熔体的额定电流有关。短路电流 I_S 越大，熔体的额定电流越小，I_O 与 I_m 的差别越大，限流效应越显著。相反，熔体额定电流很大，预期短路电流又很小，限流效应就不明显，甚至没有限流效应。

电弧电压对限流效应影响很大，以图 3-30 为例，若电源电压为 u，线路中的电感为 L，当线路发生短路，熔体熔断，电弧电压为 U_a 时

$$L \frac{di}{dt} + U_a = u$$

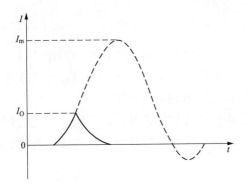

图 3-29　熔断器的限流效应

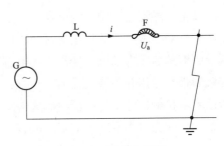

图 3-30　等效电路图

G—电源；L—电感；F—熔断器

$$\frac{di}{dt} = \frac{u - U_a}{L}$$

要使熔断器具有良好的限流效应，在燃弧过程中必须使 $\dfrac{\mathrm{d}i}{\mathrm{d}t}$ 为负值，即要求电弧电压 U_a 必须大于电源电压。U_a 越高，$\left|\dfrac{\mathrm{d}i}{\mathrm{d}t}\right|$ 越大，燃弧时间越短，但要注意 $\left|\dfrac{\mathrm{d}i}{\mathrm{d}t}\right|$ 太大时会出现较高的过电压，这也是不希望的。增加电弧电压可以通过增加熔体长度，改善石英砂的冷却效果以及减小熔体熔化时的金属蒸气来实现。

（三）WKNHO 型熔断器的特点

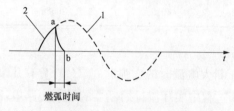

图 3-31 限流熔断器切断短路电流波形图
1—切断前电流波形；2—切断过程电流波形

WKNHO 型高压限流熔断器，其熔体放在充满石英砂的瓷管中，利用石英的冷却作用达到有效灭弧，因而这种熔断器具有很强的限流能力（试验表明预期开断电流 40kA 有效值可以限流在 28kA 峰值之内）和很短的动作时间（<10ms）。高压限流熔断器切断短路电流时的电流波形图如图 3-31 所示。短路开始后电流上升，熔体发热到达 a 点后熔化产生电弧，由于熔断器的限流作用，当电弧电压升高超过了线路电压瞬时值，电流停止上升，开始沿图 ab 段曲线下降，到 b 点电流下降到零，创造了灭弧的最好机会。

熔断器的工作包括下列四个物理过程：

（1）流过过载或短路电流时，熔体发热以至熔化；

（2）熔体气化、电路断开；

（3）电路断开后的间隙又被击穿产生电弧；

（4）电弧熄灭。

熔断器的切断能力取决于最后一个过程，其动作时间为上述四个过程的总和。

WKNHO 熔断器，额定电压为 6kV，预期开断电流 40kA，动作时间小于 10ms，熔芯额定电流有 80、125、160、224、250、315A 等，可根据负载情况选用。

六、高压真空接触器

高压真空接触器是一种控制电器，一般只有一个休止位置，在正常的回路条件下能关合、承载和开断正常电流及规定的过载电流。主要适用于电力系统中，供远距离接通和分断电路，频繁地启闭电动机、变压器、电容器以及纯电阻负载之用。

接触器带有专用开关管，最大特点是：寿命长，允许频繁操作，不能开断大的短路电流。所以真空接触器经常与高压限流式熔断器、过电压吸收装置等元件构成组合单元配置在高压柜中，作为电力系统的成套配电装置。

（一）高压接触器的种类

高压接触器按额定工作电压区分，一般有 3、6、10kV 三种。按灭弧介质区分，有空气式、SF_6 气体式和真空式三种。按操作能源区分，有气动式、电磁式或电磁气动式。如果按有无锁扣装置来区分，又分为带锁扣与不带锁扣两种。带锁扣的接触器除了具有一个休止位置即分闸位置以外，实际上借助于锁扣取得了第二个休止位置即合闸位置。锁扣装置一般都是"动合"式的，在某些场合还可见到"动分"式的，即当机构接受能源时，接触器处于分闸状态，反之则处于合闸状态。

资料表明，世界各国的高压真空接触器都采用电磁式机构，并且多采用直流励磁，以取得好的力学特性。

高压真空接触器带锁扣的机型较少。其结构稍复杂，寿命略低，一般是不带锁扣机型的1/10，主要应用于发电厂。

不带锁扣的机型又称常励磁式或电保持式，它结构简单，寿命高达100万～500万次，使用量大面广。

（二）高压真空接触器的特点

高压真空接触器是一种新型电器，由于真空介质优良的绝缘能力和分断能力，具有体积小、质量轻、寿命长、维修量小、动作噪声低、无喷弧、受环境影响小等优点，因此，它一出现，很快就得到推广使用。高压真空接触器取代了以往通用的高压空气接触器，并且可部分取代高压断路器。

我国高压真空接触器的研制始于20世纪70年代，经过技术的引进和吸收，现在我国的高压真空接触器制造技术已达到了较高的水准，绝缘水平逐渐超过IEC标准，接近真空断路器的水平。目前高压真空接触器一般具有以下特点：

（1）将额定工作电压3、6、10kV统一为一个结构，这样，在柜内占有的空间相同，接头统一。

（2）装有防误操作机械联锁装置。

（3）采用机械寿命长且吸合、保持功率小的直流电磁系统。

（4）可以装设合闸锁扣，将接触器闭锁在合闸位置。

（5）可加装分闸闭锁以防振动时意外关合。

（6）提高了耐压强度，即使在极端环境条件下，也能保证较高的绝缘水平，例如能承受偶然的凝露。

（7）在整个寿命期间，不需维修。

（8）极限开断电流高，可达10kA。

（9）由于使用了特殊的触头材料（含高蒸气压金属成分CuCr、CoAgSe、AgWe），截流值小，过电压低。

（三）高压真空接触器的结构与工作原理

（1）真空接触器的基本结构。真空接触器的基本型式是接通时给电磁铁励磁，分断时切断励磁，这就叫常励磁方式或称电保持。接触器的安装方式是底座固定式。其整体结构简单，零部件少，磨损小。

若装上锁扣机构，即成为瞬时励磁式，只在接通时给电磁励磁，合闸完了断掉励磁，由锁扣保持；分断时，给另外的跳闸线圈励磁使之开断。此外，也可与电力熔断器组装在一起作为一个组合单元，可以整体抽拉等。

在零部件方面，装在内部的主要有通断电流的真空开关管，操作用的电磁铁，当交流操作时，还要带有整流器；还有经济电阻和辅助触点组。有的还装有合闸接触器、灭弧电容器等。此外，还有绝缘框架、驱动机构、软连接、上下出线端子等。

真空接触器的结构图见图 3-32。

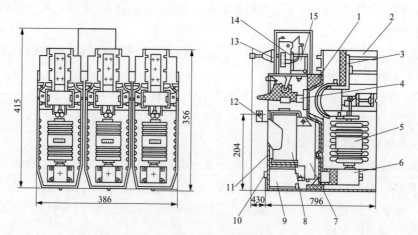

图 3-32 典型交流高压真空接触器结构图

1—缘底座；2—高压舱；3—上出线；4—驱动件；5—真空管；6—下出线；7—辅助开关；8—合闸电磁铁；9—接触器；10—接线端子；11—低压舱；12—计数器；13—手动分闸杆；14—锁扣；15—分闸线圈

（2）真空开关管。真空接触器用的开关管是专门研制的，它与断路器用开关管相比，具有较低的截流特性，低浪涌，触头抗磨损，电寿命在 25 万次以上，金属波纹管的机械寿命高于电寿命，以及耐频繁操作等特点，特别是触头材料，它是决定开关性能的关键，制造厂家使用特殊金属材料制作开关管。以下几点是选用真空接触器触头材料的条件：

1）截流水平低——长时间地保持低截流，不能因开断电流、触头损耗等而增高。

2）触头抗磨损——硬度要高，频繁操作时，触头的损耗可以减小。

3）接触电阻小——使用中变化小、稳定。

4）分断性能高、绝缘性能好。

真空开关管的安装方法，是将开关管静导电杆直接作为接触器的接线柱。真空开关管的动导电杆与接触器下出线连接，把动导电杆的端部加工出螺纹，带上软连线，拧紧螺母，软连线和另一头接在下出线上，然后动导电杆再与驱动机构相连，执行开合动作。

（3）操作电磁铁。电磁铁有交流和直流两种，真空接触器目前大多都用直流电磁铁。

操作电源最好为交直流两用，当交流操作时，里面装上整流器供直流电磁铁用。

使用直流电磁铁时，从缩短合闸时间、减少励磁电流、缩小电磁铁的尺寸等方面来看，采用过励磁的方法为多。即在合闸初期，对电磁铁施加全电压，合闸完了，在线圈上串联上电阻，使电压降到吸合电压的 1/10～1/3，将这个电压作为长时间的吸持电压。也有的操作电磁铁采用多绕组，用保持绕组代替经济电阻，从而可以减少功耗。

（4）操动机构。前后布置的操动机构如图 3-32 所示，上出线、软连接、真空开关管与下出线组成高压元件；每一相高压元件都安装在由 DMC（不饱和聚酯增强塑料）压制成的高压舱内。辅助触点、合闸接触器、合闸电磁铁、接线端子等低压元件都安装在钢板弯制的低压舱内。高压舱与低压舱按前后布置，中间有一块带三孔的 DMC 绝缘底座，它除了作为高压仓与低压仓的安装固定基础以外，主要作用是高压绝缘。

（5）辅助触点组。辅助触点组的任务是把真空开关管的动作信号取出并送到控制系统中，切换经济电阻（或保持绕组），以及构成联锁回路等。一般接触器都备有几组空余触点供用户选用。

辅助触点组的开关能力和寿命应与真空接触器相配合，如果辅助触点接触可靠性不高，或者触点接触不良，都会导致接触器停止工作，接触器不良的原因一般有以下几点：

1）触点表面氧化或生成氧化膜，接触电阻增大。

2）触点表面附有尘埃。

3）辅助触点组本身生成的绝缘粉尘附着在触点上。

防止接触不良的方法是：采用贵金属作为触点材料；让触点在接触过程中产生滑动之类的窜动；或改变触点的结构，如采用双断点等；还可以喷上导电润滑剂，以稳定触点电阻。

真空接触器用于常励磁方式时，电磁铁一般采用过励磁。这时要使用触点（动合）和经济电阻。此动合触点的作用是在电磁铁合闸动作即将完成时，切换到经济电阻回路上。为此这个动合触点要比普通的动合触点延迟动作。但实际上有些接触器运动部件惯量较大，也可以不带延时。

此外，辅助触点还要能够开断闭合过程中的大电流，并且具备开断直流（像蓄电池组那样的平滑直流）电感性负载、电寿命长等性能，为此可用磁性开关来增强灭弧能力。

（6）锁扣结构。在操作次数少或不希望因操作回路瞬时停电造成主回路断开的场合，可以使用带锁扣的真空接触器。

当向这种接触器发出合闸指令、电磁铁的衔铁完全吸合时，由于锁扣的作用，即使断开电磁铁的励磁电源，接触器仍能保持在合闸状态。分闸时，由另外设置的跳闸线圈打开锁扣，使接触器释放。

这种锁扣机构与断路器的脱扣机构有所不同，它不需要自由脱扣，因而结构上很简单。

（7）电气控制回路。真空接触器中，采用了合理的电气控制回路，使用了双绕组线圈的结构，部分抑制了电流的突变，并减小了控制电流，使接触器具有较高的可靠性。典型电气控制回路原理如图 3-33 所示。

控制原理：当合闸信号发出或 SBC 闭合时，KMC 接通合闸线圈回路。此时 YB 被 KN 触点短路，YH 带电，真空接触器在强电磁力作用下合闸。合闸完毕后辅助开关动合触点 SP 闭合，KN 带电，KN 触点断开，YB 串入

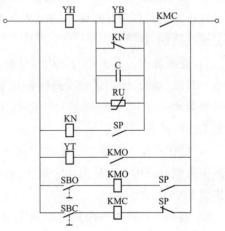

图 3-33　真空接触器典型控制回路原理
YH—合闸线圈；SP—辅助触点；YB—续流线圈；
SBC—合闸按钮；YT—分闸线圈；SBO—分闸按钮；
KMO—分闸接触器；KN—中间接触器；
KMC—合闸接触器；RU—压敏电阻；C—电容

合闸回路，使合闸电流下降。注意此时合闸回路电流不为零。同时 KN 两端并联的电容，也可以减小合闸电流下降的速度。因此 KN 触点上产生的过电压并不高，避免了 KN 触点因过电压拉弧而受损。压敏电阻则对电容进行保护，以免电容过充被击穿。之后 SP 动断触点断开，KMC 线圈失磁，KMC 触点断开，从而合闸回路断开。

实际上，合闸电流的断开经过了一个中间过程，即先降为 YB、YH 串联时的电流，再降至零。这两个过程分别由 KN 触点和 KMC 来执行，并由电容吸收一部分能量，大大降低了 KN 触点的负荷。分闸过程则更简单。通过 SBO 使 KMO 线圈励磁，KMO 触点闭合，YT 励磁动作使接触器分闸。

（四）高压真空接触器的特性与技术参数

（1）基本参数。

1）额定电压。一般所说的额定电压，通常是指额定工作电压。

所谓额定工作电压是指实际工作电压，它由通电电流、开断电流、操作频繁程度、寿命等来确定，作为标准电压有 3、6、10kV。同一个产品，可以有多个额定工作电压。

2）额定电流。额定电流分为额定发热电流和额定工作电流。

额定发热电流，是指不操作接触器，在规定的温升之内能连续通电 8h 的电流值。

额定工作电流，是指在规定的条件下可以工作的电流值。

所谓规定条件，是在关合电流、开断电流、短时电流、操作频率和寿命等各项试验都必须是合格的。

通常所说的额定电流，如果没有特别附加说明，都是指额定工作电流。同额定工作电压一样，同一个产品可以有多个额定工作电流，但是它们应与额定工作电压成组出现，并且与一定的使用类别、工作制式相关联。额定工作电压对应一定的额定工作电流。

3）极限分断电流。高压接触器一般都是用在配电线路的末端，承受短路容量小，因而可以作为断路器来开断较小的短路电流，所以要有"极限开断电流"，它的标准值是额定工作电流的 10 倍。

4）通断能力。通断能力是衡量接触器性能的指标之一。一般是根据使用类别划分其标准。对接触器来说，最好能通断任何负载，但通常都是按 AC4 使用类别进行考核，要求接触器能关合 10 倍的额定工作电流 100 次，开断 8 倍的额定工作电流和开断 0.2 倍的额定工作电流各 25 次。

5）操作频率。接触器在正常情况下使用并考虑发热和其他因素后，用每小时保证使用多少次循环表示，一般为 300 次/h 或 600 次/h。有的产品规定在 20s 时间间隔可将频率加快到 1200/h 次。

6）寿命。有机械寿命和电寿命之分。大多数的接触器的电寿命总是小于机械寿命，但也有少数国外产品的电寿命等于机械寿命的。每个产品都给出电寿命指标，但真正做电寿命试验的不多。国标规定电寿命为协商试验项目。

国标对接触器机械寿命给出了一组标准：1 万、3 万、10 万、30 万、100 万次……。并且对试验判据较之断路器略有放宽，在试验的第二个循环开始，允许调整与更换部分元件。

7）短时电流。真空接触器与空气式接触器相比，由于其接触压力大，所以短时电流强度高。一般短时电流是有条件的，即要求过载继电器、电力熔断器、备用断路器和接触器之间，在电流保护时限上要有所配合。

国标规定额定短时耐受电流值要不小于 10 倍的额定工作电流值，时间可取 2、4、10s 等。热容量近似地看作 I^2t＝定值即可。

8）半波通电能力。接触器往往与电力熔断器组合起来使用，熔断器用来切断短路电流，并且具有限流作用，在极限分断电流附近的限流值接近 40～60kA（峰值）。

当发生短路时，电力熔断器在完成分断动作之前，接触器有上述 40～60kA 的电流通过，由于普通电力熔断器要在半个周波之内才能分断，所以有必要验证接触器在半个周波之内的通电情况下有否损伤。这时，由于触头间有燃弧，其接触电阻等将发生变化，如继续使用，应予以注意。

不少厂家沿袭断路器的动热稳定试验方法，取峰值与有效值之间的 2.5 倍关系，也是一个办法，但接触器入柜后仍旧要做半波通电能力试验。

（2）高压真空接触器的特性。

1）动作特性。

①最低吸合电压：在 85％的额定控制电源电压之下，接触器应能动作。有些标准较严，要考虑热态即当环境温度为 40℃时，并且当线圈温度升高后也要能动作。出厂时，不能在热态下测定，必须换算到较低的百分比。试验时，在所求出的最低动作电压下，应不产生"两段"运动，应能正常动作。当然实际作用中的电压都是额定电压，所谓最低吸合电压是为了适应短时间的电压变化以保证接触器可靠工作。国标确定 85％的额定电压是确定以空载电源电压作为吸合电压，不考虑电源与线路的压降，也不考虑热态。它不同于断路器电磁机构中的"端钮电压"的概念，是新标准，在试验中应引起注意。

②释放电压：为防止因剩磁释放不正常，对释放电压也有限制，一般规定为 10％～75％（直流）或 20％～75％（交流）额定电压。

③合闸时间是指发出合闸指令后到主触头全部接触的时间。与空气接触器相比，真空接触器的动作行程小，合闸时间在 100ms 左右。

④分闸时间是指从发出分闸指令到主触头打开的时间，一般为 15～30ms。

⑤分闸速度一般是指整个分闸平均速度，即用触头开距除以开断所需要的时间求得，它是决定分断性能的重要参数。如果分闸时间与触头开距比较稳定，则分闸速度也稳定，可不予以测量。

2）温度特性。接触器的温升试验应遵循 GB/T 11022—2022《高压交流开关设备和控制设备标准的共用技术要求》标准。

温升试验应分别考核主回路与线圈。线圈既要考核长期通电，又要考核频繁操作下的发热。带锁扣的接触器则只需考核线圈在频繁操作下的发热。

3）短时耐受电流特性。短时耐受电流特性也叫热稳定，决定条件是带电部件的温升，特别是软连线的温升，以及有无飞弧等。

4）过电流通断特性。这是一个与电力熔断器配合的试验，IEC 470 标准没有明确规定。

5）通断特性。真空中开断电流，由于电弧扩散得很快，有很好的绝缘恢复特性等，其分断特性在极限开断范围之内，几乎与开断电流大小没有什么关系，都能在半个周波之内完成分断；特别是在小电流范围内的分断特性很理想，在分断几安培电流情况下，空气式接触器的灭弧时间差不多要 20 个周波，而真空接触器只要半周波，这在开断空载变压器励磁电流和电容器等负载时，可以发挥它的作用。

通断特性试验后，要求能继续正常地使用，并且断口要能承受规定的耐压。

6）绝缘特性。最近以来，对接触器也提出提高其绝缘性能的要求，主要表现在工频耐压值的提高。国家确定了以 GB 311—64 规定的耐压值去取代 GB 311.1—2012《绝缘配合 第 1 部分：定义、原则和规则》或 IEC 标准，是符合国情的。

冲击试验值各标准都一致，国标将其列为型式试验，比 IEC-470 严格，但对断口不作要求。然而电力部门，尤其是对用于发电厂运行的接触器，则要求对断口考核冲击耐压，并且在断流后冲击值不下降。

7）截流特性。真空中开断电流时，在电流没有达到自然零点之前强行地开断的现象称为截流现象。

截流水平主要取决于触头材料，它是决定真空接触器性能和使用的重要指标。

（3）交流高压真空接触器的技术参数。瑞金电厂二期工程的 6kV 厂用电系统的主要回路使用的真空接触器的主要技术参数如下。

1）额定工作电压：7.2kV。

2）额定工作电流：400A。

3）最高电压：7.2kV。

4）开断电流：6300A（25 次）。

5）关合电流：6300A（100 次）。

6）短时耐受电流：2400A（30s）；4000A（12s）；8000A（2s）。

7）峰值电流：85kA（10ms）。

8）冲击耐压（对地、相间、断口）：60kV（15 次）。

绝缘强度：32kV AC 1min。

9）额定控制电压：DC 110V。

10）合闸时间：70～80ms。

分闸时间：15～25ms。

七、成套 F-C 开关柜

瑞金电厂二期工程的 6kV 厂用电系统的次要回路（厂用 6kV 系统中，1000kW 以下的电动机以及 1250kVA 以下的干式变压器）均采用厦门 ABB 公司制造的金属铠装全隔离 F-C 柜，其外形结构图见图 3-34 所示。

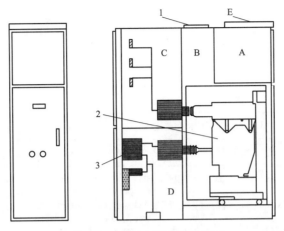

图 3-34　F-C 柜外形结构图
1—泄压装置；2—F-C 回路手车；3—电流互感器；
A—仪表室；B—手车室；C—母线室；
D—电缆室；E—小母线室

第六节　隔　离　开　关

隔离开关的功能主要是隔离电压，其次是用于倒闸操作和分合小电流。

（1）隔离电压。在检修电气设备时，当用断路器切断设备所在回路电流后，用隔离开关将被检修的设备与电源电压隔离，以保证检修人员的安全。隔离开关的触头完全暴露在空气中，形成明显可见的断开点。

（2）倒闸操作。对双母线接线或带有旁路母线的接线，投入备用母线或旁路母线以及改变运行方式时，隔离开关可用来配合断路器完成操作任务。

（3）分合小电流。隔离开关虽然不能分合负荷电流和短路电流，但具有一定的分合小电流的能力。一般情况下，可用隔离开关分合避雷器、电压互感器和空载母线，分合励磁电流小的空载变压器，关合电容电流小的空载线路。

瑞金电厂二期工程 220kV 隔离开关采用山东泰开隔离开关有限公司的 GW22A-252（245）型隔离开关。GW22A-252（245）型单柱垂直断口单臂伸缩钳夹式户外三相高压交流隔离开关［以下简称 GW22A-252（245）型隔离开关］是在额定频率 50Hz 或 60Hz，额定电压 252（245）kV 的供电系统中，供高压线路在无载荷情况下进行换接，以及对被检修的高压母线、断路器等高压电气设备与带电的高压线路进行电气隔离之用。同时还用于当电网系统中的运行方式需要改变，在不断开或关合负载电流的前提下，在倒闸操作过程中进行切合母线转移电流及电压互感器、避雷器等规定范围内的充电电流。

一、隔离开关的主要技术参数

GW22A-252（245）型隔离开关主要技术参数见表 3-8。

表 3-8 　　　　　GW22A-252(245) 型隔离开关主要技术参数

序号	项　目			单位	技术参数
1	额定电压			kV	245、252
2	额定电流			A	2000、3150、4000、5000
3	隔离开关	额定峰值耐受电流		kA	125、160
		额定短时耐受电流及持续时间		kA	50/3、63/3
4	接地开关	额定峰值耐受电流		kA	125
		额定短时耐受电流及持续时间		kA	50/3
5	额定 1min 工频耐受电压 (有效值)		对地	kV	460
			断口		460+145
6	额定雷电冲击耐受电压 (峰值)		对地	kV	1050
			断口		1050+200
7	开合母线感应电流能力 (母线转换电压 300V)			A	2520
8	开合小电容电流			A	2
9	开合小电感电流			A	1
10	无线电干扰水平			μV	≤500
11	机械寿命			次	10 000
12	额定端子静态机械负荷		水平纵向	N	2000
			水平横向		1500
			垂直力		1250
13	额定接触区 (软母线/硬母线)		纵向位移	mm	200/150
			水平总偏移		500/150
			垂直偏移		250/150

二、隔离开关的结构

GW22A-252(245) 型隔离开关是单柱垂直断口单臂折叠式结构，由三个单极组成一台三极隔离开关。主要包括操动机构、底座、支柱绝缘子、旋转绝缘子、主隔离开关和母线静触头等，见图 3-35。可配装接地开关单极总装示意图见图 3-36，三极总装示意图见图 3-37。

三、隔离开关的控制回路

GW20-252 DW 型和 GW12A(34)-252D(W) 型隔离开关，其主闸刀和接地闸刀均配

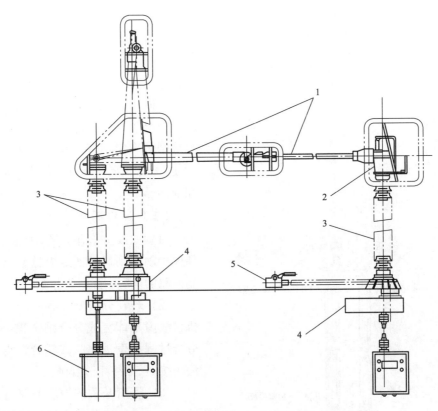

图 3-35　GW12A(34)-252D（W）型隔离开关外形结构

1—动触头；2—静触头；3—绝缘支柱；4—底座；5—接地开关；6—操动机构

置三相机械联动的 CJA-XG 型电动操动机构进行操作，控制电源为 AC 220V，电动机电源为 AC 380V。

隔离开关电动操动机构的典型控制回路原理接线如图 3-38 所示。

由图 3-38 可见，该控制回路接线即正反双向电动机的控制接线。图中 SP1 和 SP2 为隔离开关的行程开关，SP1 为分闸控制开关，SP2 为合闸控制开关，SB 为位置行程开关，S5 为停止按钮，S2 和 S4 分别为就地和远方分闸按钮，S1 和 S3 分别为就地和远方合闸按钮，R 为驱潮电阻，QK1 为电动机电源开关，QS 和 QF 分别为隔离开关和断路器的辅助触点，MK1 和 MK2 为合闸接触器，KT 为热继电器，FU1 为熔断器，M 为电动机，其动作过程如下。

（一）合闸过程

就地手动按下 S1 按钮，则接触器 MK2 线圈通电，MK2 主触头闭合，接通电动机 M 的电源，电动机开始执行合闸命令，同时 MK2 线圈通过自身的动合辅助触点的闭合实现自保持。当隔离开关到达合上的位置后，行程开关 SP2 断开，则 MK2 失电，电动机停止转动，合闸完成。

合闸也可通过控制室的遥控合闸按钮 S3 完成，如图 2-38 所示，其动作过程相同。

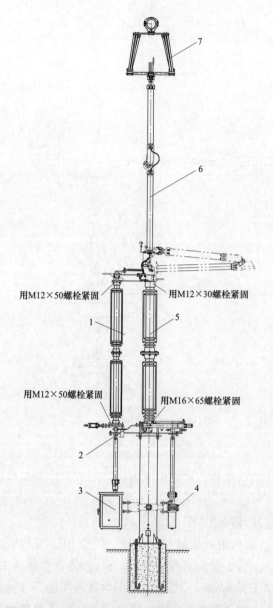

图 3-36 GW22A-252(245)型隔离开关单极总装图

1—旋转绝缘子；2—底座；3—电动机操动机构；

4—手动操动机构；5—支柱绝缘子；6—主闸刀；

7—静触头（管母线或软母线）

（二）分闸过程

在现场通过手动按合 S2 按钮，则接触器 MK1 线圈励磁，其主触头 MK1 闭合接通电动机电源，使电动机执行分闸命令，同时，MK1 通过其动合辅助接点的闭合自保持，当隔离开关实际位置到达分闸位置时，行程开关 SP1 断开，从而使 MK1 失磁，电动机停止转动，分闸完成。

（三）注意事项

（1）如果分合闸过程中电动机的热偶保护动作则通过热继电器触点断开控制回路的电源，强行终止分合闸动作。

（2）若在分合闸过程中隔离开关因机械故障不能完成分合闸全程，或者在分合过程中发现错拉或错合，均可通过停止按钮 S5 终止分合闸。

（3）隔离开关的控制回路有外部联锁接点，通过这些接点即可实现同相应断路器的防误操作联锁。如图 3-38 所示，只有当相关断路器处于断开位置，其动断辅助触点 QF 闭合，同时隔离开关的动断辅助触点 QS 闭合，且电磁锁触点 LE 闭合时，才能对隔离开关进行有效操作。

（4）SB 为控制柜侧门上的位置开关。只有当侧门关闭时，才能接通操作电源。该项是保证电动机齿轮转动时的安全措施。

（5）图 3-38 中 R 为驱潮电阻，其电源开关 QK2 合上后可加热操作箱的空气使之干燥，以保证绝缘，正常运行时通过凝露传感器控制其电源的通断。

四、隔离开关的运行规定与巡视检查

（一）对隔离开关的基本要求

（1）隔离开关应有明显的断开点，以易于鉴别电气设备是否与电源隔开。

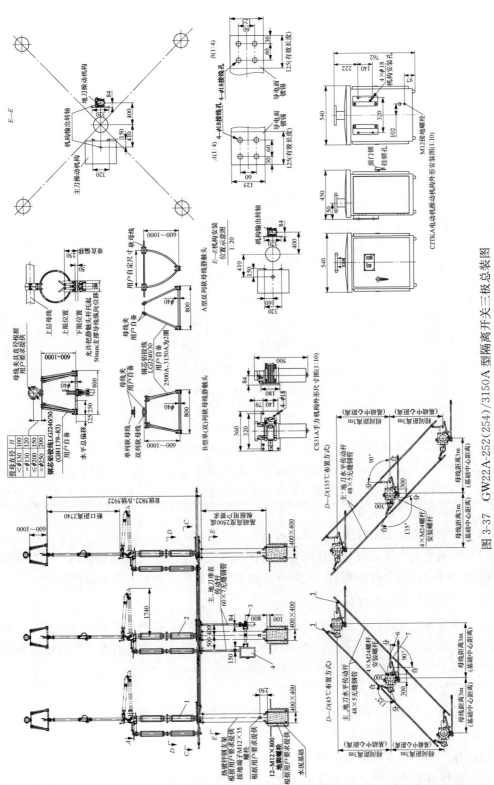

图 3-37　GW22A-252(254)/3150A 型隔离开关三极总装图

1—单相非主操作极；2—单相主操作极；3—CS31 手动机构；4—CJTKA 电动机构；5—接头；6—接头；7—接头

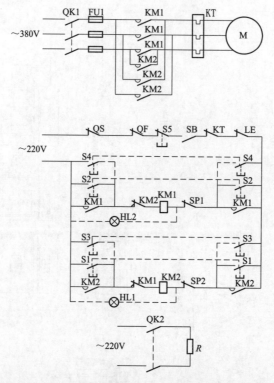

图 3-38 隔离开关控制用电动机一次接线及控制回路图

（2）隔离开关断开点间应具有可靠绝缘，即要求隔离开关断开点间有足够的绝缘距离，以保证在过电压及相间闪络的情况下，不致引起绝缘击穿而危及工作人员的安全。

（3）隔离开关应具有足够的短路稳定性。隔离开关在运行中，会受到短路电流热效应与电动力的作用，所以要求隔离开关具有足够的稳定性，尤其不能因电动力的作用而自动断开，否则将引起严重事故。

（4）要求隔离开关结构简单，动作可靠。

（5）隔离开关主闸刀与其接地闸刀间应相互连锁，因而必须装设联锁机构，以保证先断开隔离开关，后闭合接地闸刀；先断开接地闸刀，后闭合隔离开关的操作顺序。

（二）隔离开关的运行技术规定

（1）隔离开关允许在额定电流、额定电压下长期运行，各相导体的连接头在运行中的温度不应超过 70℃。隔离开关是一种没有灭弧装置的控制电器，因此，严禁带负荷进行分、合操作。

（2）满足热稳定要求。

（3）隔离开关处于分闸状态时，带电与停电设备之间应有明显的安全距离。

（三）隔离开关的巡视检查

隔离开关的正常巡视检查包括下列内容：

（1）瓷绝缘是否完整，有无裂纹和放电现象。

（2）操动机构，包括操动连杆及部件，有无开焊、变形、锈蚀、松动、脱落现象，连接轴锁子紧固螺母等是否完好。

（3）闭锁装置是否完好，销子是否锁牢，辅助触点位置是否正确且接触良好，操动机构外壳接地是否良好。

（4）带有接地闸刀的隔离开关在接地时，三相接地开关是否接触良好。

（5）隔离开关合闸后，两触头是否完全进入刀嘴内，触头之间接触是否良好，在额定电流下，温度是否超过 70℃。

（6）隔离开关通过短路电流后，应检查隔离开关的绝缘子有无破损和放电痕迹，以及动静触头及接头有无熔化现象。

五、隔离开关的异常与事故处理

（一）隔离开关接触部分发热

在巡视设备时，对隔离开关接触部分，可根据其触头部分的热气流、发热或变色，并测得其触头部分的温度是否超过 70℃等方法来判断其发热的情况。造成发热的原因通常是压紧的弹簧式螺栓松动和表面氧化等。

隔离开关发热达到不能允许的程度时，则应视情况将发热的隔离开关退出运行，线路停电从而检修隔离开关。

（二）隔离开关绝缘子有裂纹、破损

隔离开关损坏程度不严重时，可以继续运行，但是隔离开关绝缘子有放电现象或者其损坏程度严重时，应将其停电。注意该隔离开关在操作时，不要带电拉开，防止操作时绝缘子断裂造成母线或线路事故。例如，其回路的线路隔离开关绝缘子严重损坏，应将其所在线路停电，断开该回路断路器和另一侧隔离开关，最后拉开该隔离开关。

（三）隔离开关拒绝拉、合闸

出现隔离开关拒绝拉、合闸时，应分析其原因，禁止盲目强行操作，不同的故障原因应采取不同的方法处理。

（1）若系防误装置（电磁锁、机械闭锁、电气回路闭锁、程序锁）失灵，运行人员应检查其操作程序是否正确。若其程序正确应停止操作，汇报值长，值长判断确系防误装置失灵，方可解除其闭锁进行操作，或作为缺陷处理，待检修人员处理正常后，方可操作。

（2）若系隔离开关操动机构故障，应将其处理恢复正常后进行操作，不能处理或电动操动机构的电动机故障时，可以改为手动操作。

（3）若系隔离开关本身传动机械故障而不能操作时，应汇报调度，要求将其停电处理。

（4）系冰冻或锈蚀影响正常操作时，不要用很大的冲击力量，而应用较小的推动力量克服不正常的阻力。

（5）在操作时，发现隔离开关的刀刃与刀嘴接触部分有抵触时，不应强行操作，否则可能造成支持绝缘子的破坏而造成事故，此时应将其停用并进行处理。

第七节 金属氧化物避雷器

瑞金电厂二期工程 220kV 避雷器分别采用 Y10W-200/520 型和 Y10W-204/532 型高性能无间隙金属氧化物避雷器，其中 Y 表示金属氧化物避雷器，W 表示无间隙，"10" 表示设计序号，"200" 或 "204" 表示避雷器额定电压，"520" 或 "532" 表示雷电冲击电流下最大残压（8/20μs）。该避雷器是保护 220kV 系统免受大气过电压和操作过电压损害的重要保护电器，其中 Y10W-200/520 为变压器型，Y10W-204/532 为线路型，且适用于普通污秽和重污秽地区。

一、金属氧化物避雷器的结构特点与保护特性

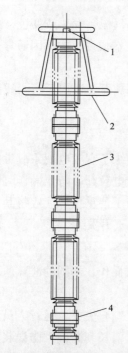

图 3-39 避雷器的外形结构
1—高压接线端子；2—均压环；
3—避雷器；4—底座

金属氧化物避雷器，其基本元件是密封在瓷套内的氧化锌阀片。氧化锌阀片是以 ZnO 为基体，添加少量的 Bi_2O_3、Sb_2O_3、Co_2O_3、Cr_2O_3 等制成的非线性电阻体，且有比常规的碳化硅好得多的非线性伏安特性，在持续工作电压下仅流过微安级的电流，动作后无续流，Y10W-200 型避雷器是由优异的非线性氧化锌阀片串联组装而成，结构型式为无间隙单柱直立式。

避雷器接在被保护电器高压端与地端之间，其保护性能取决于避雷器的残压，系统出现过电压时，避雷器将过电压限制在规定范围内，并吸收过电压能量，从而保护了电气设备。由于氧化锌阀片具有优异的非线性，而且无间隙，使得避雷器基本上无续流。

另外，氧化锌避雷器还具有通流能力大，耐污能力强，结构简单，可靠性高等特点，能对输变电设备提供最佳保护。

Y10W-200 避雷器结构如图 3-39 所示，主要由底座、避雷器单元、均压环、高压接线端等组成。其中，避雷器单元由密封在瓷套内的氧化锌阀片体、压紧弹簧、防爆装置（压力释放装置）等组成，避雷器瓷套内充有高纯度的干燥 SF_6 气体。均压环和电阻阀片组分段并联的均压电容，能更有效地高度、表面污秽引起的电位分布不均匀。防爆装置保证避雷器在超过规定或意外情况（如电弧的热冲击）下，安全动作以释放瓷套内部的压力，以有效地防止瓷套管爆炸事故。

由于无间隙氧化锌避雷器采用了非线性伏安特性十分优异的氧化锌电阻片，当系统出现危害电气设备绝缘的过电压时，电阻片呈现低电阻，使加于被保护设备上的电压被限制在允许的范围之内，从而保护输变电设备绝缘免受过电压损坏。在正常运行电压下，电阻片呈现极高的电阻，避雷器上只流过微小的电流，陡波、雷电波、操作波下的保护特性比传统的碳化硅避雷器均有明显的改善，特别是氧化锌电阻片具有良好的陡波响应特性，对

陡波电压无迟延，操作残压低，无放电分散性等优点，克服了碳化硅避雷器所固有的因陡波放电迟延引起陡波放电电压高，操作波放电分散性大，致使操作波放电电压高等缺点，从而增大了陡波、操作波下的保护裕度。在绝缘配合方面，可以做到陡波、雷电波、操作波下的保护裕度接近一致，对设备提供最佳保护，提高了保护可靠性。110～500kV 氧化锌避雷器的典型伏安特性绘于图 3-40。

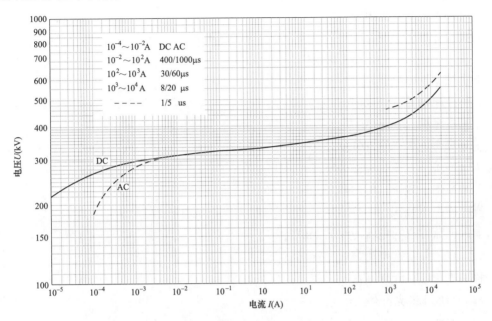

图 3-40　氧化锌避雷器伏安特性

与金刚砂（SiC）阀片的阀型避雷器相比，氧化锌（ZnO）避雷器的主要优点除了有较理想的非线性伏安特性外，还具有如下优点：

（1）无间隙。在工作电压作用下，氧化锌阀片实际上相当于一绝缘体，因而工作电压不会使氧化锌阀片烧坏，所以可以不用串联间隙来隔离工作电压，也没有采用金刚砂阀片的阀型避雷器那样因串联间隙而带来的一系列问题，如污秽、内部气压变化使串联放电电压不稳定等。

（2）无续流。当作用在氧化锌阀片上的电压超过某一值（起始动作电压）时，将发生"导通"现象。其后，氧化锌阀片上的残压受其良好的非线性特性所控制；当系统电压降至起始动作电压以下时，氧化锌阀片的"导通"状态终止，此时氧化锌阀片又相当于一绝缘体，因此不存在工频续流。氧化锌阀片因无续流，只要吸收过电压能量即可。这样，对氧化锌阀片的热量的要求就比金刚砂阀片低得多。

（3）电气设备所受过电压可以降低。虽然氧化锌避雷器与阀型避雷器的 10kA 雷电流下的残压值相同，但后者只是在串联间隙放电后才将电流泄放，而前者在整个过电压过程中都有电流流过，因此降低了作用在被保护电气设备上的过电压。

（4）通流容量大。氧化锌避雷器通流容量较大，可以用来限制内部过电压。

此外，由于无间隙和通流容量大，故氧化锌避雷器体积小，质量轻，结构简单，运行维护方便，使用寿命长。由于无续流，氧化锌避雷器也可使用于直流输电系统。

二、Y10W-200/520 型避雷器的主要技术参数及使用环境

（一）主要技术参数

避雷器额定电压：200kV。

系统额定电压：252kV。

持续工作电压：159kV。

直流 1mA 参考电压：≥296kV。

额定频率：50Hz。

标称放电电流：≤10kA。

工频参考电流：1mA。

工频参考电压：≥200kV。

雷电冲击下残压：≤520kV。

陡波冲击下残压：≤594kV。

操作冲击下残压：≤452kV。

泄漏电流：有功电流为≤0.3mA。

　　　　　容性电流为≤0.9mA。

爬电比距：2.5cm/kV。

（二）使用环境条件

户外安装

海拔：1000m。

气温范围：−40～+40℃。

长期施加在避雷器上的工频电压不应超过避雷器的持续运行电压。

电源的频率不小于 48Hz，不超过 62Hz。

最大风速：35m/s。

地震烈度：8 度及以下地区。

与 Y10W-200/520 型相比，Y10W-204/532 型的主要技术参数相差不多，差别主要体现在电压参数上，使用环境条件则完全相同。

三、避雷器的运行与维护

（一）避雷器的运行检查项目

避雷器处于正常状态下运行，除了日常巡视检查外，运行人员在每次雷电过后和发生过电压等异常情况后，都应对避雷器进行检查。

（1）瓷套表面有无严重污秽。

（2）瓷套、法兰有无裂纹、破损及放电现象。

（3）避雷器内部有无响声。

（4）水泥接合缝及其上的油漆是否完好。

（5）与避雷器连接的导线及接地引下线有无烧伤痕迹或烧断、断股现象，接地端子是否牢固。

（6）避雷器动作记录器的指示数是否有改变（即判断避雷器是否动作），动作记录器连接线是否牢固，动作记录器内部（罩内）有无积水。

（7）每5年至少应对接地网的接地电阻进行1次测量，电阻应符合接地规程的要求。

（8）避雷器均应常年投入运行。

（9）低式布置时，遮栏内有无杂草，如有，应消除；以防避雷器表面的电压分布不匀或引起瓷套管短接。

（二）避雷器的维护及其他注意事项

（1）避雷器在投入运行前或运行1～2年后，应作预防性试验，具体项目如下：

1）直流参考电压测量。在避雷器单元上，施加直流电压（电压脉动不大于±1.5%），当试品电流为1mA时，读取电压值，其值应符合技术规定。

2）持续电流测量。在避雷器上，施加工频持续运行电压，读取流过试品的电流值，其阻性电流分量应不大于$800\mu A$。

（2）运行中避雷器原刷漆部分，应每隔1～2年刷漆一次。

（3）避雷器顶端所受拉力不大于1500N。

（4）为保证性能和可靠性，不得随意拆开避雷器。

（5）避雷器不得做工频电压耐受试验和工频放电电压试验。

第八节　电流互感器

互感器是电力系统中一次系统与二次系统之间的联络元件，一般归类于电气一次设备，电磁式互感器的基本工作原理与变压器相似，具有结构相同的等值电路，但互感器又具有其特点。电磁式互感器的一次绕组与具有高电压、大电流的一次回路连接，二次绕组将变换过来的低电压、小电流送给测量回路和继电保护等二次设备使用，实现二次测量仪表和继电保护等设备的标准化和小型化，同时将二次测量仪表和继电保护等设备与电气一次回路的高电压隔离，且互感器的二次侧接地，从而避免在二次回路中出现危险的高电压，保证了二次设备和人身安全。

瑞金电厂二期工程220kV系统电流互感器采用山东泰开互感器有限公司生产的LVQB系列SF_6电流互感器。

LVQB系列电流互感器用于额定电压35～500kV、额定频率50Hz的电力系统中，按比例地把一次线路上的电流值变换成标准的电流值（1A或5A），为电气测量仪器、仪表和保护、控制装置提供电流信号。产品具有以下主要特点：①LVQB系列SF_6电流互感器为倒立式全封闭结构，主要由一次端子、躯壳、套管、充气阀、密度控制器、接线盒和底座等部分组成。②躯壳位于产品的上部，分"T"型结构和钟罩式结构两种，器身固定在躯壳内，一次绕组和二次绕组之间采用SF_6气体绝缘，二次绕组引出线通过引线管引至底座的接线盒内。③套管分瓷套管和硅橡胶套管两种。④底座上安装有接线盒、密度控制器和充气阀。

型号的意义为：L—电流互感器，V—倒置式结构，Q—气体主绝缘，G—干式，B 或 BT—带保护级或暂态保护级，500 或 220—额定电压为 500kV 或 220kV，W3—适用于Ⅲ类污秽地区。

一、LVQB 系列电流互感器运行条件

最高温度：40℃。

日平均温度不超过：35℃。

最低温度：－35℃。

月平均最大相对湿度：95％（在 25℃）。

最大风速：34m/s。

大气中无严重影响互感器绝缘的污秽及侵蚀性和爆炸性介质。

用于地震烈度不大于 8 度的地区。

二、电流互感器的基本原理和特点

（一）电流互感器的工作原理

目前电力系统中广泛采用电磁式电流互感器，其一次绕组串联接入被测一次电路中，而且绕组匝数很少，因而一次绕组的电流完全取决于被测一次电路中电流的大小，与电流互感器的二次电流无关。电流互感器的二次绕组串联接入测量表计和继电器的电流线圈等负载，这些电流线圈的阻抗都很小，因此，正常情况下电流互感器二次绕组近似于短路状态。

电流互感器的原理接线如图 3-41 所示，等效电路如图 3-42 所示，还可画出类似于变压器的相量图。

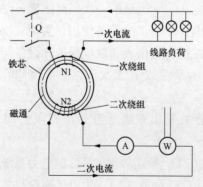

图 3-41　电流互感器原理

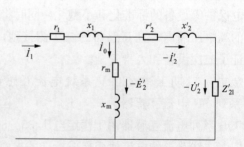

图 3-42　电流互感器等效电路

电流互感器一、二次额定电流之比，称为电流互感器的额定变比或额定电流比，用 K_i 表示，其值为

$$K_i = I_{N1}/I_{N2} \approx N_1/N_2$$

式中　I_{N1}——电流互感器一次额定电流；

I_{N2}——电流互感器二次额定电流，为5A或1A；

N_1、N_2——电流互感器一、二次绕组的匝数。

由电流互感器等效电路可见，由于电流互感器存在励磁损耗和磁饱和等影响（反映在等值电路中就是存在励磁支路），使得一次电流$\dot{I}_1$与二次电流（$-\dot{I}_2$）在数值上和相位上均有差异，二次电流测量结果并不能完全反映一次电流，即存在误差，通常用电流误差和相位差表示。

电流误差f_i为二次电流的实际测量值I_2乘以额定电流比K_i后所得的结果K_iI_2与实际一次电流I_1之差，再除以实际一次电流I_1后得到的百分数，即

$$f_i = \frac{K_iI_2 - I_1}{I_1} \times 100\%$$

因$K_i \approx \dfrac{N_2}{N_1}$，故上式可写成

$$f_i = \frac{I_2N_2 - I_1N_1}{I_1N_1} \times 100\% = \frac{F_2 - F_1}{F_1} \times 100\%$$

相位差δ_i为二次电流相量（$-\dot{I}_2$）与一次电流相量$\dot{I}_1$之间的夹角，并规定（$-\dot{I}_2$）超前$\dot{I}_1$时，相位差δ_i为正，反之为负。

进一步分析的结果表明，电流互感器的误差将随一次绕组磁动势F_1和二次绕组电流I_2的大小而变化。当一次电流比其额定值小得多时，由于F_1较小，电流误差和相位差都较大；当一次电流逐渐增大到额定值时，由于F_1增大，电流误差和相位差都将减小；当一次电流继续增大时，由于铁芯饱和，又会使电流误差和相位差迅速增大。当二次负荷中的感性负载增加时，电流误差会增大，而相位差反而减小；二次总负荷增加时，因I_2减小致使电流误差增大。

（二）电流互感器的准确级和额定容量

测量用的电流互感器的标准准确级是根据测量时误差的大小来划分的。准确级代表了在规定的二次负荷变化范围内，一次电流为额定值时电流互感器的最大电流误差。

电流互感器二次绕组所串接的全部阻抗即为其二次负荷，包括它所连接的全部测量仪表和继电器电流线圈的阻抗、二次电缆的电阻和导线连接接头的接触电阻等。电流互感器的额定容量S_{N2}是指电流互感器在二次侧电流为额定电流，误差不超过规定值的条件下，二次绕组所允许输出的最大容量。因电流互感器的二次侧电流为标准值，所以电流互感器的额定容量也可以用阻抗Z_{N2}（额定二次负荷或额定二次阻抗）表示

$$S_{N2} = I_{N2}^2 Z_{N2}$$

式中 S_{N2}——电流互感器的额定容量，VA；

I_{N2}——电流互感器的二次额定电流，为5A或1A；

Z_{N2}——电流互感器的二次额定负荷，Ω。

由于电流互感器的误差与二次负荷的大小有关，因此，同一台电流互感器处在不同准确级下工作时，便有不同的额定容量。

（三）电流互感器的工作状态

电流互感器在正常工作时，二次回路近于短路状态。这时二次电流所产生的磁动势 $\dot{F}_2$ 对一次磁动势 $\dot{F}_1$ 去磁作用不大，因此，合成磁动势 $\dot{F} = \dot{F}_1 + \dot{F}_2$ 不大。合成磁通 Φ_0 也不大，二次绕组内感应电动势 e_2 不大。因此，为了减少电流互感器的尺寸和造价，互感器铁芯的截面是根据电流互感器在正常工作状态下合成磁通 Φ_0 很小而设计的。

使用中的电流互感器如果发生二次绕组回路开路，二次去磁磁动势 $\dot{F}_2$ 等于零，一次磁动势 $\dot{F}_1$ 仍保持不变，且全部用于励磁，合成磁动势 $\dot{F}_0 = \dot{F}_1$。这时的 $\dot{F}_1$ 较正常时的合成磁动势（$\dot{F}_1 + \dot{F}_2$）增大了许多倍，使得铁芯中的磁通急剧地增加而达到饱和状态。由于铁芯饱和，使磁通波形畸变为平顶波，如图 3-43 所示，图中 Φ_0 为正常时的合成磁通，Φ 为二次侧开路后的磁通。因为感应电动势与磁通变化率 $d\phi/dt$ 成正比，所以这时二次绕组内将感应出很高的感应电动势 e_2。由图可见，第一，二次绕组开路时，二次绕组的感应电动势 e_2 是尖顶波，其峰值可达数千伏甚至上万伏，将危及人身安全和二次设备以及二次电缆的绝缘；第二，因铁芯内的磁通剧增，引起铁芯损耗增大，造

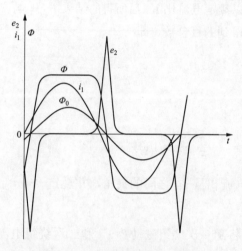

图 3-43　电流互感器二次开路时磁通和电动势波形

成严重发热，可能导致电流互感器烧毁；第三，因铁芯剩磁过大，会使电流互感器的误差增加。因此，使用中的电流互感器二次回路是不允许开路的，在电流互感器二次回路内也不允许安装熔断器。

三、电流互感器的基本结构

电流互感器遵循变压器电磁感应原理，其一次侧串联在电网中，要求通过的电流较大，所以导线截面积大，而匝数较少，因此，电流互感器主要是以一次绕组的结构不同而分成不同的品种。

高压电流互感器的一次绕组有链形和U形两种结构。220kV 系统电流互感器一般采用U形结构，如图 3-44（b）所示，它承受线路的全电压。其线芯采用扁铜线（也有采用铝管的），通过一次线芯各分

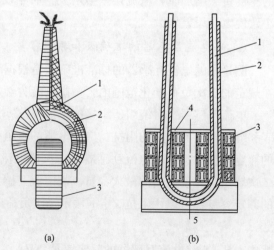

(a)　　　　(b)

图 3-44　高压系统电流互感器的一般结构
(a) 一次绕组为链形；(b) 一次绕组为U形
1——次绕组；2——次绕组绝缘；3—二次绕组；
4—铁芯；5—器身支架

段的串、并联，来满足线路不同电流比的要求。

本厂采用的 LVQB-220W 3 型电流互感器外形结构如图 3-45 所示。

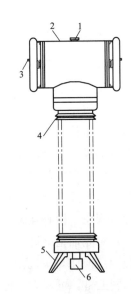

图 3-45　LVQB-220W 3 电流
互感器外形结构
1—防爆片；2—壳体；3—一次端子；
4—瓷套；5—底座；6—铭牌

四、电流互感器的运行规定及巡视检查

(一) 运行规定

(1) 独立式电流互感器负荷电流应不超过其额定值的 110%，对套管式电流互感器，应不超过其额定值的 120%（宜不超过 110%），如长时间过负荷，会使测量误差加大、绕组过热或损坏。

(2) 电流互感器在运行时，它的二次回路始终是闭合的，因其二次负荷电阻的数值比较小，接近于短路状态。电流互感器的二次绕组在运行中不允许造成开路，因为出现开路时，在二次绕组中会感应出一个很大的电动势，这个电动势可达数千伏，因此，无论对工作人员还是对二次回路的绝缘都是很危险的，在运行中要格外注意。

(3) 油浸式电流互感器应装设金属膨胀器或微正压装置，以监视油位和使绝缘油免受空气中的水分和杂质影响（现在已改进为金属膨胀器式全密封结构）。

(4) 电流互感器的二次绕组至少应有一个端子可靠接地，它属于保护接地。为了防止二次回路多点接地造成继电保护动作，对电流差动保护等每套保护只允许有一点接地，接地点一般设在保护屏上。

(5) 电流互感器与电压互感器的二次回路不允许互相连接。因为，电压互感器二次回路是高阻抗回路，电流互感器二次回路是低阻抗回路。如果电流回路接于电压互感器二次侧，会造成电压互感器短路；如果电压回路接于电流互感器的二次侧，会使电流互感器近似开路，这样是极不安全的。

(二) 巡视检查

电流互感器巡视检查的项目如下：

(1) 瓷套管是否清洁，有无破损裂纹和放电痕迹。

(2) 油位或 SF_6 压力是否正常。

(3) 连接处接触是否良好，压接螺钉有无松动、过热及放电现象。

(4) 有无渗、漏油或漏气现象。

(5) 检查金属波纹片式膨胀器运行状况，一般情况下其油位窥视口内红色导向油位指示器应在 20℃左右。

(6) 端子箱是否清洁、受潮，二次端子是否接触良好，有无开路、放电或打火现象。

(7) 有无不正常声音和异常气味。

(8) 接地线是否良好，有无松动及断裂现象。

五、电流互感器的故障分析与处理

电流互感器的作用是把电路中的大电流变为小电流，以供给测量仪表和继电保护回路之用。由于电流互感器二次回路中只允许带很小的阻抗，所以在正常工作时，趋近于短路状态，声音极小，一般认为无声，因此电流互感器的故障常常伴有声音或其他现象发生。

（1）当电流互感器二次绕组或回路发生短路时，电流表、功率表等指示为零或减少，同时继电保护装置误动作或不动作。出现这类故障后，应汇报调度，保持负荷不变，停用可能误动作的保护装置，并进行处理，否则应申请停电处理。

（2）电流互感器二次回路开路时，故障点端子排会击穿冒火。此时值班人员应针对发生的异常现象，检查互感器二次回路端子接触是否良好，否则应申请停电检查处理。

（3）对充油型电流互感器还应检查互感器密封情况，其油位是否正常。

1）对带有膨胀器密封的互感器，可通过油位窥视口内红色导向油位指示器观察，若油位急剧上升，可视为互感器内部存在短路或绝缘过热故障，以致油膨胀而引起，值班人员应向调度申请停电处理。

2）油位急剧下降，可能是互感器严重渗、漏油引起。值班人员应视其情况，加强监视，并报告调度，向检修单位申请处理。

（4）对气体绝缘型电流互感器还应检查互感器密封情况，其气压是否正常，气体密度继电器是否动作。

第九节　电压互感器

电压互感器用来将一次回路的高电压变换为低电压，送给测量回路和继电保护等二次设备使用。电力系统中目前广泛应用的电压互感器按工作原理分为电磁式和电容分压式两种。瑞金电厂二期工程 220kV 系统电压互感器采用日新（无锡）机电有限公司生产的 SF_6 气体绝缘的电压互感器（简称"GAS-VT"）。它分为单相和三相两种类型，两种类型的基本结构是一样的：单相 GAS-VT 是由一个铁芯和线圈组成的，外面罩上一个压力容器。三相 GAS-VT 是由装在一个压力容器里的三个单相电压互感器构成的。GAS-VT 的基本结构如图 3-46 和图 3-47 所示。

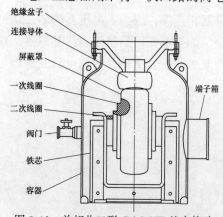

绝缘盆子
连接导体
屏蔽罩
一次线圈
二次线圈
端子箱
阀门
铁芯
容器

图 3-46　单相收口形 GAS-VT 基本构造

一、电压互感器的工作原理

（一）电磁式电压互感器的一般工作原理

电压互感器是将电力系统的一次高电压变成一定标准的二次低电压（100V 或 $100/\sqrt{3}$ V）的电气设备。

电磁式电压互感器的原理相当于是一种小容量、大电压比的降压变压器，基本原理与变压器相同，其原理电路见图 3-48。但是，电压互感器不输送电能，仅作为测量和保护用的标准电源。电压互感器具备以下两个特点：

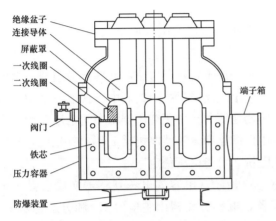

图 3-47　三相收口形 GAS-VT 基本构造　　　　图 3-48　电磁式电压互感器的原理电路

（1）电压互感器二次回路的负载是测量表计的电压线圈和继电保护及自动装置的电压线圈，其阻抗很大，二次工作电流小，相当于变压器的空载运行。电压互感器消耗功率很小，且始终处于空载运行状态，二次电压基本上等于二次电动势，且只决定于恒定的一次电压，所以能测量电压，且具有一定的准确级。

（2）电压互感器二次绕组不能短路。电压互感器的负载是阻抗很大的仪表电压线圈，短路后，二次回路阻抗仅仅是二次绕组的阻抗，因此，在二次回路中会产生很大的短路电流，影响测量表计的指示，造成继电保护误动，甚至烧毁互感器。

此外，由于电压互感器一次侧与线路有直接连接，其二次绕组及零序电压绕组的一端必须接地，以免线路发生故障时，在二次绕组和零序电压绕组上感应出高电压，危及仪表、继电器和人身的安全。电压互感器一般是以中性点接地，若无中性点，则一般是采用 b 相接地。

110kV 及以上电压互感器，经不同分压方式取其母线部分电压输入互感器的一次侧，经电磁感应输出统一标准的二次电压，用于很小的负载，以保证在一定容量范围内的电压变换误差不超过允许值。

随着电力系统输电电压的升高，电磁式电压互感器的体积增大，成本随之增高。因此，220kV 及以上系统趋向于采用电容式电压互感器，其结构简单、质量轻、体积小、占地少、成本低，且电压越高效果越显著。此外，电容式电压互感器的分压电容还可兼作载波通信的耦合电容，均广泛用于 110～500kV 中性点接地系统。不过，电容式电压互感器的输出容量小，误差较大，暂态特性不如电磁式电压互感器。

（二）电容式电压互感器的工作原理

电容式电压互感器的典型结构如图 3-49 所示。电容式电压互感器为组合式单柱结构，由瓷套外壳、经高真空浸油处理的电容芯子、充满瓷套的绝缘油并由上、中、下共三节串

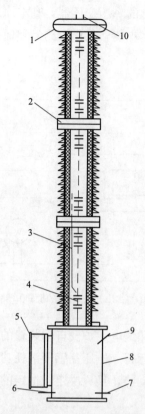

图 3-49 电容式电压互感器结构

1—均压环；2—上节电容分压器；

3—高压电容 C_1；4—中压电容 C_2；

5—二次出线盒；6—接地螺栓；

7—放油阀；8—电瓷装置（中压互感器）；

9—注油孔；10— 一次接线端子

联组合而成。中压变压器、补偿电抗器、阻尼器均装在互感器下部的电磁装置油箱里，箱内注绝缘油。电容分压器及电磁装置内均采取了绝缘油体积随温度变化的补偿措施。

电容式电压互感器的电气原理如图 3-50 所示（图中只画出三个二次绕组的）。

互感器由分压电容器和电磁单元两部分组成，由电容分压器从输电线路或母线上的高电压抽取一个中间电压，送入中压变压器，中压变压器将中间电压变为二次电压，在中压回路串入补偿电抗器 L 用以补偿电容分压器的容性阻抗，可使电压稳定。

如图 3-50 所示，电容式电压互感器实质上是一个电容分压器，电容分压器由主电容 C_1 和分压电容 C_2 串联而成，当系统的相对地电压为 U_1 时，按电压分压原理可得分压电器 C_2 上的电压 U_{C2} 为

$$U_{C2} = \frac{C_1}{C_1 + C_2} U_1 = K U_1$$

式中 K——分压比。$K = C_1 / (C_1 + C_2)$。

由上式可知，由分压电容 C_2 上的电压 U_{C2} 可间接测量出系统相对地电压 U_1。当改变电容器 C_1 和 C_2 的值时，便可得到不同的变比。当 C_2 两端接入电压表等负载时，由于 C_1 和 C_2 的内阻抗压降的影响，将使实测电压小于电容分压值，从而造成误差，负载越大，误差也越大。为尽可能消除内阻抗 $1/[j\omega(C_1 + C_2)]$ 所导致的误差，在电容 C_2 的测量回路中串入补偿电抗器 L，

此时的内阻抗

$$Z_i = j\omega L + \frac{1}{j\omega(C_1 + C_2)}$$

合理选择补偿电抗器 L，使 $\omega L = 1/[\omega(C_1 + C_2)]$，则内阻抗为零，输出电压 U_{C2} 与负荷无关。实际上，由于电容器有损耗，电抗器有电阻，ω、C 等电路参数也不是绝对不变的，因此接入负荷后还会有误差存在。为了进一步减小负荷电流的影响，将分压器经中间变压器 T 降压后与测量仪表相连。另外，为防止谐振的产生，在中间变压器二次侧接入阻尼器 Z。

电容式电压互感器的误差由空载误差 f_0、δ_0，负载误差 f_1、δ_1 和阻尼器负载产生的误差 f_d、δ_d 等组成，即

$$f_u = f_0 + f_1 + f_d$$
$$\delta_u = \delta_0 + \delta_1 + \delta_d$$

从结构上看，互感器由分压电容器和电磁单元两部分组成，由电容分压器从输电线路

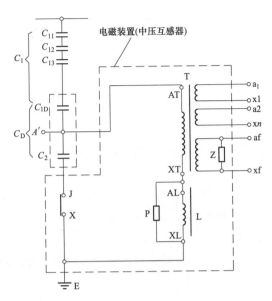

图 3-50　CVT 电容式电压互感器电气原理图

C_{11}、C_{12}、C_{13}—耦合电容；C_D—分压电容；C_{1D}—分压电容器中的上部分电容，和 C_{11}、C_{12}、C_{13}

共同组成高压电容 C_1；C_1—高压电容，C_2—中压电容，中压端子由中压套管引出至电磁单元；

a1、x1—主二次 1 号绕组；a2、x2—主二次 2 号绕组；af、xf—辅助二次绕组；Z—阻尼器；T—中压变压器；

L—补偿电抗器；J、X—载波装置接线端子，不接载波装置时必须短接

或母线上的高电压抽取一个中间电压，送入中压变压器，中压变压器将中间电压变为二次电压，在中压回路串入补偿电抗器 L 用以补偿电容分压器的容性阻抗，可使电压稳定。

图 3-50 中的 Z 为阻尼器，由速饱和电抗器与阻尼电阻组成，在正常情况下，电抗器处于"开断"状态，阻尼器几乎不消耗或消耗极小能量，当产生铁磁谐振时，速饱和电抗器因饱和处于"导通"状态，阻尼电阻消耗较大能量使铁磁谐振在规定时间内得到有效的抑制。

图 3-50 所示互感器为组合式单柱结构，电容分压器为瓷套外壳，内装经过高真空浸渍处理的芯子，芯子由若干只扁形元件串联而成，瓷套内灌注绝缘油（变压器油），并按规定加有一定油压，芯子上装有金属扩张器，用来补偿绝缘体积随温度的变化。

在分压电容器芯子的适当位置接有中压引线，它与低压端子 J 之间的电容即中压电容 C_2，中压及低压引线用瓷套穿过电容的底盖后，分别接至中压变压器的高压端 AT 和接线板上的通信端，在分压电容器的瓷套下部侧壁装有供测试用的中压抽头端子，该端子与电容分压器内的中压线引线连接。C_{1D} 和 C_2 装在下节瓷套内，C_1 由上节电容 C_{11}、C_{12}、C_{13} 和下节电容器中的 C_{1D} 串联而成。

互感器中的中压变压器、补偿电容器、阻尼器均装在互感器下部电磁装置油箱里，箱内灌注绝缘油，油面至箱顶留有规定的空气间隙，以补偿油体积随温度的变化。补偿电抗器的铁芯具有可调气隙，调节线圈的连接和铁芯气隙距离在误差试验时调定。二次绕组出线均引出到出线盒内，包括两个主二次绕组的两对出线端子（a1、x1 和 a2、x2）、一对剩余电压绕组出线端子（af、xf）载波装置接线端子 J 和补偿电抗器低压端子 XL。

二、电压互感器的相关问题

(一) 电压互感器的准确级和额定容量

电压互感器的准确级是指在规定的一次电压和二次负荷变化范围内，二次负荷功率因数为额定值时，互感器的电压误差最大值。根据电压误差的大小，电压互感器分为不同的标准准确级。

电压互感器的额定容量是指在最高准确级工作时所允许的二次最大负荷的容量。电压互感器的额定容量一般用伏安表示。同一只电压互感器在不同准确级工作时，其额定容量不同。电压互感器的二次负荷一般只考虑二次侧所接仪表和继电器电压线圈所消耗的功率。如果二次电缆较长又需要精确测量时，应考虑电压互感器二次导线上的电压损失。

(二) 电压互感器的接线

电压互感器的接线方式有多种，在发电厂中应用较广泛的几种接线如图 3-51 所示。

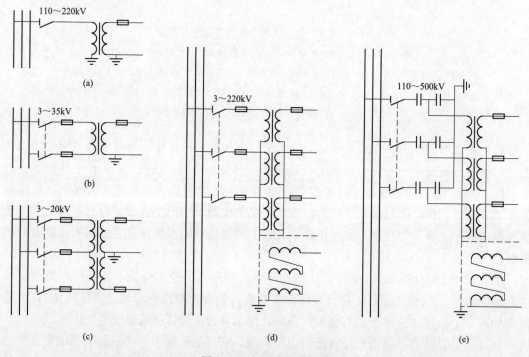

图 3-51　电压互感器接线

(a)、(b) 一台单相电压互感器接线；(c) 两台单相电压互感器 V-V 接线；
(d) 三相五柱式电压互感器或三台单相三绕组电压互感器接线；(e) 电容式电压互感器接线

图 3-51 (a)、(b) 为用一台单相电压互感器测量相对地电压或相间电压；图 3-51 (c) 为用两台单相电压互感器构成 V-V 接线，用来测量相间电压；图 3-51 (d) 为用三台单相互感器或一台三相五柱式电压互感器构成 YNynd0 接线或 YNyd0 接线，用来测量各相电压和线电压，其辅助二次绕组接成开口三角形以便接入交流电网绝缘监视装置和继电保护或引出同期电压等；图 3-51 (e) 为电容式电压互感器的接线，用来测量各相电压和线

电压。

（三）电压互感器的分类

电压互感器除按工作原理分为电磁式和电容式以外，还可按安装地点分为户内式和户外式，按相数分为单相式和三相式，按绝缘结构分为干式、浇注式和油浸式，按每相绕数分为双绕组、三绕组和四绕组。其中三绕组电压互感器有一个主二次绕组和一个辅助二次绕组，四绕组电压互感器有两个主二次绕组和一个辅助二次绕组。3～35kV 的普通油浸电磁式电压互感器与普通小型变压器在结构上相似，而 110kV 及以上电压级的油浸电磁式电压互感器均制成串级式结构，绕组和铁芯采用分级绝缘，使绝缘结构得以简化；绕组和铁芯置于瓷套中，使质量和体积得以减小，因而可大量节约绝缘材料和降低造价。

三、电压互感器的运行及巡视维护

（一）电压互感器的运行规定

电压互感器在运行中，应遵守以下规定：

(1) 互感器二次侧严禁短路，否则会因短路电流过大损坏设备。

(2) 互感器使用条件及使用电压应符合规定。

(3) 互感器二次绕组负荷应为相应额定负荷的 25%～100%，过低或过高，二次输出电压的误差限值将不保证在规定范围内。

(4) 互感器断开电源退出运行后，须将导电部分通过接地棒多次放电后方可接触，以免造成电容剩余电荷电压触电。

(5) 对互感器应采用适当的避雷器进行保护。

(6) 二次出线盒内的 J 端子在互感器用作载波通信时，要经结合滤波器接地；当互感器不作载波通信时，该端子必须直接接地，不允许开路，否则会烧坏出线盒内的出线绝缘板，造成使用不当损坏。在平时运行时，J 端子必须用厂家提供的连接片直接接地，用作载波通信时串入载波耦合装置后再断开连接片。

（二）电压互感器的巡视检查

电压互感器在运行中，应注意巡视，发现问题及时处理。电压互感器的巡视项目包括：

(1) 电压互感器瓷瓶是否清洁、完整，有无损坏及裂纹，有无放电现象。

(2) 电压互感器的油位、油色是否正常，有无漏油现象，若油位看不清楚，应查明原因。检查电容器的上下盖板与瓷套连接处中间电压端子出线端子盒内的出线板和油箱连接处等部位，是否密封完好。

(3) 电压互感器内部声音是否正常。

(4) 高压侧引线的两端接头连接是否良好，是否过热，二次回路的电缆及导线有无损伤，高压熔断器限流电阻及断线保护用电容器是否完好。

(5) 电压互感器的二次侧和外壳接地是否良好，二次出线端子箱的门是否关好。

(6) 检查 PB 型波纹金属膨胀器或微正压装置的运行状况，一般情况下，其油位窥视口内红色导向油位指示应在 20℃左右。若油位突然上升至最高点，则可能是电压互感器内部故障，若油位急剧下降，可能是电压互感器渗漏油所致，此时应加强监视并向调度汇报申请处理。

（7）检查端子箱是否清洁、受潮。

（8）检查二次回路的电缆及导线有无腐蚀和损伤现象。

（三）电压互感器的维护与保养

（1）每五年或更长时间检查电容分压器的电容及介质损耗角正切值 $\tan\delta$ 一次。检查时周围空气温度为 25℃±10℃，用来测量电容的设备相对误差不应超过 ±3%，当电容 C_1、C_2 与产品证明书所标实测值偏差超过 ±10% 或介质损耗角正切值超过 0.5% 时，应停止使用。

测量电容及 $\tan\delta$ 的电气原理如图 3-52 和图 3-53 所示。测量时，载波通信端 J 必须悬空。

测量电容分压器无中间抽头 A′ 的互感器的电容及 $\tan\delta$ 时，用自励法进行，利用中间变压器的低压侧励磁作实验电源。此时应严格监测中间电压变压器的一次侧电压（图 3-52 中的 A′ 或 J 点），使其电压不超过规定值。否则会烧毁电磁装置中的零部件。

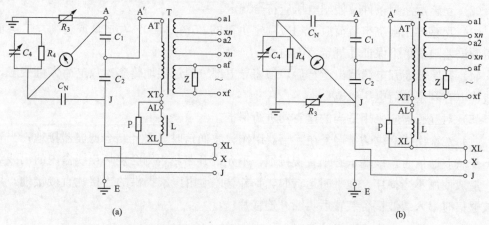

图 3-52　中间电压端子 A′ 不引出的电容分压器 C 及 $\tan\delta$ 测量原理图

(a) 测量 C_1 及 $\tan\delta$ 值（从 afxf 激励，在 N 点监测电压不超过 2kV）；

(b) 测量 C_2 及 $\tan\delta$ 值（从 afxf 激励，在 A 点监测电压不超过 2kV）

测量电容分压器有中间抽头 A′ 的互感器的电容及 $\tan\delta$ 的电气原理可按图 3-53 所示的方法进行，也可以用其他正确的方法进行测量。

（2）使用期间在必要时方可对电压互感器作耐压试验。试验所取电压值，除电容分压器的低压端子和电抗器部分及中间变压器二次绕组的试验电压取产品证明书所列数据以外，其余各项均不应高于产品证明书所列相应值的 70%。试验时，应将电容分压器与电磁装置分开，取下电磁装置内的保护装置，断开阻尼装置，然后对电容分压器和电磁装置分别施加电压，不允许二者连在一起施加电压，否则会烧坏电磁装置。试验完毕必须恢复原状。

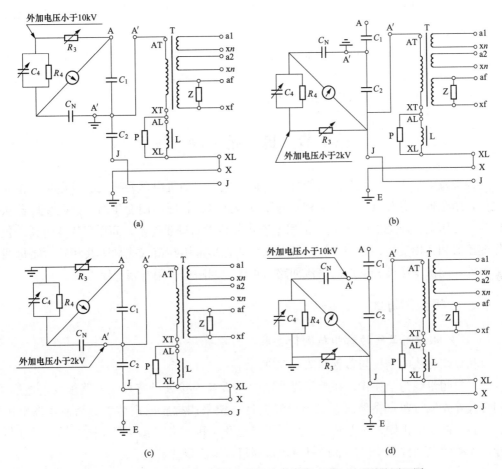

图 3-53　中间电压端子 A′引出的电容分压器 C 及 tanδ 测量原理图

(a) 测量 C_1 及 tanδ 值（反接法）；(b) 测量 C_2 及 tanδ 值（反接法）；

(c) 测量 C_1 及 tanδ 值（正接法）；(d) 测量 C_2 及 tanδ 值（正接法）

（3）互感器是全封闭产品，未经厂家同意不能把电容分压器与电磁装置拆开。

（4）通过放油阀取油样时可用针管直接抽取或用软管抽取。

（5）互感器正常运行时不需滤油或换油。取油样后必须补充油至取样前油位，可用 45 号变压器油补充。

（四）电压互感器的故障分析与处理

电压互感器运行异常时常伴有噪声及其他现象：

（1）电压互感器响声异常：若系统出现谐振或馈线单相接地故障，电压互感器会出现较高的"哼哼"声。如其内部出现噼啪声或其他噪声，则说明内部故障，应立即停用故障电压互感器。

（2）高压熔断器熔体接连熔断 2～3 次。

（3）电压互感器因内部故障过热（如匝间短路、铁芯短路）产生高温，使其油位急剧上升，并由于膨胀作用产生漏油。

（4）电压互感器发出臭味或冒烟，说明其连接部位松动或互感器高压侧绝缘损伤等。

（5）绕组与外壳之间或引线与外壳之间有火花放电，说明绕组内部绝缘损坏或连接部位接触不良。

（6）电压互感器因密封件老化而引起严重漏油故障等。处理该异常状态时，禁止使用隔离开关或取下高压熔断器等方法停用故障的电压互感器，应采用由高压断路器切断故障互感器所处母线的方式停用故障电压互感器。

第十节 封 闭 母 线

在大型发电厂中，广泛采用封闭母线。瑞金电厂二期机组单元接线的发电机与主变压器之间，用全连式分相（或称为离相）封闭母线连接；高压厂用变压器、励磁变压器从发电机与主变压器低压侧之间 T 接，也用全连式分相封闭母线连接；高压厂用变压器（包括工作变压器和备用变压器）与高压厂用母线之间，均采用共箱（或称为共相）封闭母线连接。另外，励磁变压器分支线的交流回路与直流主回路也采用共箱封闭母线。

一、分相封闭母线

（一）分相封闭母线的结构与运行要求

分相封闭母线的结构与布置如图 3-54 所示。

（1）封闭母线为全连式，在封闭母线端头与设备连接处设有外壳短路板及接地端子，封闭母线外壳实行两点接地。在封闭母线支持系统采用橡胶减震装置。为便于发电机检修、试验，在发电机侧外壳上装设检修专用接地开关和短路试验专用连接端子，母线与母线导体连接的紧固件，均采用非磁材料，从而可以减少发热。

（2）封闭母线的支持绝缘子采用在空间同一平面内相互间隔 120° 的三个方向的正 Y 形支持方式，母线带电体对外壳（地）空气净距不小于 240mm。

（3）封闭母线具有密封、防潮、防尘、防结露措施，微正压装置可实行自动投运，自动退出，也可以实现手动控制。

（4）微正压装置将厂内压缩空气系统送入封闭母线，以保证封闭母线壳内空气压力在 300～2500Pa 范围，进入封闭母线的压缩空气应经除水、除油、除尘处理。其微尘直径小于 0.05mm，油分含量低于 $15 \times 10^{-6} \mu g/g$。设置两个空气干燥器，定时自动切换，使其分别处于运行或再生状态，并带有可手动切除的加热器。

（5）封闭母线长度超过 20m 及穿墙处设有伸缩节，外壳与设备连接采用橡胶波纹管。主变压器、厂用变压器的封闭母线引入端，电压互感器和避雷器柜的连接处，均设置可拆真空等离子镀银处理铜伸缩连接装置。伸缩节满足短路动热稳定要求，接头的载流能力不小于被连接铝导体的载流能力。在封闭母线与主变压器、厂用高压变压器连接隔板处设有观察窗，必要时可打开清擦封堵隔板。

（6）封闭母线导体、螺接面、外壳等处的温度，利用远红外在线测温装置测量，并可在电厂集控室进行监测。测温点可按下述各处布置（每台机共设 9 点）：

1）发电机与封闭母线可拆连接处 A、B、C 三相。

2）封闭母线可拆断口处 A、B、C 三相。

3）变压器与封闭母线可拆连接处 A、B、C 三相。

（7）在发电机出线与封闭母线在 A、B、C 相和中性点的连接处设置含氢量在线监测，可实现就地监测和远方输出并报警。

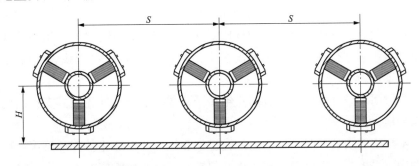

图 3-54　全连式分相封闭母线的剖面结构

（二）分相封闭母线的主要技术参数

分相封闭母线的主要技术参数如下：

额定电压：22kV；

最高电压：24kV；

额定电流：25 000A；

额定雷电冲击耐受电压（峰值）：150kV；

额定短时工频耐受电压（有效值）：75kV；

动稳定电流：≥630kA；

2s 热稳定电流：≥250kA；

封闭母线相间距离：1800mm；

封闭母线外径/厚度：900/15mm；

封闭母线外壳外径/厚度：1450/10mm。

二、共箱封闭母线

（一）共箱封闭母线的结构与技术要求

共箱封闭母线从外形看属长方体箱型结构。导体（矩形或管形）沿长度方向安装在箱体内，箱体与导体间通过垂直安装箱体底面的支持绝缘子支撑，三相导体间可用隔板隔开。采用共箱封闭母线，可以提高运行安全性与可靠性，节省安装空间，多见于现代发电厂的高压厂用电系统的主回路。

（1）共箱封闭母线的结构，应能满足布置于户内和户外安装的要求。当布置于户外时，外壳的任何部分应防止积尘和积水。外壳防护等级应不小于 IP56。

（2）共箱封闭母线外壳的结构应方便安装和检修，若设置检修孔，检修孔设置在封闭母线的底部，其位置、大小、形状和数量应满足对每一个绝缘子进行检修和更换的要求。

（3）为便于对接头等容易过热之处进行监视，应在外壳的对应位置设置密封观察窗。

（4）共箱封闭母线与高压厂用变压器（启动/备用变压器）、厂用高压开关柜之间应采用法兰进行连接，在上述设备与共箱母线连接的法兰之间及共箱母线段连接的法兰之间应装设橡胶密封圈。

（5）共箱封闭母线外壳为铝合金，并连成一体，屏蔽母线电流对外部电磁感应，距母线外壳的钢铁支架，结构及混凝土中的钢筋因漏磁而产生的温升，不应超过 70℃。

（6）共箱封闭母线导体与高压厂用变压器（启动/备用变压器）、厂用高压开关柜之间应采用镀银铜编织带进行连接，镀银厚度至少为 0.025mm，共箱母线直线段大于 20m 处及穿墙处应设置伸缩节。

（7）共箱封闭母线外壳内应设置防止绝缘子结露的措施，外壳及其支持结构的金属部件均应可靠接地。

（8）共箱封闭母线的外壳与设备的外壳应相互绝缘，以防止外壳环流流入设备。其连接金属部件均应采用非磁性材料，或采用其他措施以免产生感应电流过热。

（9）共箱封闭母线配备加热防潮装置，外壳在安装最低处，应设置泄水装置，泄水阀便于操作。

（二）共箱封闭母线的主要技术参数

高压厂用变压器回路共箱封闭母线主要技术参数如下：

额定电压：10kV。

最高电压：12kV。

额定电流：4000A。

4s 热稳定电流：50kA。

动稳定电流：125kA。

工频耐受电压：干耐受，42kV；湿耐受，30kV。

雷电冲击耐受电压：75kV。

导体尺寸：$\phi 130 \times 6$ 或 3-TMY10×120mm。

外壳宽×高：1000mm×500mm。

第四章 发电厂高压电气一次接线

将发电机、变压器、断路器和隔离开关等电气一次设备按照功能要求或预定的方式连接起来，构成完成生产、转换和分配电能任务的电路，称为电气一次接线或电气一次系统，其中承担向厂外系统或电力用户输送电能任务的部分称为电气主接线。电气主接线反映了发电厂中电能生产、转换、输送和分配的关系以及各种运行方式。将由电气一次设备构成的电气一次接线用规定的图形符号和文字符号以单线图的形式绘制而成的电路图，称为电气一次接线图。

第一节 发电厂电气主接线

发电厂电气主接线代表了发电厂电气系统的主体结构，是电力系统网络的重要组成部分，直接影响着发电厂乃至整个系统的运行可靠性和灵活性，对一次设备的选定和二次系统的构成都起着决定性的作用。因此，电气主接线必须满足可靠性、灵活性和经济性等三个方面的基本要求。首先，根据发电厂在电力系统中的地位和作用、电压等级的高低、负荷大小和性质等，电气主接线应能保证必要的供电可靠性和电能质量，特别是保证对重要负荷的供电。设备检修和发生事故时，停电时间应尽可能短，影响范围应尽可能小，尽可能地降低事故影响。其次，电气主接线应能适应各种运行状态、各种工作情况，特别是当一部分设备检修或工作情况发生变化时，能灵活方便地倒换运行方式，做到调度灵活，不中断向用户的供电。在扩建时应能很方便地从初期扩建到最终接线。最后，在满足上述可靠性和灵活性的前提下，电气主接线应尽可能降低投资，压缩占地，减少电能损耗，以期达到经济合理。

对一个发电厂而言，电气主接线在发电厂设计时就根据机组容量、发电厂规模及发电厂在电力系统中的地位等，从供电的可靠性、运行的灵活性和方便性、经济性、发展和扩建的可能性等方面，经综合比较后确定。

我国 1000MW 机组发电厂中的电气主接线，发电机端采用单元接线，升高电压级主要采用一台半断路器接线（即 3/2 断路器接线）、3～5 角形接线、双母线接线及双母线分段接线等形式。对机组容量 1000MW 的电气主接线可靠性方面提出的特殊要求如下：

（1）任何断路器的检修，不得影响对用户的供电；

（2）任一进出线断路器故障或拒动，不得切除一台以上机组及相应线路；

（3）任一台断路器检修和另一台断路器故障或拒动相重合，以及当分段或母联断路器故障或拒动时，不应切除两台以上机组及相应线路。

一、1000MW 机组发电厂电气主接线基本形式

1000MW 汽轮发电机组发电厂有关的电气主接线基本接线形式主要有：双母线接线、一台半断路器接线（3/2 断路器接线）、单元接线等，其中一台半断路器接线一般用于 500kV 系统，双母线接线多用于 220kV 系统，也用于 500kV 系统。

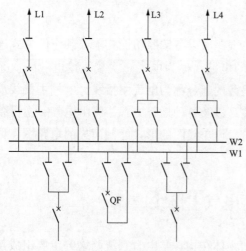

图 4-1 双母线接线

（一）双母线接线

每回进出线都各用一台断路器和两组隔离开关分别接入两组母线，两组母线之间通过母线联络断路器（简称母联断路器或母联）连接，这种接线形式称为双母线接线，如图 4-1 所示。在双母线接线中，母线联络断路器 QF 起到联系两组母线 W1、W2 的作用，两组母线可以同时运行，也可以一组母线运行而另一组母线备用（互为备用）。

双母线接线具有较高的可靠性和灵活性。首先，通过两组母线隔离开关的倒换操作，可以轮流检修一组母线而不会使供电中断；一组母线故障后，通过倒闸操作能迅速恢复供电；检修任一回路的母线隔离开关时，只需断开该隔离开关所在的回路和与该隔离开关相连的母线，其他回路均可通过另一组母线继续正常运行。各电源和各回出线可以任意分配到某一组母线上，并通过倒闸操作实现各种正常运行方式的转换，灵活地适应各种运行条件和潮流变化的需要。

当两组母线同时运行且母联断路器闭合时，电源与负荷平均分配在两组母线上，相当于单母线分段（或称为双母线并列）运行方式，通常称为双母线并列运行方式，也是电力系统中双母线接线的常见运行方式。每一回进出线既可以运行于第一组母线 W1，也可以运行于第二组母线 W2。但通常情况下，各回进出线总是固定连接在某一组母线上而不随意变更，即每回进出线与两组母线的连接关系是固定的，这就是所谓的固定连接方式。

当两组母线同时运行而母联断路器断开（处于热备用状态）时，各进出线分别接在两组母线上，相当于单母线硬分段（或称为双母线分列）运行方式，通常简称为分母运行方式。此时这个电厂相当于分裂为两个发电厂各自向系统送电。

当母联断路器断开（处于热备用状态），一组母线运行，另一组母线备用，全部进出线都接在运行母线上时，即为单母线运行方式；两组母线同时工作，并且通过母联断路器并列运行，电源与负荷平均分配在两组母线上，且每回进出线与两组母线的连接关系是固定的，称为固定连接方式，这也是目前生产中一般采用的正常运行方式，显然两组母线并列运行的供电可靠性比仅用一组母线运行时高。

双母线接线扩建方便。向双母线左右任何方向扩建，均不会影响两组母线的电源和负荷自由组合分配，在施工中也不会造成原有回路停电，因而有利于今后扩建。

在特殊需要时，双母线接线可以用母联与系统进行同期或解列操作。当个别回路需要独立工作或进行试验（如发电机或线路检修后需要试验）时，可将该回路单独接到备用母线上运行。

双母线接线具有供电可靠、调度灵活、扩建方便优点，在电力系统中广为采用，并已积累了丰富的运行经验。但这种接线使用设备多，配电装置较复杂，投资较大；在运行中隔离开关作为操作电器，容易发生误操作。尤其是当母线出现故障时，须短时切换较多电源和负荷；当检修出线断路器时，仍然会使该回路停电。因此，必要时须采用母线分段和增设旁路母线等措施对双母线接线进行改进，形成双母线分段（三分段或四分段）接线或双母线带旁路接线。

（二）一台半断路器接线

每两个回路（出线或电源）用三台断路器构成一串接至两组母线，称为一台半断路器接线，如图4-2所示。接线中的断路器台数与进出线回路数之比为1.5，所以称之为一台半断路器接线，又称为3/2断路器接线或 $1\frac{1}{2}$ 接线。在一个完整串中，两个回路（进线或出线，如回路L1和T1）各自经一台断路器（QF1和QF3）接至不同母线（W1和W2），两回路之间经联络断路器（QF2）连接。

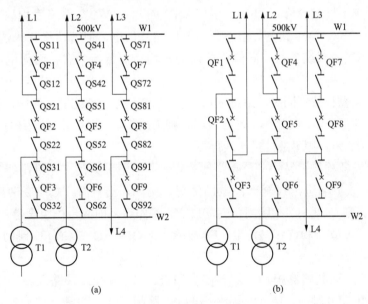

图4-2　一台半断路器接线
(a) 常规布置；(b) 交叉布置

正常运行时，两组母线和同一串的三个断路器都投入工作，称为完整串运行，形成多环路状供电，具有很高的可靠性。它既是一种双母线接线，又是一种多环接线。因此，一台半断路器接线兼有环形接线和双母线接线的优点，克服了一般双母线和环形（角形）接线的缺点，是一种布置清晰、可靠性很高和运行灵活的接线。一台半断路器接线与双母线带旁路母线比较，隔离开关少，配电装置结构简单，占地面积小，土建投资少，隔离开关不当作操作电器使用，不易因误操作造成事故。分析如图 4-2（a）所示的接线，其主要优点如下。

（1）任何一组母线或一台断路器检修时。任一母线或任一断路器检修需退出工作时都不会造成停电，并且隔离开关不参加倒闸操作，减少了因误操作引起事故的可能性。如 500kV W1 母线检修，只要断开 QF1、QF4、QF7、QS12、QS42、QS72 等即可，不影响供电，并可以检修 W1 母线上的 QS11、QS41、QS71 等母线隔离开关。QF1 检修时，只需断开 QF1 及 QS11、QS12 即可，也不用旁路。一串中任何一台断路器退出或检修时的运行方式称为不完整串运行。

（2）一个元件故障的情况。

1）任何一组母线故障不会造成机组和出线停电。如 500kV W2 母线故障时，保护动作，QF3、QF6、QF9 跳闸，其他进出线能继续工作，并通过 W1 母线并联运行。

2）一台断路器故障最多影响二回进出线停电。靠近母线侧断路器故障时，只会造成一回进出线停电，如 QF1 故障，QF2、QF4 和 QF7 跳闸，只造成 L1 出线停运。进出线之间联络断路器故障时，将造成二回进出线停电。如 QF2 故障，QF1、QF3 跳闸，将使 T1 和 L1 停运。

（3）一个元件正常检修，又发生另一元件故障的情况。

1）500kV W1 母线检修（QF1、QF4、QF7 断开），W2 母线又发生故障时，母线保护动作，QF3、QF6、QF9 跳闸，但不影响电厂向外供电，但若出线并未通过系统连接，则各机组将在不同的系统运行，潮流可能因为不均衡而重新分布；而无电源串的出线将停电。

2）一台断路器检修，同时一组母线故障，最多造成一回进出线停电。如 QF2 检修，W2 母线故障，T1 停运；又如 W1 母线故障，则 L1 停运。而靠近母线侧的一台断路器检修时一组母线又故障，则不造成进出线停电。

3）一台断路器检修，另外一台断路器故障，一般情况只使二回进出线停电，但在某些情况下可能出现同名进出线全部停电的情况。例如，当只有 T1、T2 两串时，QF2 检修，QF6 故障，则 QF3、QF5 跳闸，则 T1、T2 将停运，即两台机组全停。又如 L1、L2 系同名双回线，当 QF2 检修，又发生 QF4 故障，则 QF1、QF5 和 QF7 跳闸，L1 和 L2 同时停运。

（4）线路故障而断路器拒动，最多停二回进出线。如 L2 线路故障，QF4 跳闸，而 QF5 拒动，则由 QF6 跳闸，使 T2 停运。若 QF5 跳闸，QF4 拒动，扩大到 QF1、QF7 跳闸，使 W1 母线停运，但不影响其他进出线运行。

一台半断路器接线的缺点是所用开关电器较多，造价较高，并希望进出线回路数为双数。由于每一回路有 2 个断路器，进出线故障将引起 2 个断路器跳闸，增加了断路器的维护工作量。另外，继电保护的设置也比双母线要复杂一些。

在 600MW 及以上机组的大容量发电厂中，广泛采用一台半断路器接线。在发电厂前期工程中，一般是机组和出线较少，例如，只有两台发电机和两回出线，构成只有两串一台半接线。在此情况下，电源（进线）和出线的接入点可采用两种方式：一种是非交叉接线（或称常规布置），如图 4-2（a）所示，将同名元件（电源或出线）分别布置在不同串上，但所有同名元件都靠近同一母线侧（进线都靠近一组母线，出线都靠近另一组母线）；另一种是交叉接线（或称交叉布置），如图 4-2（b）所示，图中 T1 和 T2 所在的两串，将两个同名元件分别布置在不同串上，并且分别靠近不同母线接入，即电源（变压器）和出线相互交叉配置。

通过分析可知，一台半断路器交叉接线比一台半断路器非交叉接线具有更高的运行可靠性，可减少特殊运行方式下事故扩大。设图 4-2（a）、（b）中均只有 T1、T2 所在的两串，如一串中的联络断路器（设 QF2）在检修或停用，另一串的联络断路器发生异常跳闸或事故跳闸（出线 L2 故障或进线 T2 回路故障）时，对非交叉接线将造成切除两个电源，相应的两台发电机甩负荷至零，发电厂与系统完全解列；而对交叉接线而言，至少还有一个电源（发电机-变压器组）可向系统送电，L2 故障时 T2 向 L1 送电，T2 故障时 T1 向 L2 送电；联络断路器 QF5 异常跳开时也不影响两台发电机向系统送电。

应当指出，当一台半断路器接线的串数多于两串时，由于接线本身构成的闭环回路不止一个，一个串中的联络断路器检修或停用时，仍然还有闭环回路，因此不存在上述差异。而且交叉接线的配电装置的布置比较复杂，需增加一个间隔。

另外，当发电厂的进出线为两进三出或三进四出时，或者进出线回路数为奇数时，一台半断路器接线中将出现不完整串，即某一串中只有一回进出线和两台断路器。这种形式一般作为前期工程的过渡接线。

（三）单元接线

（1）发电机-变压器组单元接线。发电机出口，经主变压器构成发电机-变压器组，直接接入高电压系统的接线，称为发电机－变压器组单元接线。实际上，这种单元接线往往只是整个发电厂主接线中的一部分或一条回路，大型发电厂一般有若干个类似的单元。

发电机-双绕组变压器组成的单元接线，如图 4-3（a）所示，是大型机组普遍采用的接线方式。发电机与变压器的容量相匹配。如 660MW（733MVA）机组配备 800MVA 的主变压器，以满足发电机带满负荷并扣除部分厂用电负荷时送出功率的需要。

发电机出口是否装设断路器依具体情况而定。目前我国及许多国家的大容量机组（200MW 及以上的机组）的单元接线中，发电机出口一般不装设断路器，而是通过分相（或称离相）封闭母线将发电机和双绕组主变压器低压侧直接相连，然后经主变压器升压后与系统连接。

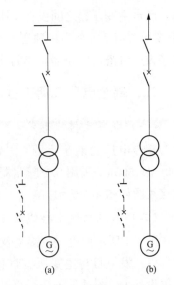

图 4-3 单元接线

(a) 发电机-双绕组变压器单元接线；

(b) 发电机-变压器-线路单元接线

其原因是：大电流大容量断路器（或负荷开关）投资较大，而且在发电机出口至主变压器之间（包括厂用分支）采用封闭母线后，此范围内发生故障的可能性也已降低。甚至在发电机出口也不装隔离开关，只装设可拆的连接片，以供发电机测试时用。

发电机出口也有装设断路器的。目前对于大机组出口装设断路器的优点越来越多地被人们所认同，虽然一次性投资较大，但这样做使得电力系统稳定性以及运行灵活性得到显著提高。因此，在发电机-变压器组单元接线形式中，发电机出口断路器的运用成为潮流。其理由主要体现在如下几个方面：

1）发电机组解、并列时，可减少主变压器高压侧断路器操作次数，特别是高压侧采用一台半断路器接线时，能始终保持一串内的完整性。当电厂接线串数较少时，保持各串不断开（不致开环），对提高供电的可靠性有明显的作用。

2）启停机组时，可利用厂用高压工作变压器供给厂用电，减少了高压厂用系统的倒闸操作，从而提高了运行可靠性。当厂用工作变压器与厂用启动变压器之间的电气功角 δ 相差较大（一般大于15°）时，这种运行方式更为需要。

3）当发电机出口装设有断路器时，厂用备用变压器的容量可与工作变压器容量相等，且厂用高压备用变压器的台数可以减少。如我国规程规定，两台机组（不设出口断路器）要设置一台厂用备用变压器，而苏联的设计一般为6台机组设置一台厂用备用变压器。

4）当发电机故障时，可通过出口断路器快速切除故障机组，保证电力系统的稳定性。

发电机出口装设断路器所带来的缺点是：在发电机回路增加了一个可能的事故点。但根据以往事故经验及世界发展方向，500MW 及以上机组出口装设断路器有其突出优点。

（2）发电机-变压器-线路组单元接线。发电机与主变压器低压侧直接连接，而主变压器高压侧直接与一条输电线路相连接，单独送电，如图 4-3（b）所示。发电厂内不设开关站，各台主变压器之间没有直接电气连接，厂内主变压器台数与线路条数相等。每台发电机-变压器组单元各自单独送电至一个或多个开关站或变电站。主变压器高压侧一般在厂内装设一台高压断路器，作为元件保护和线路保护的断开点，也可作为同期操作之用。

二、瑞金电厂二期工程电气主接线

（一）电气主接线形式

瑞金电厂二期工程的 $2 \times 1000MW$ 机组以发电机-变压器组单元接线的形式升压至 500kV，500kV 采用 3/2 断路器接线，通过瑞赣线、瑞虔线与 500kV 系统相连。本期电气主接线图如图 4-4 所示。

（二）本期电气主接线及设备特点

图 4-4 所示的电气主接线及设备具有如下特点。

（1）发电机与主变压器直接连接，组成发电机-变压器组单元接线。这种接线简单，开关设备少，操作简便，可靠性和灵活性较高，节省投资，占地面积较小，且便于采用单元控制（集控）方式。因不设发电机电压级母线，使得在发电机和变压器低压侧短路时，短路电流相对于具有发电机电压母线时有所减小。

（2）发电机与主变压器采用分相封闭母线连接，发电机出口不装断路器和隔离开关，只需留出可拆点，以利于机组调试。这种单元接线，避免了当额定电流或短路电流过大时，因制造条件或价格过高等原因造成的发电机出口断路器的选择困难。

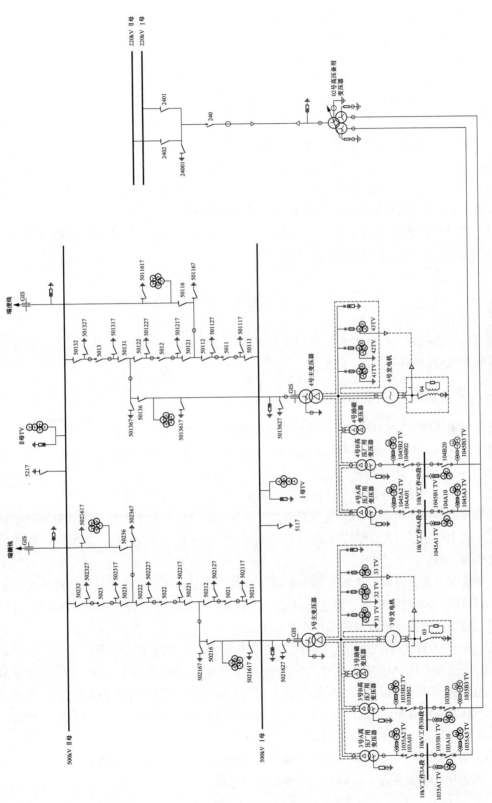

图 4-4 瑞金电厂二期工程电气主接线图

（3）升高电压 500kV 采用 3/2 断路器接线，具有供电可靠、调度灵活、扩建方便等优点，在电力系统中广为采用，并已积累了丰富的运行经验。

（4）3/2 断路器接线具有多种运行方式，高压启动/备用变压器接入 220kV 主母线，具有足够的供电可靠性，当本厂机组全停时，还可从系统取得备用电源。

（5）3/2 断路器接线使用设备多，配电装置较复杂，投资较大。

（6）发电机中性点采用经配电变压器二次侧电阻接地的高电阻接地方式，以减小接地故障电流对铁芯的损害和抑制暂态电压不超过额定相电压的 2.6 倍。接地变压器容量为 80kVA，电阻为 0.46Ω，一次侧电压为 27kV，二次侧电压为 220V，带有 100V 抽头。

（7）220kV 主变压器高压侧中性点经隔离开关接地，并装设氧化锌避雷器和空气间隙保护，高压启动/备用变压器高压侧中性点采用直接接地方式。

（8）主变压器为双绕组变压器，容量为 1170MVA，三相一体式结构，额定电压为 $525\pm2\times2.5\%/27$kV，接线组别为 YNd11。

第二节 电气主接线的运行方式

所谓电气主接线的运行方式，是指在不同的运行情况下，电源与出线在高压母线上的分布，以及某些特殊情况下的切换。

一、发电机电压级主接线的运行方式

发电机电压级采用的发电机-变压器组单元接线，接线简单，运行方式固定。

正常情况下，2 组发电机-变压器组单元接线分别接入 500kV 的 2 组母线上，将电能送入 500kV 系统，2 组发电机-变压器组单元接线之间没有直接联系，在机组控制上具有独立性。一组单元接线故障，不会直接影响到另一组单元接线的正常工作。

由于发电机出口和高压厂用电分支线都没有装设断路器，发电机启动过程必须带空载的主变压器和高压厂用工作变压器。发电机-变压器组单元的并列断路器为主变压器 500kV 侧断路器。

正常情况下各台发电机组的厂用电源由各自的厂用工作变压器供电，当工作电源失去后切换到启动/备用电源供电。发电机启动过程中的厂用电源由启动/备用电源供电，并列操作完成后切换到发电机自身的工作电源供电。

发电机-变压器组单元内部发生故障，包括发电机、主变压器、厂用高压工作变压器以及它们之间的连接导体等任意地点发生故障，发电机-变压器组保护将跳开主变压器 500kV 侧断路器和厂用高压工作变压器 10kV 侧断路器。具体的保护范围为主变压器 500kV 断路器外侧电流互感器、厂用高压工作变压器 10kV 断路器外侧电流互感器和发电机中性点侧电流互感器所包围的区域。

发电机-变压器组单元内部（含厂用高压工作变压器）任意主体设备检修，整个发电机-变压器组单元都必须停电，计划内检修应同时进行。

二、500kV 主接线的运行方式

本厂 500kV 系统采用 3/2 断路器接线，运行方式灵活，在本厂 500kV 系统没有故障和检修时，能保证送出全部电能的正常运行方式有双母线分列运行（即分母运行、单母线分段不带母联）、双母线并列运行（单母线分段带母联）、单母线运行等多种运行方式。

如图 4-4 所示的 500kV 侧 3/2 断路器接线中，有 500kV Ⅰ 母和 500kV Ⅱ 母共 2 组母线。两组母线之间，用三台断路器接入两个回路，且采用交叉接线。

（1）正常运行方式：两组母线同时运行，所有断路器、隔离开关均闭合；

（2）线路检修时：仅拉开检修线路的隔离开关，断路器仍处在合闸状态，以提高供电可靠性；

（3）断路器检修时：将该断路器及其两侧的隔离开关断开；

（4）母线检修时：断开母线断路器及其两侧的隔离开关，这相当于单母线运行，可靠性低，应尽可能缩短单母线运行时间。

第三节　发电厂的厂用电接线

发电厂在生产电能的过程中，有大量的厂用机械设备为主设备（如锅炉、汽轮机或水轮机、发电机等）和辅助设备服务，它们一般由电动机拖动。这些拖动厂用机械的电动机以及全厂的运行操作、试验、修配、照明、电焊等用电设备的总耗电量，统称为厂用电，其中拖动厂用机械的电动机在整个厂用负荷中占有大部分份额。为这些厂用负荷服务的供电网络称为厂用电接线或厂用电系统。

一、厂用电率

厂用耗电量一般都由发电厂本身供给，厂用负荷是发电厂的重要负荷之一。厂用电耗电量占同一时期发电厂全部发电量的百分数，称为厂用电率。在额定工况下，厂用电率根据下式计算

$$K_p = \frac{S_c \cos\varphi_{av}}{P_N} \times 100\%$$

式中　K_p——厂用电率，%；

　　S_c——厂用计算负荷，kVA；

　　$\cos\varphi_{av}$——厂用负荷的平均功率因数，一般取 0.8；

　　P_N——发电机的额定功率或总装机容量，kW。

厂用电率是发电厂的主要运行经济指标之一，其影响因素有很多，主要与发电厂的类型有关。一般说来，中小型凝汽式发电厂的厂用电率为 5%～8%，热电厂为 8%～10%，水电厂为 0.3%～2.0%，大型凝汽式发电厂的厂用电率在 5% 以下。

二、厂用电源与厂用电接线

（一）厂用供电电压

发电厂的厂用电系统供电电压等级一般要根据发电机容量和额定电压、厂用电动机的容量和额定电压以及厂用供电网络的可靠性要求等诸多因素，经过经济、技术综合比较后才能最终确定。

发电厂的厂用电供电电压一般分为高压和低压两种，高压电压等级有 3、6kV 和 10kV，低压为 0.4kV（380/220V）。对火电厂而言，当发电机容量在 300MW 及以下时，一般采用 6kV 作为高压厂用供电电压；当发电机容量在 300MW 以上时，可以采用 6kV，在技术经济合理时也可以采用 10kV 和 3kV 两种电压作为高压厂用电压。低压厂用电系统用 0.4kV（380/220V）供电。这样，高压电动机和低压厂用变压器从厂用高压系统取得电源，低压电动机和其他低压厂用负荷则从厂用低压系统取得电源。

（二）厂用母线接线形式

发电厂的厂用负荷有很多，厂用电接线一般采用简单清晰、操作方便的单母线分段接线形式，配置高可靠性的成套高压和低压开关柜。为提高厂用电系统的供电可靠性与经济性，且便于灵活调度，厂用母线的设置一般采用"按炉分段"或"按机组分段"的原则，将厂用母线按照锅炉台数或水轮发电机组台数分成若干独立段。当机组容量较大时，各台机组对应母线段可再分为两小段供电。各厂用母线段上的负荷应尽可能均匀分配，全厂公用性负荷可均匀分布在各厂用母线段上，也可以适当集中由公用厂用母线段供电。

（三）厂用电源及其引接

厂用电动机等厂用电负荷从厂用母线上取得电源。为保证发电厂在各种运行方式下对厂用负荷可靠供电，必须合理设置供电电源，采取可靠的电源引接方式。

（1）工作电源。在正常情况下给厂用负荷供电的电源，称为工作电源。为保证发电厂的正常运行，工作电源不仅应具有足够的供电可靠性，还要满足各级电压厂用负荷的容量要求。现代发电厂一般从发电机电压回路经厂用高压变压器或电抗器将高压工作电源引入高压厂用工作母线上，再从高压厂用工作母线向高压厂用负荷（高压电动机、低压厂用变压器）供电；从高压厂用母线或发电机电压回路经低压厂用变压器将低压工作电源引入低压厂用工作母线上，再从低压厂用母线向低压厂用负荷（低压电动机、照明等）供电。

高压厂用工作电源的引接方式与发电机回路的主接线形式有关，如图 4-5 所示为几种典型的高压厂用工作电源的引接方式。当主接线有发电机电压母线时，厂用工作电源可直接从母线上引接，如图 4-5（a）所示；当主接线为发电机-主变压器组单元接线或扩大单元接线时，厂用工作电源应从发电机出口或主变压器低压侧引接，如图 4-5（b）、（c）所示。各台厂用工作变压器的容量应满足对应的厂用工作母线段上的负荷需要。

当发电机容量为 300MW 及以上时，厂用高压工作电源采用一台低压绕组分裂变压器或两台双绕组变压器给服务于同一台机组的两段高压厂用母线供电。当发电机容量为 200MW 及以上时，发电机出口母线及厂用电分支线均采用分相封闭母线，发电机出口及厂用分支线上均不装设断路器，仅安装可拆连接片。

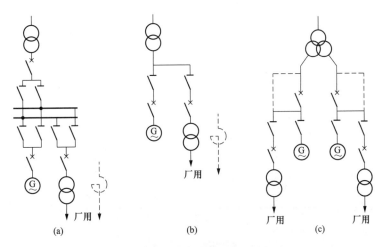

图 4-5　厂用高压工作电源引接方式

（a）从发电机电压母线上引接；（b）从主变压器电压侧引接；（c）从发电机出口（或主变压器电压侧）引接

（2）备用电源。当工作电源因故障失去后，代替工作电源向厂用负荷供电的电源，称为备用电源或事故备用电源。启动电源是指厂用工作电源消失后，保证机组快速启动或发电机成功投运的厂用电源，它也是一种备用电源。单机容量在 200MW 及以上的电厂一般都要求设置启动电源。为了充分利用启动电源，通常情况下启动电源还可兼作备用电源，故启动电源又称为启动/备用电源。

为保证备用电源的可靠性，避免工作电源失去的同时也失去备用电源，厂用备用电源应具有相对独立性。同时，厂用备用变压器的容量应不小于厂用工作变压器的容量。高压厂用备用电源一般采用以下方式引接：当主接线有发电机电压母线时，从发电机电压主母线的不同分段上引接；无发电机电压母线时，可从与系统联系的最低一级升高电压母线上引接；当有高压系统间的联络变压器时，可从联络变压器的第三绕组引接；当技术经济合理时，可从外部独立电源经专用线路引接。

（3）事故保安电源和不停电电源。对 300MW 及以上的大型发电机组，当厂用工作电源和备用电源都消失时，为确保事故状态下能安全停机，事故消除后又能及时恢复供电，应设置事故保安电源和不停电电源，以保证事故保安负荷和不停电负荷的连续供电。事故保安电源和不停电电源的典型接线如图 4-6 所示。交流保安电源一般采用快速启动的柴油发电机组，交流不停电电源采用蓄电池供电的电动发电机组或静态逆变装置。

大容量机组（300MW）火电厂厂用电系统的典型接线见图 4-7。发电机与主变压器采用单元接线，且用分相封闭母线连接。厂用高压工作电源从发电机 20kV 出口处引接，通过厂用高压工作变压器（低压绕组分裂变压器）供给厂用 6kV 高压工作母线，1 号高压厂用工作变压器分别接入 6kV ⅠA 段和 ⅠB 段，2 号高压厂用工作变压器供给分别接入 6kV ⅡA 段和ⅡB 段，各机组高压厂用电动机及低压厂用变压器分别接入ⅠA 段和ⅠB 段及ⅡA 段和ⅡB 段上。高压厂用备用电源从与系统相连的 110kV 母线经分裂变压器降压至 6kV，分别接至高压厂用备用母线 6kV 备用Ⅰ段和备用Ⅱ段上，并带全厂的公用负荷，故备用Ⅰ、Ⅱ段又称为公用段。从 6kV 厂用母线上接出的若干台低压厂用变压器分别引接

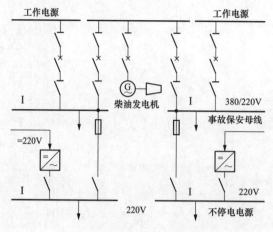

图 4-6　事故保安电源接线

到各段低压厂用母线上，根据负荷性质以成组供电的方式分别向锅炉、汽轮机、电气、燃料运输、除尘、除灰、化学水处理、辅助车间及照明等低压厂用负荷供电，其中承担公共负荷的低压公用段，互为备用，并可作为其他工作段的备用电源，且备有柴油发电机组作为事故保安电源。

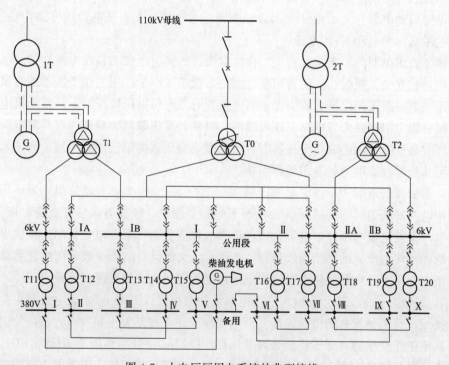

图 4-7　火电厂厂用电系统的典型接线

三、高压厂用电系统的中性点接地方式

高压（10、6、3kV）厂用电系统中性点接地方式与接地电容电流密切相关。当接地

电容电流小于10A时，可采用高电阻接地方式，也可以采用不接地方式；当接地电容电流大于10A时，可采用中电阻接地方式，也可以采用消弧线圈接地方式或消弧线圈并联高电阻接地方式。600MW机组高压厂用电系统大多采用中性点经电阻接地的方式。

（一）中性点不接地方式

当高压厂用电系统发生单相接地故障时，流过短路点的电流为电容性电流，且三相线电压基本平衡。若单相接地电容电流小于10A时，允许运行2h，为处理故障争取了时间；若厂用电系统单相接地电容电流大于10A时，接地点的电弧不能自行熄灭，将产生较高的电弧接地过电压（可达额定相电压的3.5～5倍），并容易发展成多相短路，故接地保护应动作于跳闸，中断对厂用设备的供电。因此，这种中性点不接地方式适用于接地电容电流小于10A的高压厂用电系统。

（二）中性点经高电阻或中电阻接地方式

高压厂用电系统经适当的电阻接地，可以抑制单相接地故障时健全相的过电压倍数不超过额定相电压的2.6倍，避免事故扩大。常采用二次侧接电阻的配电变压器接地方式，无需设置大电阻器就可达到预期的目的。当发生单相接地故障时，短路点流过固定的电阻性电流，有利于零序保护的动作。中性点经高电阻接地方式适用于高压厂用电系统接地电容电流小于10A，且为了降低间歇性弧光接地过电压水平和便于寻找接地故障点的情况。

相对于中性点不接地方式，中性点经高电阻或中电阻接地方式具有如下特点：

（1）适当选择电阻，可以抑制单相接地故障时非故障相的过电压不超过额定相电压幅值的2.6倍，有利于避免故障进一步扩大。

（2）当发生单相接地故障时，故障点流过一固定的电阻性电流，便于寻找接地故障点，有利于确保馈线的零序保护动作。

（3）接地总电流小于15A时（高电阻接地方式，一般按$I_R \geqslant I_C$原则选择接地电阻），保护动作于信号；接地总电流大于15A时，改为中电阻接地方式（增大I_R），保护动作于跳闸。

（4）需增加中性点接地装置。

（三）中性点经消弧线圈接地方式

在这种接地方式下，厂用电系统发生单相接地故障时，中性点的位移电压产生感性电流流过接地点，补偿电容电流，将接地点的综合电流限制到10A以下，达到自动熄弧，继续供电的目的。为了提高接地保护的灵敏度和选择性，通常在消弧线圈的二次侧并联电阻。当机组的负荷变化时，需改变消弧线圈的分接头以适应厂用电系统电容电流的变化，但消弧线圈变比的变化又改变了接地点的电流值。为了保持接地故障电流不变，必须相应地调节二次侧的电阻，所以二次侧电阻应有与消弧线圈相匹配的调节分接头。这一接地方式运行比较复杂，要增加接地设备投资，适用于大机组高压厂用电系统接地电容电流大于10A的情况。

第四节　瑞金电厂二期工程厂用电接线及运行

一、10kV 厂用电接线原则

厂用电系统通常采用单母线接线形式,在火电厂中,因锅炉辅机多,用电量大,如送风机、引风机、磨煤机、排粉机、冲灰水泵等,用电量约占厂用电量的 60% 以上。为提高厂用电系统的供电可靠性,高压厂用母线按锅炉台数分成若干独立工作段,这种接线原则称为按炉分段。

按炉分段的原则使厂用电接线十分清晰,便于运行、检修。如果一处发生故障,只影响一机一炉,不会造成多台机组停电。当锅炉容量在 400t/h 及以上时,由于辅助设备容量较大,每台锅炉由两段厂用母线供电。

(一)10kV 厂用电不设公用段母线方式

每台机组设两段 10kV 工作母线,给对应本身的机炉负荷供电,全厂性公用负荷分散接于每台机炉厂用母线上,同时又相对集中以使接线及布置相对清晰,检修方便,不另设公用段母线。

正常运行时,公用负荷由高压厂用工作变压器供电,另设一台启动/备用变压器,供给机组启停负荷,并兼作高压厂用变压器事故备用。当单元机组大修时,公用负荷改由启动/备用变压器供电。

(二)10kV 厂用电设公用段母线方式

每台机组设立两个独立的 10kV 高压厂用工作母线段,全厂性的公用负荷接在主厂房内专设的公用段上。

正常运行时,工作段母线上连接机炉本体负荷,由本机组支接的高压厂用工作变压器供电。而公用段上所接的全厂性公用负荷,则由启动/备用变压器供电。

启动/备用变压器作为启动或停机时的电源,并兼作工作厂用变压器的事故备用。

二、10kV 厂用电接线及运行

(一)高压厂用工作电源

本工程每台机组设 2 台容量为 38MVA 的双绕组变压器作为高压厂用工作变压器,其高压侧从主变压器低压侧经离相封闭母线 T 接,且高压侧不装设断路器。每台机组相应设置 2 段 10kV 厂用工作母线,A 段母线上接有如下负荷:门式滚轮堆取料机 A、煤泥水变压器 A、等离子点火变压器 A、厂区 690V 公用变压器 A、690V 锅炉变压器 A、690V 汽机变压器 A、二期化水变压器 A、公用变压器 A、电除尘变压器 A、保安变压器 A、380V 工作变压器 A,B 段母线上接有如下负荷:380V 工作变压器 B、保安变压器 B、电除尘变压器 B、脱硫变压器、输煤变压器 A、循环变压器 A、翻车机变压器 A、690V 汽机变压器 B、690V 锅炉变压器 B、凝结泵变频装置。

（二）启动/备用电源

为了提供高压厂用变压器的事故备用，同时供给机组启停负荷，设置了一台专用的容量为 66/38-38MVA 的分裂变压器作为启动/备用电源，其高压侧接入 220kV 母线，并分别与 10kV 厂用 I A、I B、II A、II B 段相联系。当 I A、I B、II A、II B 段失去电源后，可从启动/备用高压器的电压侧取得电源。

（三）10kV 厂用电系统中性点接地方式

综合考虑限制内过电压不超过 2.6 倍额定电压和保证接地保护的灵敏度和选择性两方面的要求，本期工程 10kV 厂用电系统采用中性点经中电阻接地方式，保护动作于跳闸。

第五章　低压电气设备及 380V 厂用电系统

380V 低压厂用电系统采用动力和照明共用的三相四线制接地系统，其中 380V 供给电动机用电，220V 供给照明和单相负荷用电。低压厂用电母线一般按用途分段，低压厂用电源由相应的低压厂用变压器提供。

第一节　低压开关柜

瑞金电厂二期工程采用的是 MNSG 型低压抽出式开关柜。M 指标准模件式，N 指低压，S 指开关配电子装置，G 指改进型。

MNSG 型低压抽出式开关设备是一种用标准模数组装的组合式低压开关柜（以下简称装置），本装置适用于交流 50(60)Hz、额定工作电压 690V 及以下的供配电系统，用于发电、输电、电能转换和电能消耗设备的控制。

MNSG 型低压抽出式开关柜采用标准模块设计，分别可组成保护、操作、转换等标准单元，用户可根据需要任意选用组装，以 200 余种组装件可以组成不同方案的框架结构和抽屉单元。该型开关柜大量采用高强度阻燃型工程塑料组件，有效加强防护安全性能，具有防电弧设计。

开关柜类型分为动力中心柜（PC 柜）和电动机控制中心柜（MCC 柜）。PC 柜采用 3WL 型框架低压断路器或 3VL 型塑壳低压断路器。MCC 柜由大小抽屉组装而成，各回路开关采用 3VL 型高分断塑壳断路器。

开关柜柜体基本结构是由 C 型型材装配组成，C 型型材是以 $E=25\text{mm}$ 为模数安装孔的钢板弯制而成。全部框架及内部隔板都作镀锌钝化处理。四周门板、侧板则用油漆涂覆。柜内结构严格区分为元件区、母线区、接线区、仪表区，各区之间采用金属隔板进行隔离，所有母线采用高导电率优质 T2 型铜排，其相对导电率达到 99.9%；所有母线支撑采用 MNSG 柜专用母夹，以保证母线与其他部件之间的距离不变，并能承受装置的额定短时耐受电流和额定峰值耐受电流所产生的机械应力和热应力的冲击。所有金属结构非带电部分均可靠接地，并有明显的接地标志，保证操作人员安全。开关柜内有机械连锁，保证在开关合闸情况下，柜门不能打开。

开关柜抽屉类型有五种标准尺寸，都是以 $8E$(200mm) 高度为基准。$8E/4$：在 $8E$ 高度空间组装 4 个抽屉单元；$8E/2$：在 $8E$ 高度空间组装 2 个抽屉单元；$8E$：在 $8E$ 高度空间组装 1 个抽屉单元；$16E$：在 $16E$(400mm) 高度空间组装 1 个抽屉单元；$24E$：在 $24E$(600mm) 高度空间组装 1 个抽屉单元。五种抽屉单元可在同一个柜中作单一组装，也可作混合组装，如图 5-1 所示。

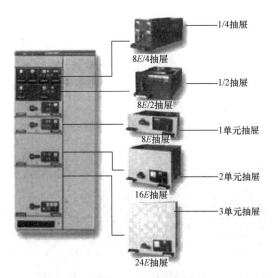

图 5-1 MNSG 型抽出式开关柜抽屉类型

MNSG 型开关柜水平主母线电流最高 6300A，额定短时耐受电流为 50kA，额定峰值耐受电流高达 143kA，外壳防护等级 IP41。

开关柜柜体高度为 2200mm，柜体深度分别为 600/800/1000mm，柜体宽度分别为 600/800/1000mm。PC 柜和 MCC 柜的典型结构如图 5-2 和图 5-3 所示。

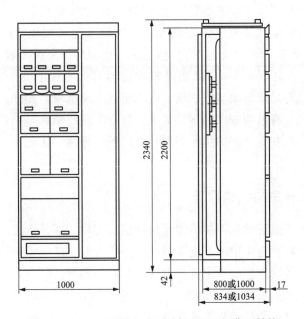

图 5-2 MNSG 型抽出式开关柜 MCC 柜典型结构

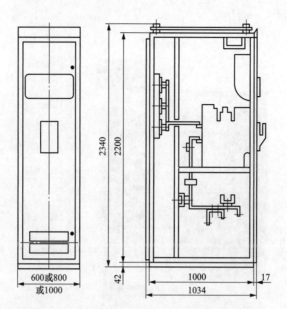

图 5-3　MNSG 型抽出式开关柜 PC 柜典型结构

第二节　交流空气开关

交流空气开关，也称为低压断路器，是低压厂用电系统中常用的开关设备，交流空气开关也称自动空气断路器，用于当电路中发生过载、短路和欠压等不正常情况时，能自动切断电路的电器；也可用作不频繁地启动电动机接通、切断电路。

按结构类型，交流空气开关可分为框架式（也称万能式）和塑料外壳式（也称装置式）两类。框架式交流空气开关能对配电电路、用电设备实现多种不正常情况下的保护（如过载、短路、欠压保护等）；可通过各种传动机构实现手动（直接操作、储能合、分闸操作、杠杆连动等）或自动（电磁铁、电动机或压缩空气）操作；可做成敞开式、手车式及其他防护型式；有数量较多的辅助触头，便于实现联锁和对辅助电路的控制。塑料外壳式交流空气开关具有安全保护用的塑料外壳，结构紧凑、体积小、质量轻，使用安全可靠，适于单独安装。

一、交流空气开关的结构原理

交流空气开关主要由感觉元件、传递元件和执行元件三部分组成。

（1）感觉元件。接收电路中的不正常情况或操作人员、继电保护系统发出的信号，通过传递元件使执行元件动作。如过流脱扣器或欠压脱扣器等。

（2）传递元件。承担操作力变换和传递，包括操动机构、传动机构、自由脱扣机构、主轴等，操作力传递目标是自动开关的动触头。

（3）执行元件。自动开关的触头及灭弧系统，主要承担电路的接通、分断任务。

一般自动开关的结构原理图如图 5-4 所示。L1、L2 和 L3 为主回路的 A、B、C 三相，开关正处于工作状态，三个主触头通过锁链及搭钩保持闭合，搭钩可绕轴转动。

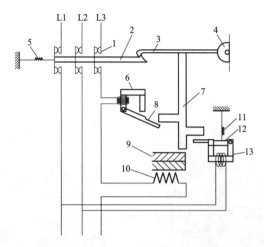

图 5-4　自动空气开关的基本工作原理

1—主触头；2—锁链；3—搭钩；4—轴；5、11—弹簧；6—电磁脱扣器；
7—杠杆；8、12—衔铁；9—双金属片；10—发热元件；13—欠压脱扣器

当电路处于正常运行时，电磁脱扣器的电磁线圈虽然串在主回路中，但是所产生的吸力不能使衔铁动作，只有当电路发生短路或过载时，电磁脱扣器的衔铁才被迅速吸合，同时撞击杠杆，杠杆带动搭钩，使搭钩脱扣，主触头被弹簧迅速拉开分断主电路。相反，在正常运行时，欠压脱扣器由于它的电磁线圈是并联在主电路中的，在规定的正常电压范围内使衔铁吸合，同时克服弹簧的拉力。当电路出现故障，电压降低时（通常为额定的70%以下），欠压脱扣器的线圈吸力减小，衔铁被弹簧拉开并撞击杠杆，使搭钩脱扣，主触头在弹簧的作用下迅速分断电路。

在一些小容量塑壳自动开关里，除装有短路保护外，还装有用双金属片制成的热耦脱扣器，当电路发生过载时，发热元件过热，使双金属片弯曲，通过杠杆使搭钩脱扣，使主触头分断电路。

为了提高电网供电的可靠性，要求自动开关动作具备一定的选择性。为此，在电磁式过电流脱扣器上加装延时装置并可通过调节延时满足二段或三段保护的选择特性。

快速自动开关的动作原理是靠快速电磁铁（冲击衔铁式和感应电动斥力式脱扣器）配合高效能的灭弧装置，使开关的全分断时间缩短至10ms以下。

限流式自动开关也是利用电动斥力原理，即利用短路电流所产生的电动力使闭合着的触头斥开。这样，也可以相应缩短开关分断的固有动作时间，同时为了缩短灭弧时间，提高限流作用也配有高效能的灭弧装置。

二、低压断路器简介

（一）3WL 系列低压断路器

3WL 系列低压断路器，系西门子公司的产品，智能型、框架式、万能式，在接通、分断、保护、安全、维护等方面具有良好的性能。

　　3WL 系列低压断路器，按机械结构可分为操动机构、绝缘体、触头系统、灭弧系统、储能电动机、智能保护单元、附件（分励、欠压、辅助、合闸线圈等）几部分。断路器除具有分励脱扣器、合闸线圈、分闸线圈、欠压脱扣器、辅助开关等各种功能的内部附件外，还具有机械联锁、门联锁等外部附件，满足用户各种场合的要求。3WL 低压断路器的外形如图 5-5 所示。

图 5-5　3WL 低压断路器的外形结构

　　(1) 断路器结构特点。

　　1) 断路器为立体布置形式，具有结构紧凑和体积小的特点。有固定式和抽屉式之分，把固定式断路器本体装入专用的抽屉就成为抽屉式断路器。本体由触头系统、灭弧系统、操动机构、智能控制器、辅助触头、接线端子、欠压脱扣器、分励脱扣器、闭合电磁铁、电动储能机构等组成。

　　2) 性能良好的绝缘系统。断路器底座、盖采用绝缘性、阻燃性、机械强度都很好的绝缘材料，不仅提高断路器的分断能力，而且保证了断路器的机械寿命、电气寿命。

　　3) 新型耐弧的触头系统。采用主、弧触头系统，多路并联，降低电动斥力，提高触头系统的电动稳定性。新型耐弧的触头材料，使触头在分断短路电流后不致过分发热而引起温度过高。

　　4) 安全可靠的灭弧室。灭弧室全部置于断路器的绝缘基座内，每极分开，相互绝缘，与其他部分及操作人员隔离，既安全又不至于在分断大电流时炸裂。采用去离子栅片灭弧原理，使得断路器上方飞弧距离为零。

　　5) 灵活的操动机构和手动、电动储能机构。采用五连杆机构，完成合、分闸动作，并可手动或电动储能。

　　(2) 抽屉座结构特点。

　　1) 抽屉座由带有导轨的左右侧板、底座和横梁等组成，底座上设有推进机构，并装有位置指示，抽屉座的上方装有辅助电路静隔离触头。桥式主回路触头前方设置安全隔板。

　　2) 断路器本体在抽屉座内的运动具有 3 个"位置"——连接、试验、分离位置。连接：主回路、二次回路均接通，安全隔板开启；试验：主回路断、二次回路通，安全隔板关闭，可以进行动作试验；分离：主回路、二次均断开，安全隔板关闭。

3）抽屉座与断路器本体间有机械联锁，断路器必须在分闸状态才能摇出来。

（3）智能控制器结构特点。

1）过电流保护特性。过载保护、短路短延时保护、短路瞬时保护、接地故障保护。

2）测量功能。可测量电流、电压、功率、电能、功率因数、频率等。

3）负载监控。为保证重要负荷的正常供电，可控制分断两路受控负荷。

4）MCR 和 HSISC 保护，是针对断路器本身进行的高速瞬时保护。其中，MCR 保护对断路器的接通分断能力进行保护，在断路器分闸和合闸瞬间（100ms）起作用。HSISC保护是当越限故障电流产生时，控制器会在 10ms 内发出跳闸指令，对断路器的极限承载能力进行保护，防止断路器承载超过极限分断能力的电流，合闸 100ms 以后起作用。智能控制器的核心是 CPU。

智能控制器的工作电源核心是双电源供电的方式。主电源来自安装于断路器内部出线母排上的三相速饱和电流互感器，与 CPU 采样电流互感器装于同一位置。

（4）智能控制器的保护特性。智能型低压万能式断路器智能保护控制器具有下列常规保护功能。

1）过载保护 I_{r1}（也称过电流保护或长延时保护），其整定值为额定电流值 I_N 的0.4～1 倍，可按步长为 1A 进行整定，动作时间可在 0 到相应的反时限特性下最大值时间内设定，时间步长按反时限特性曲线自动生成。

2）延时速断保护 I_{r2}（也称短路短延时保护），其整定值为过载保护电流值 I_{r1} 的1.5～15 倍，可按步长为 1A 进行整定，动作时间可在 0 到相应的定时限特性下或反时限特性下最大值时间设定；可选择反时限特性时，时间步长按反时限特性曲线自动生成，也可选择定时限特性曲线时，时间步长为 0.1s。

3）速断保护 I_{r3}（也称瞬时保护或短路保护），其整定值为额定电流值 I_N 的 1 倍到运行分断能力 I_{cn} 之间，可按步长为 1A 进行整定。

4）接地故障保护功能 I_{r4}，其整定值为额定电流值 I_N 的 0.2～1 倍，可按步长为 1A进行整定。

断路器制造厂家在产品出厂时，用户若无要求，保护值均按最大值设置，用户应根据设计或现场负荷的调整而在控制器的面板上进行设定，但应特别注意的是，I_{r1}、I_{r2}、I_{r3}的定值范围（保护特性）不能相交。I_{r4} 的定值范围与 I_{r1}、I_{r2}、I_{r3} 的保护定值范围无关，可根据需要进行设定或关闭，一般在 Dyn11 变压器供电系统中，采用三极断路器时关闭I_{r4} 保护，在 Yyn12 变压器供电系统中，不能关闭此保护，整定值应超过变压器容量的30% 以上；采用四极断路器时，应开通此保护，整定值也应超过变压器容量的 30% 以上。

（5）智能断路器控制器的保护特性与选择性配合。智能断路器控制器的常规保护功能特性与上下级电器保护特性的选择性配合应满足以下要求。

1）智能断路器的长延时保护特性 I_{r1} 应低于被保护对象（如电线、电缆、电动机、变压器等）的允许过载的特性。

2）变压器低压侧主回路智能断路器的长延时保护特性 I_{r1} 应低于高压侧熔断器的保护特性。

3）变压器低压侧主回路智能断路器的延时速断保护特性 I_{r2} 与高压侧速断保护动作时间级差应为 0.4～0.7s。

4）智能断路器与熔断器配合时，以熔断器保护特性为后备保护特性。

5）上级智能型低压万能式断路器短延时保护特性整定值 $I_{r2} \geq 1.2$ 倍下级断路器短延时保护特性整定值或瞬时保护特性整定值（若下级无短延时保护时）。

6）上下级断路器的保护特性不能相交和重叠。

7）在智能断路器具有短路短延时或瞬时保护特性的情况下，上下级断路器之间的选择性保护的配合关系为：上级智能型低压万能式断路器瞬时整定电流保护值 I_{r3} 应等于或小于自身断路器的短时极限耐受通断能力 I_{cw}，而大于或等于 1.1 倍的下级断路器的瞬时短路电流保护值。

8）具有短路短延时保护的智能型低压万能式断路器，在带有欠电压脱扣器时，则必须延时欠电压脱扣器，且延时时间应不小于断路器的短延时保护整定时间。

根据上述智能型断路器选择性保护配合的选用要求，在设计选型或投运前，必须对其保护类别和保护特性定值 I_{r1}、I_{r2}、I_{r3}、I_{r4} 进行确定，按设定保护值进行安装调试后，才能使配电网络的稳定、安全、可靠运行有保障。

（6）3WL 系列低压断路器一般技术参数。智能型断路器还具有周期性运行参数（三相电流、三相电压、功率因数、谐波等）采样和连续记录功能，具有 USB 接口，采用 U 盘可读取每时段的运行数据以及变压器的运行工况等数据功能。

3WL 系列低压断路器一般技术参数包括额定电压、额定电流和额定开断电流等。

额定电压：0.4kV。

额定电流：400～5000A/16～250A。

额定开断电流：65/50/40kA。

额定关合电流（峰值）：143/105/84kA。

额定热稳定电流（有效值）：65/50kA/1s。

满容量开断次数：不小于 3000 次。

额定耐受电压：1min 工频，1000/800V；雷电冲击，12/8kV。

合闸时间：≤80ms。

分闸时间：≤70ms。

操作循环周期：O—t—CO—t—CO。

机械寿命/电气寿命：12 000～25 000/3000～10 000 次。

操动机构型式：弹簧储能型。

（二）3VL 系列低压断路器

3VL 系列低压断路器，系西门子公司的产品，塑壳式、万能式、在接通、分断、保护、安全、维护等方面具有良好的性能。该系列断路器具有系列齐全、技术先进、节省空间和易于操作等特点。3VL 系列断路器是为保护电缆、电线、母排、电动机、变压器以及其他工厂设备和耗电装置免受热过载和短路而设计的。该系列断路器可用于热磁式脱扣器（16～630A）以及数字式电子脱扣器（16～1600A）中。3VL系列低压断路器外形如图5-6所示。

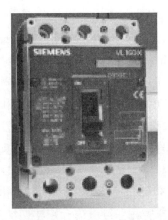

图 5-6　3VL系列低压断路器的外形结构

（1）断路器类型与结构。3VL系列断路器可按照不同类型适用于不同场合：用作配电系统中的输入和输出断路器；用作电动机、变压器和电容器的开关和保护设备；与可锁定的旋转驱动机构和端子盖组合，用作主开关和急停（MERGENCY-STOP）设备。

3VL系列断路器有下列不同类型。

1）用于线路保护（3极和4极）。过载和短路脱扣器可作各电缆线和非电动机负载的保护。

2）用于电动机保护（3极）。过载和短路脱扣器互相配合，是鼠笼式电动机直接启动的最佳保护。电动机保护用断路器具有断相保护和可调脱扣等级。过电流脱扣器是由微处理器进行数据分析。

3）用于启动器组合（3极）。这些断路器用于短路保护以及用于启动器组合中可能所需的隔离功能。该启动器组合由断路器、过载继电器和电动机型接触器组成。这些断路器具有可调的瞬时短路脱扣器。

4）隔离型断路器（3极和4极）。这些断路器可用作不带过载保护的电源开关、主开关或非自动开关。它们均设有固定短路脱扣整定值。因此，无需使用后备熔断器。

3VL断路器是耐气候型。它们是为在无苛刻运行条件（如灰尘、碱性气体、有害气体）的封闭房间内使用而设计的。当安装在有灰尘及潮湿的房间内时必须提供合适的外壳。

3VL断路器是根据触点磁斥的原理而设计的。在达到短路电流预期峰值之前，触点开启。3VL断路器的限流作用将有效保护系统部件在电气故障时免受短路电流的热效应和电动力效应的影响。

3VL断路器既适用于敞开式框架内，也适合安装在封闭型开关设备和配电系统中。该系列断路器可提供上进线、下进线，技术数据保持不变。带RCD模块的断路器可从顶部或底部进线。与进线端连接的未绝缘导线必须在灭弧室上方飞弧距离范围内进行绝缘。为此，可使用相间隔板或端子盖。对于所有的 3VL160X～VL1600 系列断路器来说，内部附件（分励脱扣器、辅助开关和报警开关）的连接件提供端子螺栓。

对于所有的 3VL 系列断路器来说，辅助脱扣器（分励脱扣器和欠压脱扣器）以及辅助开关和报警开关均可在现场容易地连接到各装置的端子上。储能操动机构始终装有端子。装有辅助开关的旋转驱动操动机构始终提供有连接导线。

3VL 系列断路器的主要部件是三个带输入和输出端子的导电回路。静触头和动触头配置的方式能使触头的磁斥在短路条件下得到利用。该系列断路器结合灭弧室一起使用，生成一个动态阻抗，该动态阻抗通过减少 I^2t 和 I_p 能量，实现了限流性能。脱扣器在工厂装配，并且在各极中设计有固定或可调的过载脱扣器和固定短路脱扣器。断路器设有自由脱扣机构。在断路器操动机构的右边和左边均设有双隔离辅助室，用于辅助脱扣器和辅助开关。

3VL 系列断路器的脱扣器有热/磁式脱扣器和电子式脱扣器两种。

热/磁式过电流脱扣器过电流和短路保护脱扣器均是借助双金属或电磁线圈来实现的。这些脱扣器可提供有两种类型，即整定值固定型和整定值可调型。

线路保护用 4 极断路器具有两种过电流脱扣器，一种是可在所有 4 极中提供过电流保护，另一种是在第 4(N) 极中不带过电流保护。110A 及以上，第 4(N) 极中的脱扣器整定在 60％的三相主电路电流 (I_r)，以便保证导电截面积减小的 N 极的安全。启动器组合用断路器通常与电动机型接触器和匹配的过载继电器组合使用。

电子式脱扣器系统由 3 个电流互感器、带微处理器的电子测量装置、脱扣电磁线圈部件组成。脱扣器系统无需使用辅助电源。要使微处理器的脱扣器正常工作，所需的最小负荷电流约为断路器相应额定电流 I'' 的 20％。在电子式过电流脱扣器模块的输出处设有一个脱扣电磁线圈。在发生过载或短路时，该脱扣电磁线圈使断路器脱扣。

（2）断路器一般技术参数。

额定电压：0.4kV。

壳架额定电流：100～250A。

脱扣器额定电流：6～200A。

额定极限短路分断能力：50/40kA。

额定运行短路分断能力：50/40kA。

额定关合电流（峰值）：143/105/84kA。

脱扣器型式：电子式。

第三节　其他低压电器

一、刀开关

刀开关是一种带有刀刃楔形触头的、结构比较简单的开关电器。主要用于配电设备中隔离电源或根据结构不同，也可用于不频繁地接通与分断额定电流以下的负载，如小型电动机、电阻炉等。刀开关按极数划分，可分为单极、双极和三极三种；按操作方式划分，可分为手柄直接操作的、杠杆—手动操作的、气动操作的、电动操作的四种；按合闸方向划分，可分为单投和双投两种。刀开关作为一种比较简单的开关，不能切断故障电流，只能承受故障电流引起的电动力和热效应。通常在不频繁使用条件下，如交流 380V，$\cos\varphi=0.7$ 时，可接通、分断 30%、60%、100%额定电流。这要看刀开关的操作方式或是否具有灭弧装置以及负载条件等。

刀开关要求具有一定的动稳定性，同时刀开关还需具备一定的热稳定性。

最简单的刀开关结构如图 5-7 所示。开关每极有两片闸刀：主闸刀 1 和灭弧闸刀 2 构成。

HD14 系列刀开关和 HS13 系列刀形转换开关都是由刀开关加装去离子栅灭弧室构成的，有利于电弧的迅速熄灭。因此带灭弧室的刀开关及刀形转换开关都相应提高了分断能力。

在各系列刀开关及刀形转换开关中，100～400A 均采用单刀片，600～1500A 均采用双刀片，保证接触良好。600～1000A 刀开关的主触头刀片上还加装了铜—石墨弧触头，可以有效地提高抗电弧烧烛和耐机械磨损的性能。从而提高开关的分断能力和电寿命。

二、转换开关

转换开关是供两种或两种以上电源或负载转换用的电器。在控制、测量系统中经常需要电路转换，如电源的倒换、电动机的反向运转、测量回路中电压、电流的换相等。转换开关可使控制回路或测量线路简化，并避免操作上的失误和差错。用转换开关 QK 代替两个单刀单投刀开关 QK_1、QK_2 如图 5-8 所示，使电动机能实现反向运行的线路。由图 5-8 可见，使用转换开关不仅操作方便，而且节约设备。

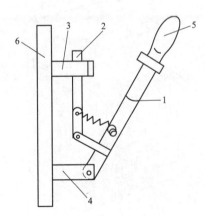

图 5-7　最简单的刀开关

1—主闸刀；2—灭闸刀；3—支座；

4—刀架；5—手柄；6—绝缘底板

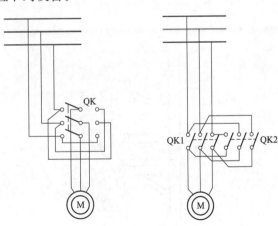

图 5-8　转换开关

QK—转换开关；QK1、QK2—刀开关

转换开关从本质上说是刀开关的一种，区别在于刀开关的操作是上下的平面动作，而转换开关的操作是左右旋转的平面动作，这样把静触头座安装在塑料压制的盒内，每层一极呈立体位置，不仅减少了安装面积，而且结构简单、紧凑，操作安全可靠。转换开关还能按线路的一定要求接成不同接法的开关，以适应不同电路的要求，因此，在各种配电设备和控制设备中应用广泛。

转换开关的种类很多，如 HZ2、HZ3、HZ4、HZ5、HZ10 系列转换开关，其共同的结构特点是，均由多节触头座用转轴串接组装而成，转换电路较多，其触头多为双断点，分断能力较强。

三、接触器

接触器的用途是利用控制电路进行远距离接通或断开负荷电源，最适用于频繁启、停的电动机控制电路，它也能切断过负荷电流和短路电流。

接触器主要由主触头、灭弧栅、吸持电磁铁和辅助触点构成，接触器结构示意图如图5-9 所示。控制线圈接通后吸持衔铁，带动主触点闭合，并且靠线圈长期通电来保持其闭合状态。线圈失电后，衔铁在自身重量作用下跌落，带动触头分开，或在返回弹簧作用下，带动触头分开。

接触器的灭弧室由陶土材料制成，根据狭缝灭弧的原理，使电弧熄灭。

在自动控制电路中，常用到反映接触器工作状态的辅助触点，它也由衔铁带动进行换接，有动合、动断两种触点。

交流接触器一般做成三极式，380V、40A 三相交流接触器如图 5-10 所示。直流接触器有单极和双极两种。

在三相异步电动机的控制保护电路中，除用交流接触器进行启、停或正、反转控制外，还串接有热继电器（U、W 两相），以实现过负载保护，并在接触器之前串接熔断器，以实现短路保护。

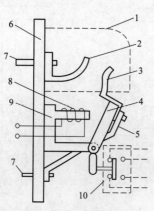

图 5-9 接触器结构示意图

1—灭弧罩；2—静触头；3—动触头；4—衔铁；

5—连接导线；6—绝缘底板；7—接线柱；

8—电磁铁线圈；9—铁芯；10—辅助触点

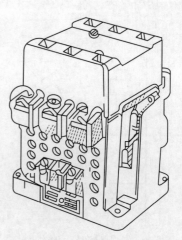

图 5-10 CJ10-40 型交流接触器

四、熔断器

熔断器是借熔体在电流超出限定值而熔化、分断电路的一种用于过载和短路保护的电器。当电网或用电设备发生过载或短路时，它能自身熔化分断电路，避免由于过电流的热效应及电动力引起对电网和用电设备的损坏，并阻止事故蔓延。

熔断器的最大特点是结构简单、体积小、质量轻、使用维护方便、价格低廉，具有很大的经济意义，又由于它的可靠性高，故无论在强电系统或弱电系统中都获得广泛应用。

熔断器按结构分类有：①开启式；②半封闭式；③封闭式。封闭式熔断器又可分为：有填料管式、无填料管式及有填料螺旋式等。

熔断器按用途分类有：①一般工业用熔断器；②保护硅元件用快速熔断器；③由具有两段保护特性、快慢动作熔断器；④特殊用途熔断器，如直流牵引用、旋转励磁用以及自复熔断器等。

第四节 典型工程 380V 厂用电接线方式和运行

一、380V 厂用电接线方式

600MW 及以上机组发电厂，低压厂用电系统的工作电源和备用电源均从高压厂用母线上引接，而设有 10.5kV 和 3.15kV 两级高压厂用电时，一般从 10.5kV 母线上引接。

0.4kV（380/220V）低压厂用电系统，通常在一个单元中设有若干个动力中心（PC）和由 PC 供电的若干个电动机控制中心（MCC）。容量在 75～200kW 之间的电动机和 150～650kW 之间的静态负荷一般接于动力中心（PC），容量小于 75kW 的电动机和小功率等接于电动机控制中心（MCC）。从 MCC 又可接出至车间就地配电屏（PDP），供给本车间小容量杂散负荷。

0.4kV 各动力中心，如汽轮机 PC、锅炉 PC、出灰 PC、化水 PC 等，均采用单母线分段接线。每一个 PC 单元设置两段母线，两段母线之间用一台断路器联络；每段母线通过一台低压厂用变压器供电，两台变压器的高压侧分别接至厂用高压母线的不同分段上。两台低压厂用变压器互为备用（即暗备用方式），一台低压厂变因故障或其他原因停运时，另一台低压厂用变压器能满足同时供给两段母线负荷的要求。正常运行时，PC 母线联络断路器处于断开状态，母线分列运行，两台低压厂用变压器供给各自母线的负荷，当任一台低压厂用变压器退出工作后，合上两段母线间的联络断路器，由另一台低压厂用变压器向两段母线的全部负荷供电。

二、380V 厂用电系统接地方式

低压厂用电系统的中性点接地方式分为中性点直接接地方式和中性点经高电阻接地方式，1000MW 机组单元厂用电 0.4kV 系统多采用中性点经高电阻接地方式，但也有采用中性点直接接地方式的。

（1）中性点经高电阻接地方式。接地电阻值的大小以满足所选用的接地指示装置动作为原则，但不应超过电动机带单相接地运行的允许电流值（一般按 10 A 考虑）。因此，当采用发光二极管作高阻接地指示灯时，可选用中性点接地电阻为 44Ω。在低压厂用电系统中，发生单相接地故障时，可以避免开关立即跳闸和电动机停运，也防止由于熔断器一相熔断所造成的电动机两相运转，提高了低压厂用电系统的运行可靠性。

（2）中性点直接接地方式。在低压厂用电系统中，发生单相接地故障时，中性点不发生位移，防止了相电压出现不对称和超过 250V，保护装置立即动作于跳闸。低压厂用网络比较简单，动力和照明、检修回路可以共用，但照明、检修回路的故障往往危及动力回路的正常运行，降低了厂用电系统的可靠性；同时，100kW 以上的低压电动机启动时，会使电压降低，高压荧光灯可能由于电压降低而熄灭，影响工作。火力发电厂的低压厂用电系统，特别是原有低压厂用电系统采用中性点直接接地的扩建电厂和主厂房外供给Ⅱ、Ⅲ类负荷的辅助车间，适宜采用中性点直接接地方式。

与中性点直接接地方式相比，低压厂用电系统经高电阻接地方式具有以下特点：

1）当发生单相接地故障时，可以避免断路器立即跳闸和电动机停运，也不会使一相的熔断器熔断造成电动机两相运行，提高了低压厂用电系统的运行可靠性。

2）当发生单相接地故障时，单相电流值在小范围内变化，可以采用简单的接地保护装置，实现有选择性的动作。

3）动力系统和照明系统不能共用，必须另外设置照明、检修网络，需要增加照明和其他单相负荷的供电变压器，不过同时也消除了动力网络和照明、检修网络之间的相互影响。

4）不需要为了满足短路保护的灵敏度而加大馈线电缆的截面积。

5）可按满足所选用的接地指示装置动作要求为原则选择接地电阻的大小，但不应超过电动机带单相接地运行的允许电流值。

低压厂用电系统的中性点经高电阻接地与接地指示方案之一：当采用发光二极管作高阻接地指示灯时，可取中性点接地电阻为 44Ω。在变压器出口发生单相金属性接地时，出现最大的单相接地故障电流，取最大电容性电流为 1A，最大电阻性电流为 230V/44Ω≈5.2A，则总的接地电流最大值约为 5.3A（为电容性电流与电阻性电流的相量和）。单相接地电流的最小值，可从最长的供电电缆末端发生接地故障时求得。若按长为 300m、截面积为 $3\times4mm^2$ 的铝芯电缆电阻为 2.32Ω，并计及接地装置的接地电阻（取 10Ω），则求得接地故障电流最小值为 220V/（44＋2.32＋10）Ω≈3.9A。由于接地电流保持在 3.9～5.3A 范围内，满足接地指示灯发亮的要求（接地电流为 1A 时，指示灯亮；接地电流 1.5A 时，指示灯全亮）。

低压厂用电系统采用中性点经高电阻接地的一种接线，即在变压器 380V 侧中性点连接 44Ω 接地电阻，并可在变压器的进线屏上控制，改变接地方式（不接地或经电阻接地两种）。中性点还经常接一只电压继电器，用来发出网络单相接地故障信号。信号发送到运行人员值班处，运行人员获悉信号后，首先到中央配电装置室投入接地电阻（当原来是不接地方式运行时），屏上高电阻接地指示灯发亮的回路，即为发生接地的馈钱。如故障发生在去车间的干线上，运行人员应到车间盘检查。当某一支路的高电阻指示灯发亮时，即表明该支路发生接地。若所有支路都未发现接地故障，即说明接地发生在车间盘母线上。此外，为了防止变压器高、低压绕组间击穿或380V网络中产生感应过电压，在380V侧中性点上，与接地电阻并列装设一只击穿熔断器。

瑞金电厂二期工程380V低压厂用电系统中性点采用直接接地方式。

三、典型工程380V厂用电的接线方式

（一）主厂房低压厂用电系统

瑞金电厂二期工程380V低压厂用电系统电压为380/220V（母线电压400/230V），采用PC、MCC两级供电方式。电动机控制中心、容量为75kW及以上的电动机及I类负荷由动力中心PC供电，75kW以下的电动机由电动机控制中心MCC供电。成对的电动机分别由对应的动力中心PC和电动机控制中心MCC供电。动力中心接线采用单母线分段，每段母线由一台低压变压器供电，两台低压变压器间互为备用。考虑机组辅机成对设置的负荷，MCC对应设置两段，分别从对应的动力中心PC A、B段取单电源；机组辅机单独设置的负荷，设置单独MCC，单段MCC采用双电源进线自动切换方式，从动力中心PCA、B段分别取电源。考虑节省占地和盘柜，部分负荷也采用PC和MCC混合方式。

主厂房低压厂用电系统采用动力中心（PC）和电动机控制中心（MCC）的供电方式。动力中心和电动机控制中心成对设置，建立双路电源通道。

每台机组设置2台容量为2000kVA低压汽轮机变压器及两段汽轮机PC。2台容量为2500kVA低压锅炉变压器及两段锅炉PC，2台低压汽轮机变压器和锅炉变压器都互为备用，为机组的低压单元负荷供电，下设汽机和锅炉电动机控制中心MCC，分散布置在汽轮机房和锅炉区负荷集中区域。机炉双套辅机分别接在机炉的成对的PC和MCC上。机炉成对设置负荷，MCC对应设置两段，分别从对应的PCA、B段取单电源；机组辅机单独设置的负荷，设置单独MCC，MCC采用双电源进线自动切换方式，从PCA、B段分别取电源。这样设置能确保双套辅机的独立和备用性，也能确保公用负荷的供电可靠性。

每台机设置两段保安PC，每段保安PC有三回电源进线，汽轮机或锅炉PC A段（工作进线）、锅炉或汽轮机PC B段（备用进线）和柴油发电机组保安段（保安进线）。当保安PC段的工作进线失电时，先合上备用进线，备用进线也失电的情况下柴油发电机组将会自动启动并合上保安进线。

两台机组设置2台容量为1600kVA公用变压器及两段公用PC，为主厂房区域公用负荷、暖通负荷、凝结水精处理、500kV升压站和煤仓间等供电，下设公用MCC、暖通MCC、煤仓间MCC、500kV升压站MCC，分散布置在汽轮机房、锅炉区、煤仓间等负荷集中区域。2台公用变压器互为备用，在一台机组的厂用电系统停电检修时，可以从另一台机组取得电源。

不单独设置检修变压器，每台机组设置检修MCC，由2台公用变压器对应供电。

每台机组设置1台照明变压器，2台机组共设置2台容量为630kVA照明变压器为主厂房照明负荷供电，2台低压照明变压器互为备用，为了保证照明灯具的照明质量，在照

明段进线柜设置自动调节能力强的照明调压装置。

（二）辅助厂房低压厂用用电系统

辅助车间按照工艺系统分区设置低压变压器，实行分区就近供电。辅助车间动力中心采用单母线分段，每段母线由一台低压变压器供电，两台低压变压器间互为暗备用。

根据厂区总平面布置划分供电区域，进行负荷统计，辅助车间的低压厂用变压器设置及供电范围如下：

每台机组的除尘系统设置 3 台 1600kVA 除尘变压器，其中一台作为另外两台的专用备用变压器，为本机组的除尘、除灰系统负荷供电。

化水、废水处理区域设置 2 台互为暗备用的 1600kVA 的化水变压器，为锅炉补给水车间、废水处理区域等低压负荷集中供电。

水工区域设置 2 台互为暗备用的 1250kVA 的水工变压器，为净水、循环水、厂内中水系统等低压负荷集中供电。厂外中水设置 2 台互为暗备用的 250kVA 的厂外中水变压器。

输煤系统设置 2 台互为暗备用的 2500kVA 输煤变压器及 2 台互为暗备用的 1600kVA 翻车机变压器，供电范围包括煤场和附近的转运站、碎煤机室、翻车机、启动锅炉房、煤场区域等。

厂前区区域设置两台 800kVA 的厂前区变压器，供电范围包括整个厂前区办公、生活及检修区域。

（三）低压厂房用配电装置布置

380V 汽轮机 PC、照明 PC 布置在毗屋 0.00m 层，1 号机布置在 6～8 号柱之间，2 号机布置在 9～11 号柱之间，公用 PC 布置在集控室 6.9m 层 1/0-0 列间的 A-2/A 号柱间。1、2 号机事故照明 MCC、通风 MCC、检修 PC 布置在毗屋在毗屋＋6.9m 到＋10.7m 层 7-8 轴和 9a-10 轴之间。1 号机 380V 保安布置在 0.00m 层炉前 K1-K2 轴的 3～5 号柱之间，2 号机 380V 保安布置在汽机房 0.00m 层 K1-K2 轴的 12～14 号柱之间。380V 锅炉 PC 布置在锅炉房 0m 层，1 号炉布置在 M2-M5 轴的 6～7 号柱之间，2 号炉布置在 M2-M5 轴的 10～11 号柱之间。380V 除尘 PC 布置在煤仓间 K7-K9 轴 15.0m。

380V 江边补给水 PC 配电装置布置在江边补给水配电间，380/220V 输煤 PC 配电装置在输煤配电间，380/220V 化水 PC 配电装置布置在化水楼配电间，380/220V 水工 PC 配电装置布置在净水站配电间，380/220V 翻车机 PC 配电装置布置在翻车机配电间，380/220V 厂前区 PC 配电装置布置在厂前区区域，380/220V 灰场 PC 配电装置布置在灰场配电间，脱硫 PC 配电装置布置在脱水楼脱硫配电间内。

四、事故保安电源设置

在发生全厂停电时，为了保证机炉的安全运行，以及能很快地重新启动，或者为了防止危及人身安全等，需要在全厂停电时继续进行供电的负荷，称为事故保安负荷。为事故保安负荷供电的电源就是事故保安电源。

事故保安负荷，有些正常工作时，与一般负荷一样投入运行；有些负荷平时并不使用，只是在事故情况下才投入使用。

接入保安段的负荷是事故停机的需要，而不是为了进一步提高供电可靠性。因此，是否属于保安负荷，应以保证停电时安全停机需要投入的负荷为原则考虑。

（一）事故保安负荷的分类

（1）按负荷重要性分级。

1级事故保安负荷：指在发生全厂停电事故时，在规定的时间内不供电，可能造成主机和主要辅机设备损坏、失去控制，使全厂长时间不能恢复供电；或将影响人身安全。这些负荷，全厂停电时必须保证按规定时间继续对其供电。

2级事故保安负荷：指在发生全厂停电事故时，在规定的时间内不供电，不至于造成上述危害，这一部分负荷的确定比较复杂，而且不同的设备制造厂家，其要求也不尽相同，因此应与机务联系弄清设备的要求，慎重考虑。

（2）按投入时间分两种：

1）瞬时启动负荷。即全厂停电时，这些保安负荷需要立即投入的负荷。如润滑油泵、氢密封油泵等。

2）延时启动负荷。即在全厂事故停电时，这些负荷按主机安全停机过程的需要，按时序依次投入。如顶轴油泵、盘车电动机等。

（3）保安设备按性质又可分为两类：

1）旋转负荷：其在启动时与连续运行期间特性不同，在选择柴油发电机组时应考虑其启动容量的影响，并对电压降计算有较大影响，也称之为动负荷。

2）静止负荷，如充电装置，事故照明等。其启动容量和连续运行容量差别不大，也可称之为变压器负荷。

不同的工程，不同的厂家其保安负荷有较大的差别，只有慎重考虑，弄清负荷性质，才能发挥好保安段的功用。

（二）事故保安电源设置

为了保证机组在发生交流厂用电失去时，能安全停机，装设快速柴油发电机组作为交流事故保安电源。本工程推荐每台机组配置一台快速启动的应急柴油发电机，作为各台机组的事故保安电源。

快速启动应急型柴油发电机组是不受外界电网干扰、独立性最强的交流事故保安电源，但对应急型柴油发电机组的运行维护管理保养是提高柴油发电机组启动运行可靠性的重要保证，运行单位可指定专门人员对其维护、管理、保养、试运或请专门的专业化柴油发电机公司现场服务，使柴油发电机组始终处于良好的备用状态，从而保证柴油发电机组启动运行的可靠性。

每台机组装设一台快速自启动的1200kW柴油发电机组，配套日用油箱的容量满足8h满负荷运行的需要油量。

每台机设置两段保安PC，每段保安PC有三回电源进线，汽轮机或锅炉PC A段（工作进线）、锅炉或汽轮机PC B段（备用进线）和柴油发电机组保安段（保安进线）。当保安PC段的工作进线失去时，先合上备用进线，备用进线也失电的情况下柴油发电机组将会自动启动并合上保安进线。

保安 380V 系统中性点采用直接接地方式。380V 保安 PC 布置在汽机房 0m 层配电间内，柴油发电机采用集装箱式，布置在锅炉房 0m 等离子配电间旁边。

根据柴油发电机组的重要性，柴油发电机选择进口产品为宜。柴油发电机组配套供货的发电机出口要求采用性能可靠的断路器。柴油发电机组可以远方或就地，手动或自动启动，能在 10s 以内达到全速并准备带负荷，负荷可按其重要性和投入时间分批投入。

脱硫岛不单独设柴油发电机，其保安电源由主厂房的保安段引接。

（三）事故保安负荷设备的性质与运行特点

（1）顶轴油泵。作用是机组事故停机惰走、转速下降到一定时，油压降低，先启动顶轴油泵将主轴顶起使润滑油形成油膜，减少盘车负载和防止轴瓦磨损，当盘车达到 40r/min 之后轴承润滑油膜形成，顶轴油泵可停止工作。

（2）盘车电动机。作用主要是防止在开机前上下汽缸的温差而引起的大轴弯曲，盘车装置投入后将连续运行，一般需要 3～5 天，启动盘车时间与机组惰走时间有关，200MW 机组约为 20min，而 300MW 及 600MW 机组可在 0.5 ～1h。

（3）交流润滑油泵。大容量机组停机冷却时间较长，如果没有润滑油泵，可能使轴承钨金熔化。从尽快恢复供电及发生事故的影响程度来看，润滑油泵是保证机组安全停机的关键设备。润滑油泵一般在盘车电动机停止后，方可停止。大机组润滑油泵，都是交、直流两套，直流电源只能供给短时间（小于 1h）供电。长时间必须依靠交流事故保安电源供电，也就是说有直流润滑油泵时，可先投入直流润滑油泵再投入交流润滑油泵。

（4）氢密封油泵。国产大容量氢冷发电机，氢密封系统均采用了双流双瓦密封油系统，即有空侧和氢侧两套氢密封系统。制造厂要求，在事故停机时，密封油空侧密封油泵必须运行，并配有一台备用直流电动油泵，如哈尔滨电机厂生产的发电机组允许停电时间为 0.75s；氢密封氢侧油泵要求不严格，允许中断运行，可不作为保安负荷。实际上，空侧密封油泵（一套直流、一套交流）是氢侧密封油泵的备用，其备用系统考虑比较可靠，所以氢侧密封油泵才显得不那么重要。但为了防止直流备用油泵的投入增加蓄电池的负荷，所以将氢密封系统的氢侧、空侧密封油泵都接入保安段。辅助电机（盘车电机）及润滑油泵、漏风间隙控制装置接入保安段。

（5）回转式空气预热器。回转式空气预热器是一种受热面转动的回转式空气预热装置。当全厂发生停电事故时，该设备停转，炉烟和风道温差作用于大轴两侧，可能使轴弯曲变形，厂家要求将回转式空气预热器的辅助电动机（盘车电动机）及润滑油泵、漏风间隙控制装置接入保安段。

（6）不停电电源（UPS）。随着大容量机组热工自动化程度的提高，一些重要负荷要求不间断供电，如数据处理，计算机及汽机、锅炉的自动记录仪表均由不停电电源供电。一般 600MW 机组采用由主厂房直流系统蓄电池经过逆变器转换为交流电源作为不停电电源。在全厂停电时由蓄电池供电，但蓄电池放电容量按 30min 计算，在柴油发电机组启动后，其浮充电装置由事故保安段供电。

（7）自动化电动阀门（热工配电箱）。热工配电箱主要负荷为自动化阀门，在事故停机、停炉时，许多阀门必须在同一时间内操作，其运行时间 3～5min，负荷率为 0.3～0.4。

（8）浮充电装置。给各种电压蓄电池的充电器供电，确保事故停机时直流电源的电压质量和可靠性。

（9）火焰监测器冷却风机。因锅炉火焰监测探头在炉膛中需要冷空气对其冷却，冷却风机通常为两台交流电机和一台直流电机。冷却风机断电会烧毁探头，为了减轻直流负荷，冷却风机应接在交流保安段。而且考虑经常连续运行。

（10）汽动泵盘车。本工程每台机组设有两台半容量汽动泵。汽动泵的盘车大约在机组停机后10min投入，要求盘车电动机接入保安段。

（11）柴油机辅机自用电。由于柴油机一般运行时间较长，其辅机（如供油泵等）需要在主机停机后几小时投入运行，负荷率一般在0.5左右。

（12）事故照明和电梯。要求瞬时投入，以便事故情况下人员的安全疏散和迅速处理事故。

（13）辅机交流润滑油泵。大容量机组所配套辅机容量随之加大，一旦全厂失电，辅机隋走过程中，失去润滑油膜，将会造成轴瓦磨损，但由于各厂辅机轴瓦的形式不同，是否需要保安电源，要求不尽一致，因此，重要辅机的交流润滑油泵是否接入保安段，应与机务专业联系生产厂家协商确定。小汽机交流润滑油泵与电动给水泵主油泵按需要接入保安段。

（14）其他设备。如停机保护冷却水泵、网控楼保安MCC、FSSS就地控制、通信调度电源等，按需要也接在保安段上。

五、380V厂用电系统的运行

（1）瑞金电厂二期工程380V低压系统为中性点直接接地系统，采用中性点直接接地方式有以下特点：

单相接地故障时：①中性点不发生位移，防止了相电压出现不对称和超过250V；②保护装置立即动作于跳闸，电动机停止运转；③对通过加装零序电流互感器组成的单相短路保护可获得足够的灵敏度，而且可以躲开电动机的启动电流。④对于熔断器保护的电动机，可通过加大电缆截面积或改用四芯电缆来满足馈线电缆末端单相接地短路电流大于熔件额定电流的4倍的要求。⑤对于采用熔断器保护的电动机，存在着由于熔断器一相熔断，电动机因两相运转而损坏的可能。

（2）动力和照明、检修网络可以共用，低压厂用网络比较简单。

（3）对于采用交流操作的场合，可以省去在每一回路上安装控制变压器的费用。

低压380V母线采用分段式接线，正常情况下由对应的低压厂用变压器供电，联络开关处于断开状态。A、B互为备用，C、D互为备用，A、B或C、D的变压器电源接自不同的6kV母线段，以保证供电的可靠性。一般情况下不允许两台变压器并联供电，以减小短路电流。

在事故情况下，如某低压工作变压器故障，为了保证PC段负荷的供电，则手动合上联络开关，这之间不设联锁，因其影响面较小。

对于MCC盘的供电，采用双电源供电来保证供电的可靠性，但是由于在设计上没有采取防止非同期并列的措施，因此，在运行上要了解当时的运行方式，以免造成非同期并列。

第五节　380V厂用电的事故处理

由于厂用电系统对发电厂的正常运行极为重要，应保证它的工作可靠性，因此，当厂用电发生故障时，其处理原则是尽可能保证厂用设备的运行，特别是重要的厂用设备。

一、厂用电单独供电（一个电源），有备用电源自动投入装置

（1）工作厂用电源因故障跳闸，备用电源自动投入即可。此时应复归开关指示灯的闪光，检查何种保护动作掉牌，判明并找出故障点。

（2）若工作厂用电源故障跳闸，而备用电源未投入时：

1）可不经任何检查立即用备用电源强送一次。

2）若备用电源投入又立即跳闸，证明故障在母线上，或因出线断路器故障未动作而越级跳闸，这时运行人员应检查母线。

若发现母线有明显故障，则隔离母线后应转移负荷，恢复厂用设备的运行。若母线上无明显故障，应拉掉厂用母线上的所有负荷，然后对厂用母线再次强送，成功后先对重要负荷进行检查，若无问题，则应迅速送电。

（3）若工作厂用电源故障跳闸，备用电源自动投入未成功，不再强送，并用上述第（2）条措施的第2）点所提的方法进行事故处理。

二、厂用电单独供电，有备用电源而无自动投入装置或无备用电源

在上述情况下，若工作厂用电源故障跳闸，则应作如下处理。

（1）若有备用电源而无自动投入装置，则可不经检查立即用备用电源强送一次。若未成功，则可按上述第（2）条措施的第2）点所述方法处理。

（2）若无备用电源，则可不经检查立即用工作厂用电源强送一次。若强送无效，应立即检查是何种保护动作掉牌，判明并找出故障点。

第六章 自 动 装 置

同步发电机励磁控制系统是发电厂主要的自动装置，担负着并列运行的发电机之间稳定分配无功功率和保持电力系统稳定运行的重要任务。同步发电机准同期并列装置是完成发电机并列操作的自动装置。本章主要介绍同步发电机励磁控制系统、准同期并列装置、厂用电快速切换装置、发电机-变压器组故障录波装置等自动装置的基本工作原理、组成及其功能。

第一节 同步发电机励磁系统

同步发电机是把原动机机械能转换成三相交流电能的设备。为了完成这种功率转换，并满足系统运行的要求，发电机本身还需要有可调节的直流磁场，并能够适应运行工况的变化。产生这个磁场的直流励磁电流，称为同步发电机的励磁电流。为同步发电机提供可调励磁电流的整套设备，称为同步发电机的励磁系统。

同步发电机的励磁系统包括产生励磁电流的电源及其附属设备，一般由励磁功率单元和励磁调节器两个主要部分组成，如图6-1所示。励磁功率单元向同步发电机转子提供励磁电流，而励磁调节器则根据输入信号和给定的调节准则控制励磁功率单元的输出。励磁系统的自动励磁调节器对提高电力系统并联机组的运行稳定性具有相当大的作用。

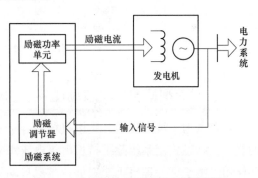

图 6-1 发电机励磁系统基本原理框图

其中励磁功率单元是指向同步发电机转子绕组提供直流励磁电流的励磁电源部分，而励磁调节器则是根据控制要求的输入信号和给定的调节准则控制励磁功率单元输出的装置。由励磁调节器、励磁功率单元和发电机本身组成的整个系统，称为励磁控制系统。励磁系统是发电机组的重要组成部分，它对电力系统及发电机本身的安全稳定运行有很大的影响。

一、同步发电机励磁系统的主要作用

同步发电机的运行特性与它的空载电动势 E_{G0} 值的大小有关，而 E_{G0} 值是发电机励磁电流的函数，所以调节励磁电流就等于调节发电机的运行特性。在电力系统正常运行和发生事故时，同步发电机的励磁系统起着重要的作用，优良的励磁调节系统不仅可以保证发

电机安全运行，提供合格的电能，而还能改善电力系统的稳定条件。励磁系统的主要作用如下：

（1）根据发电机负荷的变化相应的调节励磁电流，以维持机端电压为给定值；

（2）控制并列运行各发电机间无功功率分配；

（3）提高发电机并列运行的静态稳定性；

（4）提高发电机并列运行的暂态稳定性；

（5）在发电机内部出现故障时，进行灭磁，以减小故障损失程度；

（6）根据运行要求对发电机实行最大励磁限制及最小励磁限制。

同步发电机励磁系统的形式有多种多样，按照供电方式可以划分为他励式和自励式两大类，具体分类如图 6-2 所示。

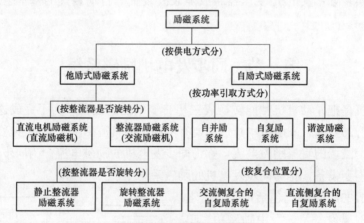

图 6-2　励磁系统分类框图

二、对大型同步发电机励磁系统的要求

随着电力系统的发展，发电机单机容量不断增加，对发电机励磁控制系统提出了更高的要求。励磁控制系统除维持发电机电压水平外，还要求能对电力系统的静态和暂态稳定起作用。由于微处理机迅速发展，微机自动励磁调节器技术日趋成熟，采用微机型双自动励磁调节器方案已成为大型发电机励磁系统设计的首选方案。励磁系统是发电机正常运行时自动控制电压的环节，也是提高电力系统稳定性的有效措施，发电机励磁系统一般应满足一系列技术要求。

（1）强励要求：强励电压倍数为 1.8，强励电流倍数为 1.5。

（2）1.1 倍额定励磁电压和额定电流时的运行要求：当发电机的励磁电压和电流不超过其额定励磁电流和电压的 1.1 倍时，励磁系统能保证连续运行。

（3）短时过载能力：励磁系统具有短时过载能力，按强励电压倍数为 1.8，强励电流倍数为 1.5，持续时间 10s 设计。

（4）电压调节精度和调差率：发电机电压调节精度，不大于 0.5% 的额定电压。励磁控制系统暂态 增益和动态增益的值能在机端电压突降 15%～20% 时，保证使晶闸管控制角达到最小值。AVR 对发电机电压的调差采用无功调差。调差率范围应不小于±10%。

（5）电压响应速度：无刷励磁系统电压响应时间不大于 0.5s。在空载额定电压下，当电压给定阶跃响应为±10%时，发电机电压超调量不大于阶跃量的 30%；振荡次数不超过 3 次；发电机定子电压的调整时间不超过 5s。发电机零起升压时，自动电压调节器保证定子电压的超调量不超过额定值的 10%，调节时间不大于 10s，电压振荡次数不大于 3 次。

（6）电压频率特性：当发电机空载频率变化±1%，采用电压调节器时，其端电压变化不大于±0.25%额定值。在发电机空载运行状态下，自动电压调节器的调压速度，不大于 1%额定电压/s；不小于 0.3%额定电压/s。

（7）电压响应比：无刷励磁系统电压响应比不小于 2.5 倍/s。

（8）自动电压调节器的调压范围：发电机自动调整范围：空载时能在 20%～110%额定电压范围内稳定平滑调节；负载时能在 90%～110%额定电压范围内稳定平滑调节。整定电压的分辨率不大于额定电压的 0.2%。发电机手动调节范围：能从 10%空载励磁电压到 110%额定励磁电压范围内稳定平滑调节。

（9）发电机转子绕组过电压保护：旋转整流装置设有必要的 R-C 吸收回路，用于抑制尖峰过电压。旋转整流装置能承受直流侧短路故障、发电机滑极、异步运行等工况而不损坏。

（10）旋转整流装置：旋转整流装置中的并联元件采用具有高反向电压的二极管，每臂有 10 个支路，共 20 个二极管，有足够的裕量，能保证额定励磁和强励的要求。严格控制二极管的正向压降及其偏差。旋转整流装置及旋转熔断器应能承受离心力作用，其特性不应由于疲劳而损坏或明显变化。旋转整流装置配有保护旋转熔断器，在正常运行时熔断器不产生有害疲劳，也不会产生特性畸变，熔断器熔丝熔断有信号指示。

三、典型励磁系统简介

瑞金电厂二期工程发电机励磁系统采用南京南瑞继保电气有限公司生产的 PCS-9400 自并励静止励磁系统。励磁系统主要由励磁电源变压器、三相全控桥式整流装置、灭磁及转子过电压保护装置、起励装置、微机型自动/手动励磁调节器装置组成。励磁系统中的励磁调节器采用南京南瑞电控生产的 PCS-9410 数字微机型励磁调节器。

（一）励磁系统的组成

静止励磁系统主要由励磁变压器、自动电压调节器（简称 AVR）、晶闸管整流桥、灭磁与过电压保护装置、起励装置组成。励磁系统示意图如图 6-3 所示。

（二）励磁系统各部件说明

（1）励磁变压器。励磁变压器为励磁系统提供励磁电源。励磁变压器采用环氧树脂浇注干式变压器。励磁变压器的高压绕组和低压绕组均采用铜导体，其铁芯材料选择优质高导磁晶粒取向硅钢片。

（2）自动电压调节器（AVR）。主要功能如下。

1）维持发电机电压为给定值（自动控制）。

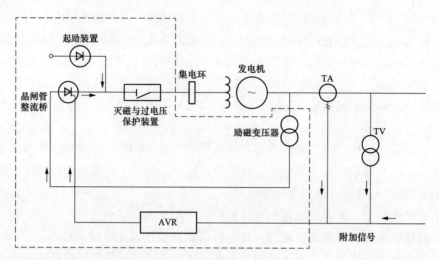

图 6-3 励磁系统示意图

2）恒励磁电流控制（手动控制）。

3）恒功率因数或恒无功功率控制（可选）。

4）电力系统稳定器（PSS）。

5）低励限制。

6）过励限制。

7）伏/赫限制。

（3）整流装置。励磁系统整流装置为三相全控桥电路，主要由晶闸管元件、冷却风扇、过电压保护等装置组成。整流桥示意图如图 6-4 所示。

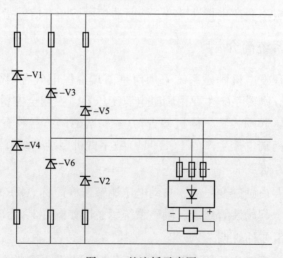

图 6-4 整流桥示意图

（4）发电机灭磁及过电压保护装置。发电机灭磁与过电压保护装置主要由磁场开关、跨接器及相串联的灭磁电阻等组成。在发电机正常或故障时迅速切除励磁电源并灭磁，发电机灭磁及过电压保护装置在机组的正常停机或事故时导通灭磁回路，实现机组磁场能量快速吸收的功能。灭磁装置回路示意图如图 6-5 所示。

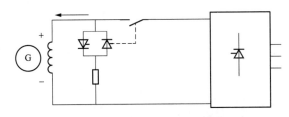

图 6-5　灭磁装置回路示意图

（5）启励装置。瑞金电厂二期工程采用交流启励方式，整个启励过程由 AVR 来控制和监视。如果发电机机端电压足够，启励电源可直接通过励磁变压器从发电机出口获得，如果发电机机端的残压过低，则将启励回路投入以确保励磁系统起励完成。启励回路见图 6-6。

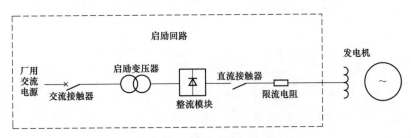

图 6-6　启励装置回路示意图

（三）励磁系统技术参数

发电机技术数据见表 6-1，励磁系统技术数据见表 6-2，励磁变压器技术数据见表 6-3。

表 6-1　　　　　　　　　　　　发电机技术数据

序号	名称	单位	设计值	备注
1	额定容量 S_N	MVA	1112	
2	额定功率 P_N	MW	1000	
3	额定功率因数 $\cos\varphi_N$	—	0.9	滞后
4	定子额定电压 U_N	kV	27	
5	定子额定电流 I_N	A	23 778	
6	额定频率 f_N	Hz	50	
7	额定转速 N_N	r/min	3000	
8	额定励磁电压 U_{fN}（80℃）	V	437	
9	额定励磁电流 I_{fN}	A	5887	
10	空载励磁电压 U_{f0}（75℃）	V	144	
11	空载励磁电流 I_{f0}	A	1952	
12	转子绕组直流电阻（20℃）	Ω	0.0605	

表 6-2　　　　　　　　　　　　　励磁系统技术数据

序号	名称	单位	设计值	备注
1	励磁系统基本数据			
1.1	励磁系统型号		PCS-9400	
1.2	励磁系统顶值电压倍数		2.5	
1.3	允许强励时间	s	10	
1.4	励磁系统电压响应时间	s	<0.1	
2	励磁系统主要装置			
2.1	整流装置			
2.1.1	整流方式		三相全控桥式	
2.1.2	整流柜数量		5	
2.1.3	晶闸管型号		5STP28L4200	
2.1.4	晶闸管反向重复峰值电压	V	4200	
2.1.5	噪声	dB	$\leqslant 75$	
2.1.6	冷却方式		AF	
2.2	自动电压调节器			
2.2.1	自动电压调整范围	%	$30U_N \sim 110U_N$	
2.2.2	手动励磁电流调整范围	%	$20I_{f0} \sim 130I_{fn}$	
2.2.3	调压精度	%	$\leqslant 0.5$	
2.2.4	通道配置		双通道	
2.2.5	冷却方式		AN	
2.3	灭磁及过电压保护装置			
2.3.1	灭磁开关（FCB）			
2.3.1.1	型号		GErapid-8007	
2.3.1.2	断口数量		1	
2.3.1.3	额定电压	V	2000	
2.3.1.4	额定电流	A	8000	
2.3.1.5	操作电压（DC）	V	110	
2.3.1.6	辅助触点		8NC＋8NO	
2.3.2	灭磁电阻			
2.3.2.1	灭磁电阻型式		线性电阻	
2.3.2.2	工作能容	MJ	8	
2.3.2.3	灭磁电阻阻值	Ω	0.1	
2.4	启励装置			
2.4.1	启励方式		交流启励	
2.4.2	启励电源输入电压	V	380V AC	
2.4.3	启励允许间隔时间	min	10	

表 6-3   励磁变压器技术数据

序号	名称	单位	设计值	备注
1	励磁变压器			
1.1	型式		环氧树脂浇注干式	
1.2	型号		ZLDCB-3300/27/√3	
1.3	容量	kVA	3×3300	
2	额定电压			
2.1	一次侧电压	kV	27	
2.2	二次侧电压	kV	0.96	
3	频率	Hz	50	
4	相数		三个单相	
5	接线组别		Yd11	
6	冷却方式		AN+AF	
7	绝缘等级		F 级	
8	额定雷电冲击耐受电压（峰值）			
8.1	一次侧	kV	170	
9	额定短时外施耐受电压（方均根值）			
9.1	一次侧	kV	70	
9.2	二次侧	kV	3	
10	外壳防护等级		IP23	
11	外壳材质		铝合金	
12	效率	%	≥99	
13	阻抗	%	8	
14	过负荷能力		1.1 倍长期	
15	TA 配置（穿心式）数量			
15.1	高压侧 TA 数量	组	4	
15.2	高压侧 TA 准确级		5P40/5P40/0.2S/0.2S	
15.3	高压侧 TA 变比		600/1A，600/1A，300/1A，300/1A	
15.4	高压侧 TA 容量	VA	40/40/20/20	
15.5	低压侧 TA 数量	组	4	
15.6	低压侧 TA 准确级		5P40/5P40/0.2S/0.2S	
15.7	低压侧 TA 变比		7500/1A	
15.8	低压侧 TA 容量	VA	30/30/20/20	
16	温度控制器			
16.1	超温保护信号		Ⅰ段报警+Ⅱ段跳闸	
16.2	报警、跳闸温度		130（报警）、150（跳闸）	

四、典型数字励磁调节装置简介

（一）应用范围

PCS-9410 是在 RCS-941X 系列数字励磁调节装置在现场成功应用后长时间积累的丰

富的实际应用经验基础上，结合最新的计算机技术和用户日益复杂的应用需求，研发出的全新一代的励磁调节装置，它继承了 RCS-941X 系列励磁调节装置的所有优点，人机接口方面更加友好，全面支持的数字化电厂的应用要求。

PCS-9410 数字励磁调节装置适用于各种方式、各种容量的晶闸管励磁系统，适用最大到 1000MW 的各种容量机组的励磁系统。可用于新建机组配套的励磁系统，也可用于老机组的设备改造。具体适用的励磁方式如下：

（1）自并励励磁系统。

（2）两机他励可控硅励磁系统。

（3）三机励磁系统（含变化后的两机自励励磁系统）。

（4）无刷励磁系统。

（5）直流励磁机励磁系统。

PCS-9410 数字励磁调节装置通常采用两通道或多通道的冗余结构，每个调节装置作为一个独立的调节通道，可独立承担所有的励磁调节任务，各励磁调节通道间采用主备运行方式。同时配置 1 台 PCS-9412 智能脉冲触发装置，最多可配置 6 个脉冲触发插件，插件间相互独立，每个插件可为一个晶闸管整流桥提供 6 路触发脉冲。

（二）基本配置和功能

PCS-9410 装置提供了发电机励磁所需的基本调节和控制功能，主要包括：

调节规律：PID ＋ PSS-2B/4B。

运行控制方式：恒机端电压闭环方式、恒转子电流闭环方式、恒角度开环运行（试验）、恒无功功率运行（选用）、恒无功因数运行（选用）、系统电压跟踪（选用）、系统电压调节（选用）。

投励升压方式：人工升压、定速升压、阶跃升压和预置升压。

附加控制功能：电力系统稳定器、励磁电流（或电压）硬反馈、调差功能（无功功率或无功电流）、自动卸载无功和动态均流。

PCS-9410 装置也提供了完善的限制和保护功能，保证机组、机组与系统间的运行稳定性，主要包括：

（1）负载最小励磁电流限制及保护。

（2）进相无功功率欠励磁限制及保护。

（3）进相定子过电流限制及保护。

（4）负载最大励磁电流瞬时限制及保护。

（5）磁场过电流过热限制及保护。

（6）滞相定子过电流过热限制及保护。

（7）滞相无功功率过励限制及保护。

（8）伏/赫（U/f）过励磁通限制及保护。

（9）空载最大励磁电流限制及保护。

（10）电流环励磁电流自适应范围限制。

（11）电流环过电压限制。

（12）功率柜过电流限制及保护。

（13）空载过电压限制及保护。

（14）TV 断线保护。

（15）TA 断线保护。

（16）励磁回路断线保护。

（17）低周波保护。

（三）工作原理

（1）硬件工作原理。本装置基于南瑞继保先进的 UAPC 平台研制，UAPC 平台的主要特点是：硬件软件模块化，通用灵活，具有很强的扩展能力，高性能、高可靠性、高抗干扰能力，支持数字化、网络化的接口。装置硬件原理如图 6-7 所示。

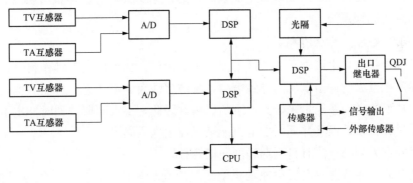

图 6-7 装置硬件原理图

（2）软件工作原理。主程序按固定的周期相应外部中断，在中断服务程序中进行模拟量采集与滤波，开关量采集、装置硬件自检、外部异常情况检查、控制计算、限制保护判断。

正常运行时进行装置的自检，装置不正常时发告警信号，提醒运行人员进行相应处理。

流程控制程序中进行各种限制保护算法，当满足限制条件时，装置发出告警信号，提醒运行人员进行相应处理；当满足保护条件时，装置发出故障信号，并且当切换到备用通道后退出运行。

励磁控制流程结构如图 6-8 所示。

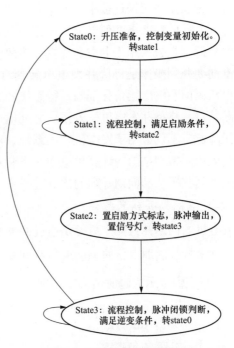

图 6-8 励磁控制流程结构

第二节　准同期控制装置

一、同步发电机的同期并列

现代发电厂通常都装有多台发电机，这些发电机一般都是并联运行，不同发电厂的发电机之间也是并联运行的，从而形成了大型电力系统。

所谓发电机的并列运行，就是将两台或两台以上的发电机分别接入电力系统的对应母线上，或通过变压器、输电线路接在电力系统的公共母线上，共同向用户供电。同步发电机的同期并列操作是将同步发电机投入电力系统参与同期并列运行的操作过程。同期操作是通过检测同期电压并利用同期装置来实现的，通常把反映同期装置和同期电压连接关系的电气回路称为同期系统。

（一）同步发电机的准同期并列

同期并列操作在发电厂中是一项经常性的重要操作，如果出现误操作将会造成非同期并列，可能产生巨大的冲击电流，导致电力系统产生强大的电动力，可能对电气设备产生严重损坏，从而给电力系统带来极其严重的后果。因此，要求同期并列时冲击电流和冲击力矩不能超过允许值，而且并列后发电机能被迅速地拖入同步。

发电机同期并列的方法有自同期和准同期两种。

自同期并列是将待并发电机由原动机拖至接近同步转速时，把待并发电机投入系统，然后再给发电机加上励磁，使发电机自行转入同步。由于发电机在未加励磁的情况下就投入系统，相当于系统经过很小的电抗而短路，所以并列断路器合闸时冲击电流较大。这种同期并列方式的特点是并列迅速、操作简单，但是由于冲击电流较大，会引起电力系统电压暂时降低，过去曾用于电力系统发生事故时快速投运水轮发电机组，现在已很少采用。

准同期并列操作是将待并发电机转速升至接近同步转速后加上励磁，当发电机的频率、电压幅值和电压相角分别与运行系统的频率、电压幅值和电压相角接近相同时，合上并列断路器，将待并发电机投入系统并列运行。这种并列方法冲击电流较小，不会引起系统电压降低，不仅适用于发电机并入系统，而且也适用于两个系统之间的并列，因而获得了广泛应用。特别是随着计算机应用的不断发展，微机准同期并列装置已逐渐取代了传统准同期并列装置，准同期并列的优点进一步显现出来。

（二）准同期并列的条件

发电机的同期并列操作最终是通过并列断路器的合闸来完成的。在并列前，同期并列断路器（也称为同期点）两侧的电压分别是系统电压 $\dot{U}_S$ 和待并发电机（或待并系统）电压 $\dot{U}_G$，将它们表示为瞬时值形式，则

$$u_S = U_{Sm}\sin(\omega_S t + \varphi_{S0}) = U_{Sm}\sin\varphi_S \tag{6-1}$$

式中　U_{Sm}——系统电压幅值；

　　　ω_S——系统角频率；

　　　φ_{S0}——系统电压初相角；

φ_S ——系统电压 t 时刻的相角，$\varphi_S = \omega_S t + \varphi_{S0}$。

$$u_G = U_{Gm}\sin(\omega_G t + \varphi_{G0}) = U_{Gm}\sin\varphi_G \tag{6-2}$$

$$\varphi_G = \omega_G t + \varphi_{G0}$$

式中 U_{Gm} ——待并发电机电压幅值；

ω_G ——待并发电机角频率；

φ_{G0} ——待并发电机电压初相角；

φ_G ——待并发电机电压 t 时刻的相角。

式（6-1）和式（6-2）反映了系统电压和待并发电机电压的幅值、角频率和相角等三个状态量的关系。

在进行并列操作前，同期并列断路器两侧电压的状态量一般是不相等的。并列断路器两侧电压的幅值差 ΔU_m，频率差 Δf（或角频率之差 $\Delta \omega$）和相角差 δ 之间的关系为

$$\left. \begin{array}{l} \Delta U_m = U_{Gm} - U_{Sm} \\[4pt] \left(\text{或 } \Delta u = \dfrac{U_{Gm}}{\sqrt{2}} - \dfrac{U_{Sm}}{\sqrt{2}}\right) \\[8pt] \Delta f = f_G - f_S \\[4pt] (\text{或 } \Delta \omega = \omega_G - \omega_S = 2\pi f_G - 2\pi f_S = 2\pi \Delta f) \\[4pt] \delta = \varphi_G - \varphi_S = (\omega_G t + \varphi_{G0}) - (\omega_S t + \varphi_{S0}) \end{array} \right\} \tag{6-3}$$

在并列断路器合闸时，最理想的情况是断路器两侧电压完全相同。这时断路器合闸所造成的冲击电流为零，并且并列后能顺利地进入同步运行状态，对电网无任何扰动。因此，发电机同期并列的理想条件是并列断路器两侧电压的三个状态量全部相等，即

$$\left. \begin{array}{l} U_{Gm} = U_{Sm} \\ f_G = f_S (\text{或 } \omega_G = \omega_S) \\ \delta = 0 \end{array} \right\} \tag{6-4}$$

或表示为

$$\left. \begin{array}{l} \Delta U_m = 0 \\ \Delta f = 0 (\text{或 } \Delta \omega = 0) \\ \delta = 0 \end{array} \right\} \tag{6-4a}$$

事实上，上述三个条件很难同时满足，而工程实际中只要并列合闸时冲击电流较小，不危及系统和设备，合闸后发电机组能迅速拖入同步运行，对待并发电机和电网运行影响较小，不致引起不良后果，则偏离理想并列条件是允许的。允许偏差的大小与机组容量有关，一般来说机组容量越大，允许偏差越小。准同期并列的条件通常可表示为

$$\left. \begin{array}{l} |\Delta u| \leqslant (0.1 \sim 0.15)U_N \\ |\Delta f| \leqslant (0.05 \sim 0.25)\text{ Hz} \\ \delta \leqslant \delta_{al}(\text{合闸相角允许值}) \end{array} \right\} \tag{6-5}$$

参与同期并列的发电机组容量越大，同期并网的实际条件则更加严格。

二、自动准同期并列装置的基本原理

自动准同期装置通过比较并列断路器两侧的电压，检测并列条件是否满足，不满足时

则进行相应调整，并选择合适的时间发出合闸信号，使并列断路器 QF 合闸，将发电机投入系统并列运行。由并列条件可知，最理想的合闸时机是 $\dot{U}_G$ 和 $\dot{U}_S$ 两相量重合瞬间。但考虑到断路器的操动机构和合闸回路控制电器都存在固有动作时间，并列装置必须在两电压相量重合之前发出合闸信号，即取一提前量。准同期并列装置采用的提前量有越前相角和越前时间两种。在 $\dot{U}_G$ 和 $\dot{U}_S$ 两相量重合之前恒定角度发出合闸信号的，称为恒定越前相角；在 $\dot{U}_G$ 和 $\dot{U}_S$ 两相量重合之前恒定时间发出合闸信号的，称为恒定越前时间。采用恒定越前时间的准同期并列装置从理论上讲可以使合闸相角差等于零。

（一）自动准同期装置的基本结构

自动准同期装置的基本结构如图 6-9 所示，图中 QF 为并列断路器。装置包括频率差控制单元、电压差控制单元和合闸信号控制单元。其中，频率差控制单元的任务是检测发电机电压 $\dot{U}_G$ 和系统电压 $\dot{U}_S$ 间的角频率差 $\Delta\omega$（又称为滑差角频率或滑差），同时通过调整发电机的转速，使得发电机电压的频率接近于系统频率。电压差控制单元则用于检测发电机电压 $\dot{U}_G$ 和系统电压 $\dot{U}_S$ 间的幅值差，并通过调整发电机的励磁，改变发电机电压 $\dot{U}_G$，使得发电机电压 $\dot{U}_G$ 和系统电压 $\dot{U}_S$ 间的幅值差小于规定允许值。合闸信号控制单元的功能是检查并列条件，当待并机组的频率和电压都满足并列条件时，选择适当的时机发出合闸脉冲信号，使并列断路器的主触头接通瞬间，发电机电压 $\dot{U}_G$ 和系统电压 $\dot{U}_S$ 间的相角差 δ 接近于零或控制在允许范围之内。

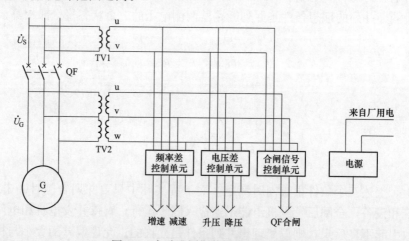

图 6-9 自动准同期装置组成示意图

按照自动化程度的不同，准同期并列装置又分为半自动准同期并列装置和自动准同期并列装置。半自动准同期并列装置没有频率调节和电压调整动能，只有合闸控制单元，待并发电机的频率和电压调整由人工完成，当频率和电压满足并列条件时，并列装置选择恰当时机发出合闸信号。自动准同期装置则设置频率差控制、电压差控制和合闸信号控制等三个单元。在有人值班的发电厂中，发电机电压往往由值班人员通过自动电压调节装置直接操作控制，可不配置电压差控制单元。在无人值班的发电厂中，自动准同期并列装置须设置具有电压自动调节功能的电压差控制单元。

传统布线逻辑型自动准同期装置采用恒定越前时间规律控制，其输入检测信息采用发电机电压与系统电压的相量差即所谓的脉动电压。此电压的包络线是非线性的，与发电机电压和系统电压的幅值有关。因此，实际的越前时间并非恒定，受滑差角频率和电压差值的影响。传统准同期装置采用元件多，调试困难，整定参数在运行过程中会发生变化；不能适应断路器关合时间的随机性变化，容易产生合闸误差；由于难以快速捕捉关合时机，使得同期并列的过程延长。随着机组容量的不断增大，并列条件允许误差要求也在不断提高，必须采用更为复杂的调节控制算法和确定发出断路器合闸命令时刻的算法，迅速捕捉关合时机。这些要求都是布线逻辑型准同期装置无法达到的。

（二）微机准同期并列装置

微机准同期并列装置硬件结构简单，编程方便灵活，运行可靠，已逐步取代传统的布线逻辑型准同期装置，成为目前自动并列装置发展的主流。由于微处理器具有高速运算和逻辑判断能力，可以对发电机电压和系统电压间的相角差和滑差角频率进行近乎瞬时值的计算，并按照频率差与电压差的大小和方向，确定合适的调节量，实现对发电机的频率调节和电压调节，以达到较满意的并列控制效果。同时，微处理器能精确计算相角差，并根据相角差的实时变化规律，选择最佳的越前时间发出合闸信号，从而可以缩短同期并列操作的过程，提高自动并列装置的技术性能和运行可靠性。

微机准同期装置的系统结构如图 6-10 所示。计算机通过同期模件采集发电机电压和系统电压信息，不断地计算和校核同期并列的三个条件。当条件不满足时，计算机发出相应的调速和调励磁命令，通过发电机调速器和励磁电压调节器调整发电机组的转速和电压，使同期并列条件得到满足。条件一旦满足后，装置选择最佳的越前时间发出断路器关合命令，实现机组的同期并列。在这里，计算机要完成的工作包括：处理同期测量模件送来的信息，用交流采样法获得电压幅值进而得到电压差，用脉冲计数法计算相位差，用软件鉴零（电压波形正向过零点）计数法测量电压正弦波周期从而获得频率差，实现对电压

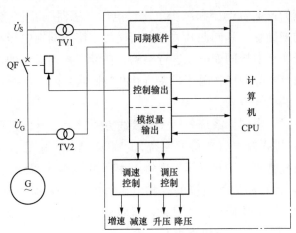

图 6-10 微机准同期装置组成示意图

差、频率差和越前时间的检测，通过电压差 PI 调节、频率差 PID 调节和相位差 PID 调节实现电压和转速调整，并用适当算法捕捉发出关合断跳器命令的最佳时机。另外，装置计算机还可以计算出并列合闸时断路器的实际关合时间，为修正同期并列装置的越前时间提供依据。

三、同期点的设置和同期电压的引入

（一）同期点的设置

当断路器处于断开状态，断路器两侧有可能出现非同一电源时，此断路器的合闸必须实行同期合闸。发电厂中每个有可能进行同期操作的断路器，称为同期点。同期点的设置主要与发电厂的主接线形式和运行方式以及厂用备用电源引接方式有关。

（1）发电机出口断路器和发电机-双绕组变压器组出口断路器都是同期点。因为各发电机的并列操作，一般都是利用各自回路中的断路器进行的。

（2）母线联络断路器都是同期点。因为母线上接有若干个电源元件，因此，母联断路器可以作为这些电源元件的后备同期点。

（3）自耦变压器或三绕组变压器三侧的断路器都是同期点。将这些断路器设置为同期点是为了减少并列时可能出现的倒闸操作，以保证事故情况下能尽快可靠地恢复供电。

（4）对侧有电源的系统联络线的断路器都是同期点。

（5）旁路断路器是同期点，可以代替联络线断路器与系统并列。

（6）当厂用工作电源和厂用备用电源不是引自同一系统，又有可能出现并列运行的情况时，将可能并列的断路器设置为同期点。

所有同期点的断路器，只有在按照预定操作程序，通过同期装置检测，满足同期并列条件的前提下才能并列两侧电源。

（二）同期电压的引入

准同期并列操作必须通过同期装置检测待并断路器两侧电压，判断是否满足并列条件。并列断路器两侧的发电机电压和系统电压经电压互感器（TV）转换为二次电压，再经过相应隔离开关的辅助触点和同期开关触点切换后，接入同期电压小母线上，同期并列装置从同期电压小母线上引接同期电压进行检测。在没有并列操作的情况下，同期电压小母线上没有电压，只有在并列操作时才带有待并断路器两侧的二次电压。同期电压的引入方式取决于同期装置的接线方式。

（1）三相接线方式。当同期系统采用三相接线方式时，设有四条同期电压小母线：系统 U 相电压小母线，待并机组（或待并系统）U 相和 W 相电压小母线，公用接地小母线（系统侧和待并系统侧的电压互感器二次侧 V 相均接入该小母线）。这样可以将系统的两相电压（U 相和 V 相）和待并系统的三相电压（U 相、V 相和 W 相）引入到同期装置。三相接线方式的同期系统接线比较复杂，需增设转角变压器及转角小母线以消除同期并列时 Yd11 接线变压器两侧电压相位的不一致。

（2）单相接线方式。新建的发电厂特别是大型发电厂大都采用接线更为简单的单相接线方式引入同期电压。

当同期系统采用单相接线方式时，通常设置三条同期电压小母线：系统 W 相电压小母线，待并机组（或待并系统）W 相电压小母线，公共接地小母线。对 110kV 及以上中性点直接接地系统，电压互感器二次绕组采用中性点（N）接地方式时，同期电压取自电压互感器辅助二次（开口三角形）绕组的 W 相电压；对 35kV 及以下中性点不直接接地系统，电压互感器二次绕组采用 V 相接地方式时，同步电压取自电压互感器二次绕组的线电压；对 Yd11 接线的双绕组变压器，待并系统（变压器低压侧）同期电压取自电互感器（二次侧 V 相接地）二次绕组的线电压，系统（变压器高压侧）同期电压取自电压互感器辅助二次绕组的 W 相电压。因此，单相接线方式的同期系统的同期电压引入方式与电力系统的接地方式、发电厂主接线方式以及电压互感器的接地方式有关。

第三节　厂用电源的快速切换装置

一、厂用电源快速切换概述

(一) 厂用电源快速切换的必要性

发电厂中，厂用电的连续供电可靠是发电机组安全运行的基本条件。随着大容量机组（300~1000MW）的迅速发展，高压电动机的容量也增大很多。由于大容量电动机在断电后电压衰减较慢，如在残压较大时不检同期合上备用电源，启/备变压器和电动机将有可能受到严重冲击而损坏；如待残压衰减到一定幅值〔如（25%~40%）U_N〕后再投入备用电源，则由于断电时间过长，母线电压和电动机的转速都下降很大，将严重影响锅炉运行工况，因此，在这种情况下，一方面有些辅机势必退出运行，另一方面备用电源合上后，由于电动机成组自启动电流很大，母线电压将可能难以恢复，从而导致自启动困难，甚至被迫停机停炉。

(二) 厂用电切换必须具备的外部条件

为能成功地进行厂用电系统的切换，必须具备以下几个条件。

(1) 具备源于同一系统的两个独立的供电电源：工作电源和备用电源。正常运行情况下两个电源电压之间允许有一定的相角差，但一般不宜大于 20°。

(2) 快速断路器。目前广泛使用的真空断路器、SF$_6$ 断路器，其合、分闸时间一般为 40~80ms，均适用于厂用电系统的切换。

(3) 电机组和厂用工作电源应配备快速动作保护继电器，目前广泛使用的微机保护继电器均可使用。

二、厂用电系统的切换方式

厂用电源切换的方式可按开关动作顺序分类，也可按启动原因分类，还可按切换速度进行分类。

(一) 按开关动作顺序分类

以工作电源切向备用电源为例说明动作顺序。

（1）并联切换。先合上备用电源，两电源短时并联，再跳开工作电源。这种方式多用于正常切换，如启、停机。并联方式另分为并联自动和并联半自动两种。

（2）串联切换。先跳开工作电源，在确认工作断路器跳开后，再合上备用电源。母线断电时间至少为备用断路器合闸时间。此种方式多用于事故切换。

（3）同时切换。这种方式介于并联切换和串联切换之间。合备用命令在跳工作命令发出之后、工作断路器跳开之前发出。母线断电时间大于 0ms 而小于备用断路器合闸时间，可设置延时来调整。这种方式既可用于正常切换，也可用于事故切换。

（二）按启动原因分类

（1）正常手动切换。由运行人员手动操作启动，快切装置按事先设定的手动切换方式（并联、同时）进行分合闸操作。

（2）事故自动切换。由保护接点启动。发电机-变压器组、厂用变压器和其他保护出口跳工作电源开关的同时，启动快切装置进行切换，快切装置按事先设定的自动切换方式（串联、同时）进行分合闸操作。

（3）不正常情况自动切换。有两种不正常情况：一是母线失压。母线电压低于整定电压达整定延时后，装置自行启动，并按自动方式进行切换；二是工作电源开关误跳，由工作开关辅助接点启动装置，在切换条件满足时合上备用电源。

（三）按切换速度分类

（1）快速切换。

（2）短延时切换。

（3）同期捕捉切换。

（4）残压切换。

（5）长延时切换。

三、厂用电快速切换装置基本功能

（一）正常切换

正常切换是指正常情况下进行的厂用电源切换。正常切换由手动启动，在控制台、DCS 系统或装置面板上均可进行。正常切换是双向的，可完成从工作电源到备用电源，或从备用电源到工作电源的切换，切换方式有并联切换和正常同时切换两种方式，通过控制屏（台）上选择开关选择切换方式。

（1）串联切换。控制台切换方式选择开关置于串联位置。手动启动装置，先跳开工作（备用）电源，如果同期条件满足，则合上备用（工作）电源。

（2）并联切换。控制台切换方式选择开关置于并联位置。并联切换又分为自动和半自动两种情况。

1）自动。将选择开关置于"自动"位置。手动启动装置，经同期检定后，先合上备用（工作）电源，确认合闸成功后，再自动跳开工作（备用）电源。

2）半自动。将选择开关置于"半自动"位置。手动启动装置，经同期检定后，只合上备用（工作）电源，而跳开工作（备用）电源的操作要由人工来完成。

（二）事故切换

通过反映工作电源故障的保护出口启动快切装置，完成从工作电源至备用电源的单方向切换，切换方式主要有事故串联切换和并联（同时）切换两种方式。

（1）串联切换。控制台切换方式选择开关置于串联位置。由反映工作电源故障的保护出口启动装置，先跳开工作电源，如此时同期条件满足并确认工作电源已跳开，然后合上备用电源。

（2）并联（同时）切换。控制台切换方式选择开关置于并联位置。由反映工作电源故障的保护出口启动装置发出工作电源跳闸命令，如此时同期条件满足，装置同时发出备用电源合闸命令。备用电源合闸命令也可经设置的延时后再发出，这样可以避免由于工作电源跳闸时间长于备用电源合闸时间，造成备用电源投在故障回路而跳闸，致使切换失败，事故范围扩大。

（3）同期捕捉及慢速切换。上述切换过程中，如不满足所设定的同期条件，不能进行快速切换，但频差又小于 7Hz 时，装置自动转入同期捕捉状态，根据母线电压相位变化速率及断路器固有合闸时间，连续实时计算相位差，在频差允许范围内，捕捉合闸时机，使得合闸完成时相位差接近 0°。如果同期捕捉不成功，装置再自动转入慢速切换状态，待母线残压下降到设定值，最终合上备用电源。同期捕捉功能可由用户设置为投入或退出。如设置为退出，当同期条件不满足时，装置直接转入慢速切换状态。本项功能同样适用于下述不正常切换。

（三）不正常切换

不正常切换是由母线非故障性低压引起的切换，它是单向的，只能由工作电源切换至备用电源。不正常切换分为以下两种情况。

（1）母线三相电压持续低于设置值的时间超过所设定的延时，装置自动跳开工作电源，投入备用电源。

（2）由于工作电源断路器误跳，装置自动投入备用电源。所谓"误跳"是指在装置没有发跳闸命令的情况下，工作电源断路器跳开。这有两种可能：一种是工作电源断路器受控跳闸；另一种是真正意义的误动跳闸。不正常切换也有串联和并联（同时）两种方式，它们的选择方法及切换过程和事故切换相同。

以上切换方式，包含厂用快切装置的基本功能，在实现的具体方法上，各生产厂家的产品略有不同。另外还有保护闭锁和闭锁出口等其他功能。

（四）保护闭锁

为防止备用电源切换到故障母线，将反映母线故障的保护出口接入快切装置，当保护（如工作分支过电流、厂用母差等）动作时，关闭装置所有切换出口，同时发出闭锁信号。

（五）闭锁出口

当装置因软连接片退出或控制屏（台）闭锁装置出口时，装置将关闭跳合闸出口并给出出口闭锁信号。

四、典型厂用电快速切换装置简介

瑞金电厂二期工程采用深圳国立智能电力科技有限公司生产的 SID-8BT-A 厂用电快速切换装置。SID-8BT 厂用电快速切换装置是国立智能在各电厂及化工、冶金、煤炭等工业领域的多年现场运行经验基础上,广泛调查当今各行各业特别是工业企业对供电可靠性的要求,精心设计的一款多功能的快速切换装置。装置具有正常情况下,备用电源与工作电源之间双向切换;事故或不正常情况下,工作电源向备用电源单向切换的功能。采用该装置能够提高厂用电切换的成功率,避免非同期切换对厂用设备的冲击损坏,简化切换操作并减少误操作,提高机组的安全运行和自动控制水平。全厂共安装 4 套 SID-8BT-A 厂用电快速切换装置,每套装置可以对一段厂用母线的工作电源与备用电源进行切换控制。

(一) SID-8BT-A 装置的主要技术特点

(1) SID-8BT-A 装置为微机型快速切换装置,机箱采用 IEC 标准结构,电气主要元件和接插件均采用进口产品,插件的互换性好,调试方便。控制器采用双 CPU 结构,主 CPU 完成测量、逻辑和切换等主要功能,从 CPU 完成显示、通信、打印等辅助功能,主从 CPU 间通过双口 RAM 进行数据交换。

(2) 硬件由电源模块、模拟量输入模块、开关量输入模块、隔离模块、CPU 模块、输出模块、液晶显示屏、通信接口和打印机等组成。开关量输入、输出部分采用光电隔离,模拟量输入经变压器隔离,避免外部干扰。通信接口有 3 个,2 个是 RS485 接口,半双工,能接入 DCS 系统或电气监控管理系统实现双网组网,最大传输距离 1000M,最大通信速率 38.4kbit/s;1 个 RS232 接口可直接插入便携式电脑。

(3) 人机界面采用中文液晶显示方式,人机界面采用 240×180 大液晶显示屏、箭头式触摸键和 LED 型指示灯组成,中文菜单。能实时显示电气主接线、开关状态、6.3kV 工作母线三相电压、工作和备用电源电压、频率、分支电流以及工作和备用电源之间的频差和相差以及所有参数的整定值和故障时的报警。所有测量值显示、操作、整定、试验、事件追忆、录波、打印等均以汉字显示方式提示。操作过程中的提示、故障异常情况报告、切换后的记录追忆等信息可随时提供。主接线、开关状态、实测值等均能以实时方式显示。

(4) 模拟量输入及开关量输入、输出回路应采用电或光电隔离技术与内部电路可靠隔离,装置的抗干扰性能应满足国家和行业的有关标准和规定。

(5) 装置采用总线隔离技术,抗干扰能力强,可靠性高,软、硬件均采用冗余设计,并对主要部件进行在线自检,发现问题立即报警并闭锁装置。

(6) 装置设置密码功能,以避免非专业人员对装置进行误操作,每次进行操作时都要输入密码进行确认。非专业人员的误操作对装置的设置和运行无任何影响。

(7) 具有标准打印接口,能打印出整定值、事件记录和模拟量幅值记录等信息。在装置有事件信息及切换完成后能自动激活打印机进行打印。

(8) 快速切换装置共 4 台,组屏为 2 面柜体。每面柜体含快切装置 2 台、打印机 1 台、打印共享器 1 只、抗瞬变干扰器 2 只、上位机录波分析软件 1 套。

（二）SID-8BT-A 装置的基本功能

采用快速切换就是为了在母线残压还没有下降之前，投上备用电源。为了避免母线电压与备用电源电压相位差过大时进行切换的危险，装置具有在切换过程中非同期闭锁的功能。当不满足同期条件时，闭锁快速切换，转而进行同期捕捉，即在母线电压还未大幅下跌之前，通过对母线相位变化的实时计算分析，并根据合闸所需时间，捕捉合闸时机，使得合闸完成时备用电源电压与母线电压的相位差接近零度，这样既减小了对厂用设备的冲击电流，又利于设备的自启动。经残压检定的慢速切换作为快速切换和同期捕捉的后备切换，以提高切换的成功率。

SID-8BT-A 型厂用电快速切换装置采用了频率自动跟踪技术和模糊理论对频率进行分段建立模型的方法，准确地表达了频率、相角、幅值变化。根据实时的频率、相角、幅值的变化规律，计算出在母线残压与备用电源电压向量第一次相位重合的到来时间，可在频差 15Hz 范围内完成同期捕捉。采用的同期捕捉原理是，当母线失电后，其残压向量以备用电源电压为轴向滞后方向旋转，每 360°出现一次同相点，目标是在第一次同相时投入备用电源。

SID-8BT-A 快切装置具有完善而全面的基本功能。

（1）快速切换、同期捕捉切换、残压切换及长延时切换功能。快切装置具有快速切换、同期捕捉切换、残压切换及长延时切换功能，其中同期捕捉切换采用具有高精度的实时计算相角速度及加速度的数学模型进行精确拟合。在快速切换条件不满足时，自动转入同期捕捉切换、残压切换及长延时切换功能。

（2）正常切换、事故切换和不正常情况切换功能。快切装置具有正常切换、事故切换和不正常情况切换功能，其中正常切换为双向，既可从工作电源切向备用电源，也可从备用电源切向工作电源。事故切换和不正常情况切换为单向，只能从工作电源切向备用电源。

1）正常切换。正常切换由手动启动，在控制台或装置面板上均可进行。正常切换是双向的，可以由工作电源切向备用电源，也可以由备用电源切向工作电源。

①正常并联切换。

并联自动：手动启动，在快速切换条件满足时，先合备用（工作）开关，经一定延时后跳开工作（备用）开关。若不满足，立即闭锁，等待复归。

并联半自动：手动启动，在快速切换条件满足时，合上备用（工作）开关，而跳开工作（备用）开关的操作由人工完成。若快切条件不满足，立即闭锁，等待复归。

并联切换只有在快切条件满足时才能实现。

②正常同时切换。

手动启动，先发跳工作（备用）开关命令，在切换条件满足时，发合备用（工作）开关命令。若要保证先分后合，可在合闸命令前加用户设定延时。

正常同时切换有，快速、同期捕捉、残压和长延时三种实现方式，快切不成功时自动转入同期捕捉、残压和长延时。

2）正常切换。事故切换由保护启动（触点输入），单向，只能由工作电源切向备用电源。

①事故串联切换。保护启动，先跳工作电源开关，在确认工作开关已跳开且切换条件满足时，合上备用电源。

串联切换有快速、同期捕捉、残压和长延时三种实现方式。

②事故同时切换。保护启动，先发跳工作电源开关命令，在切换条件满足时立即（或经用户延时）发合备用电源开关命令。

事故同时切换也有快速、同期捕捉、残压和长延时三种实现方式。

3）不正常情况切换。不正常情况切换由装置检测到不正常情况后自行启动，单向，只能由工作电源切向备用电源。

①低电压启动。厂用母线三相电压均低于整定值，时间超过整定延时，则根据选择方式进行串联或同时切换。

实现方式：快速、同期捕捉、残压和长延时。

②工作电源开关误跳。因各种原因（包括人为误操作）造成工作电源开关误跳开，即在切换条件满足时合上备用电源。

实现方式：快速、同期捕捉、残压和长延时。

（3）电压闭锁功能。在快速切换及同期判别过程中，快切装置具有电压闭锁功能，可在母线电压下降较大时闭锁切换或采用低电压切辅机功能，有效防止旋转负载低电压时因启动电流过大而误动。

（4）自动/手动切换功能。快切装置具有自动切换和手动切换的功能。其中自动切换（包括事故切换和非正常工况切换）为工作至备用的单向切换，手动切换为双向切换。手动切换在装置面板或电厂主控室均能进行操作。

（5）切换方式选择功能。自动切换具有串联和同时两种方式可供选择，手动切换具有并联和同时两种方式可供选择，其中手动并联方式具有并联自动和并联半自动两种方式。

（6）防误切换功能。装置的事故切换指由保护启动（发电机保护动作、主汽门关闭及工作变压器故障等引起的故障），非正常工况切换指由装置检测到母线低电压或工作电源开关偷跳两种情况时引起的切换。其中工作电源开关偷跳应由工作分支电流进行闭锁，以防止在开关辅助触点接触不良时引起装置误切换。

（7）实时显示功能。装置正常运行时能实时显示厂用电母线、备用电源、工作电源的电压、频率、频差、相差、压差及分支电流等。

1）液晶显示 6kV 系统主接线图，图上直接显示母线、开关、分支电缆等元件，并在旁边实时显示出这些元件的电压、电流、开关分合状态等。

2）液晶显示 Windows 风格中文菜单，可显示所有电压、电流、频率、相位等测量值、功能投退状态、切换方式选择、整定定值、故障或闭锁内容及原因、切换过程追忆录波数据及实时时钟等所有内容。

（8）其他功能。

1）动作判别功能。快切装置发出的分、合闸脉冲为短脉冲，且装置只动作一次，在下次动作前必须经人工复归。

2）低压减载功能。快切装置有三段低压减载出口，三段可分别设定延时，以备用电源合上为延时起始时间。运行人员能自行投入或退出该功能。

3）保护闭锁功能。为防止备用电源投入故障母线，装置提供保护闭锁接口回路，当某些保护（如工作分支限时速断）动作时，装置将自动闭锁出口回路，同时发闭锁信号并等待复归。

4）快速切换闭锁功能。如有必要，可由外部引入快速切换闭锁信号，装置启动后将直接进入同期捕捉切换或残压切换。

5）出口闭锁功能。当控制台闭锁装置出口时，装置将闭锁出口并给出出口闭锁信号，如果控制台解除闭锁时，装置将自动解除闭锁，恢复正常运行。

6）开关位置异常（去耦合）闭锁功能。装置启动切换的必要条件之一是工作、备用开关一个合着，另一个打开，若正常监测时发现这一条件不满足（工作开关误跳除外），将闭锁出口，并发此信号。

切换过程中如发现一定时间内该跳的开关未跳开或该合的开关未合上，装置将根据不同的切换方式分别处理并给出位置异常闭锁信号，如同时切换或并联切换中，若该跳开的开关未能跳开，将造成两电源并列，此时装置将执行去耦合功能，跳开刚合上的开关。

7）目标电源失电（后备失电）报警功能。若工作电源投入时备用电源失电或备用电源投入时工作电源失电，都将无法进行切换操作，装置将给出报警信号并进入等待复归状态。

8）母线 TV 检修及 TV 辅助触点断开闭锁功能。母线 TV 检修或 TV 辅助触点断开时，装置将自动闭锁低电压切换功能。当恢复正常时，自动恢复低电压切换功能。

9）装置故障自检、报警、闭锁功能。装置运行时，软件将自动对装置重要部件、内部电源电压、继电器出口回路进行动态自检，一旦有故障将立即报警并闭锁切换，并可显示或打印故障原因。

10）TV 断线报警及闭锁功能。当厂用母线 TV 任意相断线时，装置将自动闭锁低电压切换功能并发 TV 断线信号，如 TV 恢复正常时，装置将自动解除闭锁，恢复正常运行。

11）投入后加速功能。装置在启动任何切换时，都将同时输出一对空触点，接点容量为 DC 110V、50W，用于投入分支保护装置的后加速保护功能，触点闭合持续时间为 5s。分支保护的后加速保护功能正常运行时不投入。

12）装置内部（CPU）故障自检、报警、闭锁功能。装置投入后即始终对某些重要部件，如 CPU、RAM、EPROM、EEPROM、AD 等进行自检，一旦有故障即报警闭锁并等待复归。

13）装置失电报警功能。装置 110V 直流电源及开关电源输出的＋5V、±15V、＋24V 任一路失电都将引起工作异常，特设电压监视回路并独立于 CPU 工作，一旦失电立即报警。

14）等待复归功能。快切装置在进行了一次切换操作后，或者在发出闭锁（快切、出口闭锁除外）信号后，又或者发生故障情况后（电压消失除外），装置都将进入等待复归状态。此时除显示频率（频差）、相角（相差）、电压等外，将不响应任何外部操作及启动信号，只能手动复归解除，如闭锁或故障仍存在，则复归不掉。

15）人机交互功能。人机界面友好，中文操作菜单，易学易用，方便明了。

16）远方操作和信息上传功能。快切装置有与 DCS 系统或电气监控系统的数字通信接口，实现远方操作和信息上传。

17）手动操作功能。快切装置能实现正常手动并联、同时切换，通过 DCS 操作员站或装置面板上手动启动装置，经同期检定实现从工作电源到备用电源，或从备用电源到工作电源的双向切换。

18）事件追忆和录波功能。切换完成后，快切装置提供完整的事件追忆和切换过程（残压曲线）录波功能。快切装置由液晶以中文方式显示数据。

事件追忆信息包括：本次切换中所有整定值，所有功能开关状态（如低压启动投/退，快速切换投/退等），启动原因（保护、手动、开关误跳等），选择的切换方式（串联、同时、并联）装置发出了哪些跳合闸命令，最终实现的切换（快速、同期捕捉、残压），闭锁和故障情况，装置启动时刻的时间（0ms）、频差、相差、厂母电压，发跳闸命令时刻的时间、频差、相差、厂母电压，跳闸完成时刻的时间、频差、相差、厂母电压，发合闸命令时刻的时间、频差、相差、厂母电压，合闸完成时刻的时间、频差、相差、厂母电压，录波等。

所有事件追忆、录波数据均可由打印机打印输出。实现打印格式为汉字、数字结合方式。

19）收发信息功能。快切装置提供相应的信号指示，并接收 DCS 发出的相关命令。

装置提供的信号包括：装置切换完毕，装置自检故障报警，装置异常，装置闭锁报警，TV 断线报警，等待复归，切换失败，装置出口已闭锁。

接收 DCS 发给装置的命令包括：手动切换，串/并联切换选择，装置复归，装置出口闭锁。

20）DCS 控制功能。快切装置能接受 DCS 的控制（正常切换、启动、退出等），并有相应的反馈信号；装置的状态信号和事故信号可输出至单元机组 DCS。

21）打印功能。快切装置备有打印接口，能打印整定参数、切换前后事件追忆内容、切换录波数据等。

22）分支电流录波功能。快切装置具有分支电流录波功能，能记录切换前后分支三相电流的有效值、瞬时值。

23）上位机通信功能。快切装置具有上位机通信功能，并配有专用上位机录波分析软件，在上位机上，能显示 6kV 主接线图、所有测量数据、开关状态、功能设定状态、整定参数等，能显示电压电流实时的和故障录波的曲线，并对曲线进行任意缩放、截取、特征值自动寻找等，能储存任意次数的历史数据，并随时显示打印某一次历史数据。

24）在进行事故切换和非正常切换过程中，快切装置可以采用同时切换或串联切换方式，根据启动备用变压器高、低压侧断路器的合闸时间先发指令给涌流抑制器执行合高压侧断路器，根据高、低压侧断路器的合闸时间差延时发出合低压侧断路器信号。延时时间为高、低压开关动作时间差为+20ms。这样备用断路器整个的动作时间实际为高压侧断路器动作时间为+20ms。快切装置采用了先进的设计和采样方法，使得装置的反应时间只需要5ms。因此就保证了切换的快速性。

（三）SID-8BT-A装置的主要功能实现

（1）快速切换。快切功能指的是SID-8BT-A具有快速完成工作电源和备用电源切换的功能。装置可以完成不同原因启动的切换，包括事故切换、非正常工况切换及手动切换。每种切换都可选择不同的切换模式，并根据实际需要分别选择不同的切换准则。

1）切换启动原因。

①事故切换。事故切换由保护接点启动。保护启动触点可并接进线纵差保护、发电机、变压器或发电机-变压器组保护出口触点。当事故切换启动后，先发跳工作电源开关指令，在切换条件满足时（或经用户延时）发合备用电源开关命令。切换模式可以选择串联或同时。

②非正常工况切换。非正常切换是自动进行的，包括以下两种情况：

母线失压启动：当母线三个电压均低于整定值且时间大于所整定延时定值时，装置根据选定方式进行串联或同时切换。

工作电源开关误跳启动：因各种原因（包括人为误操作）引起工作电源开关误跳开，装置选择串联切换模式。

③手动切换。手动切换是手动操作启动而后自动进行的。在检测到就地手动切换信号，或接收到远方切换命令时，启动工作线路与备用线路之间的快速切换操作。切换模式可以选择串联、同时、并联自动、并联半自动、并联失败转串联、并联失败转同时等切换模式中任意一种模式。

2）切换模式。

①串联切换。进行串联切换时，首先跳工作开关，在确定工作开关跳开后，再合备用开关。

②同时切换。进行同时切换时，首先跳工作开关，在未确定工作开关是否跳开就发合备用开关命令，通过设定合闸延时定值，在时间上保证工作开关先断开，备用开关后合上。若工作开关跳闸失败，将会造成工作电源与备用电源同时供电的所谓环网运行情况。若系统不允许环网运行，则可在系统定值中，投解耦合功能软压板，并设定解耦合时间定值，一旦发生环网运行工况，经过解耦合时间延时后，将刚合上的开关跳开，断开合环点解除环网运行状态，实现去耦合功能。

③并联自动切换。进行并联自动切换时，首先根据并联切换准则合备用开关，确定备用开关合上后，再自动跳开工作开关。并联切换准则实际上就是严格的双侧电源同期准则。SID-8BT-A同时支持差频同期和同频同期操作。注意此模式只能应用于正常手动切换。

④并联半自动切换。进行并联半自动切换时，首先根据并联切换准则合备用开关，备用开关合上后，再由操作员手动跳开工作开关。注意此模式只能应用于正常手动切换。

⑤并联失败转串联切换。并联失败转串联切换时，如果符合并联切换准则，按照并联

自动模式进行切换；否则按照串联切换模式进行切换。注意此模式只能应用于正常手动切换。

⑥并联失败转同时切换。并联失败转同时切换时，如果符合并联切换准则，按照并联自动模式进行切换；否则按照同时切换模式进行切换。注意此模式只能应用于正常手动切换。

3）切换过程。对于事故切换、非正常工况切换，其备用电源的快速切换是自动进行的，故称为"自动切换"。对于正常切换，是由人工手动启动的，故称为手动切换。

①自动切换充电过程。在进线、母线电压、各开关状态满足正常运行条件时，且备用电源无事故启动信号时，自动切换开始充电，装置面板上"自动"灯开始闪烁，充电10s后该灯常亮，表明充电完成，装置进入运行监视状态。

②自动切换动作过程。在监视状态下，发生非正常工况（母线失电压/工作开关误跳）或采集到事故信号（动作于跳电源开关的保护启动信号）后，在满足设定的切换条件下，自动进行工作电源与备用电源的互相切换，切换结束后，无论切换成功、失败，都进入等待确认复归状态，即延时10s而且只有在远方或就地复归操作后，才可以再次进入充电过程，准备实现下一次的切换。

③手动切换动作过程。在各开关状态满足允许手动切换的条件时，装置面板上"手切"灯常亮，备用电源自动投入装置进入手动切换运行监视状态，在此状态下若检测到有就地手动切换信号或远方手动切换遥控命令，则自动进行工作电源与备用电源的互相切换，切换如果失败，将进入等待确认复归状态，即延时10s而且只有在远方或就地复归操作后，才可以再次进入充电过程，实现下一次切换功能；如果切换成功，则200ms后自动返回，准备实现下一次的切换。

（2）单操作功能。装置具有单操作功能，可接入远方DCS系统的控制信号"合工作""合备用"，进行单独合工作开关、备用开关操作。对于单合操作可实现检无压合或检同期合功能，可依据需要在单操作定值中设定。此外，为方便功能调试，装置还提供了就地单合操作，可通过按键在液晶屏上操作。为确保装置的可靠性，避免非操作人员操作，在进入就地手动操作页面前必须输入正确的操作密码，在进入就地手动操作页面后还设置了操作时限。若操作人员操作完毕，忘记退出手动操作页面时，超过操作时限后，装置将闭锁就地操作，返回远方操作模式。

（3）逻辑测试功能。装置具有逻辑测试功能，用于检测装置的切换逻辑和单操作逻辑软件的正确性而不会动作于实际的断路器。

（4）保护功能。SID-8BT-A配置有各进线、母线失电压告警保护；TV断线告警功能；二段低压减载保护。各种保护的数值、时间、投退软压板均可根据需要在保护定值中独立设置。

（5）三段低压减载功能。装置设有一段、二段、三段低压减载保护。每次切换完成后，装置将开放低压减载功能15s。若在15s期间，发现母线电压低于低压减载的低电压定值，且维持低压减载时间定值后，出口跳开需跳开的一些不重要负荷或次重要负荷以保证母线电压恢复正常。对次要和不重要负荷切除的选择性，可通过分别设置一段、二段、三段低压减载的低电压定值和时间定值来实现，该功能设投退软压板，可根据需要在系统定值中独立整定。

（6）失电压告警保护。各进线、母线的失电压告警保护软压板投入，电压小于各自的母线（进线）失电压定值，经失电压告警延时定值后保护发告警信息，装置总告警信号出口。

（7）母线 TV 断线告警。各母线 TV 断线告警保护软压板投入，母线 TV 投入，单相或三相电压小于 $70\%U_n$，延时 10s 后，保护发告警信息，装置 TV 断线告警信号出口。

（8）启动后加速功能。启动后加速功能是指装置在每次切换或单合操作后，向保护输出启动后加速的脉宽信号，其脉宽时间长短可在定值中设置。

（9）故障判别闭锁功能。装置具有故障闭锁功能，可检测断路器异常，监视外部闭锁信号，并对装置内部硬件进行自检以确定是否需要闭锁切换。

其中断路器异常检测依据是断路器在分位，而断路器所在线路有流，且维持 2s。

电压不平衡闭锁：该判据的出发点是，当故障点在区外时，工作电源开关跳开以后，母线三相电压应基本平衡。具体实现如下：在确认工作开关跳开后，装置检测母线线电压是否平衡，如不对称率超过 20%额定值（躲开一般的负荷不对称造成的电压不平衡）时马上闭锁"快速切换""异步电动机群耐受电压切换""同期捕捉切换"三个快切判据，直至三相平衡；但不闭锁残压和长延时切换，因为这两个准则可以通过动作时间来与负荷支路装设的保护配合，实现切除故障支路后，再投入备用电源。因此，该闭锁判据无法彻底闭锁母线故障。由于负荷支路故障绝大部分属于非对称故障，所以该判据具有良好的效果。

（10）事件记录功能。装置具有对各种事件，如遥信事件、自检事件、操作事件、保护事件、录波事件的记录功能，用户可通过液晶屏"事件追忆"页面查询事件的动作时间、事件名称等记录信息。

（11）录波功能。装置启动切换后就开始进行录波，录波包括跳闸（合闸）启动前 25 个周波及启动后 50 个周波，每次切换总录波时间为 1.5s 共两次。装置最大可存储 12 组录波数据，录波内容包含母线电压、电流、进线电压、电流、所有的开入量等信息。录波事件索引可在录波事件中查看，录波波形、数据可在液晶屏幕上就地显示，也可以经网络通信传送到后台计算机进行分析处理。

（12）通信、打印、GPS 对时等功能。装置具有强大可靠的通信功能。装置配有三个以太网网口，4 个 RS485 串口。其中两个 RS485 和三个以太网接口可用于和不同通信硬件接口的监控后台进行通信。还有两个 RS485 串口，一个用于执行打印功能，可直接接打印机或者接打印服务器，实现多机共享一个打印机；另一个用于和 GPS 通信，实现 GPS 对时功能。

第四节　发电机-变压器组故障录波装置

为了分析电力系统故障及继电保护和安全自动装置在事故过程中的动作情况，为迅速判定故障点的位置，规程规定在主要发电厂、220kV 及以上变电站和 110kV 重要变电所，应装设故障录波器。

故障录波器是一种常年投入运行、监视着电力系统运行状况的自动记录装置。

一、故障录波装置的作用

故障录波装置是提高电力系统安全运行的重要自动装置。系统正常运行时，故障录波器不动作（不录波）；当系统发生故障及振荡时，通过启动装置自动启动录波，直接记录下反映到故障录波器安装处的系统故障电气量。故障录波器所记录的电气量为与系统一次值有一定比例关系的电流互感器和电压互感器的二次值，是分析系统振荡和故障的可靠数据。

故障录波器的作用如下：

（1）为正确分析事故原因，研究防止对策提供原始资料。通过录取的故障过程波形图，可以反映故障类型、相别、反映故障电流、电压大小，反映断路器的跳合闸时间和重合闸是否成功等情况。因此可以分析事故原因，研究防范措施，减少故障发生。

（2）帮助查找故障点。利用录取的电流、电压波形，可以推算出一次电流、电压数值，由此计算出故障点的位置，使巡线范围大大缩小，省时省力，对迅速恢复供电具有重要作用。

（3）帮助正确评价继电保护及自动装置，高压断路器的动作情况，及时发现设备缺陷，以便消除隐患。根据故障录波资料可以正确评价继电保护和自动装置工作情况（正确动、误动、拒动），尤其是发生转换性故障时，故障录波能够提供准确资料。并且可以分析、查找装置缺陷。曾有记录，通过故障录波资料查到某 220kV 线路单相接地故障误跳三相和某 220kV 线路瞬时单相接地故障重合闸后加速跳三相的原因。同时，故障录波器可以真实记录断路器存在问题，如拒动、跳跃、掉相等。

（4）了解电力系统情况，迅速处理事故。从故障录波图的电气量变化曲线，可以清楚了解电力系统的运行情况，并判断事故原因，为及时，正确处理事故提供依据，减小事故停电时间。

（5）实测系统参数，研究系统振荡。故障录波可以实测某些难以用普通实验方法得到的参数，为系统的有关计算提供可靠数据。当电力系统发生振荡时故障录波器可提供从振荡发生到结束全过程的数据，可分析振荡周期、振荡中心、振荡电流和电压等问题，通过研究，可提供防范振荡的对策和改进继电保护及自动装置的依据。故障录波器为加强对电力系统规律的认识，提高电力系统运行水平积累第一手资料。

二、发电机-变压器组及 500kV 系统故障录波装置

（一）ZH-3B 嵌入式发电机-变压器组动态记录装置

瑞金电厂二期工程发电机-变压器组故障录波器采用武汉中元华电科技股份有限公司生产的 ZH-3B 嵌入式发电机-变压器组动态记录装置。ZH-3B 嵌入式发电机-变压器组动态记录装置是采用嵌入式图形系统和 VxWorks、DSP 构成的全嵌入式故障录波和分析装置。它是国内第一款在高可靠性实时操作系统 VxWorks 上，实现了基于嵌入式图形系统和图

形界面的发电机-变压器组录波装置，可广泛适用于各种规模的水电站、火电站和核电站等。

（1）装置的主要技术特点。

1）嵌入式结构。ZH-3B 嵌入式发电机-变压器组动态记录装置采用基于 VxWorks 的全嵌入式结构。在嵌入式硬件和软件平台上实现了包括数据采集、数据存储、人机接口、波形分析、波形显示、波形打印、远程通信等录波器的全部功能。

ZH-3B 录波装置采用图形界面，操作简单、易于使用，支持键盘、鼠标和 USB 移动磁盘。对装置的参数设置、调试、整定等操作都可以在嵌入式图形界面上完成。

2）对病毒免疫。ZH-3B 录波装置只使用高可靠性的 VxWorks 嵌入式实时操作系统，并针对录波装置的需求和特点开发专用软件，同时对 VxWorks 操作系统进行了裁减，因此不会感染病毒，不会被恶意程序入侵，不会成为病毒和恶意软件攻击联网设备的跳板，也有利于增强其他联网设备和整个网络的稳定性。

3）单 DSP 架构。采用单 DSP 实现系统信号的同步采集和处理，避免多 DSP 系统的 DSP 之间的同步控制要求，避免了因误同步或失步造成的装置故障，提高了装置的可靠性。所有电压、电流通道的数据采样、计算均在单个 DSP 内完成，从而实现了多达 9 分支的发电机-变压器组纵差、7 分支的主变压器纵差等启动判据的准确、可靠启动。若采用多 DSP 架构，因每个 DSP 处理的通道数有限，将无法满足一些较多分支数的发电机-变压器组、主变压器的启动，将无法实现很多发电机的启动判据。

4）采用高隔离耐压技术的转子附件。通过设计专门的转子电压电流测量单元-转子附件，并对机箱结构进行了特殊设计，对电路板选用具有高隔离耐压、高精度的器件，隔离耐压技术经测试可高达 5000Vrms，并实现了交直流的无损、零延时传变。

5）稳态连续记录（长录波）功能。ZH-3B 录波装置内置 1000Hz 的稳态连续记录（长录波）功能。装置上电后，就开始自动记录所有通道的数据，采样率为 1000Hz，不需要任何启动判据。可保存最近至少 7 天的数据，并自动循环覆盖。由于采用的是瞬时值记录，稳态连续记录数据可以满足故障测距、保护动作行为分析等需要。如果选配专用的稳态连续记录插件，则可满足记录更长时间、更高采样率的要求。

6）完备的对时接口。ZH-3B 嵌入式发电机-变压器组动态记录装置支持 NTP/SNTP、IRIG-B、分脉冲、秒脉冲等对时接口。其中 NTP/SNTP 对时支持主动请求、接收广播、接收组播三种模式，可适应多种 NTP/SNTP 对时网络。NTP/SNTP 支持冗余对时网络配置，在采用主动请求模式时，可配置两组时间服务器，互为备用，自动切换。

7）支持 IEC 61850-8 规约。ZH-3B 嵌入式发电机-变压器组动态记录装置根据 IEC 61850 规范对录波器进行建模，并支持 MMS 通信规约，支持采用 IEC 61850 规约接入子站和主站。

ZH-3B 嵌入式发电机-变压器组动态记录装置 IEC 61850 通信规约实现了数据集、定值组服务、报告服务、控制服务、文件服务，支持录波文件（COMTRADE 1999 格式）传输、定值整定、切换、激活，以及 SOE 上送、远程启动录波等功能。

（2）工作原理。

1）总体结构。ZH-3B 嵌入式发电机-变压器组动态记录装置主要由嵌入式 CPU 系统、嵌入式 DSP 系统和信号变送系统三大部分构成。DSP 系统负责 A/D 采样、判据计算以及 GPS 对时处理等。

嵌入式 CPU 系统采用 VxWorks 作为嵌入式实时操作系统，以及针对 VxWorks 设计的嵌入式图形操作系统，负责故障数据的分析、存储、通信及人机交互等。

ZH-3B 录波装置的嵌入式图形系统提供类似于 Windows 风格的界面，可以支持键盘、鼠标和 USB 存储设备，配置 12.1′工业级液晶显示器，整套装置简单易用。ZH-3B 的嵌入式图形操作系统，提供包括波形显示、波形分析、公式编辑器、定值整定等全部录波装置功能。装置功能并没有因为采用嵌入式设计而有任何的缩减。

录波装置系统结构图见图 6-11。

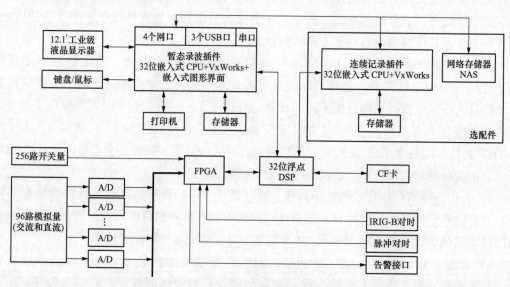

图 6-11　系统结构图

2）抗病毒原理。ZH-3B 整套录波装置采用高可靠性的 VxWorks 嵌入式实时操作系统，并针对录波装置的需求和特点开发专用软件，有针对性地对 VxWorks 进行组件裁减。因此系统不会感染病毒，不会被恶意程序入侵，不会成为病毒和恶意程序攻击其他联网设备的跳板，也有利于增强其他联网设备和整个网络的稳定性。

同时，虽然 ZH-3B 录波装置所有的功能都不需要 Windows 软件。但由于录波装置不可避免的需要与电力系统的其他计算机、服务器以及电力设备联网运行，而这些设备大部分还在使用 Windows 操作系统，存在被病毒、恶意程序入侵的风险。ZH-3B 具有抵抗病毒、恶意程序入侵和攻击的能力，在这种恶劣工作情况下，具有特别重要的意义。

3）暂态录波原理。ZH-3B 录波装置由 FPGA 负责控制所有的模拟量通道的模数转换以及开关量通道的状态采集。FPGA 对采集的每一帧数据，打上绝对时间标签后，提供给 DSP 读取，DSP 根据启动判据进行实时计算，一旦判据满足，就进入录波状态，录波告警继电器动作。

此时，DSP 将启动时刻以前的部分数据（即 A 段长度），以及后续数据（即 B 段长度）以高采样率的方式保存下来，同时通过内部高速通道，传输给嵌入式 CPU，嵌入式 CPU 将录波数据保存为文件。录波结束后，经过一段时间的延时（可设置）DSP 自动复归录波告警继电器。同时，嵌入式 CPU 自动对数据进行故障分析和测距，并给出分析报告。如果分析结果表明是区内故障，则打印故障报告和波形。

4）稳态连续记录原理。

① 暂态录波插件内置的连续记录。装置自从启动后，DSP 不停地以 1000Hz 采样率向暂态录波插件发送实时采样值，暂态录波插件利用实时采样值，生成实时监测数据和画面，同时将这些数据保存，成为稳态连续记录数据。

暂态录波插件内置的连续记录采用 1000Hz 为采样率，可以查看到波形的相位信息，比有效值记录方式更具有使用价值，同时数据量也大得多。通过配置大容量的存储器，ZH-3B 可以保存最近至少 7 天的稳态连续记录数据。稳态连续记录数据采用自动循环覆盖，滚动更新，无需人工手动清除。

② 独立的连续记录插件。ZH-3B 录波装置可选配独立的连续记录插件，配置后，暂态录波插件内置的连续记录功能将自动被禁用。独立的连续记录插件可支持 1000、2000、5000Hz 的采样率。

配有独立的连续记录插件后，DSP 以另一个独立的通信通道，向连续记录插件发送实时采样值。连续记录插件将这些数据每隔 1min 保存成一个录波数据，形成连续的波形记录。

独立的连续记录插件可支持所有标准的网络存储器（NAS），对 NAS 的型号和品牌没有特殊要求。连续记录插件也支持内置的本地存储器，如果同时配有网络存储器和本地存储器，则优先使用网络存储器，本地存储器将作为后备存储设备，仅当网络存储器无法访问时才使用。

独立的连续记录插件保存录波数据时，可配置为采用我公司专有的 ZYD 格式，或采用标准的 COMTRADE 1999 格式。如果采用 ZYD 格式，则数据可按照任意时间段进行提取，用户不需要关心数据的记录方式，这是默认的存储格式。如果配置为 COMTRADE 1999 格式，则可以挑选部分重要的模拟量通道和所有的开关量通道数进行保存。如果只选取部分通道进行存储，在相同的存储空间下，可保存更长时间的数据。但这种方法保存的数据，不能按照任意时间段进行提取，只能按照每分钟一个的文件进行访问。

（3）装置的主要技术指标。

1）最大可接入 96 路模拟量和 256 路开关量。

2）交流额定相电压：57.7V，50Hz。

3）交流额定电流：1A 或 5A，50Hz。

4）模拟量线性工作范围：

①交流电压回路：0.05～180V；

②交流电流回路：$0.01I_N$～$36I_N$；

③直流电压回路：0.05～1 倍量程，量程最大为 5000V，可定制；

④直流电流回路：0.01～20mA，可定制。

5）过载能力：

①交流电压回路：3 倍额定电压，连续工作；

②交流电流回路：2 倍额定电流，连续工作，20 倍额定电流工作 10s，40 倍额定电流工作 1s。

6）直流回路的隔离耐压。最高可达 5000V，用户可定制。

7）开关量信号类型。可接入空接点、DC 110V、DC 220V 开关量。允许几种开关量混合接入。

（二）SH-DFR 系列电力故障记录装置

瑞金电厂二期工程 500kV 系统深圳市双合电气股份有限公司生产的 SH-DFR 系列电力故障记录装置。该产品是在原录波器系列产品的基础上研发成功的新型电力故障记录装置，主要适用于 110kV 及以上电压等级的变电站，实现 SV 和 GOOSE 数字量、常规量及数字常规混合接入，具有暂态记录、稳态记录、报文记录和实时运行监测、波形分析和测距等多种功能。本装置的主要技术特点如下。

（1）支持 IEC 61850。支持新一代变电站通信标准 IEC 61850，通信协议符合 IEC 61850-8，映射为 MMS 服务。

（2）采用嵌入式安全操作系统。装置采用 Linux 嵌入式安全操作系统。该系统具有稳定可靠，抗病毒能力强等特点，符合电力系统网络安全防护要求。

（3）组网与通信。可以由记录单元直接对外通信，不依赖于管理软件；记录单元采用嵌入式操作系统同时采用多网卡通信，数据处理单元提供不少于 4 个独立的硬件网口，以实现接收采集单元数据或组网。

（4）强大的分析功能。提供波形的显示、叠加、组合、比较、剪辑、添加标注等分析工具具有谐波分析、序量分析、矢量分析、频率分析、功率分析、过励磁分析、差流分析、阻抗图分析并显示阻抗变化轨迹等功能支持故障数据自动分析和手动高级分析，生成 XML 格式的故障报告。

第七章　发电机-变压器组继电保护

为了保证发电机、变压器的安全运行，现代大型发电机-变压器组都配置了完善的继电保护装置。本章主要介绍大型汽轮发电机组的继电保护配置及简要原理。

第一节　概　　述

一、继电保护的作用和任务

电力系统由发电机、变压器、母线、输配电线路及用电设备组成。各电气元件及系统整体一般处于正常运行状态，但也可能出现故障或异常运行状态，如短路、断线、过负荷等状态。

短路总是伴随着很大的短路电流，同时系统电压大大降低。短路点的电弧及短路电流的热效应和机械效应会直接损坏电气设备，电压下降会破坏电能用户的正常工作，影响产品质量。短路更严重的后果是因电压下降可能导致电力系统与发电厂之间并列运行的稳定性遭受破坏，引起系统振荡，直接使整个系统瓦解。因此，各种形式的短路是故障中最常见，危害最大的故障。

所谓异常运行状态是指系统的正常工作受到干扰，使运行参数偏离正常值。如长时间的过负荷会使电气元件的载流部分和绝缘材料的温度过高，从而加速设备的绝缘老化或损坏设备。

故障和异常运行情况若不及时处理或处理不当，就可能在电力系统中引起事故，造成人员伤亡和设备损坏，使用户停电、电能质量下降到不能允许的程度。

为防止事故发生，电力系统继电保护就是装设在每一个电气设备上，用来反映它们发生的故障和异常运行情况，从而动作于断路器跳闸或发出信号的一种有效的反事故的自动装置。

通常，继电保护装置的任务如下。

（1）自动地、有选择性地、快速地将故障元件从电力系统切除，使故障元件免于继续遭受损害。

（2）当被保护元件出现异常运行状态时，保护装置一般经一定延时动作于发出信号，根据人身和设备安全的要求，必要时动作于跳闸。

为了保证电力系统安全可靠地不间断运行，除了继电保护装置外，还应设置如自动重合闸、备用电源自动投入、自动切负荷、同步电机的自动调节励磁及其他一些专门的安全自动装置，它们是着重于事故后和系统不正常运行情况的紧急处理，保证对重要负荷连续供电及恢复电力系统正常运行。

随着电力系统的扩大，对安全运行的要求在提高，仅靠继电保护装置来保障安全用电是不够的，为此，还应设置以各级计算机为中心，用分层控制方式实施安全监控系统，该系统能代替人工进行包括正常运行在内的各种运行状态实时控制，确保电力系统的安全运行。

二、微机继电保护的构成

继电保护装置一般由测量回路、逻辑回路和执行回路三部分组成。

（1）测量回路作用：测量从被保护对象输入的有关物理量（如电流、电压、阻抗、功率方向等），以确定电力系统是否发生故障或不正常工作情况，而后输出相应信号至逻辑回路。

（2）逻辑回路作用：根据测量回路输出信号进行逻辑判断，以确定是否向执行回路发出相应信号。

（3）执行回路的作用是根据逻辑回路的判断结果执行保护的任务，跳闸或发信号。

随着信息及电子技术的高速发展，目前机组容量为 1000MW 以上的基本上都要选用微机继电保护装置，本章将重点介绍各种电气设备的微机继电保护装置。微机继电保护装置主要由硬件结构和保护软件组成。硬件结构可分为：数据采集系统，输入、输出接口，微型计算机系统，人机接口部分和电源五个部分，如图 7-1 所示。

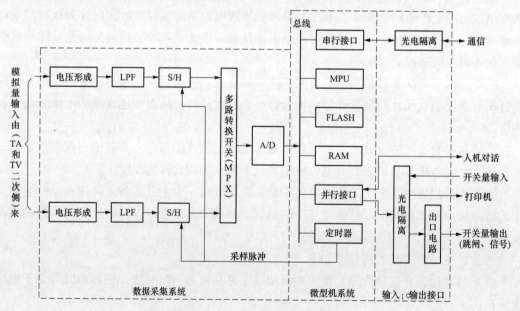

图 7-1　微机继电保护组成示意图

1）数据采集系统（模拟量输入系统）。电压形成、模拟滤波、采样保持（S/H）、多路转换（MPX）以及模数转换（A/D），完成将模拟输入量准确地转换为所需的数字量。

传统保护是把电压互感器二次侧电压信号及电流互感器二次侧电流信号直接引入继电

保护装置或者把二次侧电压、电流经过变换（信号幅值变化或相位变化）组合后再引入继电保护装置。因此，无论是电磁型、感应型继电器还是整流型、晶体管型继电保护装置都属于反应模拟信号的保护。尽管在集成电路保护装置中采用数字逻辑电路，但从保护装置测量原理来看，仍属于反应模拟量的保护。

微机继电保护是处理数字信号的，所以必须将输入的模拟量经过模数转换变成计算机能识别的数字量。常用的模数转换通常有 A/D 变换和 VFC 压频变换两种模式，VFC 具有如下优点：① 分辨率高，电路简单。② 抗干扰能力强。积分特性本身具有一定的抑制干扰的能力；采用光电耦合器，使数据采集系统与 CPU 系统电气上完全隔离。③ 与 CPU 的接口简单。④ 多个 CPU 可以共享一套 VFC。A/D 转换的分辨率和转换速度是两个重要的指标，A/D 转换输出的数字量位数越多，分辨率越高，A/D 转换的速度越快越好。A/D 转换的难点在于数据共享。

2）微型计算机系统（CPU 主系统）。微型计算机是微机继电保护装置的核心。目前微机继电保护的计算部分都是由单板机或单片机来完成，包括微处理器（MPU）、只读存储器（ROM）或闪存内存单元（FLASH）、随机存取存储器（RAM）、定时器、并行以及串行接口等。MPU 执行编制好的程序，以完成各种继电保护测量、逻辑和控制功能。

3）人机接口部分。人机接口部分硬件包括单片机输入设备（键盘，鼠标）、显示器、串行时钟及与保护 CPUT 和 PC 机的串行通信。现在的微机继电保护的人机对话 CPU 都集成了很强的计算机网络功能，可以通过在片外的网络驱动器直接连至高速数据通信网，与厂站内监控网络相连。

4）输入、输出接口。输入、输出接口是微机继电保护与外部设备的联系部分，因为输入、输出信号都是开关量信号，所以又称为开关量输入、开关量输出电路。例如，保护装置的功能投入连接片、保护屏下的功能切换开关以及开关位置等，而微机继电保护的执行结果则应通过开关量输出电路驱动出口继电器，如跳闸出口继电器、信号继电器等。

5）电源。微机继电保护装置的电源是微机继电保护装置的重要组成部分。电源工作的可靠性直接影响着微机继电保护装置的可靠性。微机继电保护装置不仅要求电源的电压等级多，而且要求电源特性好，具有很强的抗干扰能力。目前，微机继电保护装置的电源，通常采用逆变稳压电源。电源自身带有过负荷保护能做到电源保护动作时先切断24V（开关量输入、开出继电器）网路，再切断 5V（集成芯片工作电源）回路；电源建立时，先建立 5V 电源再建立 24V 电源，这样可以减少电源电压波动时造成保护的不正确动作。保护装置还有监视 5V 或 24V 是否正常工作的继电器，当 5V 或 24V 电源异常时，继电器动断触点闭合，发出"保护装置电源消失"中央信号。

三、微机继电保护装置动作过程

首先，保护装置需要采集系统的一些信息量，如母线电压、线路电压、线路电流、断路器位置等。母线电压会随着线路运行方式的改变而不同，如图 7-2 所示，线路运行在 Ⅰ 母 TV，母线电压应取自 Ⅰ 母 TV；线路运行在Ⅱ母，母线电压应取自Ⅱ母 TV，220kV 线路保护用的母线电压一般都取自电压切换后的电压，电压切换可以由电压切换装置来实现，也可以在操作箱中实现，通常由隔离开关的辅助触点自动切换。线路电流经 TA 变换后接入保护装置，除了模拟量外，保护装置还需要一些数字量，如断路器位置、保护功能投退连接片等，目前保护使用的开关量一般采用 24V 电源。

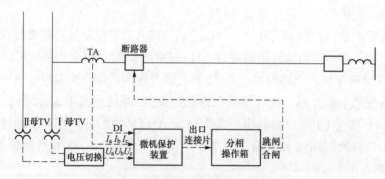

图 7-2 继电保护装置动作过程示意图

保护根据采集的模拟量和数字量，按照事先编好的保护软件程序进行计算、逻辑判断，如满足动作条件，则驱动相应的跳闸或合闸继电器动作。保护跳闸或合闸动作触点经保护屏上出口连接片至操作箱相应回路。220kV 系统一般采用分相操作箱，微机继电保护都具有选相跳闸功能，能实现断路器分相跳闸。操作箱的作用就是完成断路器综合逻辑，通过操作箱实现对断路器的跳闸和合闸操作。

电力系统的电力设备和线路，应装设短路故障和异常运行的保护装置。电力设备和线路短路故障的保护应有主保护和后备保护。主保护是满足系统稳定和设备安全要求，能以最快速度有选择地切除被保护设备和线路故障的保护。后备保护是主保护或断路器拒动时，用以切除故障的保护。后备保护可以分为近后备和远后备两种方式。近后备是当主保护拒动时，由该电力设备或线路的另一套保护实现后备的保护；或当断路器拒动时，由断路器失灵保护来实现的后备保护。远后备是当主保护或断路器拒动时，由相邻电力设备或线路的保护实现后备。

四、微机继电保护的特点

微机继电保护装置具有以下特点。

（1）维护调试方便。过去大量使用的整流型或晶体管型继电保护的调试工作量很大，尤其是如此复杂的保护，调试一套保护往往需要一周的时间。其原因是这类保护装置的各种保护元件均是由硬件组成的，每一种逻辑功能都由相应的硬件构成，逻辑越复杂，硬件就越多，试验也越麻烦。而微机继电保护除了输入的采集外，所有的计算、逻辑判断都是由软件完成，成熟的软件一次性设计完成后，就不必在投产前再逐项试验。而且微机继电保护对硬件和软件都有自检功能，装置上电后软、硬件有故障就会立即报警。

（2）可靠性。微机继电保护的软件设计，考虑到电力系统中各种复杂的故障，具有很强的综合分析和判断能力。而常规保护装置，由于是各种器件组成的，不可能做得很复杂，否则硬件越多，越复杂，本身出故障的概率就越大，可靠性自然降低。另外，微机继电保护装置的自检与巡检功能也大大提高了其可靠性。

（3）动作正确率高。鉴于计算机软件计算的实时性特点，微机继电保护装置能保证在任何时刻均不断地迅速地采样计算，反复准确地校核。在电力系统发生故障的暂态时期内，就能正确判断故障，如果故障发生了变化或进一步发展也能及时做出判断和自纠。如在保护延时动作或重合闸延时的过程中都能监视到系统故障的变化，因此，微机继电保护的动作正确率很高，运行实践已经证明了这点。

（4）易于获得各种附加功能。由于计算机软件的特点，使得微机继电保护可以做到硬件和软件资源共享，在不增加任何硬件的情况下，只需增加一些软件就可以获得各种附加功能。如在微机继电保护装置中，可很方便地附加低频减载、故障录波、故障测距等功能。

（5）保护性能容易得到改善。由于计算机软件可方便改写的特点，保护的性能可以通过研究许多新的保护原理来得到改善。而许多现代新原理的算法，在常规保护中是很难或根本不可能用硬件来实现的。

（6）使用灵活、方便。目前微机继电保护装置的人机界面做得越来越好，也越来越简单、方便。例如汉化界面、微机继电保护的查询、整定值的更改及运行方式的变化等都十分灵活方便，受到现场继电保护工作人员的普遍欢迎。

（7）具有远方监控特性。微机继电保护装置都具有很强的通信功能，与厂站微机监控系统的通信联络使微机继电保护具有远方监控的特点，并将微机继电保护纳入厂站综合自动化系统。

五、大型发电机组与高压电网继电保护的特点

大型发电机的造价高昂、结构复杂，一旦发生故障遭到破坏，其检修难度大，检修时间长，要造成很大的经济损失。特别是大机组在电力系统中占有重要地位，单机容量占系统容量比例很大的情况下，大型机组的突然切除，会给电力系统造成很大的扰动，以致造成大面积停电，对国民经济造成的间接损失难以估量。高压电网，由于其输送容量大、供电范围广，当电力系统设备发生故障或出现异常情况时，要求用尽可能短的时限和在可能最小的区间内，正确区分正常，故障或异常情况，自动地、快速地把故障设备从电网中断开或消除异常情况。否则将给电力系统带来十分严重的后果。

（1）主保护的双重化设计。对于大型发电机组与高压电网中的主保护均采用双重化设计，把防止故障时保护拒绝动作放在主要地位，首先保证故障时的可靠动作跳闸，再力争防止误动作。一般都配备两套完全独立的主保护，为了使两套保护尽可能互为备用，每套保护所用的直流电源、互感器二次绕组、控制电缆、出口回路等也完全分开，而且两套保护的动作原理也往往不同，这叫作"二中取一"的双重化保护配置。大型发电机一般都与变压器组成发电机-变压器组运行，因此其双重化设计，一般为发电机差动、变压器差动与发电机-变压器组差动，构成双重化。变电站大型变压器组主保护双重化设计，一般为按分相差动与变压器组纵差或两套不同型式的纵差构成双重化保护。

为了防止继电保护误动作和切除故障的可靠性，对某些特大型的发电机组及大型变压器，其主保护采用三套独立的完整保护，实行"三中取二"的双重化保护方式。对重要的

母线保护还宜采用二套完全独立的保护，实行"二中取二"的方式。"二中取二"的方式，其缺点是增加了保护拒动的可能性。

（2）主保护的动作速度快。对大机组和高压电网的主保护，为了减轻对故障设备的损坏和提高系统运行的稳定性，往往要求快速切除故障。而且有些情况下，保护装置的动作速度越快，越有可能增加保护装置本身的可靠性和重合闸成功的可能性（特别是当短路电流很大时）。实践证明：许多相间故障都是由单相故障发展而成，如果保护装置动作速度快，就可以减少多相故障的概率，充分发挥单相重合闸的效能。因此，在选择这些保护时，一般选择保护动作时间不大于 30～50ms 的保护装置。对快速保护最好直接经出口跳闸继电器跳闸，或经快速中间断电器出口跳闸，以达到动作快速的目的。

（3）保护设置全面主保护的性能优良。因为大型发电机组与高压电网的重要性，其继电保护的配置就较全面，工作性能也比较优良，因而保护的结构就比较复杂，造价也较高。根据大型发电机组、大型变压器的一些特点，配置的变压器过励磁保护、发电机组的逆功率保护、低频保护、非全相运行保护等，这都是中小发电机及变压器所没有的保护。

第二节　发电机-变压器组保护配置

一、大型发电机的特点

发电机是电力系统中最主要的设备，特别是 1000MW 机组越来越多地投产后，如何保障发电机在电力系统中的安全运行，就显得更加重要。由于大容量机组一般采用直接冷却技术，体积和质量并不随容量成比例增大，从而使得大型发电机各参数与中小型发电机已大不相同，因此，故障和不正常运行时的特性也与中小型机组有了较大的差异，给保护带来复杂性。大型发电机组与中小型发电机组相比，主要的不同点表现在以下几个方面。

（1）短路比减小，电抗增大。大型发电机的短路比减小到 0.5 左右，各种电抗都比中小型发电机大。因此，大型发电机组的短路水平反而比中小型机组的短路水平低，这对继电保护是十分不利的。由于 X_d 的增大，使发电机的平均异步转矩降低，从中小型发电机的 2～3 倍额定值减小至额定值左右。于是失磁后异步运行时滑差增大，允许异步运行的负载更小、时间更短，一方面要从系统吸取更多的无功功率，对系统稳定运行不利，另一方面也容易引起发电机本体过热。

（2）时间常数增大。大型发电机组定子回路时间常数 T_d 值和比值 T_d/T_d'' 显著增大，短路时定子非周期电流的衰减较慢，整个短路电流偏移在时间轴一侧若干工频周期，使电流互感器更容易饱和，影响大机组保护正确工作。

（3）惯性时间常数降低。大容量机组的体积并不随容量成比例地增大，有效材料利用率提高，其直接后果是机组的惯性常数 H 明显降低，1000MW 发电机的惯性时间常数在 1.75 左右，在扰动下机组更易于发生振荡。

（4）热容量降低。有效材料利用率提高的另一后果是发电机的热容量（WS/℃）与铜损、铁损之比显著下降。中小型发电机组在 1.5 倍额定电流下允许持续运行 2min，转子绕组在 2 倍额定电流下允许持续运行 30s；而 600MW 汽轮发电机组在同样工况下，只能持续运行 30s 和 10s。过电流能力随着容量的增加而显著下降，中小型汽轮发电机组的负序过电流能力 I^2t 为 30 左右，而 600MW 汽轮发电机组则减少到 4.0。

二、发电机保护的配置

（一）1000MW 发电机组的配置原则

1000MW 发电机组的配置原则是：加强主保护（双重化配置），简化后备保护。

（1）主保护双重化：能可靠地检测出发电机可能发生的故障及不正常运行状态，并且当继电保护装置部分退出运行时，不影响机组的安全运行。在对故障进行处理时，应满足机组和系统两方面的要求。

（2）后备保护简化：发电机、变压器已有双重主保护甚至已超双重化配置，本身对后备保护已不做要求，高压主母线和超高压线路主保护也都实现了双重化，并设置了开关失灵保护，因此，可只设简单的保护作为相邻母线和线路的短路后备。

（3）双重化配置：两套独立的 TA、TV 检测元件，两套独立的保护装置，两套独立的开关跳闸机构，两套独立的控制电缆，两套独立的蓄电池供电。

（二）发电机-变压器组保护配置

瑞金发电厂二期工程 1000MW 发电机组进行配置时，对以下保护给予足够的重视：双重化发电机差动保护、定子接地保护、发电机过电压保护、发电机转子接地保护、失步保护、失磁保护、发电机逆功率保护、发电机过励磁保护、开关失灵保护等。同时应考虑配置低频保护、误上电保护、启停机保护、发电机断水、励磁变压器过负荷保护等。在发电特性方面应考虑和机组的能力相匹配，过热保护尽可能采用反时限特性，快速保护的动作时间尽可能短。

瑞金发电厂二期工程发电机-变压器组保护采用许继电气股份有限公司的 WFB-801A-G 型发电机变压器组保护装置，其中发电机转子接地保护采用 WFB-823C 微机转子接地保护装置。

WFB-800A/G 系列保护装置为微机实现的数字式发电机-变压器组保护装置，用作 100MW 及以上容量、220kV 及以上电压等级的发电机-变压器组的保护。可满足各种接线形式的大型发电机-变压器组保护，实现双套主保护、双套后备保护、非电量类保护完全独立的配置要求。WFB-801A/G/R1 实现汽轮发电机和励磁变压器的全部电气量保护。

（1）保护配置。WFB-801A/G/R1 发电机保护装置中可提供一台汽轮发电机和一台励磁变压器所需要的全部电量保护，根据实际工程需要，配置相应的保护功能。保护配置情况见表 7-1。

表 7-1 **WFB-801A/G/R1 发电机保护功能配置**

序号	保护功能	段数及时限	备注
发电机保护模块			
1	发电机差动保护	—	
2	单元件横差保护	高、低定值	
3	匝间保护（ΔP_2）	—	纵向零序电压判据可投退
4	误上电保护		
5	失步保护	区内、区外	
6	发电机相间阻抗保护	2 段，每段 1 时限	
7	发电机复压过电流保护	2 段，每段 1 时限	记忆功能可投退
8	基波零序定子接地保护	高、低定值	
9	三次谐波定子接地保护	—	两种方案可选
10	注入式定子接地保护	高、低定值	
11	转子一点接地保护	高、低定值	
12	转子两点接地保护	—	
13	注入式转子接地保护		选配
14	对称过负荷保护	定、反时限	
15	负序过负荷保护	定、反时限	
16	失磁保护		三种方案可选
17	发电机过电压保护	2 段，每段 1 时限	
18	发电机低电压保护	—	
19	过励磁保护	定、反时限	
20	逆功率保护	1 段 2 时限	
21	程跳逆功率保护	—	
22	低功率保护	—	
23	低频保护	5 段，每段 1 时限	前 3 段有累加功能
24	过频保护	2 段，每段 1 时限	
25	启停机定子接地保护	—	
26	启停机低频过电流保护	—	选配
27	机端断路器失灵保护	1 段 2 时限	
28	机端断口闪络保护	1 段 2 时限	
29	TV 断线告警	—	
30	TA 断线告警	—	
励磁保护模块			
1	励磁变压器差动保护	—	
2	励磁变压器电流速断保护	—	
3	励磁变压器过电流保护	2 段，每段 1 时限	
4	转子过负荷保护	定、反时限	
5	TA 断线告警	—	

续表

序号	保护功能	段数及时限	备注
非电量保护模块			
1	发电机断水	—	非电量名称可配置
2	发电机热工	—	
3	励磁系统故障	—	
4	系统保护联跳	—	
5	紧急停机	—	
6	备用非电量	—	

配置说明：

1）对于 100MW 及以上机组，配置两套 WFB-801A/G 发电机保护装置，且两套保护使用不同的 TA，实现双主双后；

2）发电机转子接地保护因两套保护之间相互影响，正常运行时只投入一套，并退出另一套转子接地保护大轴连接片。

（2）保护特点。

1）可靠的比率差动保护。采用多段、多折线的方法，能够快速切除区内严重故障，同时也保证轻微故障、复杂故障的灵敏度。采用长短数据窗结合的多重算法，大大提高软件的抗干扰能力。

2）配置不受负荷电流影响的增量差动保护，灵敏度高，抗 TA 饱和能力强，能够灵敏反应轻微匝间短路及绕组经高阻接地等故障。

3）先进的励磁涌流判据。变压器空载合闸时采用相电流判别励磁涌流，避免了变压器相位补偿过程中其他相励磁涌流对本相励磁涌流的影响，涌流特点更加鲜明；采用独特的空投主变压器过程中故障识别专利技术，按相综合开放判据，在带故障空投时差动保护可快速动作。

4）可靠的 TA 饱和判据。保护采用"时差法"＋"虚拟制动电流法"抗 TA 饱和识别专利技术，在区外故障 TA 饱和时可靠闭锁保护，在区外故障 TA 饱和转区内故障时快速开放保护。

5）差动保护动作速度快，严重故障时动作时间小于 20ms，区内典型金属性故障动作时间小于 30ms。

6）采用多重滤波算法相结合措施，能够有效避免采集回路不正常工作产生的异常采样数据对保护的影响。

7）具有直流±150mV（或±20mA）接口或 4～20mA（或 0～5V）信号接口，用于接收经过变送器变换的励磁电压。

8）完善的注入式定子接地保护方案。采用 20Hz 电源注入，考虑配电变压器漏阻抗及励磁阻抗的影响，提高接地电阻计算精度。设置电缆回路异常告警功能，提高保护的可靠性及灵敏度。采用 20Hz 定子接地保护接地变压器参数自动计算技术，减少了现场调试的难度及调试工作量，提高了参数的准确度，从而保证了接地电阻的计算准确度及保护的可靠性。

9）灵活的保护配置。真正实现程序模块化设计，保护的配置满足发电机-变压器组的最大要求，可根据不同的工程需求，利用专用配置工具对保护进行灵活配置。

10）变压器联结组别可灵活整定。通过整定变压器的各侧接线型式，可以满足现场不同联结组别变压器的保护需要。

11）自动计算整定各差动保护的平衡系数。通过输入设备的参数，装置自动计算各差动保护的平衡系数，并可以查看或打印，无需单独计算和整定。

（3）友好的人机界面。采用全中文类 Windows 菜单模式，显示主接线图及运行参数，操作简单，使用方便。

（4）独特的传动试验设计。可选择"按通道传动"和"按保护传动"两种方式，不仅能检验现场各出口回路的接线，还可以在不施加电流电压的情况下，检验各个保护的动作跳闸情况。

（5）方便的通信对点功能。可在不具备保护功能试验条件的情况下，通过通信对点菜单，使装置向监控系统上送相关保护动作信息、告警信息等，非常方便地进行通信对点试验。

三、保护工作原理

（一）发电机差动保护

发电机差动保护是发电机内部相间短路故障的主保护，保护考虑 TA 断线、TA 饱和、TA 暂态特性不一致的情况。

差动动作方程如下：

$$\left.\begin{array}{ll} I_{op} > I_{op.0} & (I_{res} \leqslant I_{res.0}) \\ I_{op} \geqslant I_{op.0} + S(I_{res} - I_{res.0}) & (I_{res.0} < I_{res} \leqslant 4I_e) \\ I_{op} \geqslant I_{op.0} + S(4I_e - I_{res.0}) + 0.6(I_{res} - 4I_e) & (I_{res} > 4I_e) \end{array}\right\}$$

式中　I_{op}——差动电流；

$I_{op.0}$——差动最小动作电流整定值；

I_{res}——制动电流；

$I_{res.0}$——最小制动电流整定值；

I_e——发电机额定电流；

S——比率制系数。

各侧电流的方向都以指向发电机为正方向，如图 7-3 所示。

差动电流：
$$I_{op} = |\dot{I}_T + \dot{I}_N|$$

制动电流：
$$I_{res} = |\dot{I}_T - \dot{I}_N|/2$$

式中　$\dot{I}_T$、$\dot{I}_N$——机端、中性点二次侧电流。

（二）发电机匝间保护

1. 纵向零序过电压及故障分量负序方向型匝间保护

本保护不仅作为发电机内部匝间短路的主保护，还可作为发电机定子绕组开焊的保护。

（1）故障分量负序方向（ΔP_2）判据。故障分量负序方向（ΔP_2）保护应装在发电机端，当发电机三相定子绕组发生相间短路、匝间短路及分支开焊等不对称故障时，在故障点出现负序源。故障分量负序方向元件的 $\Delta \dot{U}_2$ 和 $\Delta \dot{I}_2$ 分别取自机端 TV、TA，其 TA 极性图如图 7-4 所示。

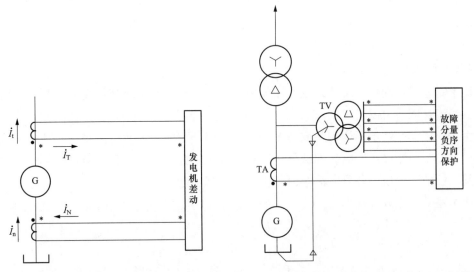

图 7-3　发电机差动保护 TA 极性接线示意图　　图 7-4　故障分量负序方向保护 TA、TV 极性图

（2）纵向零序电压判据。发电机定子绕组发生匝间短路，三相机端对中性点的电压不再平衡，因为机端电压互感器中性点与发电机中性点直接相连且不接地，所以互感器开口三角绕组输出纵向 $3U_0$，保护判据为

$$|3U_0| > U_{set}$$

式中　U_{set}——保护的整定值。

发电机正常运行时，机端不平衡基波零序电压很小，但可能有较大的三次谐波电压，为降低保护定值和提高灵敏度，保护装置中增设三次谐波阻波功能。

为保证匝间保护的动作灵敏度，纵向零序电压的动作值一般整定较小，为防止外部短路时纵向零序不平衡电压增大造成保护误动，须增设故障分量负序方向元件为选择元件，用于判别是发电机内部短路还是外部短路。

2. 单元件横差保护

单元件横差保护，作为发电机内部匝间、相间短路及定子绕组开焊的主保护。

本保护检测发电机定子多分支绕组的不同中性点连线电流（即零序电流）$3I_0$ 中的基波成分，保护判据为［低定值段（有制动特性）］

$$I_{op} \geqslant I_{op.0} \qquad\qquad (I_{res} \leqslant I_{res.0})$$

$$I_{op} \geqslant I_{op.0} + \frac{K_{rel}(I_{res} - I_{res.0})}{I_{res.0}} \times I_{op.0} \quad (I_{res} > I_{res.0})$$

式中　$I_{op.0}$——横差低定值最小动作电流整定值；

I_{res}——制动电流（取机端三相电流最大值）；

$I_{res.0}$——最小制动电流整定值；

K_{rel}——可靠系数，一般取 1.2。

高定值段（无制动特性）：$I_{op} \geqslant I_{set}$。

发电机正常运行时，接于两中性点之间的横差保护，不平衡电流主要是基波，在外部短路时，不平衡电流主要是三次谐波成分，为降低保护定值和提高灵敏度，保护中还增加有三次谐波阻波功能，三次谐波滤过比不小于 100。横差保护瞬时动作于出口，当转子发生一点接地时，横差保护经延时 t 动作于出口，t 一般整定为 0.5s。

（三）励磁变压器差动保护

比率制动式差动保护反映励磁变压器内部相间短路故障及匝间层间短路故障，既要考虑励磁涌流，同时也要考虑 TA 断线、TA 饱和、TA 暂态特性不一致的情况。

由于变压器联结组不同和各侧 TA 变比的不同，变压器各侧电流幅值相位也不同，差动保护首先要消除这些影响。本保护装置利用数字的方法对变比和相位进行补偿，以下说明均基于已消除变压器各侧电流幅值相位差异的基础之上。

比率差动动作方程

$$\left.\begin{array}{l} I_{op} > I_{op.0} \,(当\, I_{res} \leqslant I_{res.0}) \\ I_{op} \geqslant I_{op.0} + S(I_{res} - I_{res.0}) \,(当\, I_{res.0} < I_{res} \leqslant 6I_e) \\ I_{op} \geqslant I_{op.0} + S(6I_e - I_{res.0}) + 0.6(I_{res} - 6I_e) \,(当\, I_{res} > 6I_e) \end{array}\right\}$$

式中　I_{op}——差动电流；

$I_{op.0}$——差动最小动作电流整定值；

I_{res}——制动电流；

I_e——变压器额定电流；

$I_{res.0}$——最小制动电流整定值；

S——比率制动系数整定值。

各侧电流的方向都以指向变压器为正方向，即

$$I_{op} = |\dot{I}_1 + \dot{I}_2|$$

$$I_{res} = |\dot{I}_1 - \dot{I}_2|/2$$

式中　$\dot{I}_1$，$\dot{I}_2$——变压器高、低压侧电流互感器二次侧的电流。

（四）发电机定子接地保护

1. 基波零序电压和三次谐波电压型定子接地保护

作为发电机定子回路单相接地故障保护，当发电机定子绕组任一点发生单相接地时，该保护按要求的时限动作于跳闸或信号。

基波零序电压原理保护发电机 85%～95% 的定子绕组单相接地；三次谐波电压原理保护发电机中性点附近定子绕组的单相接地。

基波零序电压定子接地保护分两段两时限。

高定值段动作判据为：$|3U_0|>U_{oph}$，保护短延时动作跳闸或信号；

低定值段动作判据为：$|3U_0|>U_{opl}$，保护长延时动作跳闸或信号。

其中：$3U_0$ 为基波零序电压，一般取中性点电压，如果中性点无 TV，则取机端零序电压，带 TV 断线闭锁；U_{oph} 为基波零序电压高定值段整定值；U_{opl} 为基波零序电压低定值段整定值。

2. 外加 20Hz 电源定子接地保护

发电机外加 20Hz 电源定子单相接地保护可以保护包括发电机中性点在内的整个定子绕组，保护灵敏度高，不受接地位置影响，保护无死区，可检测定子绝缘的缓慢老化，且在发电机停机状态能起保护作用。

外加交流 20Hz 电源发电机定子单相接地保护是在发电机定子回路对地之间外加一个交流 20Hz 电源，发电机正常运行时，20Hz 电源回路几乎不产生电流，发生定子单相接地故障时对地绝缘被破坏，20Hz 电源回路将产生电流。

计算公式为

$$R_g = n^2 \times 1/Re(I_{20}/U_{20})$$

式中 n——中性点接地变压器的综合变比；

U_{20}——保护装置测量到的 20Hz 电压；

I_{20}——保护装置测量到的 20Hz 电流；

R_g——所测接地电阻值。

当接地故障电阻计算值低于电阻的高整定值时保护发信号告警，当接地故障电阻计算值小于电阻的低整定值时保护动作于跳闸。

保护另外设有工频零序过流定子接地保护作为外加交流 20Hz 电源发电机定子单相接地保护的补充。

应用中考虑了配电变压器漏阻抗及励磁阻抗的影响，提高接地电阻计算精度，同时设置电缆回路异常告警功能，提高保护可靠性。

（五）发电机转子接地保护

发电机转子接地保护主要反映转子回路一点或两点接地故障，由转子接地高定值保护、转子接地低定值保护及转子两点接地保护构成。WFB-801A/G 保护装置内嵌有两种不同原理的转子接地保护，即乒乓式开关切换原理和外加低频方波电源原理。采用外加低频方波电源原理时需要另外增加低频方波电源。

采用乒乓式开关切换原理，通过求解两个不同的接地回路方程，实时计算转子接地电阻值和接地位置，原理见图 7-5。其中：S1、S2 为由微机控制的电子开关，R_g 为接地电阻，α 为接地点位置（转子电压负端为 0，转子电压正端为 100%），E 为转子电压，R_1 为测量电阻。

计算接地位置并记忆，为判断转子两点接地作准备。

当 R_g 小于或等于接地电阻高定值时，经延时发转子一点接地信号，当 R_g 小于或等于接地电阻低定值时，经延时作用于发信或跳闸。

发电机励磁回路一点接地故障，对发电机并未造成危害，但若再相继发生第二点接地

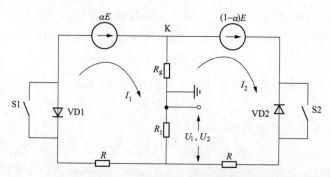

图 7-5　转子一点接地保护切换采样原理接线图

故障，则将严重威胁发电机的安全。

（六）发电机失磁保护

发电机励磁系统故障使励磁降低或全失磁，从而导致发电机与系统间失步，对机组本身及电力系统的安全造成重大危害。因此大、中型机组要装设失磁保护。失磁保护的主判据可由下述判据组成。

1. 静稳极限励磁电压 $U_{fd}(P)$ 主判据

该判据的优点是：凡是能导致失步的失磁初始阶段，由于 U_{fd} 快速降低，$U_{fd}(P)$ 判据可快速动作；在通常工况下失磁，$U_{fd}(P)$ 判据动作大约比静稳边界阻抗判据动作提前 1s 以上，有预测失磁失步的功能，显著提高机组压出力或切换励磁的效果。

2. 定励磁低电压辅助判据

为了保证在机组空载运行及 $P<P_t$ 的轻载运行情况下失磁时保护能可靠动作，或为了全失磁及严重部分失磁时保护能较快出口，附加装设整定值为固定值的励磁低电压判据，简称为"定励磁低电压判据"，其动作方程为

$$U_{fd} \leqslant U_{fd.set}$$

式中　$U_{fd.set}$——励磁低电压动作整定值，整定为（0.2～0.8）U_{fd0}，一般可取 $U_{fd.set}$
　　　　　　 $=0.8U_{fd0}$。

在系统短路等大干扰及大干扰引起的系统振荡过程中，"定励磁低电压判据"不会误动作。

3. 静稳边界阻抗主判据

阻抗扇形圆动作判据匹配发电机静稳边界圆，采用 0°接线方式（$\dot{U}_{ab}$、$\dot{I}_{ab}$），动作特性如图 7-6 所示，发电机失磁后，机端测量阻抗轨迹由图中第Ⅰ象限随时间进入第Ⅳ象限，达静稳边界附近进入圆内。

静稳边界阻抗判据满足后，至少延时 1～1.5s 发失磁信号、减小发电机输出功率或跳闸，延时 1～1.5s 的原因是躲开系统振荡。扇形与 R 轴的夹角为 10°～15°。为了躲开发电机出口经过渡电阻的相间短路，以及躲开发电机正常进相运行。

需指出，发电机产品说明书中所刊载的 X_d 值是铭牌值，用"X_d（铭牌）"符号表示，它是非饱和值，它是发电机制造厂家以机端三相短路但短路电流小于额定电流的情况下试

验取得的，误差大，计算定值时应注意。

4. 稳态异步边界阻抗判据

发电机发生凡是能导致失步的失磁后，总是先到达静稳边界，然后转入异步运行，进而稳态异步运行。该判据的动作圆为下抛圆，它匹配发电机的稳态异步边界圆。特性曲线如图 7-7 所示。

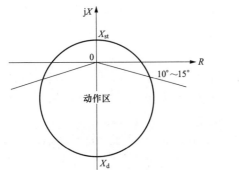

图 7-6　静稳边界阻抗判据动作特性　　　　图 7-7　异步阻抗特性曲线

5. 低电压判据

（1）系统低电压。本判据主要用于防止由于发电机低励失磁故障引发无功储备不足的系统电压崩溃，造成大面积停电，系统三相同时低电压的动作判据为

$$U_t \leqslant U_{t,set}$$

式中　$U_{t,set}$——主变压器高压侧电压整定值，一般可取 $0.8 \sim 0.95 U_{tn}$。

该判据应与其他辅助判据组成"与"门出口。

（2）机端低电压。

$$U_g \leqslant U_{g,set}$$

式中，$U_{g,set}$ 可取 $0.75 \sim 0.9 U_{gn}$。

采用机端低电压判据主要是为了保证发电机失磁时厂用电的安全运行，可与 U_{fd}（P）（或静稳阻抗判据）组成"与"门出口，以防止由于 $U_{fd}(P)$（或静稳阻抗）单独出口导致的误动，因此选择 $U_{g,set}$ 有较广泛的灵活性。

（七）发电机逆功率保护

逆功率保护作为发电机出现有功功率倒送，发电机变为电动机运行异常工况时的保护。同时，利用这一原理，逆功率保护也可用于程跳逆功率保护的启动元件。当主汽门接点闭锁投退控制字为"1"时即为程跳逆功率保护。

逆功率保护反应发电机从系统吸收有功功率的大小。电压取自发电机机端 TV，电流取自发电机机端 TA。保护按三相接线，有功功率为

$$P = U_a I_a \cos\varphi_a + U_b I_b \cos\varphi_b + U_c I_c \cos\varphi_c$$

式中　φ——电压超前电流的角度。

动作判据为

$$P + P_{set} < 0$$

式中 P_{set}——逆功率保护动作整定值。

保护设有 2 段延时，短延时 t_1（1～5s）用于发信号，延时 t_2（10～600s）可用于跳闸。

（八）发电机失步保护

本保护适用于大型发电机-变压器组，当系统发生非稳定振荡即失步并危及机组或系统安全时，动作于信号或跳闸。

本保护采用三阻抗元件，通过阻抗的轨迹变化来检测滑极次数并确定振荡中心的位置。

（九）发电机复压过电流保护

发电机复压过电流保护作为发电机的后备保护，当用于自并励发电机的后备保护时，电流带记忆功能，记忆时间为 10s。过电流带记忆功能时，出口不应动作于母联断路器。发电机复压过电流一段可选择经机组并网状态闭锁。

发电机复压过电流保护由复合电压元件、三相过电流元件"与"构成；记忆功能可投退。

（十）发电机负序过负荷保护

作为发电机不对称故障和不对称运行时，负序电流引起发电机转子表层过热的保护，可兼作系统不对称故障的后备保护。

该保护由负序过负荷定时限信号和反时限负序过负荷两部分组成。负序过负荷定时限信号按发电机长期允许的负序电流下能可靠返回的条件整定。反时限负序过负荷由发电机转子表层允许的负序过电流能力确定。发电机短时承受负序过电流倍数与允许持续时间的关系式为

$$t = \frac{A}{I_{2*}^2 - I_{2\infty}^2}$$

式中 I_{2*}——发电机负序电流标幺值；

$I_{2\infty}$——发电机长期允许负序电流标幺值；

A——转子表层承受负序电流能力的时间常数。

（十一）发电机对称过负荷保护

发电机对称过负荷保护主要保护发电机定子绕组的过负荷或外部故障引起的定子绕组过电流，接成三相式，取其中的最大相电流判别，由定时限过负荷和反时限过负荷两部分组成。

定时限过负荷按发电机长期允许的负荷电流能可靠返回的条件整定。反时限过负荷按定子绕组允许的过流能力整定。发电机定子绕组承受的短时过电流倍数与允许持续时间的关系为

$$t = \frac{K}{I_*^2 - (1+\alpha)}$$

式中 K——定子绕组过负荷常数；

I_*——定子额定电流为基准的标幺值；

α——与定子绕组温升特性和温度裕度有关，一般为 0.01～0.02。

（十二）发电机转子过负荷保护

转子过负荷保护用于大型发电机组作为转子励磁回路过电流和过负荷保护，兼作交流励磁机的后备保护，接成三相式。由定时限过负荷和反时限过负荷两部分组成。

定时限过负荷保护的电流元件按正常运行额定励磁电流下能可靠返回的条件整定；反时限过负荷按转子绕组允许的过热条件决定，其关系式为

$$t = \frac{K}{I_*^2 - (1 + \alpha)}$$

式中　K——转子过负荷常数，整定范围为 $1 \sim 100$；

　　　I_*——发电机励磁回路整流器交流侧电流的标幺值；

　　　α——与转子绕组温升特性和温度裕度有关，一般为 $0.01 \sim 0.02$。

（十三）发电机电压保护

（1）发电机过电压保护。过电压保护主要用于防止电压过高时对发电机定子绕组绝缘状况发生损害。过电压保护取机端三相线电压，当任一线电压大于整定值时，保护动作跳闸出口。其中过电压二段也可选择作为空载过电压保护，投入"过电压二段经并网闭锁"控制字，在并网后自动退出。

（2）发电机低电压保护。低电压保护取机端三相线电压，反应三相相间电压的降低，当机组并网且三相线电压均低于整定值时，保护动作跳闸出口。

（十四）发电机频率异常保护

频率异常保护用于保护汽轮机。为了保障机组的安全，装设频率异常保护以监视频率状况和累计偏离额定值在给定频率下工作的累加时间，当达到规定值时，动作于信号或跳闸停机。频率异常保护由低频保护和过频保护组成。保护设有低电压闭锁（固定 60V）及断路器辅助触点闭锁。

（1）低频保护原理。保护通过五个低频定值 f_1、f_2、f_3、f_4、f_5，将频率范围分为五个频率段，且 $f_5 < f_4 < f_3 < f_2 < f_1 < 50\text{Hz}$。

Ⅰ段 $f_1 > f \geqslant f_2$ 时累加时间为 $\sum t_1$，发信延时时间为 t_1；

Ⅱ段 $f_2 > f \geqslant f_3$ 时累加时间为 $\sum t_2$，发信延时时间为 t_2；

Ⅲ段 $f_3 > f \geqslant f_4$ 时累加时间为 $\sum t_3$，发信延时时间为 t_3；

Ⅳ段 $f < f_4$ 时无累加时间，跳闸出口延时为 t_4；

Ⅴ段 $f < f_5$ 时无累加时间，跳闸出口延时为 t_5；

当系统频率低于低频定值时，低频累加满足同时启动条件。

Ⅰ、Ⅱ、Ⅲ段累加到时间上限或第Ⅳ段、第Ⅴ段经一短延时动作于发信号或跳闸。

（2）过频保护原理。为防止较长时间系统有功过剩，保护设有两段过频保护，定值 f_6、f_7 将频率范围分为两个频率段。

Ⅰ段 $f \geqslant f_6$ 时，跳闸延时时间为 t_6。

Ⅱ段 $f \geqslant f_7$ 时，跳闸延时时间为 t_7。

Ⅰ段或第Ⅱ段动作后经较短延时作用于发信号和跳闸。

（十五）发电机误上电保护

发电机误上电保护作为发电机停机状态、盘车状态及并网前机组启动过程中误合断路器时的保护。保护装在机端或主变压器高压侧，保护快速动作于跳断路器及发电机励磁开关。为保证保护可靠运行，建议并网后退出该保护的硬压板，停机时重新投入该保护硬压板。

在发电机并网前，励磁开关尚未合闸时，若断路器误合闸，机组相当于同步电动机全电压异步启动，对机组冲击电流很大，有重大危害。误上电保护的过电流元件及低阻抗元件作为双重化保护都能动作出口，保护快速出口跳闸；当励磁开关闭合后，过电流元件退出，若此时断路器误合闸，机组相当于同步发电机非同期合闸，对机组也有大的冲击电流，有重大危害，低阻抗元件动作，保护快速出口跳闸。

（十六）发电机启停机保护

启停机保护作为发电机升速升励磁尚未并网前的定子接地及相间短路故障的保护。

保护为零序电压与相过电流原理，其零序电压取自发电机中性点侧 U_o，零序过电压与相过电流经断路器辅助触点控制。发电机并网前，断路器触点将保护投入，并网运行后保护自动退出。保护动作方程为

$$U_o > U_{set}$$

或

$$I_{op} > I_{set}$$

式中　U_o——乘过定子接地 TV 变比系数，折算至机端侧的值；

$\quad\;\; I_{op}$——任一相电流。

（十七）相间阻抗保护

相间阻抗保护作为发电机-变压器相间故障的后备保护。相间阻抗保护可实现偏移阻抗、全阻抗或方向阻抗特性。对相间阻抗保护各时限可以通过相应保护控制字进行投退。

（1）启动电流元件。当三相电流中任一相电流大于相电流启动定值或负序电流大于 0.2 倍相电流启动定值时，开放相间阻抗保护。

$$I > I_{qd,set} \text{ 或 } I_2 > 0.2 I_{qd,set}$$

式中　$I_{qd.set}$——相电流启动定值。

（2）阻抗元件。相间阻抗保护采用同名线电压、线电流构成三相阻抗保护，即 $\dot{U}_{ab}$ 和 $\dot{I}$、$\dot{U}_{bc}$ 和 $\dot{I}$、$\dot{U}_{ca}$ 和 $\dot{I}$ 分别组成 3 个阻抗保护。相间阻抗保护不设振荡闭锁判据，因为其动作阻抗圆很小，同时用延时判据解决可能出现的振荡误动问题。

$$\left| \dot{U}_J - \frac{1}{2}\dot{I}_J(1-\alpha)Z_{op} \right| \leqslant \left| \frac{1}{2}\dot{I}_J(1+\alpha)Z_{op} \right|$$

式中　$\dot{U}_J$——线电压；

$\quad\;\; \dot{I}_J$——与线电压相对应的相电流之差；

$\quad\;\; Z_{op}$——整定阻抗；

$\quad\;\; \alpha$——偏移因子，即灵敏角下反向偏移阻抗与整定阻抗之比。

（3）相间阻抗保护启动条件。当测量阻抗小于定值时，启动元件动作。

（4）TV 检修时对阻抗元件判别的影响。当某侧 TV 检修或旁路代路未切换 TV 时，为保证该侧后备保护的正确动作，需退出该侧"电压硬压板"。某侧电压硬压板退出时，该侧相间阻抗元件判别自动退出，相间阻抗保护不动作。例如当高压侧电压硬压板退出时，高压侧相间阻抗保护的阻抗元件判别自动退出，高压侧相间阻抗保护不动作。

此条件只适用于变压器阻抗保护，对发电机阻抗保护无此限制条件。

（5）TV 断线对阻抗元件判别的影响。为防止 TV 断线时阻抗元件误动作，当判别阻抗元件所用的电压出现 TV 断线时，阻抗元件判别自动退出，相间阻抗保护不动作。例如当高压侧 TV 断线时，高压侧相间阻抗保护的阻抗元件判别自动退出，高压侧相间阻抗保护不动作。

（十八）发电机过励磁保护

该保护主要用作发电机因频率降低或过电压引起的铁芯工作磁密过高的保护。过励磁程度可用过励磁倍数 $n = \dfrac{U}{f} \Big/ \dfrac{U_n}{f_n}$ 来衡量，其中 U、f 分别为发电机机端线电压、发电机频率；U_n、f_n 分别为基准线电压、基准频率。

过励磁保护分为定时限告警、定时限高定值、反时限三部分，反时限特性采用点对点式整定。

（十九）机端断路器失灵保护

失灵保护分两段时限，采用负序过电流元件或过电流元件，配合断路器合闸位置触点，以及有跳该断路器的保护动作，经过第一时限短延时，去重跳断路器。第二时限保护动作去全停，跳开该机组相关开关设备，保护动作时发信号。

（二十）TV 断线判别

TV 断线保护"TV 断线方案选择"控制字为"2"时，采用双 TV 断线判据时适用于发电机机端 TV 断线；"TV 断线方案选择"控制字为"1"时，采用单 TV 断线判据时适用于变压器 TV 断线，该保护可用于闭锁相关保护。

（二十一）辅助告警功能

（1）零流长期存在告警判别。

零流长期存在判据为：

$$3I_0 > 0.04I_n + 0.25I_{max}$$

式中　I_n——二次额定电流（1A 或 5A）；

　　$3I_0$——自产零序电流；

　　I_{max}——最大相电流。

若以上判据满足，延时 10s 报零序电流长期存在，且 TA 断线告警信号触点闭合，异常消失，延时 10s 自动返回。

（2）开口三角（中性点零序）TV 断线判别。开口三角（中性点零序）TV 断线判据为：

1）机端二次正序电压大于 50V；

2）开口三角（中性点零序）电压三次谐波分量小于 0.1V。

同时满足上述条件时，延时 10s 报开口三角（中性点零序）TV 断线，异常消失，延时 10s 自动返回。

（3）断路器位置开关量输入异常判别。断路器位置开关量输入异常判据为：

1）机端最大相电流大于 0.2 倍的额定电流；

2）断路器位置开关量输入为"0"。

同时满足上述条件时，延时 10s 报断路器位置开关量输入异常，异常消失，延时 10s 自动返回。

（4）励磁开关位置开关量输入异常判别。励磁开关位置开关量输入异常判据为：

1）机端二次正序电压大于 50V；

2）励磁开关位置开关量输入为"0"。

当投入"励磁开关位置异常判别"控制字，同时满足上述条件时，延时 10s 报励磁开关位置开关量输入异常，异常消失，延时 10s 自动返回。

第三节　装置硬件介绍

一、硬件平台

保护装置采用新一代 32 位基于 PowerPC 的通用硬件平台。整体大面板，全封闭机箱，硬件电路采用后插拔的插件式结构，CPU 电路板采用表面贴装技术，提高了装置硬件的可靠性。

硬件框图如图 7-8 所示。

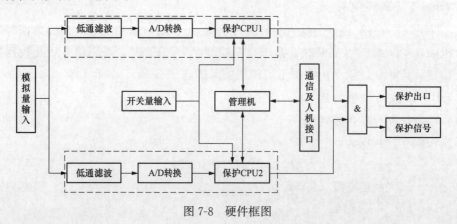

图 7-8　硬件框图

装置有两个完全独立的、相同的 CPU 板，并具有独立的采样、逻辑计算及启动功能，两块 CPU 板硬件电路完全一样。两块 CPU 板"与"启动出口。另有一块通信插件，专门处理人机对话及通信任务。人机对话担负键盘操作和液晶显示功能。正常时，液晶显示当前时间、各侧电流、电压、差电流。人机对话中所有的菜单均为简体汉字。通过本公司为保护提供的软件，可对保护进行更为方便、详尽的监视与控制。

装置核心部分采用飞思卡尔公司（Freescale）的 32 位 PPC 处理器，主要完成保护的出口逻辑及后台功能，使保护整体精确、高速、可靠。

模拟量变换由 3 块交流（直流）变换插件完成，功能是将 TA、TV 二次电气量转换成小电压信号。保护出口由 2 块出口插件构成，完成所有跳闸出口功能。信号插件和开关量输入插件分别完成信号开关量输出、开关量输入等功能。

二、软件平台

软件平台采用 ATI 公司的 RTOS 系统 NUCLEUS PLUS。RTOS 是一个经过严格测试的内核，保证软件运行的稳定性。

三、与综合自动化监控系统接口说明

系统应用总体框图如图 7-9 所示。

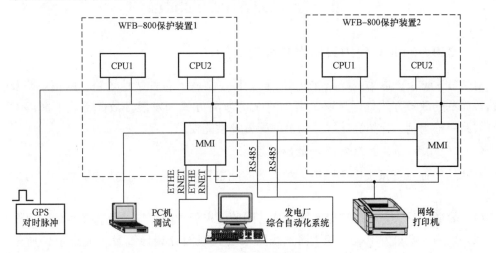

图 7-9 系统总体框图

构成系统的各个装置之间、每一装置内各保护 CPU 之间以及保护 CPU 与通信管理 CPU 之间通过工业以太网相连，可方便地实现自检和互检，同时减少各部分的关联性，有利于整体可靠性的提高。通信管理机以串行通信或网络通信方式与发电厂监控系统相联，可对发电厂监控系统上送事件报告、告警信息等，并可由远方实现保护投退功能。

设有三组独立的通信接口 RS485 和最多可选四组以太网接口，支持 IEC 60870-5-103 及 IEC 61850 通信规约，满足发电厂综合自动化系统的要求。

第八章　输电线路的继电保护

大型发电厂的发电机经升压变压器升压后，通过 220～500kV 线路接入系统。这些输电线路在发电厂一侧都配置了完善的线路保护装置。本章主要介绍线路保护的配置及保护装置的硬件、软件特性。

第一节　线路保护的配置

一、220～500kV 电力线路保护配置原则

对 220～500kV 电力网线路配置保护时，除了要考虑各种接地短路、两相短路及三相短路等简单的故障方式外，还必须考虑复杂的故障方式和发展性故障等。下面以 220kV 高压线路保护为例，介绍高压线路保护的配置及性能要求。

（一）220kV 高压线路对保护的特殊要求

220kV 中性点直接接地电网中，对保护的配置和对装置技术性能的要求，应考虑下列问题：

（1）输送功率大，相应稳定问题严重，因此要求保护的可靠性及选择性高、动作快。

（2）采用大容量发电机、变压器，线路采用大截面分裂导线及不完全换位所带来的影响。

（3）线路分布电容电流明显增大所带来的影响。

（4）系统一次接线的特点及装设串联补偿电容器和并联电抗器等设备所带来的影响。

（5）采用带气隙的电流互感器和电容式电压互感器后，二次回路的暂态过程及电流、电压转变的暂态过程所带来的影响。

（6）高频信号在长线路上传输时，衰耗较大及通道干扰电平较高所带来的影响。

（二）220kV 电力网线路保护配置

（1）220kV 电力网线路主保护配置。220kV 电力网线路主保护配置如下：

1）设置两套完整、独立的全线速动主保护。

2）两套主保护的交流电流、电压回路分别采用电流互感器和电压互感器的不同二次绕组，直流回路应分别采用专用的直流熔断器供电。

3）每一套主保护对全线路内发生的各种类型故障（包括单相接地、两相接地、两相短路、三相短路、非全相运行故障及转移性故障等），均能无时限动作切除故障。

4）每套主保护应具有独立选相功能，能按用户要求实现分相跳闸或三相跳闸。

5）断路器有两组跳闸线圈，每套主保护分别启动一组跳闸线圈。

6）两套主保护分别使用独立的远方信号传输设备。

（2）220kV 电力网线路后备保护配置。220kV 电力网线路后备保护配置如下：

1）线路保护采用近后备保护方式。

2）每条线路都应配置能反应线路各种类型故障的后备保护。当双重化的每套主保护都有完善的后备保护时，可不再另设后备保护。只要其中一套主保护无后备，则应再设一套完整的独立的后备保护。

3）对相间短路，后备保护宜采用阶段式距离保护。

4）对接地短路，应装设接地距离保护并辅以阶段式或反时限零序电流保护；对中长线路，若零序电流保护能满足要求时也可只装设阶段式零序电流保护。接地后备保护应保证在接地电阻不大于 300Ω 时，能可靠地、有选择性地切除故障。

二、典型工程线路保护配置

瑞金电厂二期工程的输电线路分别配置了两套主保护和后备保护：

A 套保护：北京四方继保自动化股份有限公司的 CSC-103A-G 数字式超高压线路保护装置。

B 套保护：南京南瑞继保电气有限公司的 PCS-931S-G 系列超高压线路成套保护装置（G9）。

两套保护的主保护：光纤分相电流差动保护和零序电流差动保护。

两套保护均设置有后备保护：距离保护和零序方向电流保护。

第二节 线路保护的构成原理

超高压输电线路由于种种原因会发生各种短路故障。随着输电线路电压等级的提高，为了电网的安全，要求尽快切除故障。高压网络上出现的振荡、串补等问题，又使得高压网络的继电保护更趋复杂化。本节主要介绍高压输电线路保护种类和构成原理。

一、零序电流保护和方向性零序电流保护

超高压输电线路故障一般可以划分为相间故障和接地故障两类。相间故障一般指两相或三相短路；接地故障一般指两相接地短路和单相接地短路。用零序电流保护可以灵敏地反应接地故障。

零序电流保护分Ⅰ段、Ⅱ段和Ⅲ段，其保护原理和电流保护相同，本节仅简单说明其整定原则。

（一）零序电流速断（零序Ⅰ段）保护

零序电流速断保护的整定原则如下。

（1）躲开下一条线路出口处单相或两相接地短路时可能出现的最大零序电流 $3I_{0max}$。

（2）躲开断路器三相触头不同期合闸时所出现的最大零序电流 $3I_{0.bt}$。

如果保护装置的动作时间大于断路器三相不同期合闸的时间，则可以不考虑条

件（2）。

保护整定值应选取（1）、（2）中较大者。但在有些情况下，如按照条件（2）整定将使整定电流过大。因此当保护范围小时，也可以采用在手动合闸以及三相自动重合闸，使零序Ⅰ段带有一个小的延时（约0.1s），以躲开断路器三相不同期合闸的时间，这样在整定值上就无须考虑条件（2）了。

（3）当线路上采用单相自动重合闸时，按上述条件（1）、（2）整定的零序Ⅰ段，往往不能躲开在非全相运行状态下又发生系统振荡时所出现的最大零序电流。而如果按这一条件整定，则正常情况下发生接地故障时，其保护范围又要缩小，不能充分发挥零序Ⅰ段的作用。

因此，为了解决这个矛盾，通常是设置两个零序Ⅰ段保护。其中：一个是按条件（1）或（2）整定（由于其整定值较小，保护范围较大，因此，称为灵敏Ⅰ段），它的主要任务是对全相运行状态下的接地故障起保护作用，具有较大的保护范围，而当单相重合闸启动时，则将其自动闭锁，需待恢复全相运行时才能重新投入；另一个是按条件（3）整定（由于它的定值较大，因此称为不灵敏Ⅰ段），装设它的主要目的，是为了在单相重合闸过程中，其他两相又发生接地故障时，用以弥补失去灵敏Ⅰ段的缺陷，尽快地将故障切除。当然，不灵敏Ⅰ段也能反应全相运行状态下的接地故障，只是其保护范围较灵敏Ⅰ段为小。

（二）零序电流限时速断（零序Ⅱ段）保护

零序Ⅱ段保护的工作原理，其启动电流首先考虑和下一条线路的零序电流速断相配合，并带有高出一个 Δt 的时限，以保证动作的选择性。

但是，应当考虑分支电路的影响，因为它将使零序电流的分布发生变化。

（三）零序过电流（零序Ⅲ段）保护

零序Ⅲ段保护的作用，在一般情况下是作为后备保护使用，但在中性点直接接地电网中的终端线路上，它也可以作为主保护使用。

在零序过电流保护中，对继电器的启动电流，原则上是按照躲开在下一条线路出口处相间短路时所出现的最大不平衡电流 $I_{unb.\,max}$ 来整定。同时还必须要求各保护之间的灵敏系数上要互相配合，满足灵敏系数和选择性的要求。

因此，实际上对零序过电流保护的整定计算，必须按逐级配合的原则来考虑。具体地说，就是本保护零序Ⅲ段的保护范围，不能超出相邻线路上零序Ⅲ段的保护范围。

（四）方向性零序电流保护

在双侧或多侧电源的网络中，电源处变压器的中性点一般至少有一台要接地，由于零序电流的实际流向是由故障点流向各个中性点接地的变压器，因此，在变压器接地数目比较多的复杂网络中，就需要考虑零序电流保护动作的方向性问题。

零序功率方向继电器接于零序电压和零序电流之上，它只反应零序功率的方向而动作。当保护范围内部故障时，按规定的电流、电压正方向看，$3I_0$ 超前于 $3U_0$ 为 $90°\sim110°$（对应于保护安装地点背后的零序阻抗角为 $85°\sim70°$ 的情况），继电器此时应正确动作，并应工作在最灵敏的条件之下，也即继电器的最大灵敏角应为 $-95°\sim-110°$（电流超前于电压）。

二、距离保护

（一）距离保护作用原理

在线路发生短路时阻抗继电器测到的阻抗 $Z_K = U_K/I_K = Z_d$ 等于保护安装点到故障点的（正序）阻抗。显然该阻抗和故障点的距离是成比例的。因此，习惯地将用于线路上的阻抗继电器称距离继电器。

三段式距离保护的原理和电流保护是相似的，其差别在于距离保护反应的是电力系统故障时测量阻抗的下降，而电流保护反应是电流的升高。

距离保护 I 段：距离保护 I 段保护范围不伸出本线路，即保护线路全长的 80%～85%，瞬时动作。

距离保护 II 段：距离保护 II 段保护范围不伸出下回线路 I 段的保护区。为保证选择性，延时 Δt 动作。

距离保护 III 段：按躲开正常运行时负荷阻抗来整定。

（二）影响距离保护正确工作的因素及防止方法

（1）短路点过渡电阻的影响。电力系统中短路一般都不是纯金属性的，而是在短路点存在过渡电阻，此过渡电阻一般是由电弧电阻引起的。它的存在使得距离保护的测量阻抗发生变化。一般情况下，会使保护范围缩短。但有时也能引起保护超范围动作或反方向动作（误动）。

在单电源网络中，过渡电阻的存在，将使保护区缩短；而在双电源网络中，使得线路两侧所感受到的过渡电阻不再是纯电阻，通常是线路一侧感受到的为感性，另一侧感受到的为容性，这就使得在感受到感性一侧的阻抗继电器测量范围缩短，而感受到容性一侧的阻扰继电器测量范围可能会超越。

解决过渡电阻影响的办法有许多。例如，采用躲过渡电阻能力较强的阻抗继电器；用瞬时测量的技术，因为过渡电阻（电弧性）在故障刚开始时比较小，而时间长了以后反而增加，根据这一特点采用在故障开始瞬间测量的技术可以使过渡电阻的影响减少到最小。

（2）系统振荡的影响。电力系统振荡对距离保护影响较大，不采取相应的闭锁措施将会引起误动。防止振荡期间误动的手段较多，下面介绍两种情况。

1）利用负序（和零序）分量元件启动的闭锁回路。电力系统振荡是对称的振荡，在振荡时没有负序分量。而电力系统发生的短路绝大部分是不对称故障，即使三相短路故障也往往是刚开始为不对称，然后发展为对称短路的。因此，在短路时，会出现负序分量或短暂出现负序分量，根据这一原理可以区分短路和振荡。

2）利用测量阻抗变化速度构成闭锁回路。电力系统振荡时，距离继电器测量到的阻抗会周期性变化，变化周期和振荡周期相同。而短路时，测量到的阻抗是突变的，阻抗从正常负荷阻抗突变到短路阻抗。因此，根据测量阻抗的变化速度可以区分短路和振荡。

（3）串联补偿电容的影响。高压线路的串联补偿电容可大大缩短其所联结的两电力系统间的电气距离，提高输电线路的输送功率，对电力系统稳定性的提高具有很大作用，但它的存在对继电保护装置将产生不利影响，保护设备使用或整定不当可能会引起误动。

串联补偿电容的存在，使得阻抗继电器在电容器两侧分别发生短路时，感受到的测量阻抗发生了跃变，这种跃变使三段式距离保护之间的配合变得复杂和困难，常常会引起保护非选择性动作和失去方向性。为防止此情况发生，通常采用以下措施。

1）用直线型阻抗继电器或功率方向继电器闭锁误动作区域。即在阻抗平面上将误动的区域切除。但这也可能带来另外一些问题。例如，为解决背后发生短路失去方向性的问题而使用直线型阻抗继电器，就会带来正前方出口处发生短路故障时有死区的问题，为此可以另外加装电流速断保护来补救。

2）用负序功率方向元件闭锁。因为串补电容一般都不会将线路补偿为容性。对于负序功率方向元件：由于在正前方发生短路时，反应的是背后系统的阻抗角，因此，串补电容的存在不会改变原有负序电流、电压的相位关系，负序功率方向仍具有明确的方向性。但这种方式在三相短路时没有闭锁作用。

3）利用特殊特性的距离继电器。利用带记忆的阻抗继电器，可较好地防止串联补偿电容可能引起的误动。

（4）分支电流的影响。在高压网络中，母线上接有不同的出线，有的是并联分支，有的是电厂，这些支路的存在对测量阻抗同样有较大的影响。

如在本线路末端母线上接有一发电厂，当下回线路发生短路时，由于发电厂对故障点也提供短路电流，使得本线路距离保护测量到的阻抗 Z_K 会因为电厂对故障有助增作用而增大。同样对于下回线路为双回线路的情况，则又会引起测量阻抗的减少，这些变化因素都必须在整定时充分考虑，否则就有可能发生误动或拒动。

（5）TV断线。当电压互感器二次回路断线时，距离保护将失去电压，在负荷电流的作用下，阻抗继电器的测量阻抗变为零，因此，就可能发生误动作，对此，应在距离保护中采用防止误动作的 TV 断线闭锁装置。

（三）距离保护评价

从对继电保护所提出的基本要求来评价距离保护，可以作出以下几个主要的结论：

（1）根据距离保护的工作原理，它可以在多电源的复杂网络中保证动作的选择性。

（2）距离保护Ⅰ段是瞬时动作的，但是它只能保护线路全长的 $80\%\sim85\%$。因此，两端合起来就会在 $30\%\sim40\%$ 的线路长度内的故障不能从两端瞬时切除，在一端须经 0.5s 的延时才能切除，在 220kV 及以上电压的网络中有时仍不能满足电力系统稳定运行的要求。

（3）由于阻抗继电器同时反应于电压的降低和电流的增大而动作，因此，距离保护较电流、电压保护具有较高的灵敏度。此外，距离保护Ⅰ段的保护范围不受系统运行方式变化的影响，其他两段受到的影响也比较小，因此，保护范围比较稳定。

（4）由于距离保护中采用了复杂的阻抗继电器和大量的辅助继电器，再加上各种必要的闭锁装置，因此，接线复杂、可靠性比电流保护低，这也是它的主要缺点。

三、纵联保护

距离保护虽然能满足超高压电力系统保护要求，但仍然在线路上有部分故障要经 0.5s

延时切除，这对于电压等级更高一些的电力系统，如 500kV 线路仍然不能满足要求，距离保护就不能代替线路的主保护。为此，就必须要有全线速动的保护——纵联保护来实现。主要有纵联高频距离保护、纵联高频方向保护及纵联差动保护，按传输方式的不同，主要分为高频保护和光纤差动保护。这里介绍光纤差动保护。

光纤差动保护是在电流差动保护的基础上演化而来的，基本保护原理也是基于基本电流定律，它能够理想地使保护实现单元化，原理简单，不受运行方式变化的影响，而且由于两侧的保护装置没有电联系，提高了运行的可靠性。目前电流差动保护在电力系统的主变压器、线路和母线上大量使用，其灵敏度高、动作简单、可靠快速、能适应电力系统振荡、非全相运行等优点。

光纤差动保护的原理是比较被保护线路两端短路电流的相位。采用电流的给定正方向是由母线流向线路。这样，当保护范围内部故障时，在理想情况下，两端电流相位相同，两端保护装置应动作，使两端的断路器跳闸；而当保护范围外部故障时，两端电流相位相差180°，保护装置则不应动作。

为了满足以上要求，将两侧电流转化成数字信号，利用光纤通道进行传输，使两侧保护装置能比较两侧电流相位，以及交换其他有用信息。

这样当保护范围内部故障时，由于两端的电流同相位，保护装置将产生差流，动作于跳闸。

当保护范围外部故障时，由于两端电流的相位相反，保护装置无差流产生，保护装置不动作。

四、自动重合闸

(一) 自动重合闸的重要性

在电力系统事故中，大多数是输电线路（特别是架空线路）的故障，因此，如何提高输电线路工作的可靠性，就成为电力系统的重要任务之一。电力系统的运行经验表明，架空线路故障大多数是瞬时性的。由于输电线路上的故障具有以上性质，因此，在线路被断开以后再进行一次合闸，就有可能大大提高供电的可靠性和连续性。为此在电力系统中采用了自动重合闸，即当断路器跳闸之后，经一时间间隔，能够自动地将断路器重新合闸的装置。在线路上装设重合闸以后，不论是瞬时性故障还是永久性故障都得完成一次重合。因此，在重合以后可能成功（指恢复供电不再断开），也可能不成功。用重合成功的次数与总动作次数之比来表示重合闸的成功率，根据运行资料的统计，成功率一般在 60% ~ 90% 之间。在电力系统中，采用重合闸的技术经济效果主要可归纳如下：

(1) 大大提高供电的可靠性、减少线路停电的次数，特别是对单侧电源的单回线路尤为显著；

(2) 在高压输电线路上采用重合闸，可以提高电力系统并列运行的稳定性；

(3) 在电网的设计与建设过程中，有些情况下由于考虑重合闸的作用，可以暂缓架设双回线路，以节约投资；

(4) 对断路器本身由于机构不良或继电保护误动作而引起的误跳闸，也能起纠正的作用。

在采用重合闸以后，当重合于永久性故障上时，它也将带来以下一些不利的影响。

（1）使电力系统又一次受到故障的冲击。

（2）使断路器的工作条件变得更加严峻。因为它要在很短的时间内，连续切断两次短路电流。这种情况对油断路器是不利的，因为在第一次跳闸时，由于电弧的作用，已使断口的绝缘强度降低，在重合后第二次跳闸时，是在绝缘已经降低的不利条件下进行的，因此，断路器在采用了重合闸以后，其遮断能力也有不同程度的降低。因而，在短路容量比较大的电力系统中，上述不利条件往往限制了重合闸的使用。

（二）对自动重合闸装置的基本要求

（1）在下列情况下，重合闸不应动作：

1）由值班人员手动操作或通过遥控装置将断路器断开时；

2）手动投入断路器，由于线路上有故障，而随即被保护断开时。

（2）自动重合闸装置的动作次数应符合预先的规定。如一次重合闸就应只动作一次，当重合于永久故障而再次跳闸以后，就不应再重合。

（3）自动重合闸在动作以后，应能自动复归，准备好下一次再动作。

（4）在双侧电源的线路上实现重合闸时，应考虑合闸时两侧电源间的同步问题，并满足所提出的要求。

（5）当断路器处于不正常状态而不允许实现重合闸时，应将自动重合闸装置闭锁。

（6）自动重合闸装置应有可能在重合闸以前或重合闸以后加速继电保护的动作，以便更好地和继电保护相配合，加速故障的切除。自动重合闸有前加速和后加速方式，前加速方式广泛用于中低压电网中；后加速方式广泛用于超高压电网中。

第三节　数字式超高压线路保护装置简介

一、CSC-103A-G 数字式超高压线路保护装置

北京四方继保自动化股份有限公司生产的 CSC-103A-G 数字式超高压线路保护装置（以下简称装置或产品）适用于 220kV 及以上电压等级的高压输电线路，满足双母线、3/2 断路器等各种接线方式。适用于同杆和非同杆线路。

装置主保护为纵联电流差动保护，后备保护为三段式距离保护、两段式零序方向保护。装置还配置了自动重合闸，主要用于双母线接线情况。

CSC-103 系列纵联电流差动保护功能配置见表 8-1，具有基础型号、装置类型及选配功能。

选配功能包括零序反时限过电流保护、三相不一致保护、过电流过负荷功能、电铁钢厂等冲击性负荷、过电压及远方跳闸保护。各选配功能可以通过功能压板或控制字投退。

表 8-1　　　　　　　　　　　　　　　线路纵联电流差动保护功能配置

类别		序号	基础型号功能	代码	备注
基础型号	基础型号代码	1	2M 双光纤通道	A	不考虑 64KB 通道
		2	2M 双光纤串联补偿线路	C	
	必配功能	1	纵联电流差动保护		适用于同杆双回线路
		2	接地和相间距离保护		3 段
		3	零序过电流保护		2 段
		4	重合闸		
装置类型		1	常规采样、常规跳闸	G	
		2	常规采样、GOOSE 跳闸	DG-G	
		3	SV 采样、GOOSE 跳闸	DA-G	
选配功能		1	零序反时限过流保护	R	
		2	三相不一致保护	P	
		3	过电流、过负荷功能	L	适用于电缆线路
		4	电铁、钢厂等冲击性负荷	D	
		5	过电压及远方跳闸保护	Y	
		6	3/2 断路器接线	K	不选时，为双母线接线，常规采样的交流插件配一组 TA；选择时，为 3/2 断路器接线、取消重合闸和三相不一致选配功能，常规采样的交流插件配两组 TA

注　1. 智能站保护装置应集成过电压及远方跳闸保护。

　　2. 常规站 A 型（2M 双光纤通道）和 C 型（2M 双光纤串补线路）保护装置宜集成过电压及远方跳闸保护。

　　3. 3/2 断路器接线含桥接线、角形接线。

二、PCS-931S-G 系列超高压线路成套保护装置（G9）

南京南瑞继保电气有限公司生产的 PCS-931 系列为由微机实现的数字式超高压线路成套快速保护装置，可用作 220kV 及以上电压等级输电线路的主保护及后备保护。

PCS-931 包括以分相电流差动和零序电流差动为主体的快速主保护，由工频变化量距离元件构成的快速Ⅰ段保护，由三段式相间和接地距离及多个零序方向过电流构成的全套后备保护，PCS-931 可分相出口，配有自动重合闸功能，对单或双母线接线的开关实现单相重合、三相重合闸。

PCS-931S-G 系列是根据 Q/GDW 1161—2014《线路保护及辅助装置标准化设计规范》要求开发的纵联差动保护装置。PCS-931S-G 系列保护的命名规则如下：

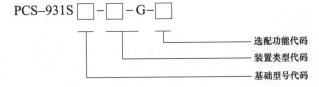

PCS-931 系列超高压线路成套保护装置配置见表 8-2。

表 8-2 超高压线路成套保护装置配置

类别		序号	基础型号功能	代码	备注
基础型号	基础型号代码	1	2M 双光纤通道	A	不考虑 64KB 通道
		2	2M 双光纤串联补偿线路	C	
	必配功能	1	纵联电流差动保护		适用于同杆双回线路
		2	接地和相间距离保护		3 段
		3	零序过电流保护		2 段
		4	重合闸		
装置类型		1	常规采样、常规跳闸	-G	
		2	SV 采样、GOOSE 跳闸	-DA-G	
		3	常规采样、GOOSE 跳闸	-DG-G	
选配功能		1	零序反时限过电流保护	R	
		2	三相不一致保护	P	
		3	过电流、过负荷功能	L	适用于电缆线路
		4	电铁、钢厂等冲击性负荷	D	
		5	过电压及远方跳闸保护	Y	
		6	3/2 断路器接线	K	适用于 3/2 断路器接线场合。不选时，为双母线接线；选择时，为 3/2 断路器接线、取消重合闸和三相不一致选配功能

第九章 直 流 系 统

发电厂的直流系统是为保护装置、自动装置、信号设备、事故照明、应急电源及断路器分、合闸操作提供直流电源的设备。本章主要介绍直流系统的组成、蓄电池及其充电装置、直流系统绝缘监测及直流系统的运行。

第一节 概 述

直流系统是一个独立的电源，它不受发电机、厂用电及系统运行方式的影响，并在外部交流电中断的情况下，保证由后备电源—蓄电池继续提供直流电源的重要设备。

直流系统主要由交流配电单元、充电模块、直流馈电、集中监控单元、绝缘监视单元和蓄电池等部分组成，如图9-1所示。交流输入经交流配电单元后提供给充电模块；充电模块输出的直流，通过充电母线对蓄电池组充电，同时向直流负荷提供电源；绝缘监测单元可在线监测母线和各支路的对地绝缘情况；集中监控单元可实现对交流输入、充电模块、直流馈电、绝缘监视单元和蓄电池组等运行参数的采集及各单元的控制和管理，并可通过远程接口接受后台操作员的监控。

为提高直流系统供电的可靠性，大型发电厂的直流系统均配置有蓄电池组，正常运行时，蓄电池组应与充电装置并列运行，充电装置正常运行时除承担经常性的直流电负荷外，还同时以很小的电流向蓄电池组充电，以补偿蓄电池组的自放电损耗。但当直流电中出现较大的冲击性负荷时，充电装置容量小，此时由蓄电池组供给冲击负荷，冲击负荷消失后，负荷仍恢复由充电装置供电，蓄电池组转入浮充状态，这种运行方式称为浮充电运行方式。

发电厂直流系统的电压等级和容量要根据负荷类别设置，且接线方式根据实际需要选择确定，一般采用单母分段制。容量在1000MW机组及以上的大型发电厂设有多个彼此独立的直流系统。如单元控制室直流系统、网络控制室直流系统和输煤直流系统等。直流电压等级大致有24、110V和220V等几种。

对于容量1000MW机组及以上的大型发电厂，单元控制室和升压站直流系统的设置，应满足继电保护主保护和后备保护由两套独立直流系统供电的双重化配置原则。目前国内电力网用操作电源系统接线主要有以下几种方式：

（1）以母线分段为标准可分为单母接线方式、单母线分段接线方式、双母接线方式等；

（2）以降压装置为标准可分为带降压装置接线方式和不带降压装置接线方式；

（3）以充电机和蓄电池组数为标准可分为一组充电机一组蓄电池方式、二组充电机一

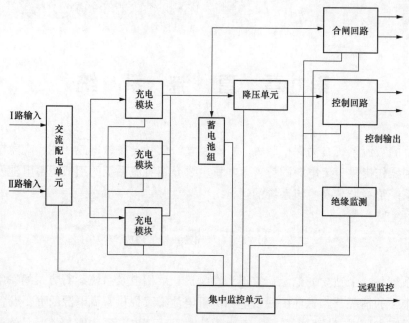

图 9-1 直流电源系统组成图

组蓄电池方式、一组充电机二组蓄电池方式、三组充电机一组蓄电池方式等。

瑞金电厂二期工程主厂房 220V 直流系统采用双母线分段接线，每台机组设两组直流母线。每段直流母线接一组 2500AH 型阀控式密封铅酸蓄电池和一台智能高频开关整流器。每组蓄电池由 104 只蓄电池组成，每组蓄电池屏各装有一套微机蓄电池巡检装置。

主厂房 110V 直流系统采用双母线分段接线，每台机各设置一段。两台机的直流母线之间设联络开关。每段直流母线接一组 1000AH 型阀控式密封铅酸蓄电池和一台智能高频开关整流器。每组蓄电池由 53 只蓄电池组成，每组蓄电池屏各装有一套微机蓄电池巡检装置。

第二节 蓄 电 池

近年来，越来越多的用户采用阀控式密封铅酸蓄电池，本书将主要介绍阀控式密封铅酸蓄电池。

一、阀控式密封铅酸蓄电池

(一) 阀控式密封铅酸蓄电池的分类

阀控式密封铅酸蓄电池分为 AGM 和 GEL（胶体）电池两种。AGM 采用吸附式玻璃纤维棉（absorbed glass mat）作隔板，电解液吸附在极板和隔板中，采取贫电液设计，电池内无流动的电解液，电池可以立放工作，也可以卧放工作；胶体（GEL）以 SiO_2 作凝固剂，电解液吸附在极板和胶体内，只能立放工作。目前 VRLA 电池除非特别指明，均指 AGM 电池。

（二）阀控式密封铅酸蓄电池的特点

与防酸隔爆式蓄电池相比，阀控蓄电池有以下特点：

（1）密封程度高，电解液像凝胶一样被吸收在高孔率的隔离板内，不会轻易流动，所以电池可以横放。

（2）阀控式密封铅酸蓄电池的极板栅采用改进的板栅材料。阀控蓄电池的正极板用高纯度的铅锑合金制成，负极板用高纯度的铅钙合金支撑，这样的结构可减少电腐蚀的程度，电池的自放电系数很小。

（3）电池的正负极板完全被隔离板包围，有效物质不易脱落，使用寿命长。

（4）阀控式密封铅酸蓄电池的体积比老式电池小，而容量却比老式敞开型电池高。

（5）电池在长期运行中无需补充任何液体，同时在使用过程中不会产生酸雾、气体，维护工作量极小。

（6）电池的内阻较小，大电流放电的特性好。

（7）对环境污染小。运行期间酸雾和可燃气体逸出少。

（8）对使用环境要求较高，受环境温度影响大。

（三）阀控铅酸蓄电池的内部结构

阀控铅酸蓄电池主要由正极板、负极板、电解液、隔板、电池槽、安全阀、端极柱和环氧封口剂等组成。各部分结构图见图 9-2，功能如表 9-1 所示。

表 9-1 阀控铅酸蓄电池的内部结构

部件	材　料	功　能
正负极板	采用特殊铅锑、铅钙合金板栅的涂膏式极板	储存、提供电能；长期保证电池容量
隔板	采用具有耐热、耐酸性的玻璃纤维制成	保持电解液； 防止正负极板之间产生短路； 防止活性物质脱落
电池槽	ABS 合成树脂	电池容器承受电池内压强度
安全阀	采用具有耐热、耐酸、耐老化的合成橡胶制成	当电池内部气压过高时释放过量气体； 防止电池外部气体进入电池内部
端极柱	采用特殊铅钙合金制成	引出电池内部电能
环氧封口剂	环氧树脂＋固化剂	电池槽盖密封及端极柱部位密封

二、阀控密封式铅酸免维护蓄电池的工作原理

铅酸蓄电池内发生的化学反应式如下：

$$PbO_2 + 2H_2SO_4 + Pb \underset{充电}{\overset{放电}{\rightleftharpoons}} PbSO_4 + 2H_2O + PbSO_4$$

（二氧化铅）（硫酸）（海绵状铅）（硫酸铅）（水）（硫酸铅）

正极活物质　电解液　负极活物质　　正极活物质　电解液　负极活物质

放电时，正极板中的二氧化铅、负极海绵状铅与电解液中的硫酸反应逐渐转变为硫酸

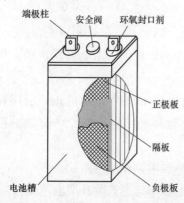

图 9-2　阀控铅酸蓄电池的内部结构

铅，同时硫酸浓度逐渐降低。反之，电池充电时，正、负极的 $PbSO_4$ 分别转变为二氧化铅和海绵状铅，同时释放出活性物质中的硫酸成分，使硫酸浓度逐渐增大。

普通蓄电池到充电末期，充电电流仅用于分解电解液中的水，正极产生氧气，负极产生氢气。产生的气体从电池逸出，电解液逐渐减少，因此偶尔要补水。

免维护蓄电池利用在湿润状态负极活性物质——海绵状铅，能与氧气快速反应的特性，有效地控制了水的减少，无需补水。

充电开始至充电末期前的过程与普通电池一样。充电末期或过充电时，充电电量用于分解电解液中的水分，正极产生的氧气与负极海绵状铅及电解液中的硫酸反应，使一部分负极板处于放电状态，从而抑制了负极板上的氢气产生。

这部分与氧气反应而处于放电状态的负极板在后来的充电过程中又转化为活性物质——海绵状铅。这样负极板上保持了一个平衡：充电生成的海绵状铅的量与因吸收正极产生的氧气而生成硫酸铅的量相等，就使得电池的密封成为可能。

充电末期和过充电时的化学反应式如下：

（1）正极板的反应（产生氧气）。

$$2H_2O \longrightarrow O_2 + 4H^+ + 4e^-$$

$$\qquad\qquad\qquad \llcorner\!\rightarrow \text{（通过隔板移向负极板表面）} \tag{9-1}$$

（2）负极板的反应。

$$2Pb + O_2 \longrightarrow 2PbO \text{（海绵状铅与氧气发生反应）} \tag{9-2}$$

$$2PbO + 2H_2SO_4 \longrightarrow 2PbSO_4 + 2H_2O \text{（PbO 与电解液发生反应）}$$

$$\qquad\qquad\qquad\qquad \llcorner\!\rightarrow \text{（参与（1）的反应）} \tag{9-3}$$

$$2PbSO_4 + 4H^+ + 4e^- \longrightarrow 2Pb + 2H_2SO_4 \quad \text{（PbSO}_4\text{ 的还原）}$$

$$\text{［参与（2）的反应］} \leftarrow\!\lrcorner \qquad \llcorner\!\rightarrow \text{［参与（3）的反应］} \tag{9-4}$$

（3）负极板的总反应。

$$O_2 + 4H^+ + 4e^- \longrightarrow 2H_2O$$

如上所述，正极产生的氧气与充电状态下的负极活性物质迅速反应重新生成水，因此水损失很少，这样使电池达到密封。

蓄电池工作原理见图 9-3。

三、阀控铅酸蓄电池的技术性能

（一）放电特性

容量为 C(Ah) 的蓄电池充满电后，经过连续 10h 放电，放完全部所充电量所对应的放电电流值（A）即为 C_{10}。图 9-4 为 25℃温度下，采用 $0.1C_{10}(A)\sim 2.0C_{10}(A)$ 的放电电流放电至终止电压时的恒电流放电特性图。可以看出：放电电流越小放电容量越大，反之，放电电流越大放电容量越小。

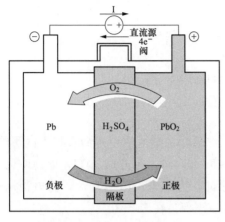

图 9-3 蓄电池工作原理图

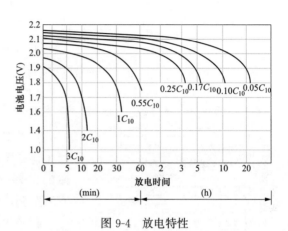

图 9-4 放电特性

（二）充电特性

蓄电池要求采用恒压限流的充电方式（见图 9-5），充电电压在 $2.23V\pm 0.02V$/台范围内，充电设备必须保持恒定功能且稳压精度小于 1%，且最大充电电流不超过 $0.25C_{10}A$。

（三）浮充电压与温度的关系曲线

环境温度在 25℃时，要求蓄电池浮充电压为：$2.23V\pm 0.01V$/台。

蓄电池浮充电压值应随着环境温度的降低而适量增加，随着环境温度的升高而适量减少，其关系曲线如图 9-6 所示。

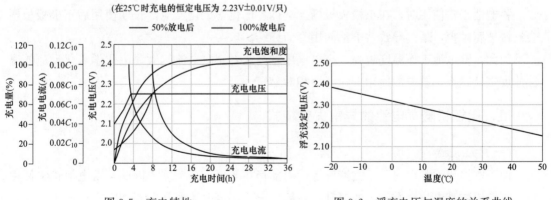

图 9-5 充电特性

图 9-6 浮充电压与温度的关系曲线

（四）蓄电池自放电与环境温度、存储时间的关系

充满电的蓄电池如果放置没有使用，也会由于自放电而损失一部分容量。环境温度越高、储存时间越长，蓄电池的容量损失也越大，如图 9-7 所示。

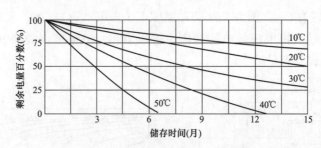

图 9-7   自放电与环境温度、存储时间的关系

（五）蓄电池工作温度与使用寿命关系

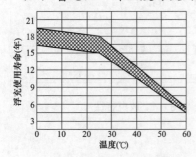

图 9-8   蓄电池工作温度与使用寿命关系

蓄电池工作温度对电池使用寿命有很大的影响，当工作温度高于 25℃ 时，每升高 10℃，电池寿命约减少 50%。因此，为了延长电池寿命，蓄电池房应安装空调，使室温保持在 20～30℃。

影响阀控铅酸蓄电池的使用寿命因素：工作温度、放电次数（频率）、放电深度和充电器电压（浮充电流）。

蓄电池工作温度与使用寿命关系如图 9-8 所示。

四、阀控铅酸蓄电池的正常失效模式

（一）电解液失水干涸

蓄电池正常使用时，会有极少量的气体从蓄电池内部排除，由于蓄电池使用期间没有补加电解液，当蓄电池长期使用后，蓄电池内部电解液必然会导致电解液干涸。

（二）板栅腐蚀与伸长

蓄电池正常使用时，在正极板板栅上会产生电化学氧化反应，长期使用后正极板板栅会慢慢被腐蚀掉，最终导致蓄电池使用寿命终结。

因此，蓄电池工作温度越高，充电电压越高或者充电电流越大，电化学氧化反应的腐蚀速度也就越快，蓄电池使用寿命将会相对缩短。

五、阀控铅酸蓄电池的异常失效模式

（一）热失控

由于阀控铅酸蓄电池采用贫液设计，内部存在氧再化合反应，因此，蓄电池正常使用时，阀控铅酸蓄电池会有一定的温升，一般情况下，蓄电池温升在 8℃ 以下。

当蓄电池工作环境温度过高，或充电设备充电条件失控，由于蓄电池内部电化学反应速度加快，将会导致蓄电池内部温度逐渐增加；如果没有及时控制充电条件或者停止充电，最终会导致蓄电池内部温度升得很高，当超过 80℃ 后，达到电池外壳软化点，蓄电池便会出现鼓胀现象，即热失控，造成蓄电池使用寿命终结。

预防措施：

（1）充电设备具备恒压限流功能，且充电电压波动值应小于正常浮充电压值的 1%；

（2）充电设备具备温度补偿功能；

（3）充电设备具备自动切换功能，当均充电或再充电达到结束条件时，充电设备能够自动转换为浮充电正常运行状态。

（4）蓄电池工作温度控制在 20～30℃；

（5）蓄电池温度传感器应安装正确且可靠性高。

（二）负极不可逆硫酸盐化

（1）在正常条件下，铅酸蓄电池在放电时形成硫酸铅结晶，在充电时能较容易地还原为铅。

（2）如果电池的使用和维护不当，如经常处于充电不足或过放电，负极就会逐渐形成一种粗大坚硬的硫酸铅，它几乎不溶解，用常规方法充电很难使它转化为活性物质，从而减少了电池容量，甚至成为蓄电池寿命终止的原因，这种现象称为极板的不可逆硫酸盐化。

预防措施：

1）充电设备具备欠电压下电功能，当蓄电池放电电压低至 1.80V/单体时，要求充电设备自动停止蓄电池放电；

2）蓄电池放电后，必须及时给蓄电池充电；

3）如果当地电网频繁停电，需要配置柴油发电机，保证蓄电池可以充足电。

六、阀控铅酸蓄电池的调试与使用

阀控铅酸蓄电池的调试与使用如表 9-2 所示。

表 9-2　　　　阀控铅酸蓄电池的调试与使用

检测内容	正常情况	处理措施
开路电压	电池的开路电压不小于 2.10V/台	若开路电压不大于 2.10V/台时，电池组需要均充电
首次浮充电	1. 浮充总电压：$2.23V \pm 0.01V$/台范围内； 2. 电池浮充电压应在 2.20～2.40V/台范围内。浮充 48h 后浮充电流应不大于 $1\%C_{10}$	1. 若个别电池浮充电压异常时，电池组需要作均衡充电； 2. 若浮充电流大于 $1\%C_{10}$ 时，电池组需要再作一次均衡充电
放电	10h 率（$0.1C_{10}$）、5h 率（$0.17C_{10}$）、3h 率（$0.25C_{10}$） 放电终止电压为：1.8V/台 1h 率（$0.55C_{10}$）放电终止电压为：1.75V/台	若个别电池放电情况异常时，需将此电池单独取出进行均充电
浮充使用	电池浮充运行时：浮充总电压需控制在 $2.23V \pm 0.01V$/台×台数，且浮充电流应不大于 $0.01C_{10}$	当发现电池浮充电电压异常或浮充电流大于 $0.01C_{10}$ 时，电池组需均衡充电：以 $2.35V \pm 0.01V$/台×台数的电压恒压充电 8～16h，然后再转为浮充电观察
循环使用	电池循环使用时，充电电压 2.35～2.40V（最大充电电流不大于 $0.2C_{10}$）	当充电电流小于 $0.03C_{10}$ 时，需转换为浮充电长期运行

七、阀控铅酸蓄电池的检测与维护

电池组在正常使用过程中，需作好如表 9-3 所示的检测与维护，并要求作相应记录。

表 9-3 阀控铅酸蓄电池的检测与维护

频次	检测内容	基准	维护
每月	1. 电池组浮充电压； 2. 最大充电电流； 3. 温度传感器可靠性	1. 浮充电压：$2.23V \pm 0.01V$/台×台数； 2. 最大充电电流小于 $0.25C_{10}$； 3. 温度偏差小于1℃	1. 调整到基准值； 2. 校验充电设备符合要求或者维修设备； 3. 校验温度传感器符合要求或者更换温度传感器
每季度	检测蓄电池组浮充电流和每台电池的浮充电压	1. 浮充总电流不大于 $1\%C_{10}$ 2. 每台电池浮充电为： 20～2.40V（1年内）； 22～2.30V（1年后）	电池浮充电流大于 $1\%C_{10}$ 或浮充电电压超标时，需对电池组进行均衡充电，然后再转为浮充电观察
每半年	检查电池外观	外观清洁	清扫灰尘、污渍
	检查电池螺栓有无松动、锈蚀现象	连接牢固、无锈蚀	拧紧端子螺栓，除锈蚀并用凡士林涂抹保护
每年	蓄电池组放电检查	以 10HR 放电率电流（$0.1C_{10}$）放电 3h，电池放电终止电压大于 1.90V/台	低于基准值时可对电池组进行一次完整的均衡充电，然后再作放电检测

第三节　充电及监控装置

一、概述

随着电子工业和电力技术的发展，高频开关模块充电装置已阔步取代相控型充电装置，电力系统现在使用的是智能高频开关电源系统。本厂采用奥特迅公司开发的 GDZW 型智能高频开关电源，GZDW 系列直流电源柜，作为高压断路器直流操动机构的分、合闸、继电保护、自动装置、信号装置等使用的操作电源及事故照明和控制用直流电源。

（一）电力操作电源系统原理

电力操作电源系统主要由交流配电单元、充电模块、直流馈电、集中监控单元、绝缘监测单元、降压单元和蓄电池组等部分组成。电力操作电源系统原理框图如图 9-9 所示。

两路交流输入经交流配电单元互投后选择其中一路交流输入提供给充电模块；充电模块输出稳定的直流电源，一方面对蓄电池组补充充电和提供合闸输出，另一方面，通过降压单元提供控制输出，为负载提供正常的工作电流；绝缘监测单元可在线监测直流母线和各支路的对地绝缘状况；集中监控单元可实现对交流配电单元、充电模块、直流馈电、绝

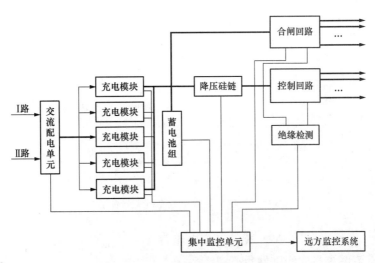

图 9-9 电力操作电源系统原理框图

缘监测单元、直流母线和蓄电池组等运行参数的采集与各单元的控制和管理，并可通过远程接口接受后台操作员的监控。

（二）电力操作电源系统特点

（1）采用自行开发的第三代智能高频开关电源模块，充电模块 $N+1$ 热备份；

（2）宽电压输入范围：AC 380V($1\pm20\%$)，电网适用性强；

（3）交流输入频率：50Hz($1\pm10\%$)；

（4）硬件低压差自主均流，均流不平衡度不大于$\pm3\%$；

（5）充电模块采用软开关技术，效率高达 96%；

（6）监控系统采用串行总线结构、分散控制集中管理的智能监控模式；

（7）直流系统中各功能单元均为具有 CPU 的智能化单元，具有自诊断能力；单元与单元、单元与监控器之间全部是数字通信且输入、输出电气全隔离；

（8）直流系统中任一单元故障时，不影响其他单元的正常运行。先进的控制逻辑和通信校验算法，可确保在任何干扰环境下，都不会使系统产生误动；

（9）具有 RS232、RS485、MODEM、光端机等多种接口，支持任意通信规约，更加方便与远程监控系统通信实现"四遥"功能，适合于无人值守；

（10）具有蓄电池自动管理及自动温度补偿功能，智能化电池管理；

（11）具有交流进线缺相保护、雷击浪涌吸收及交流配电单元；

（12）专业为用户度身定做各种规格配置的电力操作电源系统。

（三）型号命名

GZDW 系列高频开关电力操作电源系统型号命名规则如图 9-10 所示。

（四）高频开关电源模块配置原则

充电/浮充电装置采用多个智能高频开关电源模块并联，$N+1$ 热备份工作。智能高频开关电源模块数量可按如下公式选择（即确定 N 的数值）：

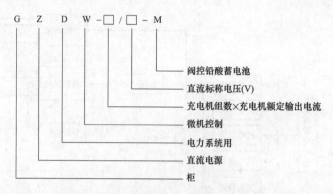

图 9-10 电力操作电源系统型号命名

$$N \times 模块额定电流 \geqslant I_{\mathrm{j}} + I_{\mathrm{C10}}$$

式中 I_{j}——直流系统最大经常性负荷；

I_{C10}——满足蓄电池要求的充电电流（阀控式铅酸电池为 $0.1 \sim 0.2 C_{10}$）。

例如：直流电源系统电压等级为 220V DC，蓄电池容量为 300Ah，经常性负荷为 5A（最大经常性负荷不超过 7A）。

充 电 电 流（$0.1 C_{10} \times 300$Ah）＋最 大 经 常 性 负 荷（约 7A）＝ 37A。若 选 用 ATC230M20 电源模块 2 台即可满足负荷需求（$N=2$），再加一个备用模块共 3 个电源模块并联即可构成所需系统。

二、高频开关电源技术

（一）高频开关电源原理介绍

开关电源的基本电路框图如图 9-11 所示。开关电源的基本电路包括两部分：一是主电路，是指从交流电网输入到直流输出的全过程，它完成功率转换任务；二是控制电路，通过为主电路变换器提供的激励信号控制主电路工作，实现稳压。

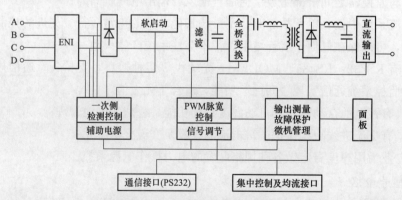

图 9-11 开关电源的基本电路框图

高频开关电源由以下几个部分组成：

（1）主电路。从交流电网输入、直流输出的全过程，包括：

一次侧检测控制电路：监视交流输入电网的电压，实现输入过电压、欠电压、缺相保护功能及软启动的控制。

EMI 输入滤波器：其作用是将电网存在的杂波过滤，同时也阻碍本机产生的杂波反馈到公共电网。

软启动：消除开机浪涌电流。

整流与滤波：将电网交流电源直接整流为较平滑的直流电，以供下一级变换。

全桥变换：将整流后的直流电变为高频交流电，这是高频开关电源的核心部分，频率越高，体积、质量与输出功率之比越小。

输出整流与滤波：根据负载需要，提供稳定可靠的直流电源。

（2）控制电路。一方面从输出端取样，经与设定标准进行比较，然后去控制逆变器，改变其频率或脉宽，达到输出稳定；另一方面，根据测试电路提供的数据，经保护电路鉴别，提供控制电路对整机进行各种保护措施。

（3）检测电路。除了提供保护电路中正在运行的各种参数外，还提供各种显示仪表数据。

（4）辅助电源。提供所有单一电路的不同要求电源。

（二）软开关技术

全桥相移 ZVZCS 软开关技术采用恒频控制、对称性结构，在大功率变换器中得到了广泛的应用。它能使全桥相移电路结构中处于被动臂的两只开关管工作在 ZCS 状态，而主动臂上的两只开关管仍然工作在 ZVS 状态，从而达到更完善的软开关效果，在高频大功率变换器中，全桥相移 ZVZCS 技术是理想的软开关方案。

图 9-12 是全桥相移 ZVZCS 的基本原理图，与硬开关相比，增加了一个饱和电感 L_s，省去了全桥臂上的吸收电容，并在主回路上增加了一个阻挡电容 C_e。通过相移方式控制主回路的有效占空比。阻挡电容 C_e 与饱和电感 L_s 适当配合，能够使全桥被动臂上的主开关管（A、B）达到零电流开关（ZCS）的效果，而主动臂上的主开关管（C、D）仍然处于零电压开关（ZVS）的状态。

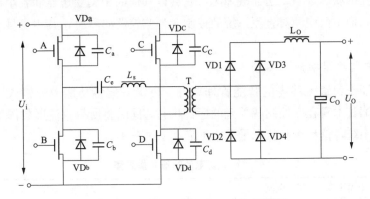

图 9-12 全桥相移 ZVZCS 基本原理图

三、智能监控系统

智能监控系统是电力操作电源的核心控制部分，监控系统主要由监控调度中心计算机及安装在直流系统上的集中监控器组成，监控调度中心可通过电话网、光纤或标准串行口对直流系统进行遥测、遥信、遥调、遥控。

（一）集中监控器工作原理

集中监控器装于直流电源屏内，负责对直流系统各单元（如电压电流采集单元、充电模块、绝缘监测、电池巡检等）运行状态与数据的采集、显示；系统单元运行参数的设置，并控制各单元的正常运行；接收监控中心计算机发送来的命令及参数，并将系统运行状态及参数发送给监控中心计算机。集中监控器原理框图如图9-13所示。

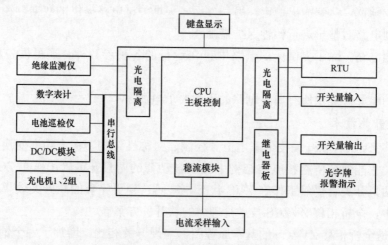

图 9-13　集中监控器原理框图

集中监控器采用数字总线控制方式，对所监测的模拟量、数字量无数量上的限制，即通道数可任意扩展。该装置采用智能控制技术，具有容错能力。在控制过程中自动检测电压、电流变送器的状态，当变送器故障时，它会以其他的相关变送器和各个模块的上报参数为控制依据，而不会中断对直流系统的控制。当监控器故障时，其本身具有声光报警和空接点输出。

（二）集中监控器功能、参数

集中监控器作为直流屏内的智能管理单元，负责采集各功能单元输入/输出数据量、状态量，并根据其本身程序控制各单元的运行状态，同时将所得直流屏数据上传至后台。

（1）直流系统各信号量和状态量采集见表9-4和表9-5。

表 9-4　　　　　　　　　　　阀控铅酸蓄电池的信号量采集

充电模块输出电压、电流	蓄电池组电压、电流
母线电压、负荷电流	正负母线电压、接地电阻值
单只电池电压（系统配有电池巡检仪时）	交流进线电压、电流等（配交流表）
其他选配信号量	

表 9-5 阀控铅酸蓄电池状态量采集

充电机输出开关状态	蓄电池输出开关状态
母线联络开关状态	绝缘故障状态
熔丝故障（充电机输出、蓄电池输出）	两路交流进线失压
各馈线开关分合闸状态（系统配有馈线状态监测模块时）	各馈线开关脱扣（馈线开关装有报警触点）等
其他选配信号量	

（2）开关量输出（无源硬触点方式）。集中监控器接受系统各输入量后与设定值进行比较，当系统出现异常时以硬接点形式送至后方监控中心，同时监控器本身相应光字牌点亮，液晶显示屏报故障，并做历史记录。集中监控器开关量输出见表 9-6。

表 9-6 阀控铅酸蓄电池的集中监控器开关量输出

两路交流失电压、三相不平衡、缺相报警	母线电压异常（过、欠电压）
熔断器故障（蓄电池、充电机熔丝故障）	馈线开关脱扣故障（配报警触点）
熔丝故障（充电机输出、蓄电池输出）	绝缘故障
充电模块故障（单只）	集中监控器故障（装置本身报警）
直流系统故障（总故障硬接点，包含以上所有故障）	

（3）充电模块监控。充电模块通过串行总线接受监控器的监控，实时向监控器传送工作状态和工作数据，并接受监控器的控制。监控的功能见表 9-7。

表 9-7 阀控铅酸蓄电池的监控的功能

遥控充电模块的开/关机及均/浮充	遥测充电模块的输出电压和电流
遥信充电模块的运行状态	遥调充电模块的输出电压

（4）电池管理。电池的管理功能主要有以下内容：

1）显示蓄电池电压和充放电电流，当出现过、欠电压时告警。

2）设有温度变送器测量蓄电池环境温度，当温度偏离 25℃时（或根据蓄电池厂家提供值），由监控器发出调压命令到充电模块，调节充电模块的输出电压，实现浮充电压温度补偿。

3）温度补偿系数可通过键盘任意设定。温度补偿系数一般设定为负的 3～5mV/℃单只电池。即当环境温度高于电池厂家设定值时，充电电压降低 U_-；反之，则充电电压升高 U_+。温度变化后充电电压变化 $U_\pm$ 计算式如下

$$U_\pm = n \times K_c \times T$$

式中　　n——蓄电池组个数；

　　K_c——温度补偿系数，一般取 5mV；

　　T——温度较基准温度 25℃的变化。

4）手动定时均充，可通过监控器键盘预先设置均充电压，然后启动手动定时均充。

5）手动均充程序：以整定的充电电流进行稳流充电，当电压逐渐上升到均充电压整定值时，自动转为稳压充电，当达到预设时间时转为浮充运行。充电曲线见图 9-14，均充

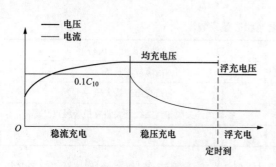

图 9-14　手动均浮充曲线图

时间可通过键盘任意设定。

自动均充，当下述的条件之一成立时，系统自动启动均充：

①系统连续浮充运行超过设定的时间（3 个月）；

②交流电源故障，蓄电池放电超过 10min；

③自动均充电程序：以整定的充电电流进行稳流充电，当电压逐渐上升到均充电压整定值时，自动转为稳压充电，当充电电流小于 $0.01C_{10}$（A）后延时一定时间后（出厂设定值为 15min），自动转为浮充运行。充电曲线见图 9-15。

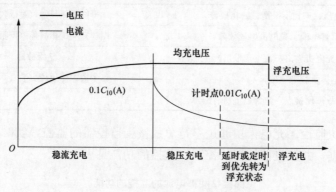

图 9-15　自动均浮充曲线图

（5）绝缘监测。集中监控器的绝缘监测功能主要包括监控器内置绝缘监测仪和监控器与外配微机绝缘监测仪通信两种方式。当集中监控器内置绝缘监测仪时，型号为在监控器后加字母"J"。

1）监控器内置绝缘监测仪时，可监测并数字显示两段母线正负对地电压、电阻值；

2）当外配微机绝缘监测仪时，可通过 RS485 串口与绝缘监测仪通信，并将数据量上传。

（6）通信。集中监控器设有 RTU 接口，可通过 RTU 接口与综合自动化系统连接，或通过 MODEM 与电话网连接，设有多种通信规约（奥特迅规约、部颁规约、用户指定规约等）。监控器统一汇总系统及各功能单元的实时数据、故障告警信号和设置参数，并完成与上位计算机的通信，实现直流系统的"四遥"功能。

（7）历史记录。能将系统运行过程中一些重要的状态、数据和时间等信息存储起来，以备后查，装置掉电后信息不丢失。可汉字显示最新的 128 条，最大存储量为 500 条，用户可在计算机后台随时浏览。

（三）串行总线数字通信方式

奥特迅监控系统采用串行总线结构、分散控制集中管理模式，直流系统中各功能单元均为具有 CPU 的智能化单元，均具有自诊断能力；单元与单元、单元与监控器之间全部是数字通信且输入输出电气全隔离；任一单元故障时，不会影响其他单元的正常运行。先进的控制逻辑和通信校验算法，可确保在任何干扰环境下，都不会使系统产生误动，如图9-16所示。

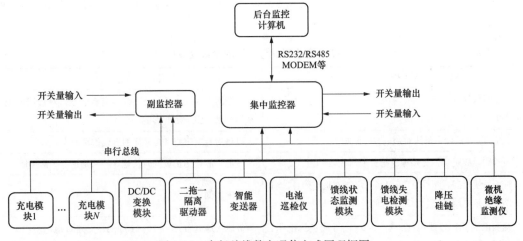

图 9-16 串行总线数字通信方式原理框图

四、微机绝缘监测仪

奥特迅公司 WJY3000A 型新一代智能微机绝缘监测仪，其工作原理如下。

主机在线检测正负直流母线的对地电压，通过对地电压计算出正负母线对地绝缘电阻。当绝缘电阻低于设定的报警值时，自动启动支路巡检功能。支路漏电流检测采用直流有源 TA，不需向母线注入信号。每个 TA 内含 CPU，被检信号直接在 TA 内部转换为数字信号，由 CPU 通过串行口上传至绝缘监测仪主机。支路检测精度高、抗干扰能力强。采用智能型 TA，所有支路的漏电流检测同时进行，支路巡检速度高。

WJY3000A 型微机绝缘监测仪原理框图如图 9-17 所示。

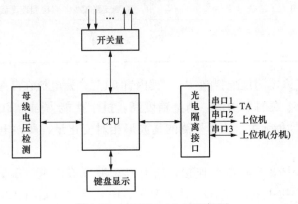

图 9-17 WJY3000A 原理框图

本套装置的母线电压检测采用独立的、高精度、高抗干扰能力的双积分型 A/D 转换器，检测速度快。由于采用智能数字式 TA，所有 TA 通过一根五芯通信线与主机相连，改变了以往 TA 到主机接线复杂的缺点，抗干扰能力也得到了增强。TA 自行计算数据，避免了传统接地仪由 TA 采集漏电流量，由主机进行多次计算的方式，故检测速度也得到了极大的提升，每个 TA 的检测时间仅 0.2ms。WJY3000A 型微机绝缘监测仪与传统的绝缘检测仪对比见表 9-8。

表 9-8　　　　　　　WJY3000A 型绝缘监测仪与传统的绝缘检测仪对比表

WJY3000A 型微机绝缘监测仪	传统绝缘监测仪
不对母线注入交流信号，不会对母线的运行产生不良的影响	一般对母线注入 5～10V 低频交流信号，对母线的正常运行会产生一定的影响
直流 TA，消除了母线对地电容的影响	母线对地电容对 TA 采样的有效值影响大
可检测母线正负同时接地及正负平衡接地	一般不能检测正负同时接地，特别是正负平衡接地
检测精度较高：母线电压：1%，母线对地电阻：2%，支路对接地电阻：5%	精度较低
检测范围大：母线电压：0～300V，母线接地电阻：0～999.99kΩ，支路电阻：0～99.99kΩ	母线接地电阻：0～20～100kΩ，支路对地电阻：0～10～30kΩ
每个 TA 内置数字信号处理器，直接对漏电流进行数字化。消除了在信号传输过程中因受到干扰而产生的测量误差	因 TA 与主机采样模块连线较长，受到的干扰较大，因而测量误差也较大
TA 采用串行总线与主机进行通信，因而 TA 与主机的连线较少	每个 TA 至少与主机有一条连线
检测速度快：母线检测 1～2s，支路检测 1～2min，并且不受支路多少的影响	检测速度较慢：母线检测 1～2min，支路检测一般每条 20～60s。支路检测受支路多少影响
成功解决环路问题	不能解决环路问题
对于两段供电系统，接地仪可以自动识别由哪段供电。并正确找出接地支路	不能识别，不能正常检测
检测支路数不受限制，并且不影响速度	检测支路较少，对检测速度影响较大
对母线运行可保存最长一个月的运行曲线，对判断接地产生的原因极为有用	无此功能

WJY3000A 型绝缘监测仪配智能 TA，其内置 CPU，漏电流在 TA 内直接转换为数字量，数字滤波采用 256 次的平均值，测量精度高，抗干扰能力强。TA 自身保存校准值，TA 测量精度与主机性能无关。由于检测的是波形相对变化量，所以电源的波动不影响检测精度。

TA 与主机通过一根 5 芯电缆连接，所有 TA 并联在一起。TA 的 TXD 接主机的 RXD，TA 的 TXD 要接主机的 TXD，其他 V+、V−、GND 则同名相连。详细接线图见图 9-18。

接口与分机的通信接口 RS232/RS485 相连，分机必须采用 RS485 接口。

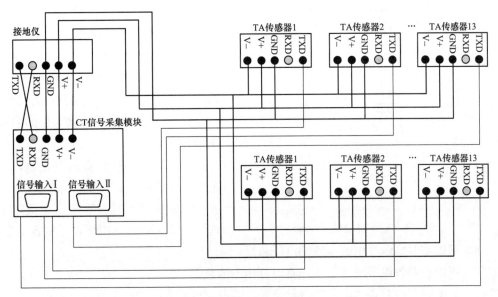

图 9-18　WJY3000A 型微机绝缘监测仪 TA 连接示意图

五、BFD 蓄电池智能放电仪

（一）工作原理

BFD 系列智能放电装置采用 PTC（positive temperature coefficient）陶瓷电阻作为功率元件，本身具有极高的正温度系数，具有正温度特性、无明火、不发红、安全可靠的特点。用 PTC 电阻作为恒流放电装置的功率元件，正是充分利用了极高的正温度系数这一特性，通过 PWM 脉宽调制技术无级调节风机转速，达到控制 PTC 的温度从而将放电电流稳定的目的。PTC 电阻的温度特性见图 9-19。

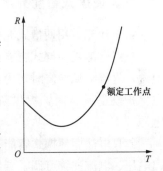

图 9-19　PTC 电阻 T-R 曲线

由于放电回路里无任何易损坏电子元器件，故只要合理选择额定工作点，在任何故障情况下均不会对直流系统构成危害。例如，当风机失控（全速）则温度最低，放电电流小于额定值；风机停转则温度升高，放电电流也小于额定值。试验显示，额定电流 200A 的放电仪故障实测结果是：风机停转时电流小于 2A，风机全速时电流小于 15A。

BFD 智能放电仪控制原理框图如图 9-20 所示。采用闭环负反馈控制，整个控制以放电仪内采样器检测电流作判据，其测量值与比较器的设定值比较后，通过 PWM 脉宽调制电路控制风扇转速，从而控制放电电阻温度。利用 PTC 电阻具有正温度特性这一特点，就可以控制放电电阻来实现恒流放电。

（二）智能放电仪后台监控软件

放电仪后台监控软件（V1.0）可以监控目前奥特迅生产的各种型号的放电仪产品，实现放电仪与电池巡检系统及环境的无人或少人值守。采用串口方式进行通信时，将被所

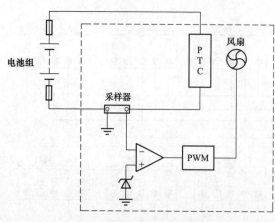

图 9-20　放电仪控制原理图

需监控的放电仪通过串口与监控软件 V1.0 系统的微机直接相连。

监控系统功能包括：

（1）能够对放电仪实现四遥功能，即遥测、遥信、遥调、遥控等各功能；

（2）能够远程控制放电仪的启动放电或停止放电；

（3）能够远程设置放电电流，终止电压，放电时间；

（4）能够实时查看放电电流，单节电池电压，已放电时间，已放容量等；

（5）可以实时显示放电的电池端电压曲线；

（6）可以查看各单节电池电压，实时打印电池数据；

（7）放电时实时对各放电数据进行记录，放电完成后可对放电数据进行分析打印；

（8）放电完成后显示单节电池电压曲线，电池端电压曲线等；

（9）放电完成打印放电结果。

六、便携式智能充电机

蓄电池充电用便携式充电装置分为整组蓄电池用和单只蓄电池充电用两种类型。

整组电池用便携式智能充电机应用场合包括：直流电源故障时，为系统提供应急操作电源，直流电源检修时，为系统提供检修操作电源；蓄电池组维护时，提供充电电源；继电保护设备调试时，提供阶梯试验电源；支路接地故障查找时，为断开支路提供工作电源。

单只电池用便携式智能充电机由 1～5 个独立的输入与输出隔离的充电模块组成，输出电压、电流连续可调，专用于对 2～12V 单体蓄电池充电。各模块功能独立，具有内置 CPU，可独立设定输出电压、输出电流和充电时间。达到充电时间后自动终止充电。充电过程中实时显示充电电压、电流和时间，CPU 实时控制输出电压。

本装置适用于最大 500Ah 单只电池充电，原理框图（单模块）如图 9-21 所示。

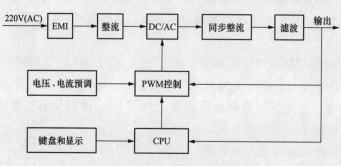

图 9-21　原理框图（单模块）

七、直流系统其他配套设备

直流系统中除了充电模块、接地检测装置、智能监控等主设备外的其他配套设备如交流进线单元、雷击保护模块、降压装置、直流断路器、蓄电池巡检仪、馈线状态监测单元、数字电压电流表计、闪光装置、光电转换器等。

（一）交流进线单元

交流进线单元指对直流屏内交流进线进行检测、自投或自复的电气/机械连锁装置。双路交流自投电路如图 9-22 所示，适用于一组充电机由两路交流电源供电的系统。

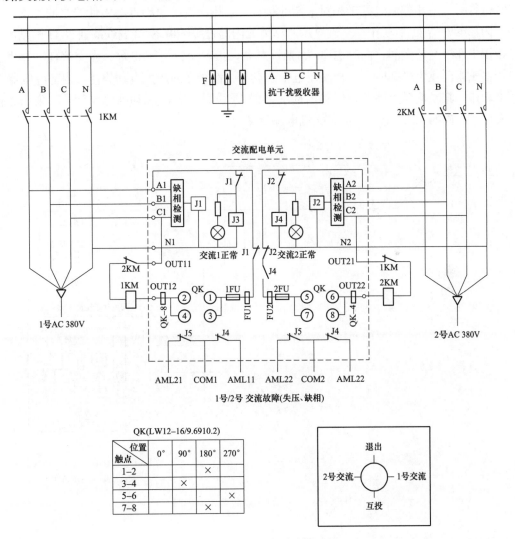

图 9-22 交流配电单元原理图

（1）交流配电单元（型号 JLPD-A）。交流配电单元原理如图 9-22 所示。双路交流自投回路由交流配电单元、两个交流接触器（1KM、2KM）组成。交流配电单元为双路交流自投的检测及控制组件，接触器为执行组件。交流配电单元上设有转换开关 QK、两路电源的指示灯和交流故障告警信号输出的空触点。转换开关 QK 有 4 个挡位，旋转手柄旋至不同挡位可实现如下功能：

"退出"位：两个交流接触器均断开，关断两路交流输入。

"1 号交流"或"2 号交流"位：手动选择 1 号或 2 号交流投入作为充电机的输入电源。

"互投"位：双路交流的自动互投位，当任一路交流故障时，均可自动将另一路交流投入，以保证充电机交流电源的可靠性。

（2）交流状态监测单元（型号 JLZT-A）。交流状态监测单元原理图如图 9-23 所示。正常运行时，三相交流电处于相对平衡的状态，三相交流电中心点与中性线之间无电动势差，内部继电器 J1 不动作，交流故障监测单元内的告警继电器 J3 的线圈通过 J1 的动断触点接于中性线与相线间，同时 LED 发光管点亮，指示交流电源正常。当交流任一相发生缺相或三相严重不平衡时，三相交流电中心点与中性线之间产生电动势差，内部继电器 J1 得电动作，其动断触点断开，使得内部继电器 J3 线圈失电，J3 动断触点闭合，发出故障告警信号，同时 LED 熄灭，指示交流电源故障。

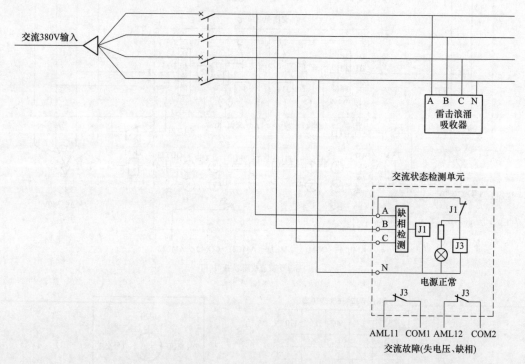

图 9-23 交流状态监测单元原理图

（二）防雷保护电路

直流电源柜设有 C 级及 D 级防雷，交流配电单元入口加装防雷器，通流量为 40kA，动作时间小于 25ns，D 级防雷设在充电模块内，通流量为 10kA，动作时间小于 25ns，可以有效地将雷电引入大地，将雷电的危害降至最小。当防雷器故障时，C 级防雷器的工作状态窗口由绿变红，提醒更换防雷模块，防雷模块插拔方便，易于更换。

雷击浪涌吸收器（型号 LJLY-A），其原理见图 9-24。

雷击浪涌吸收器具有防雷和抑制电网瞬间过电压双重功能，最大通流量为 40kA，动作时间小于 25ns。由图 9-24 可见，相线与相线之间，相线与中性线之间的瞬间干扰脉冲均可被压敏电阻和气体放电管吸收。因此，其功能优于单纯的防雷器。

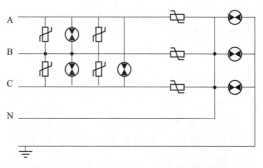

图 9-24　雷击浪涌吸收器原理图

（三）降压装置

对于 108 只蓄电池（220V 系统）或 54 只蓄电池（110V 系统）来说，当系统正常工作时，充电机对蓄电池的均/浮充电压通常会高于控制母线允许的波动电压范围，采用多级硅调压装置串接在充电机输出（或蓄电池）与控制母线之间，使调压装置的输出电压满足控制母线的要求。

奥特迅公司硅链降压装置型号为：

DT-2A　□×□V/□A（共负极）　　　DT-2B　□×□V/□A（共正极）

例如：DT-2A 5×7V/40A 即指该硅链用于共负极接线系统，5 挡降压，每挡额定降压为 7V，额定电流为 40A。降压装置原理图如图 9-25 所示，由降压硅链、控制器、执行继电器及转换开关组成。

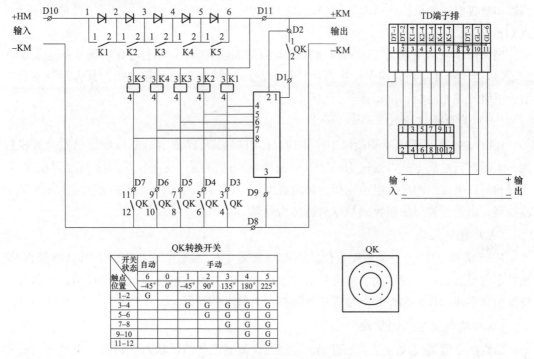

图 9-25　硅链降压装置原理图

降压硅链由多只大功率硅整流二极管串接而成，利用 PN 结基本恒定的正向压降，通过改变串入电路的 PN 结数量来获得适当的压降。正常运行时将转换开关置于"自动"挡位，装置处于自动调压状态，这时调压装置实时检测控制母线电压，并与设定值进行比较，根据比较结果，控制硅链的投入级数，从而保证控制母线电压波动范围；当手动操作转换开关至"0"位时，所有硅链全部投入，降压值最大；当手动操作转换开关至"1"位时，执行继电器 J1 线圈带电，驱动其动合触点 J1 闭合，1 级硅链被短接，依此类推，从而达到根据需要手动调节控制母线电压的目的。

硅链中大功率硅二极管由专用的自冷式散热片夹持固定，确保散热效果，适于大电流下连续可靠工作。整个装置采用独立模块化设计，便于安装和维护，整个单元一般安装在屏内顶部，便于散热。

（四）事故照明切换单元

当交流停电时，需要由直流系统提供电源给检修照明和系统恢复用，事故照明切换单元就是实现这样功能的单元。其原理见图 9-26，当交流正常时由交流供电，交流停电后自动切换到由直流供电。图中 SB 为试验按钮，交流正常时，SB 接通，中间继电器 KYJ 线圈带电，其动断触点断开，直流接触器线圈不带电，其动断触点闭合，绿灯点亮；按下 SB，中间继电器 KYJ 线圈失电，其动断触点闭合，直流接触器线圈带电，其动合触点闭合，红灯点亮，表示发生故障交流失电。

（五）直流断路器

GZDW 系列直流电源柜一般配有直流主回路断路器及配电回路断路器。要求直流断路器本身具有速断保护、过电流保护。若用户有监测回路状态的要求，可选择加装辅助触点 OF 和报警触点 SD。

电力操作电源用直流专用断路器分断能力均要求在 6kA 以上，有些场合甚至要求在 20kA 以上。选择断路器应保证在直流负荷侧故障时相应支路可靠分断，其容量与本系统上、下级开关相匹配，以保证开关动作的选择性。

（六）蓄电池巡检仪

BATM30 系列蓄电池巡检仪工作原理：BATM30 系列蓄电池巡检模块由微计算机控制，采用串行总线方式，通过 RS232（电流环型）通信接口与上位机集中监控器相连接，实时检测蓄电池组的单节电池电压、环境温度，并将检测到的数据初步处理后上传至集中监控器，由监控器对所接收的数据进行分析处理。

（七）数字表计

IDM 系列智能直/交流数字表包括 IDVM 智能直/交流数字电压表和 IDAM 智能直/交流数字电流表，具有精度高、寿命长、读数直观和具有很强的抗过载冲击能力，可作为高精度的数字显示仪表和作为上位管理计算机的高精度变送器。

（八）馈线状态监测模块

馈线状态监测模块型号为 KZJ-B，可监测直流屏上各馈线状态（馈线失电或开关脱扣或开关通断状态），具有选线功能。所有馈线状态可由内置 CPU 通过串行总线上报集中监

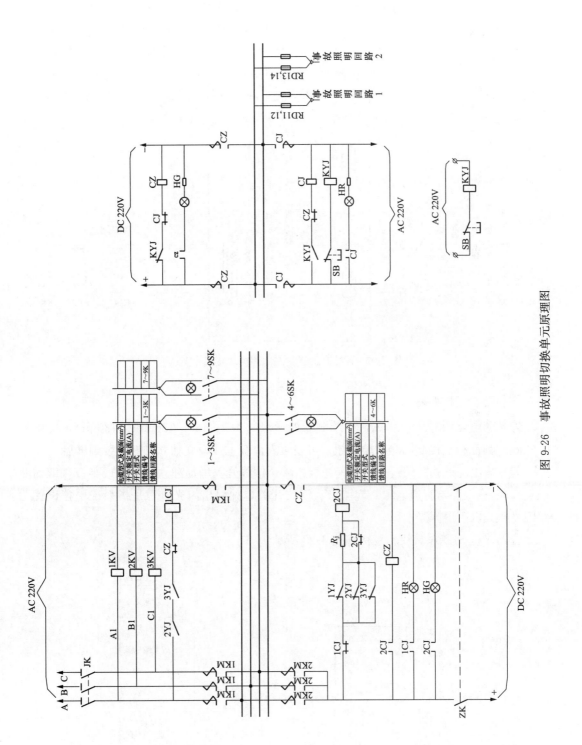

图 9-26 事故照明切换单元原理图

控器，集中监控器可显示故障支路号。

　　一台馈线状态监测模块可监测 48 路馈线开关。其连接方式是将直流屏上各馈线开关的辅助触点或（和）报警接点依次连接至馈线状态监测模块的输入口Ⅰ、Ⅱ上，再通过 RS232/RS485 串行口上传至后台监控单元。后台监控单元可阅读直流屏上各馈线开关位置状态或故障状态。馈线状态监测模块接线图如图 9-27 所示。

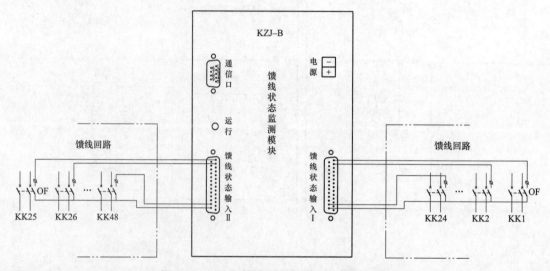

图 9-27　KZJ-B 馈线状态监测模块接线示意图

（九）闪光装置

闪光继电器型号为 SJD-A，该继电器外形尺寸为 106mm×56mm×130mm，质量为 0.75kg。其面板上设有闪光试验按钮，可安装到面板上或设立独立支架安装到屏后。

闪光输出的形式：馈线开关加闪光极指单个馈线开关增加独立的一极或半极（即辅助触点），闪光电源与直流电源一起引出。馈线开关单独引出闪光电源是指系统单独设置几路闪光开关以引出闪光电源。

闪光装置 SJD-A 接线示意图如图 9-28 所示。

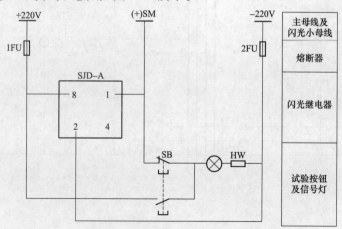

图 9-28　SJD-A 闪光装置接线示意图

（十）光电转换器

在大型发电厂和 500kV 变电站等场合，在各小室设有直流分屏，分屏上的接地检测、馈线监测等信号量需与直流主屏连接并上传至后台监控系统。以往均通过屏蔽电缆实现通信连接，现在已越来越多地采用了光纤通信方式。光纤通信彻底克服了发电厂、变电站的电磁干扰，免除通信设备遭受地电位升高的危险影响等。

第四节　直流系统异常及故障处理

一、监控模块的常见故障分析和处理方法

一般情况下主监控器故障时，监控器面板上的运行指示灯熄火，并发出故障告警信号，同时副监控器自动投入运行，保持系统原来的运行状态，并对充电模块、母线电压、绝缘状态、熔拍状态、交流输入状态等信息进行监视。所以监控器故障后不会影响系统的正常运行，但需及时通知厂家维修。

（一）监控模块参数无法设置

（1）监控模块和上级设备没有通信上，将导致参数无法设置；

（2）错误的配置会造成监控模块参数无法设置；

（3）参数超限无法设置参数。

（二）监控模块故障蜂鸣器不响

（1）蜂鸣器故障；

（2）监控模块中设置蜂鸣器消音，将导致蜂鸣器不响（但故障灯亮）。

（三）监控模块不控制进入均充状态

（1）模块通信中断交流停电、电池组支路断等重要故障将导致监控模块进入故障保护状态，不转均充。

（2）电池电流检测错误将导致监控模块不能进入均充状态；

（3）手动状态不会自动进入均充，需要人工设置进入均充。

（四）监控模块显示电池容量错误

（1）电池电流检测错误；

（2）需要设置允许均充，保证电池容量校正。

二、充电模块的常见故障分析和处理方法

（一）充电模块保护

（1）充电模块交流输入过电压、欠电压、温度过高将导致充电模块保护。应根据故障代码进行确认；

（2）机柜装有玻璃门或者机柜密不透风，可能导致充电模块过热保护；

（3）机房环境温度过高，也将导致充电模块过热保护。

（二）充电模块故障

（1）充电模块的输出电压过高或者 IGBT 过电流将导致模块故障，要求将模块断开交流后重新开启，可恢复模块正常；

（2）不合理的电压调整可能导致充电模块输出过电压，该情况下需要断电后将电压调整电位器逆时针调到最小（调到最小时可以听到电位器有轻微的咔嗒声音），然后重新整定模块的输出电压。

（三）充电模块不均流

（1）没有连接均流线，可能导致不均流；

（2）主控制模块和合闸模块之间不可以均流。

（四）充电模块通信中断

（1）充电模块的地址设置错误将导致充电模块通信中断，两个不同的充电模块设置相同的地址也将造成监控模块通信中断；

（2）充电模块类型设置（有级限流和无级限流）将导致监控模块通信中断；

（3）充电模块地线连接不良或者没有连接可能导致充电模块通信中断；

（4）充电模块在重载情况下导致通信中断。接地线良好的情况下可以通过增加通信适配器来解决；

（5）监控模块中错误的串口号码设置将导致充电模块通信中断；

（6）充电模块的地址要求从 0 开始设置，地址要求连续设置。

（五）充电模块半载输出

部分充电模块具有缺相半载输出保护的功能，请检查充电模块的交流输入电压。

（六）充电模块电压输出无法达到设定的电压

（1）充电模块的过载将导致限流，使充电模块的输出电压无法达到设定值；

（2）电池电流检测错误，将导致充电模块限流，无法达到设定的输出电压值。

三、交流配电的常见故障和处理方法

发出交流故障告警可能是交流输入开关断开或交流停电，还有一种情况是交流缺相或者二相电压不平衡。通过改善交流输入电源即可排除该故障。

（一）交流电压采样不准确

（1）交流采样板故障；

（2）交流电源波形严重畸变将导致交流电采样不准确；

（3）配电监控盒或者监控模块故障将导致交流电压采样不准确。

（二）交流自动切换盒异常

（1）电缆连接错误将导致交流自动盒损坏；

（2）错误地使用交流接触器的辅助触点将导致交流自动切换盒损坏；

（3）不使用零线将使交流自动切换盒无法工作；

（4）交流电压采样错误也将导致交流自动切换工作异常。

（三）交流输入自动开关跳闸

（1）交流输入部分短路可能导致交流输入自动开关跳闸；

（2）交流输入自动开关辅助触点损坏可能导致监控模块显示交流输入自动开关跳闸的告警；

（3）交流输入自动开关的辅助触点的工作电源异常，也将导致告警的发生。

四、接地故障的一般处理方法

由于直流电源为带极性的电源，即电源正极和电源负极。交流电源是无极性电源，电力系统交流电源有一个真正的"地"，这个地也是电力系统安全的重要概念。为了系统安全，变电站、发电厂所有设备的外壳都会牢牢地接在这个"地"，而且希望其阻抗越低越好。直流电源的"地"对直流电路来讲仅仅是个中性点的概念，这个地与交流的"大地"是截然不同的。如果直流电源系统正极或负极对地间的绝缘电阻值降低至某整定值或者低于某一规定值，这时称该直流系统有正接地故障或负接地故障。

（一）直流系统的接地原因

发电厂、变电站直流系统分布范围广、外露部分多、电缆多且较长所接设备多、回路复杂，在长期运行过程中会由于环境的改变、气候的变化、电缆以及接头的老化、设备本身的问题等，使某些绝缘薄弱元件绝缘降低甚至绝缘破坏而造成不可避免地发生直流系统接地。特别在发电厂、变电站建设施工或扩建过程中，由于施工及安装的各种问题，如二次回路绝缘材料不合格、绝缘性能低或存在某些损伤缺陷，如磨伤、砸伤、压伤、扭伤或过电流引起的烧伤等；二次回路及设备严重污秽和受潮、接地盒进水，使直流对地绝缘严重下降；小动物爬入或小金属零件掉落在元件上造成直流接地故障；某些元件有线头、未使用的螺钉、垫圈等零件，掉落在带电回路上等，难以避免地会遗留电力系统故障的隐患，直流系统更是个薄弱环节。投运时间越长的系统接地故障的概率越大。

由于直流系统网络连接比较复杂，其接地情况归纳起来有以下几种：按接地极性分为正接地和负接地；按接地种类可分为直接接地，也称金属接地或全接地和间接接地、非金属接地或半接地；按接地的情况可分为单点接地、多点接地、环路接地和称片接地。

（二）直流系统接地的危害

直流系统如果仅仅是一点接地，对二次回路不会造成事故；如果有两点接地，就可能发生断路器误动或拒动。就动作的实际情况看，当直流系统监测回路发出预告信号报警，显示该系统接地，可以断定，直流系统的接地故障已经造成断路器可能发生误跳或拒跳的事故隐患，应立即排除。

（三）查找直流系统接地的一般原则

排除直流系统接地故障。首先要找到接地的位置，这就是常说的接地故障定位。直流接地大多数情况不是一个点，可能是多个点，或者是一个片，真正通过一个金属点去接地的情况是比较少见的。更多的会由于空气潮湿，尘土粘贴，电缆破损，或设备某部分的绝缘降低，或外界其他不明因素所造成。大量的接地故障并不稳定，随着环境变化而变化，因此，在现场查找直流接地是一个较为复杂的问题。同时当直流系统接地信号发出后，必须停止其二次回路上的一切工作，值班员还应详细询问情况，是否操作及设备自启动引起；试拉前，应通知岗位上的值班员；及时纠正检修人员的不规范行为。

（1）回路法，是电力系统查直流接地故障一直沿用的一个简单办法。所谓"拉回路"，就是停掉该回路的直流电源，停电时间应小于 3s。一般先拉信号回路、照明回路，再拉操作回路、保护回路等。该种方法，由于二次系统越来越复杂，大部分的厂站由于施工或扩建中遗留的各种问题，使信号回路与控制回路和保护回路已没有一个严格的区分，而且更多的还形成一些非正常的闭环回路，必然增大了拉回路查找接地故障的难度。正由于回路接线存在不确定性，往往令在拉回路的过程中，常常发生人为的跳闸事故，再加上微机保护的大量应用，微机保护由于计算机的运行特性也不允许随意断电。

（2）绝缘监测装置监测法，是一种在线监测直流系统对地绝缘情况的装置。该装置的优点是能在线监测，随时报告直流系统接地故障，并显示出接地回路编号。缺点是该装置只能监测直流回路接地的具体接地回路或支路，但对具体的接地点无法定位。技术上它受监测点安装数量的限制，很难将接地故障缩小到一个小的范围。有时绝缘监测装置判断不出支路只报"直流母线接地"，此时有可能直流母线接地，也可能是支路接地。还应利用绝缘电阻表测量正对地、负对地电压，核对绝缘检查装置的准确性。使用电压表时必须是高内阻的 2000MΩ，否则会造成另一点接地。

（3）便携式直流接地故障定位装置故障定位法。便携式直流接地故障定位装置是近几年开始在电力系统应用较为广泛的产品。该装置的特点是无需断开直流回路电源，可带电查找直流接地故障，完全可以避免再用"拉回路"的方法，极大地提高了查找直流接地故障的安全性。而且该装置可将接地故障定位到具体的点，便于操作。目前生产此类产品的厂家也较多，但真正好用的产品很少，绝大部分产品都存在检测精度不高，抗分布电容干扰差，误报较多的问题。

（四）查找直流接地应注意的事项

（1）发生直流系统接地时应查找及时。因直流接地故障常常随环境、气候的变化而变化，十分不稳定，造成难以查找的事故隐患，只要出现故障应立即查找。

（2）直流接地时必须汇报值长并联系好各运行岗位后才能进行。

（3）直流接地时必须两人进行，一人操作，一人监护，防止人身触电，做好安全监护。

（4）查找直流接地时，必须使用高内阻电压表，严禁用灯泡法进行查找。

（5）切断每一回路时，无论接地与否均应立即合上。

（6）切断系统和发电机-变压器组保护直流前应经调度同意，时间不应超过 3s，动作应迅速，防止失去保护电源。并应采取相应必要的措施，以防止保护误动或直流电动机跳闸。

（7）查找直流系统接地时应防止人为造成短路或造成另一点接地，导致误跳闸。

（8）执行瞬停直流电源时，为防止误判断，观察接地现象是否消失时，应从信号、光字牌和绝缘监察表计指示情况综合判断。解除可能误动的保护，并从次要负荷到主要负荷的顺序依次进行瞬停查找，尽量缩短断电时间。

（9）双路供电的直流系统应先断开环路断路器，如果客观上已断不开的环路（此类情况现场很多），应对检测到的接地故障回路（环路接地，表现出来一般都是两个以上回路）的接地精度仔细分析，找出接地更严重的回路，继续查找。

（10）直流系统接地时应按序查找，先信号回路、事故照明回路，再操作回路、控制回路、保护回路，先重点检测绝缘情况较差的回路。

（11）直流接地时拉回路应尽量避免在高峰负荷时进行。

（12）电源电缆故障，有备用电源者，改备用电源供电。无备用者，允许带缺陷运行，但应尽快消除故障。

另外，应定期利用绝缘监测仪巡检直流系统的对地绝缘，不一定故障出现时再去查找排除，记下绝缘较差的直流回路，待气候渐湿时，再重点监测。

五、母线电压异常原因及处理方法

（一）直流母线电压高报警

（1）检查集中监视器和绝缘监测仪上直流母线电压值，以判断报警是否正确。

（2）调节充电器装置输出以保持母线电压在规定范围内。

（3）检查蓄电池的充电电流是否太大，如太大则应降低。

（4）若为充电器设备故障，如交流电压高、稳压不起作用等，可切换到备用充电器。

（5）检查充电器是否由浮充自动切至均充方式，如是则应改至浮充方式。

（二）直流母线电压低报警

（1）检查集中监视器和绝缘监测仪上直流母线电压值，以判断报警是否正确。

（2）若系负荷太大，则相应增加充电器输出，及早停用直流油泵等措施。

（3）若是充电设备失去电源，使蓄电池组放电过甚导致直流系统的电压严重降低时，应设法迅速恢复充电设备电源或改用备用充电设备。

（4）若为充电设备故障，可改用备用充电器，将故障设备隔绝改检修。

（5）若是由于蓄电池组的故障引起，可将两段直流母线进行并列操作，由另一组蓄电池组进行供电，并将故障的蓄电池组隔绝改检修。

六、馈电输出跳闸

（1）直流馈出自动开关是否在合闸的位置而信号灯不亮，若有，确认此开关是否脱扣。

（2）馈电输出支路短路或者过负荷可能导致馈出支路跳闸。

（3）若辅助触点损坏，将导致馈电输出跳闸的告警。

（4）选择错误的辅助触点类型可能导致上述告警。

第十章 不间断电源（UPS)系统及柴油发电机

不间断电源（UPS）是向发电厂不间断供电负荷和敏感负荷供电的系统，柴油发电机是为大型单元机组配置的交流事故保安电源。本章介绍不间断电源（UPS）的组成和日常维护、柴油发电机组的接线及运行。

第一节 UPS 电 源

一、概述

随着发电厂单机容量的增加和机组控制水平的提高，发电厂不间断供电负载和敏感负载数量逐渐增多。要求必须有大容量的 UPS（uninterruptable power supply）不间断供电电源系统。发电厂的 UPS 一般采用单相或三相正弦波输出，为机组的计算机控制系统，数据采集系统，重要机、电、炉保护系统，测量仪表及重要电磁阀等负荷提供与系统隔离防止干扰的、可靠的不停电交流电源。

UPS 系统一般由整流器，逆变器，静态开关，手动维修旁路开关，输入隔离变压器，输出隔离变压器，旁路隔离变压器，旁路调压变压器，直流隔离二极管，并联运行均流控制单元，本机液晶监视器，本机诊断系统，与 DCS 的通信接口，调试、监视和维修专用通信口，负载功率因数测量及输入、输出滤波器，输入、输出回路开关或快速熔断器、变送器及馈线柜。

UPS 工作方式可以有以下几种方式：

（1）正常运行方式。在正常运行方式下，输入电源来自保安 PC 段的 400V 交流母线，经整流器转换为直流，再经逆变器变为 220V 交流，并通过静态切换开关送至 UPS 主母线（其间还经一个手动旁路开关 S）。

（2）当整流器故障或正常工作电源失去时，将由蓄电池直流系统 220V 母线通过闭锁二极管经逆变器转换为 220V 交流，继续供电。

（3）在逆变器故障、过负荷或无输出时，通过静态切换开关自动切换为旁路系统供电。旁路系统电源来自事故保安段，经隔离降压变压器、稳定调压器和静态切换开关送至 UPS 主母线。

（4）当静态切换开关需要维修时，可手动操作旁路开关，使其退出，并将 UPS 主母线切换到旁路交流电源系统供电。UPS 系统接线如图 10-1 所示。

二、电力专用 UPS 的种类及造型

UPS 的类型很多，本节主要介绍电力专用 UPS。电力专用 UPS 又可分为专用逆变

器、交直流电互备 UPS 及在线型 UPS 三大类。

（一）电力专用逆变器

电力专用逆变器，早在 20 世纪 80 年代就有人使用。但早期的逆变器由于受功率器件的制约，可靠性较差。随着功率器件的迅速发展和微电子产业的崛起，逆变器已向智能化、模块化方向发展。新型的电力专用逆变器均采用微处理器控制，主电路采用大功率场效应管（MOSFEI）、绝缘栅双极晶体管（IGBT）、智能功率模块（IPM）等功率器件。

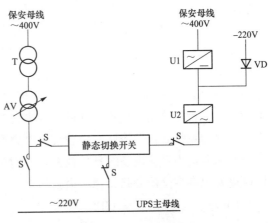

图 10-1　UPS 系统接线

电力专用逆变器原理如图 10-2 所示。DC-DC 开关电源提供逆变器自身的低压用电，如±15、5V 等。主电路采用单相全桥电路，由微处理器产生脉宽调制（SPWM）信号，经过 LC 滤波隔离、升压后输出。由于采用电压、电流反馈，因此，输出的正弦波指标可以达到较佳效果。该逆变器的特点是：工作简单，安装使用方便。缺点是：由于逆变器始终连接负荷这就加重了直流屏中整流器的负担，另外由于无旁路回路，冗余性能差。

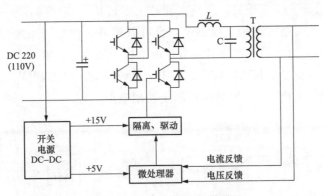

图 10-2　电力专用逆变器原理

该逆变器可用于以下场合。

（1）事故照明用电。由于事故照明用电并不像计算机等重要负荷那样分秒不能间断，因此可在事故状态时启动逆变器，以保证照明及消防设施用电。

（2）逆变放电用电。直流屏日常需要活化蓄电池，核对容量也需对电池放电，采用有源逆变器可直接将电能送至电网，以节约能源。

（3）小容量交流负荷的不间断供电。小容量电力载波机、继电保护、通信设备（一般容量在 2kVA 以下）时可采用逆变器直接供电，这样既可节省投资，又不影响直流屏的正常工作。

（二）交直流互备型 UPS

交直流互备型 UPS 是在专用逆变器的基础上改进的，在原有的逆变器的基础上增加了旁路转换开关，旁路转换开关一般采用静态开关，小容量时也可采用快速继电器。工作原理是旁路转换电路一直监视交流市电的电压和波形，一旦断电，将迅速切换至逆变器输出，切换时间均在几个毫秒之内。同样，若逆变器、直流屏故障或检修时，也将自动切换至交流市电供电，也即只要直流屏和交流市电有一路存在，交流输出将得到保证。可见该专用 UPS 的结构比逆变器合理，并且可实现两台 UPS 的冗余连接。该电源的特点是电源转换效率高，性能价格比较高，并可实现多台备份运行，主要应用于负荷在 3kVA 以下的场合，如电力系统微机监控、电力载波、电力通信等场合。

当然随着电力系统设备的日益精密，人们对电力系统电源也提出了更高的要求。上述不间断电源也存在交流旁路无稳压措施的缺点。

（三）电力专用在线型 UPS

该型 UPS 克服了上述两种 UPS 的不足，UPS 工作原理如图 10-3 所示，交流市电经过整流器整流后给逆变器供电。由于整流器输出端电压略高于直流屏的直流电压。在市电正常时，防反二极管处于反向截止状态，因此并不消耗直流屏的电力，也就不增加操作电源中整流器的负担。一旦市电中断，逆变器将直接由直流屏供电，同样万一直流屏断电，则直接由市电经过整流器逆变器给负荷供电，不会影响逆变器的正常供电。电力专用在线UPS 的最大特点是在执行"市电""逆变"切换时无任何间断，不间断输出的各项指标也将由内部高性能逆变器给予保证。使用的电力专用在线 UPS 另外加有静态旁路开关，在图 10-2 的基础上增设了静态开关，一旦逆变器出现过负荷或故障，静态开关将迅速切换到交流旁路上。交流旁路可以是交流供电，也可以是另一台 UPS 的输出。另外还设置了维修旁路开关，即在 UPS 需要维修时可直接由维修旁路供电。电力专用在线 UPS 可广泛应用于用电设备对电源要求较高的场合，如电力系统远动、电力调度、事故记录、继电保护等。目前这种类型 UPS 在 1000MW 机组上使用最多。

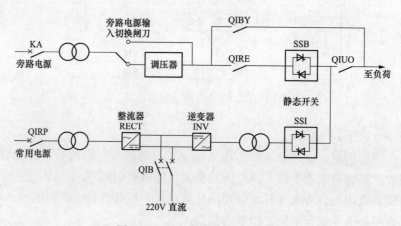

图 10-3　电力在线型 UPS 原理图

三、UPS 配置

瑞金电厂二期工程 UPS 电源使用深圳正昌时代电气工程有限公司的 GTSI 系列 6～

120kVA 3/1 型产品，每台机组 UPS 的容量为两组 80kVA（单相），并机冗余运行方式。脱硫不停电源系统容量为一组 20kVA（单相）。

　　UPS 系统向电厂不间断交流母线供电，它们向电厂计算机、锅炉和汽轮机控制系统、通信设备、报警器、记录仪之类负荷及其他不间断负荷供电。不间断交流电源系统设计成在正常和事故情况下，向重要负荷提供稳定的正弦电压，并使重要负荷与电厂辅助系统产生的瞬变负载相隔离。UPS 系统的输入电源提供两路交流电源：正常电源和旁路电源。当正常交流电源在规定的变化范围以内时，它作为 UPS 系统的电源。UPS 系统的输出向不间断交流电源母线上的负荷供电。电厂内 220V DC 蓄电池组与 UPS 系统相连，当正常交流电源或 UPS 系统的整流器发生故障时，它就向逆变器供直流电。除向逆变器供电之外，整流器不需向直流负荷供电，也不需向蓄电池充电。蓄电池与 UPS 之间设置一个闭锁二极管，以防止直流电从 UPS 系统流向直流蓄电池系统。旁路电源和逆变器输出通过高速静态转接开关接至不间断交流电源母线。

　　每台机组设置两套静止型 UPS，其容量为 80kVA，采用单母线分段接线方式，两段母线间设有联络开关。正常运行时由事故保安段交流 380V 电源向其供电。当全厂停电或整流器故障时，由单元机组的 220V 蓄电池经逆变后向负荷供电。若逆变器故障，静态开关自动切换至旁路系统，由事故保安段经隔离变压器、稳压调压器、静态开关向负荷供电。

　　当旁路交流电源的变化在稳态电压变化在 400V±10%，频率变化在 50Hz±5% 的范围内，当逆变器的输出电压暂态响时间超出了要求的调节范围，或当逆变器输出电压降低，或当频率变化超出频率波动范围在 ±0.5% 以内，高速静态转接开关能自动将不间断交流电源母线切换至旁路电源。从逆变器切换至旁路电源的供电间断时间不得超过 3ms。

　　如果按以下要求［接开关能在额定电压、功率因数为 0.7～0.9（滞后）情况下承受预期的最大冲击负荷为 150% 额定容量，长达 60s，还承受旁路电源可能带来的短路电流达 1000ms］，当正常情况恢复后，经过适当延时，静态转接开关自动地使不间断交流电源母线返回至逆变器输出，延时是为了避免外部故障缓慢消失和冲击造成的循环。从逆变器切换至旁路，或从旁路切换至逆变器，都不对所接负荷产生干扰。采取一定措施，使业主通过静态转接开关能手动限制自动反切换（切换时也不得对不间断交流负荷产生干扰）。切换时要求逆变器输出与旁路交流电源同步。如果逆变器发生故障，则不论相角是否相同，都切换。当电源切换至旁路时，经适当延时，机组发出报警信号（延时是为了防止瞬时切换时发生报警）。

四、GTSI 系列 UPS

　　GTSI 系列 UPS 是三相输入单相输出的工业不间断电源，采用 SPWM 脉宽调制技术，由高性能微处理芯片和 DSP 芯片进行控制，在电网各种波动起伏及中断的情况下，均能够对负载提供可靠完善的保护。GTSI 系列 UPS 系统原理如图 10-4 所示。

　　当交流主电源出现故障时，UPS 即在其相应配置时间内为负载提供后备电源。

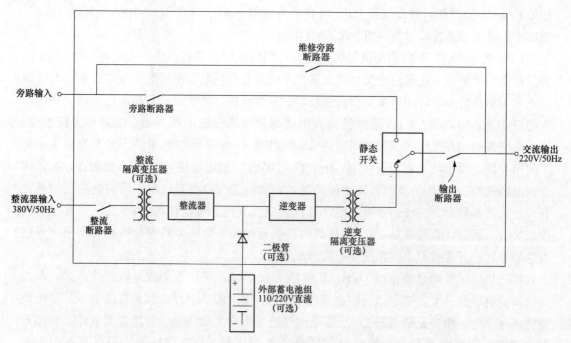

图 10-4 GTSI 系列 UPS 系统原理图

本 UPS 是基于用户使用方便的思路而设计的，其操作使用非常简单，不需要事先具备相关技术知识。本 UPS 是真正的在线式运行，一旦开机，就会源源不断地输出 220V/50Hz 稳压、稳频的电源给各类应用负载（也可根据配置需要进行特殊的设定）。

（一）并联运行

同型号的 UPS 可以进行并联方式的运行，此时负载为两台 UPS 平均分担。对于重要的负载设备，UPS 并联系统是最可靠的理想电源。当系统采用 N＋1 台 UPS 的并联方式（冗余并联系统），那么即使其中的一台 UPS 故障，其系统的输出电源也不会出现中断。如果并联系统中具备静态开关单元，那么即使多台 UPS 故障，系统的输出同样也不会中断。

每台用于并机系统的 UPS，都要配备独立的蓄电池组及原装的输出均流电感。

注意：公用电池组的并机系统需要在订货前说明并在原厂特别制造。

同型号的两台 UPS 并联运行时，相应的控制部分可以保持两台 UPS 频率和相位的同步，特别是用来限制两台 UPS 间的环流。当两台 UPS 中的某一台出现故障时，故障 UPS 会退出并联运行。UPS 在并联运行过程中利用一种动态电流分配管理系统（active current-sharing）来根据负载比例控制各 UPS 的输出电压。

并联系统中的某一台 UPS 会作为主机（MASTER），该主机与旁路交流电源保持同步，另外一台 UPS 作为从机（SLAVE）来跟踪主机。并联系统中并非特定某台 UPS 永远是主机，系统中的每台 UPS 都可以成为主机（MASTER）。

两台 UPS 并联运行原理如图 10-5 所示。

（1）模组式并联运行。在模组式并联模式下，UPS 之间彼此静态开关的同步是通过

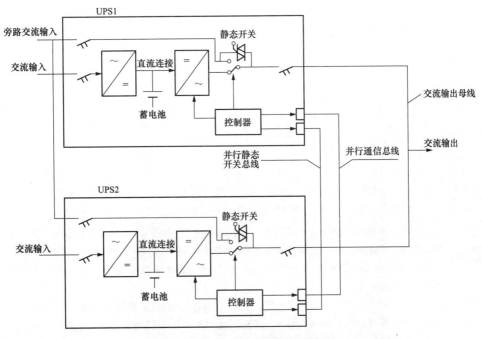

图 10-5 两台 UPS 并联运行原理图

厂家提供的 3 芯或 4 芯专用连线实现的，此外两台 UPS 间还连有 D15 接头的通信线（见图 10-6）。

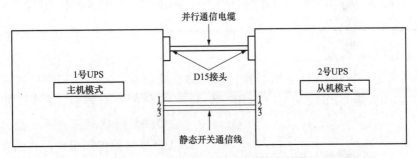

图 10-6 两台 UPS 之间的通信线联系

（2）并联运行注意事项。

1）2 台 UPS 的输出要并接在一起；

2）每台 UPS 均具备静态旁路开关以便在 UPS 故障或过载时将 UPS 转为旁路供电模式。

3）并联运行后两台 UPS 的静态开关会同时工作；

4）2 台 UPS 共用同一路旁路交流电源；

5）并联通信电缆用于使两台 UPS 的逆变器同频同相位，并且控制负载电流的分配；

6）并行静态开关总线的并联电缆用于协调每台 UPS 静态开关的动作。

（二）主要组件

UPS 主要模块组成见表 10-1。

表 10-1　　　　　　　　　　　　　　UPS 主要模块组成

模块	功　能
整流器	整流器为 UPS 提供稳定的浮充直流电压（138/270/432V DC 可选）
蓄电池组	蓄电池组与整流器的输出端直接相连，当交流输入电源故障时蓄电池组可作为备用电源。一般蓄电池组放在电池柜内
逆变器	逆变器通过汲取整流器或蓄电池的直流电压，从而输出受控的稳压稳频的交流电能。逆变器的组成部分包括 IGBT 桥式逆变电路、驱动电路（PC968 板）、L-C 滤波电路、输出隔离变压器、电流互感器、PC906 板和 PWM 控制板 PC800/801 等
静态开关	当逆变器出现过电流、负载冲击过大或性能故障等不能满足负载所需的情况时，静态旁路断路器就会将输出转为旁路供电模式。为保证静态开关实现可靠切换，逆变器在运行时要与旁路电源的频率和相位保持同步。静态开关包括 PC690 板（含 SCR 模块）、RA101、RA102 和 RA103 电磁式接触器等
控制系统	（1）测量主输入、旁路、逆变器、电池、输出电压/电流/频率信号、温度； （2）控制逆变器、旁路接触器、静态开关以及电池自检过程中的整流器电压； （3）控制 ALARM 干接点告警接口； （4）控制在前面板键盘上写入和发送信息时 LCD 的显示； （5）通过 RS232C 接口与其他设备进行通信； （6）控制 UPS 之间的并联运行。 控制系统包括微处理器板 PC801.PC085 面板、模/数（A/D）转换器、电源板 PC873、电流和温度传感器等

（三）UPS 控制面板

本 UPS 具备一个有 LCD 显示器和轻触式键盘的面板，通过它用户可以有效地管理 UPS。该控制面板是 UPS 安装好之后用户与 UPS 交流的首要界面，有关 UPS 的信息、告警和故障状况都会通过控制面板上的 LCD 显示器告知用户，并伴有声音报警以提醒用户注意。控制面板布置如图 10-7 所示。

除用来显示实际负载量大小的柱形指示灯外，UPS 控制面板左侧流程图上的 LED 指示灯可以显示工作电流的流向以及 UPS 各部分的状态。

用户可以通过控制面板来监控 UPS，通过 LCD 显示器可以看到 UPS 实时运行的参数信息，另外一些非正常的情况还会有声音报警提示。

控制面板有 4 个用于控制的功能按

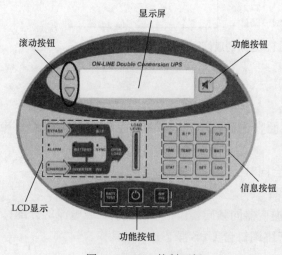

图 10-7　UPS 控制面板

键和 12 个用来显示状态信息的信息按键。

五、UPS 系统的使用注意事项及日常维护

UPS 电源系统因其智能化程度高，给使用带来了许多便利，但在使用过程中还应在多方面引起注意，才能保证使用安全。

（一）UPS 主机的使用注意事项

（1）主机中设置的参数在使用中不能随意改变。特别是电池组的参数，会直接影响其使用寿命，但随着环境温度的改变，对浮充电压要做相应调整。

（2）应避免带负荷启动 UPS，应先关断各负荷，等 UPS 启动正常后再开启负荷，因为负荷瞬间供电时会有冲击电流，多负荷的冲击电流和加上所需的供电电流会造成 UPS 瞬间过负荷，严重时将损坏 UPS。

（3）一般而言，UPS 功率余量不大，在使用中要避免随意增加大功率的额外设备，也不允许在满负荷状态下长期运行。

（二）主机柜的日常维护

（1）UPS 在正常使用情况下，主机的维护工作很少，主要是防尘和定期除尘。特别是气候干燥的地区空气中的灰粒较多，机内的风机会将灰尘带入机内沉积。当遇空气潮湿时，会引起主机控制紊乱，造成主机工作失常，并发生不准确告警。大量灰尘也会造成器件散热不好。一般每季度应彻底清扫一次。其次就是在除尘时，检查各连接件和插接件有无松动和接触不牢的情况。

（2）对主机出现击穿、熔丝熔断或烧毁器件的故障，一定要查明原因并排除故障后才能重新启动，否则会接连发生相同的故障。

（三）旁路柜的使用注意事项

（1）稳压器投入运行前应了解其使用条件；

（2）负荷电流不应超过允许值；

（3）输入电压在允许范围内，输出电压不稳定应立即进行检查。

（四）旁路柜的日常维护

根据不同的使用环境、维护周期较大的差异，维护时应在停电时进行，维护内容包括：

（1）彻底清扫稳压器各部分，使之不留灰尘污垢。特别是电刷、接触调压器的裸露部分（滑道），电刷滑动轨道以及变速传动部件必须用汽油与棉布洗净擦干净；

（2）更换已磨损或损坏的电刷；

（3）发现有故障或损坏的元器件应及时修理或更换；

（4）使用一段时间后，调整链条的松紧杆或螺杆的间隙程度稍微有活动余地即可。

六、UPS 系统故障处理

（一）主电源故障

（1）现象："UPS 异常"信号报警，直流电源自动投入，输入电压、频率为零。其他

参数正常。

（2）原因：输入电源失电，输入开关故障，电源接触器故障，输入滤波器、隔离变压器、整流器故障，输入参数超限，人员误动等。

（3）处理的基本原则：检查负荷开关运行正常，直流电源投入正常，旁路电源可靠备用，退出主电源，手动切至旁路运行，对主电源故障原因逐一检查，分清原因联系检修处理，如果是人员误动，立即恢复正常运行方式。

（二）直流电源和旁路电源故障

（1）现象：就地控制面板显示直流电源和旁路电源故障报警，主电源运行正常。

（2）原因：直流电源断路器故障，旁路电源失电，旁路电源接触器故障人员误动等。

（3）处理原则：首先检查直流电源断路器是否跳闸，分析跳闸原因，联系处理旁路电源故障原因应逐一检查，分清原因联系处理，如果是人员误动，立即恢复正常备用。

（三）UPS失电

（1）现象。

1）控制室声光信号报警；

2）热工电源DCS、SIS、DEHSK S可能失电；

3）锅炉MFT、汽轮机跳闸，发电机-变压器组跳闸；

4）光字牌电源将失去，所有电气变送器辅助电源失去。

（2）原因。

1）UPS母线（或负荷）发生短路，引起UPS母线失电；

2）UPS主电源因故中断，且旁路电源、直流电源未投上；

3）UPS设备故障；

4）运行人员误操作或保护误动。

（3）处理原则。复归声光报警信号，汇报值长。

1）汽轮机方面。

①确认汽轮机、给水泵汽轮机跳闸，转速连续下降。

②立即检查主机润滑油泵、密封油泵运行正常，防止主机断油烧瓦。

③检查小汽轮机工作油泵运行正常，检查闭冷泵运行应正常，检查汽轮机其他辅助设备的运行情况应正常。

2）电气方面。

①确认发电机-变压器组保护动作正常，主变压器高压侧断路器跳闸、发电机磁场断路器跳闸，否则立即手动拉开主变压器高压侧断路器、发电机磁场断路器。

②检查厂用电备用电源自动投入成功，检查保安段运行正常。立即派人去UPS室检查UPS控制面板上的报警信号，检查UPS母线失电原因，同时检查主路、旁路和直流电源的供电情况确认故障设备并隔离排除后，重新启动UPS，尽快恢复UPS母线供电；此时若厂用电备用电源未自动投入，应立即查明保安段各母线已切至备用电源供电，确认保安段运行正常。同时检查厂用备用电供电正常，再设法恢复对厂用电供电。

③当汽轮机、给水泵汽轮机直流油泵及空侧直流密封油泵运行后，须对 220V 直流母线电压加强监视，保证 220V 直流母线电压正常。

④立即检查各热工电源的切换情况，恢复对热工电源的供电。

3）锅炉方面。

①立即检查进入锅炉的所有燃料已全部切断，锅炉确已熄火。检查磨煤机、一次风机已全部停运，否则立即手动停运。检查给水泵是否停运，若未停运，可手动停运检查空气预热器，引、送风机运行是否正常，必要时可将其停运。

②检查汽包水位是否正常，待 UPS 恢复供电后用电泵对锅炉进行上水，防止锅炉长时间缺水。

（四）旁路电源的故障原因与排除

（1）输出电压大幅度的偏离稳定值。

1）手动/自动切换断路器是否确实放置在"自动"。

2）稳压器输入电源的相序是否确实没变动。

3）输入电压是否确实未超出允许范围。

4）手动/自动切换断路器置于"手动"，"升压"（或降压）操作时电刷是否确实在滑道上移动。

（2）输出电压稍微偏离稳定值。调节电位器可使输出调节到需要稳定值。

（3）稳压器输出电压振荡。

1）检查是否稳压精度整定过高和电刷滑动速度不相适应造成，调节器精度电位器降低精度，振荡即可消除。

2）检查电刷与绕组接触是否良好。

第二节　柴油发电机

发电厂中的柴油发电机组，是专门为大型单元机组配置的交流事故保安电源。当电网发生事故或其他原因致使发电厂厂用电长时间停电时，它可以给机组提供安全停机所必需的交流电源，如汽轮机的盘车电动机电源、顶轴油泵电源、交流润滑油泵电源等，从而保证机组在停机过程中不受损坏。

目前，单机容量为 200MW 及以上的发电厂中，普遍采用专用柴油发电机组作为交流事故保安电源。采用柴油发电机组的保安备用电源系统图如图 10-8 所示。

一、柴油发电机组的特点及功能

（一）特点

柴油发电机组的保安备用电源系统有一套完整的设备，它有如下主要特点。

（1）运行不受电力系统运行状态的影响，是独立的可靠电源。

（2）柴油发电机组启动迅速。当发电厂厂用电中的保安段母线失去电源后，柴油发电机组能在 15s 之内自动启动，完全能够满足发电厂中允许短时间中断供电的交流事故保安

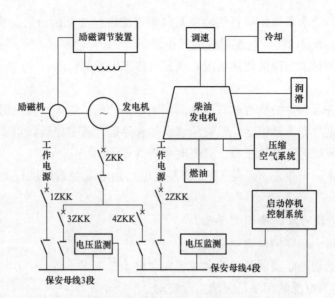

图 10-8　采用柴油发电机组的保安备用电源系统图

负荷（如盘车电动机、顶轴油泵、润滑油泵等）的供电要求。

（3）柴油发电机组可以长期运行，以满足长时间事故停电的供电要求。

（4）柴油发电机组结构紧凑，辅助设备较为简单，热效率较高，经济性较好。

（二）功能

柴油发电机组有自启动功能、带负荷稳定运行功能、自动调节功能、自动控制功能、模拟试验功能和并列运行功能等，现分述如下：

（1）自启动功能。柴油发电机组可以保证在发电厂全厂停电事故中，快速自启动带负荷运行。接到启动指令后能在 15s 内一次自启动成功（带额定负荷运行）。这种柴油发电机组的自启动成功率很高，设计要求不小于 98％。

（2）带负荷稳定运行功能。柴油发电机组自启动成功后，无论是在接带负荷过程中，还是在长期运行中，都可以做到稳定运行。柴油发电机组有一定的承受过负荷能力和承受全电压直接启动异步电动机能力。具体规定可依据现场运行规程执行。

（3）自动调节功能。柴油发电机组无论是在机组启动过程中，还是在运行中，当负荷发生变化时，都可以自动调节电压和频率，以满足负荷对供电质量的要求。

（4）自动控制功能。柴油发电机组的自动控制功能很多，主要有：

1）保安段母线电压自动连续监测；

2）自动程序启动、远方启动、就地手动启动；

3）机组在运行状态下的自动检测、监视、报警、保护；

4）自动远方、就地手动、机房紧急手动停机；

5）蓄电池自动充电；

6）预润滑、润滑油预热、冷却水预热。

二、柴油发电机组的电气接线

（一）一次接线

柴油发电机的出线通过配电母线和馈线断路器与相应的交流事故保安母线连接。机组配置数与汽轮发电机组相对应。一般情况下，200MW 机组是每两台机组配置一套柴油发电机组，300MW 及以上的汽轮发电机组是每一台机组配置一套柴油发电机组。无论是两台机组配置一套柴油发电机组，还是一台机组配置一套柴油发电机组，每台机组都有各自的事故保安母线。

"一机一组"的接线单元性强，可靠性高，适用 300MW 及以上机组采用。图 10-9 的接线中事故保安母线采用两段单母线，是为了与厂用工作母线的接线相对应。

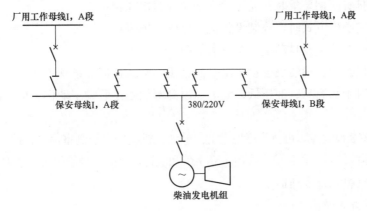

图 10-9　"一机一组"的交流事故保安电源系统接线

（二）二次接线

柴油发电机组的控制启动、保护、测量、信号系统采用直流 24V 电压，断路器控制、操作及其联络信号采用直流 220V 或 110V 电压。

1. 控制

除自动控制的功能外，柴油发电机组还有就地控制屏控制和主机组单元控制室远方控制两种控制方式。

电源的正常切换是利用柴油发电机组的馈线断路器和交流事故保安段上的工作电源进线断路器相互联锁实现。当保安段母线电压失压时，经 3～6s 延时（躲开继电保护和备用电源自动投入时间），通过保安段母线电压监视继电器及辅助继电器联动柴油发电机组自动启动，同时联锁保安段工作电源的进线断路器跳闸和柴油发电机组的馈线断路器合闸，柴油发电机开始向保安母线供电。当保安段工作电源恢复时，停机工作可以根据值长的命令按程序自动停机或手动操作停机。

2. 保护

（1）发电机及其引出线保护。

1000kW 及以上的柴油发电机装设内部相间短路保护和过负荷保护。

1000kW 以下的柴油发电机装设过电流保护和电流速断保护。

发电机总馈线及分支馈线装设相间短路和过负荷保护；整个馈电系统装设单相接地保护或接地检测装置。

相间短路保护和中性点直接接地系统的零序保护动作于分支断路器跳闸；过负荷和中性点经高电阻接地系统的单相接地保护动作于信号。

发电机的内部短路保护采用过电流或纵差保护装置，馈线的短路保护和过负荷保护一般利用断路器内附的电磁脱扣器和半导体脱扣器实现。当其灵敏度不能满足要求时，装设三相三继电器式接线的反时限保护装置。直接接地系统的零序保护采用零序电流互感器和动作灵敏的零序电流继电器构成。高电阻接地系统的单相接地故障利用高灵敏度的接地检测装置实现。

发电机及其总馈线的短路保护和分支馈线的短路保护的动作选择性相互配合。

当发电机具有同期要求时，还装设逆功率和过电压保护。

当采用无刷励磁方式时，还装设整流二极管故障保护。

发电机励磁系统装设自动电压调整器故障保护。

（2）柴油机保护。柴油机装设水温过高、机油油压过低和超速保护，这些保护动作于停机。另外，对于水温高、油压低、润滑油温高等问题还装设了动作于信号的保护。

3. 信号

信号系统按装设地点，可分为就地盘上信号和主机组中央控制室信号；按故障性质，可分为预告信号和事故信号。预告信号作用于光字牌和电铃，事故信号作用于光字牌和蜂鸣器。

柴油发电机组装设下列信号：

1）电气设备故障信号；

2）柴油发电机组运行信号；

3）柴油发电机组三次启动失败信号；

4）机组运行方式选择开关位置信号；

5）机油油压低和过低信号；

6）柴油发电机组超速信号；

7）燃油箱油位低信号；

8）保安段电源自动投入回路熔断器熔断信号；

9）控制电源故障信号；

10）启动电源电压消失信号；

11）旋转整流二极管故障信号（无刷励磁方式时有）；

12）柴油发电机组故障总信号。

其中4）和12）除就地安装外，还引到主机房的中央控制室。

4. 测量

（1）电气回路装设的表计。

1）发电机：定子电流表、定子电压表、有功功率表、功率因数表、频率表、励磁电流表（无刷励磁时没有）、24V 直流电压表、计时表、同期表（当有同期要求时）。

2）分支回路：电压表、电流表。

（2）机械系统主要装设的表计。转速表、机油压力表、机油温度表和冷却水温度表等。

三、柴油发电机励磁

柴油发电机采用无刷励磁方式。励磁系统具备自动调压和强行励磁性能。对于自动励磁调整装置，可调电压在 $\pm 5\% U_n$。强励倍数大于 2，励磁回路的反应速度不大于 0.05s，动态和稳态调压性能都可以满足保安母线所带负荷的要求。

励磁调整装置除了有自动调整部分，还有手动调整部分。当需要手动调整时，值班员可以就地操作。

四、柴油发电机组的运行

（一）运行方式选择开关的使用

柴油发电机组的运行方式选择开关有"自动""手动""试验""零位"四个位置。机组可以通过运行方式选择开关选择机组所处状态。

当机组列入正常备用时，选择开关应切换到"自动"位置，使机组处于准启动状态。

当需要就地手动启动或停止机组运行时，应将选择开关切换到"手动"位置。这样便使控制回路中的自启动部分退出工作。

当厂用电源正常，又需要启动机组进行某些试验时，应将选择开关切换到"试验"位置。这种方式下只能启动机组，而合不上发电机出口断路器。

当对机组进行检修或某些维护工作，不允许机组启动时，应将选择开关切换到"零位"位置。这样就可以同时闭锁手动启动和自动启动回路。

（二）备用状态下的检查和维护

保安母线工作电源正常情况下，柴油发电机组应处于良好的备用状态。备用状态下的柴油发电机组可以不设专人值班，但必须有人对其进行定时检查和维护。

对备用状态下的机组进行检查，要掌握以下要点：

（1）机组的运行方式选择开关应在"自动"位置；

（2）控制盘上不应有异常信号光字出现；

（3）蓄电池浮充电流应符合规程规定值；

（4）压缩空气罐内空气压力应能满足启动要求；

（5）日用燃油箱和储油箱的油位应保持高限位；

（6）机组本体及其附属系统均应在热备用状态，如柴油机的燃油控制杆应在运行状态、所有系统的阀门开关位置应符合机组紧急自启动要求等。

（7）燃油系统、冷却系统、启动系统、润滑系统等不应有跑、冒、滴、漏现象；

（8）所有设备应完好，表面无异常。

对于长期处于备用状态的机组，应采取必要措施，防止发电机及其他电气设备受潮。对备用状态下的发电机、励磁机、电动机要定期测定绝缘电阻。绝缘电阻不合格时要及时通知有关人员采取干燥等方法进行处理。

对于长期处于备用状态的机组，还应定期进行启动试验。发现问题及时处理。

（三）运行中的检查和维护

柴油发电机组在运行中，要认真进行巡视检查。检查要点除了包括备用状态下的检查要点外，还有：

（1）机组的运转声音和振动应正常；

（2）发电机出口空气温度、发电机绕组温度、各个轴承温度、各处润滑油温度及机组冷却水温度均应在规程允许范围内。

（3）发电机的出口电压、出口电流、频率、有功功率、无功功率、励磁电压、励磁电流均应不超过额定值。

如果发电机励磁系统没有使用无刷励磁装置，则还应对滑环、整流子和碳刷进行检查。发现有火花时要及时处理。

对长期运行的机组要经常检查燃油箱油位。当油位下降到油位中线以下时要及时补油。

（四）故障处理

柴油发电机组的主要故障现象、原因及处理方法见表 10-2。

表 10-2 柴油发电机组的主要故障现象、原因及处理方法

故障现象	原因	处理方法
保安段母线失电，而机组未自动启动	自启动系统有问题，如选择开关位置不对，控制回路熔丝熔断、预润滑油泵未能启动等	首先立即就地手动启动一次。如果未能启动成功，迅速检查有关系统设备，排除故障
保安段母线供电正常，而机组误启动	（1）选择开关位置不对； （2）远方启动开关合上； （3）控制回路故障	（1）将选择开关切至"自动"位置； （2）将该开关置于断开位置； （3）通知检修人员处理
机组在 15s 内启动数次，但不升速	自启动系统完好，而柴油机故障	将选择开关切至"零"位，检查柴油机部分
机组虽启动，但升不起电压	（1）转速太低； （2）剩磁电压太低； （3）整流元件损坏； （4）励磁线圈断线； （5）接线松动或开关接触不良； （6）电刷和集电环接触不良； （7）刷握卡涩，电刷不能滑动	（1）测量转速，提高转速到额定值； （2）用蓄电池充电； （3）更换整流元件； （4）将断线重新焊牢并包扎绝缘； （5）将接线头拧紧。检查开关接触部分，用 00 号砂布擦净接触面； （6）清洁集电环表面。磨电刷表面使之与集电环相吻合。调节电刷弹簧压力到正常； （7）用 00 号砂纸擦净刷握内表面，如刷握损坏应予更换
断路器合不上	断路器控制回路或机构问题	现场检查断路器控制回路和机构，并试合，如仍无效则通知检修人员处理

故障现象	原因	处理方法
发电机出口电压太高或太低	如果电压值偏差大于±10％额定值，说明电压调节器的电压整定值不正确	先手动调整电压到额定值，然后通知有关人员重新调整定值
机组运行频率高于或低于50Hz	机组转速较高或较低	检查和调整机组转速
发生应该紧急停机的故障	机组超速并已达到超速保护动作值，机组内部有异常摩擦、撞击声，机组着火，发电机内部故障，而保护或开关拒动，发生直接威胁人身安全的危急情况	手动紧急停机，然后采取相当措施

第十一章　发电厂控制和调度自动化

现代发电厂运行人员都要依赖计算机控制系统对发电生产进行控制。本章介绍控制方式、计算机控制系统的功能、组成、软/硬件结构等。

第一节　发电厂控制

一、发电厂的控制方式

（一）单元控制室的控制方式

单机容量 300MW 及以上的大型机组，广泛采用将机、炉、电的主要设备集中在一个单元控制室（也称集控室）进行控制的方式。为了提高热效率，现代大型火电厂趋向采用亚临界或超临界高压、高温的机组。锅炉与汽轮机之间蒸汽管道的连接，由一台锅炉与一台汽轮机构成独立的单元系统，不同单元系统之间没有横向的联系，这样管道最短，投资较少。运行中，锅炉能配合机组进行调节，便于启停及事故处理。机、炉、电集中控制的范围，包括主厂房内的汽轮机、发电机、锅炉、厂用电以及与它们密切联系的制粉、除氧、给水系统等，以便让运行人员监控主要的生产过程。至于主厂房以外的除灰系统、化学水处理系统、输煤系统等均采用就地控制。如果高压电力网比较简单，出线较少，可将网络控制部分放在第一单元控制室内。高压网络出线较多时，可单独设置网络控制室。两台大型机组合用一个单元控制室的平面布置图如图 11-1 所示。主环为曲折式布置，中间为网络控制屏，而两台机组的控制屏台，分别按炉、机、电顺序位于主环的两侧，计算机装在后面机房内。单元控制室的控制方式具有机、炉、电协调配合容易，机组启停安全、迅速，运行稳定，经济效益高，事故判断准确，处理迅速和工作环境好等优点；但也存在着巡视较远，现场操作不便，对运行人员的技术水平要求较高等缺点。随着计算机监控系统在发电厂的广泛应用，单元控制室的控制方式已成为大型机组普遍采用的一种控制方式。

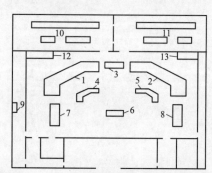

图 11-1　单元控制室平面布置图

1、2—机、炉、电控制屏；3—网络控制屏；

4、5—运行人员工作台；6—值长台；

7、8—发电机辅助屏；9—消防设备；

10、11—计算机；12、13—打印机

（二）单元机组机炉电集控的几个问题

（1）控制室的总体布置。控制室应按机炉电集控布置，把机炉电作为一个整体来监视和控制；实现以网络控制屏为中心的过程监控，取消常规的 BTG 盘；DCS 承担机组 （DAS）、（CCS）、［BMS(FSSS)］、（SCS）、DEH，实现机组自动启停及 FCB 等单元机组大部分主要监控功能。运行人员在控制室内通过 CRT、键盘（鼠标球标/光笔）实现单元机组的启动、停止、正常运行及事故处理的全部翻视和操作。控制室一般以两台机组共用一个控制室为宜，这样便于两台机组之间的联系管理。两台发电机盘和厂用电盘可装在一起，一目了然，便于值长统一调度，还可减少后备值班人员数量。

两台机组共用一个控制室，控制盘台一般是两侧对称布置。对称布置有两种对称方式，一为中心轴线对称，二为中心旋转 180°对称，如图 11-2 所示。

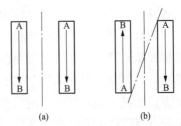

图 11-2　控制盘台布置示图
（两机共用一个控制室）
(a) 中心轴线对称；(b) 180°对称屏

大型单元机组的监控主要在集控室内完成，两台机组共用一个控制室时的布置，宜采烈 180°对称布置，运行人员监控 1 号或 2 号机组时，监视和操作设备的方向和顺序不变，都是从左到右［见图 11-2 (b)］。国外也有两台机组并列布置的情况。随着 DCS 功能覆盖面的扩大，电气监控也越来越多地纳入 DCS 系统。控制室向着小型化、船舱式控制室发展，利用信息高度集中的优势，节约空间，降低造价。

（2）常规仪表和记录仪表。仪表原则上不用或少用常规仪表，重要参数如汽包水位、主蒸汽温度、主蒸汽压力、汽轮机转速、发电机功率等可根据情况选用少量专用数字显示仪表；汽包水位和炉膛火焰可另设工业电视。记录仪表除汽轮机厂有特殊要求外，可不装设。

（3）操作开关。原则上不使用硬接线的操作开关，辅机的启/停、阀（风）门的开/关均在 CRT 键盘（鼠标/球标/触屏）上操作，对于重要辅机只设"停止"的硬接线开关，以确保重要辅机在任何情况下安全停运。只保留少量的重要电气开关，取消电气控制屏/盘，控制功能在 DCS 实现。保留的硬手操开关有：发电机-变压器组断路器紧急跳闸按钮；发电机灭磁开关跳闸按钮；柴油发电机紧急按钮。报警光字牌一般保留 20 个以下，与热工报警合并在一起，既减少设备的种类，又便于布置。

（4）人员配置实现单元机组一体化控制、全能值班员，即不设司机、司炉和电气值班员，而是一台机组配备一名主值班员（机组长）、两名副值班员负责对整个机组实施全面监控。主、副值班员要求有较高的文化技术水平。

二、发电厂的分散控制系统

发电厂的微机监控可分为两大部分，一部分是以热工为主的微机"分散控制系统"（DCS），另一部分是与电网有关的"网络计算机监控系统"（NCS）。DCS 对单元发电机组进行数据采集、协调控制、监视报警和连锁保护，在技术上和经济上都已取得了良好的效果，我国火力发电机组的自动控制和技术经济管理水平发展到了一个新阶段。

关于 DCS，相关培训教材中有详细介绍。这里只从一体化 DCS 出发，简要说明电气控制系统（ECS）与 DCS 的关系，电气量的特点以及电气控制系统的内容。

（一）一体化 DCS 的由来

大型电厂计算机控制的应用，大致经历了单元计算机控制系统、分散控制系统、一体化 DCS 几个阶段。

在计算机应用的初期，受当时技术水平的限制，主要采用单板机、单片机和 PLC 等完成部分设备的控制和局部工艺流程的控制，并逐渐形成以实现子功能形式的单元计算机控制系统。因这些子系统由相互独立的计算机控制系统构成，来自不同厂商，实施时间先后各异，系统之间的性能差别很大，因此，各子系统间相互通信很困难，数据无法共享。

随着计算机技术和网络技术的发展，在 20 世纪 80 年代逐渐出现了基于 4C 技术的分散型控制系统。早期的分散控制系统仅应用于 CCS 和 DAS 系统，随着 DCSR 的可靠性的提高，对可靠性要求高的 FSSS 系统也进入 DCS，而 DCS 功能的扩展和价格的降低，使涉及大量辅机控制的顺序控制系统 SCS 进入 DCS，随着 DEH、给水泵汽轮机数字电液控制系统（MEH）、旁路控制系统（BPS）这类专用控制系统纳入 DCS，DCS 开始进入一体化实现的阶段。这正顺应了大型电厂炉、机、电、辅机及其他系统一体化控制的要求。DCS 在大型电厂的热工控制系统的应用实践，使系统的可靠性得到了检验，也使 DCS 在大型电厂的应用上了一个新的台阶。表现为：系统的可靠性大大提高；系统的应用功能进一步扩展；系统的容量增大；电气设备控制系统纳入 DCS；系统的开放，使可操作性和互换性得以实现。开放系统互联的环境为大型电站机、炉、电一体化 DCS 的实现提供了技术基础。

电气设备的控制被纳入 DCS，是一体化 DCS 系统应用的重要标志。电气控制系统（ECS）是一体化 DCS 系统的重要组成部分。

电气控制系统 20 世纪 90 年代以后开始进入 DCS。早期是进入 DCS 的数据采集系统 DAS，即重要的电气模拟量、开关量及电度脉冲量在 DCS 中进行状态监视、越限报警、事件顺序记录及报表打印等。以后逐步将厂用电动机的控制纳入 DCS 的顺序控制系统 SCS，个别电厂也有将发电机及厂用电的控制进入 DCS，网络控制室也广泛采用了计算机监控系统。但有的电厂即使发电机及厂用电的控制全部按进入 DCS 设计，还仍然保留了常规的电气手动控制方式，即保留了较大的电气控制屏。使得单元控制室的面积不能减少，电气控制系统的投资增加，造成这种现象的主要原因是由于受电气传统控制方式的束缚和传统运行、检修专业划分的影响，电厂运行人员对全部 CRT 监视，计算机键盘及鼠标操作还有疑虑，对 DCS 的可靠性不放心。完全取消常规的手动控制方式，实现真正意义上的计算机控制在实践上还经历了一段路程，近几年才被人们逐渐接受下来。

一方面，由于机组大容量、高参数的特点及过程控制的复杂性和机组整体的协调运行，使电气运行人员依靠常规仪表监控已力不从心。仅靠人力根据常规仪表和控制开关去处理突发事件，容易出现误操作而引发事故。另一方面，电气设备的可控性提高，为 DCS 监控提供了有利条件。随着科学技术的发展，大型发电厂的中压断路器均实现了真空化，而低压断路器采用框架式断路器，各种开关的可控性、可靠性大大提高，开关合不上、跳不开、手车机构不灵的现象不复存在，高、低压开关控制的微机化、智能化水平不断提高，各种数字化电气控制装置（如微机保护装置、微机励磁装置、微机同期装置、微机自动切换装置等），为发电机、电气设备控制进入 DCS 奠定了基础。

从实际效果来看，电气纳入 DCS 可减少控制室面积，减少运行、检修人员工作量，节约控制电缆，使人员和系统都更安全、可靠。与原有常规监控相比，总体的性能价格比有所提高，虽然如此，但电气纳入 DCS 对电力系统自动化进程的影响及其意义必将更加深远。

（二）电气系统进入 DCS 的有关问题

1. 电气控制系统的特点及要求

电气控制系统的控制对象是继电器、接触器、断路器的合、跳闸等电磁线圈，与热工控制设备相比较，电气设备具有如下特点：

（1）信号简单，模拟量为电流、电压（其他电气量如功率、电度量等，均可变换为电压电流量），开关量为无源触点。

（2）信号的传输和变换相对简单（TA、TV 及电量变送器，输出动作对象为电磁线圈）。

（3）信号变化速度快（电气量的变化一般为毫秒级，热工量一般为秒级或更长）。

（4）控制策略一般为开关量逻辑控制；与热工设备比较控制对象少，控制逻辑简单，操作机会少，正常运行时，发电机及厂用电设备很长时间才可能操作一次。

（5）要求电气设备的主保护、安全自动装置可靠性高、动作速度快（电气设备主保护的动作时间一般为几毫秒至十几毫秒）。

（6）对电气控制回路的监视功能要求很高，如断路器合、跳闸线圈断线监视，控制回路熔断器熔断监视，继电保护元件的故障监视等。这主要是由于保护和控制设备如果发生误动或拒动，对生产造成的损失是巨大的。

2. DCS 控制电气设备的方式及其优缺点

（1）DCS 控制电气设备的方式。DCS 对电气设备的控制一般采取如下方式：

方式一：由 DCS 的硬件及软件实现电气逻辑。包括发电机同期逻辑、厂用电自动切换逻辑、发电机励磁系统自动电压调节器甚至简单的继电保护逻辑等。

方式二：DCS 通过 I/O 或网络将控制指令发送到电气控制装置上，DCS 仅实现高层次的逻辑，如与热工系统的连锁、操作员发出的手动操作命令的合法性逻辑检查等。其他操作逻辑均由电气控制装置自身来实现。目前主要的电气控制装置包括发电机励磁系统自动电压调整器 AVR、发电机自动准同期装置 ASS、厂用电自动切换装置 ATS、发电机-变压器组继电保护装置、厂用电系统继电保护装置及断路器防跳回路等。

（2）两种控制方式的应用比较。

1）方式一的优缺点。

①采用方式一具有如下优点：

a. 由于控制逻辑均在 DCS 中实现，电气控制系统的可靠性与 DCS 的可靠性相同。

b. 由于控制逻辑均在 DCS 中实现，电气控制装置非常简单。

c. 电气控制逻辑全部由 DCS 软件实现，组态灵活，修改逻辑方便，可适应不同运行方式。

d. 目前有部分厂家的 DCS 已实现了发电机同期逻辑、厂用电自动切换逻辑、发电机励磁系统自动电压调节器等硬件专用模件，这些硬件模件配合 DCS 的软件组态，可以完成相应电气装置的功能。

②采用方式一有如下缺点：

a. 电气控制将依赖于以上设备。

b. 就目前电厂的运行习惯，电气与热工检修人员的分工是非常明确的，如果上述电气功能均由 DCS 硬件和软件实现，而硬件模件安装在 DCS 机柜中，会给专业人员的运行及检修造成矛盾和责任不清。

c. 尽管 DCS 可以依靠专用硬件模件及软件实现发电机自动准同期、厂用电自动切换等逻辑，但这些功能对速度的要求很高（如厂用电快速切换功能要求在 15～20ms 完成逻辑运算并发出命令），DCS 实现其功能，花费的代价太大，对 DCS 负担较重，甚至有可能影响其他子系统。

d. 目前 DCS 的发展水平，还不可能满足发电机变压器继电保护、发电机电气量故障录波等功能要求。

e. 按目前电厂的建设程序，厂用电系统是首先投入运行的，一般比热工系统要早 6 个月左右，如果这时 DCS 不能正常运行，厂用电系统将失去控制及保护。

2) 方式二的优缺点。

①采用方式二的优点如下：

a. 电气控制设备完全独立，电气设备的安全性连锁逻辑完全由电气控制设备自身实现，脱离 DCS 系统，各电气控制系统仍然能够维持安全运行。

b. 对速度要求很高的电气装置，由于并不依赖于 DCS，能够大大的减轻 DCS 的系统负担。

c. 对于数字化电气控制设备，有可能实现 DCS 的网络通信连接，减少 DCS 的硬件设备，实现真正意义上的分散控制。节省控制电缆及建设投资。

d. 符合当前电厂的专业分工，对设备的检修维护有利。

e. 有利于电气控制设备厂家发展数字化电气控制装置，促进国产数字化产品的进步。

②采用方式二的缺点如下：

a. 电气控制系统的可靠性取决于电气控制装置的可靠性。

b. 目前国产数字化电气控制设备大部分还达不到与 DCS 网络通信的水平，只能通过 I/O 方式连接。

综上所述，按目前的控制及设备水平，电气控制系统进入 DCS 宜采用方式二。

（三）电气量纳入 DCS 控制的内容

单元控制室由 DCS 实现监测和控制的电气设备包括发电机-变压器组、厂用电源系统、主厂房内高低压交流电动机和直流电动机等。

电气量纳入 DCS 控制，即由 DCS 根据所采集的电气设备的各种参数加以分析、判断，做出决定，并对某个设备发出指令；或者对运行人员输入的某个指令根据所采集的数据进行分析判断，决定是否执行该指令。

1. DCS 主要控制功能

DCS 应主要实现以下控制功能：

（1）发电机-变压器组的顺序控制和键盘软手操控制。

（2）厂用高、低压电源的键盘软手操控制。

（3）发电机-变压器组启动、升压、并网及正常停机的顺序控制。

（4）发电机-变压器组启动、升压、并网及正常停机的软手操。

2. 完成各功能的主要步骤

（1）发电机-变压器组控制的主要步骤。

1）发电机启动升压操作步骤：

①当发电机转速为 2950r/min，且其他条件满足时，由工作人员确认后，软手操启动顺控或软手操操作。

②投启励开关。

③投磁场开关（控制 AVR，使发电机出口开始升压，直至发电机额定电压 90%）。

2）发电机-变压器组并网操作步骤：

①当发电机出口已经开始升压，并由工作人员确认后，软手操启动顺控或软手操操作。

②当发电机出口电压大于 90% 额定电压时，投入自动准同期装置 ASS。

③ASS 控制 DEH 与 AVR 进行调频率及调电压，直至发电机-变压器组达到并网条件。

④当并网条件满足时，ASS 发出命令投发电机-变压器组断路器。

3）发电机-变压器组正常停机步骤：

①当接到正常停机指令，并经工作人员确认后，由软手操启动顺控或软手操操作。

②DCS 命令厂用电源切换装置将厂用负荷由厂用工作变压器切换至启动/备用变压器。

③发电机减负荷；DCS 控制 AVR 使发电机出口减压。

④当负荷降为零后，DCS 断开发电机-变压器组断路器。

⑤当发电机出口电压 $U_G \approx 0$ 时，DCS 切磁场开关（退出 AVR）。

自动电压调整装置（AVR），自动准同期装置（ASS），厂用电源切换装置均为独立的装置，不属于 DCS。

对以上①～⑤步骤，DCS 主要完成以下顺控及软手操功能：

①发电机-变压器组主断路器的投切。

②磁场开关的投切。

③启励开关的投切。

④AVR 的投切及切换控制。

⑤整流装置的投切及切换。

⑥ASS 装置的投切及控制。

⑦厂用电源切换装置的投切及控制。

DCS 应能对以上设备进行条件判断，在各个步骤中完成顺控功能。

（2）厂用电源的软手操控制。DCS应能实现高、低压厂用电源的必要的连锁逻辑，如先投高压侧开关后投低压侧开关，同一母线段工作电源备用电源不同时投入等；当操作人员误操作时，DCS应能根据逻辑状态条件判断为误操作。

厂用启动/备用电源系统，应能在两套单元机组的DCS系统上完整实现控制功能，两套DCS系统之间应相互闭锁，确保在任何情况下只能在一套DCS系统中发出操作指令。

1）DCS完成厂用电源控制功能如下：

①厂用高压启动/备用变压器高压侧断路器软手操投切。

②厂用高压6～10kV各段工作断路器软手操投切。

③厂用高压断路器6～10kV段备用断路器软手操投切。

④厂用高压3kV各段工作断路器软手操投切。

⑤厂用高压3kV段备用断路器软手操投切。

2）控制厂用电源切换装置完成厂用切换工作主要指工作电源和启动/备用电源的正常及故障时的快速切换。

3）工作变压器、公用变压器、照明变压器、检修变压器高压侧断路器的软手操投切包括：

①工作变压器、公用变压器、照明变压器、检修变压器高压侧断路器的软手操投切。

②工作段、公用段、照明段、检修段分段断路器的软手操投切。

4）为能保证安全停机及保证厂用电源供应，设置以下硬操作于辅助屏上：

①发电机-变压器组断路器控制开关。

②磁场开关控制开关。

③备用电源强投控制开关。

（四）电气量纳入DCS监测的内容

数据采集与处理（DAS）是实现实时监控的基础，对各系统的数据采集应能实现DCS系统对各电气系统的实时监测和控制。

数据采集包括模拟量、开关量、脉冲量的采集，其中开关量应分为一般开关量和事件顺序记录量（SOE）。

（1）纳入DCS监测的电气量。

1）发电机-变压器组纳入DCS监测的内容：

①发电机电压、电流、频率、功率、功率因数、电度等。

②封闭母线温度、压力。

③主变压器电压、电流、功率、电度、温度、油位等。

④启动/备用变压器电压、电流、功率、电度、温度、油位等。

⑤厂用高压变压器电压、电流、功率、电度、温度油位等。

⑥发电机-变压器组主断路器状态、油压等。

⑦启动/备用变压器高压侧断路器状态、油压等。

⑧励磁系统电压、电流、磁场开关、启励开关等开关状态。

⑨以上系统各种保护设备的动作状态。

2）厂用电源系统纳入 DCS 监测内容：

① 厂用高压侧 6～10kV、3kV 各段母线电压。

②厂用低压工作变压器、公用变压器、照明变压器、检修变压器等电流、功率、温度等。

③厂用低压变压器高低压侧断路器状态。

④厂用低压各段母线电压，各分段断路器状态等。

⑤以上厂用电源系统各保护设备的动作状态。

3）其他系统纳入 DCS 监测内容：

①保安电源及柴油发电机电压、电流、功率、功率因数、电度等。

②保安电源及柴油发电机各个开关状态等。

③直流系统各开关、蓄电池，充电设备及各开关状态及保护设备动作状态。

④UPS 系统各设备状态及电压、电流、功率等状态。

（2）光字牌的设置。少量光字牌于辅助屏上，作为个别重要信号的报警。主要有：AVR 故障总信号；发电机-变压器组断路器控制回路故障；主变压器冷却系统故障；启动/备用变压器，工作变压器高、低压侧断路器控制回路故障；厂用快切装置故障；直流故障总信号；UPS 故障总信号；柴油机故障总信号；发电机保护动作等。

（3）常规仪表的设置。根据安全停机的原则，设置常规仪表有：发电机电压、电流、功率表；励磁电流表；高压厂用母线电压表等。

（4）电气纳入 DCS 的其他要求。

1）DCS 需完成的电气计算功能主要项目如下：

①发电机有功电能和无功电能。

②厂用电率。包括全厂总的厂用电率（每小时、每值、每日厂用电率）。

③厂用电量。包括全厂总的厂用电量（每小时、每值、每日厂用电量）。

④发电机功率因数及功角。

⑤主要电气设备运行小时数。

2）电气专业 CRT 主要项目有：电气主接线；高、低压厂用系统接线图；保安系统电源接线图；励磁系统图；直流系统接线图；发电机电流、功率曲线；发电机、厂用系统电压曲线；各级电压棒状图；发电机工况趋势曲线；发电机-变压器组保护配置及动作成组画面，厂用工作、启动/备用变压器保护配置及动作成组画面。

三、发电厂的网络微机监控系统

（一）网控微机监控系统（NCS）的功能特点

按规程规定，大型火力发电厂的网控室均要求配置网控微机监控系统，其主要功能是完成网络控制系统所要求的全部控制、测量、信号、操作闭锁、事故记录、统计报表、打印记录等功能。前些年采用常规监控系统和微机监控装置双重设置的方式，其主要特点可以总结如下：

（1）采用常规的强电一对一的控制、信号方式、常规的测量仪表直接从 TV、TA 测量或经变送器测量。

（2）设置一套单机或双机的微机监测装置，具有测量、信号显示、事故记录及追忆、打印等功能。

（3）设置独立远动装置，单独采集数据和信号，向调度所发送信息，与当地常规监控系统不发生关系。

（4）继电保护装置独立设置，继电保护动作信号同时送至中央信号及网控微机。

事实证明，这种模式只是网控微机应用的初级阶段，其设计思想本身存在着如下一些缺陷：

（1）设备、功能重复设置，造成大量的浪费。网控微机本身具有极强的功能，它完全可以取代常规的监控设备及独立的远动装置，而将这些功能协调、有机地统一到网控微机中。

（2）运行管理水平没有得到实质提高。由于各部分功能的分散，网控微机的功能在运行中只得到了很少一部分的发挥，因而其优越性不能得到充分体现。

（3）增加了设计、施工的工作量，降低了二次设备运行的可靠性。例如，有的信号既要送到常规的信号系统，又要送到网控微机和远动装置，触点数量有限，不得不用中间继电器来增加触点数量，这样既增加了设备，又增加了故障概率。

（4）增加了大量电缆。正是因为网控微机应用初级阶段存在着很多问题，才使得我们现在的进一步研究具有实际意义。

（二）国内外网控微机应用的发展趋势

近年来，随着微机技术的迅速发展，微机型继电保护装置和微机控制系统的技术得到了很大的提高，这为发电厂综合自动化系统的发展提供了极其有利的条件。

（1）国内应用的发展趋势。

1）网控微机采用开放式、分散式网络。

2）网控微机具有远动功能，不再另设独立的 RTU。

3）采用微机型继电保护装置，继电保护系统通过软接口与网控微机系统相连。

（2）国外应用的发展趋势。

1）网控微机采用开放、分散式网络。控制装置就地布置，做到功能分散，地点分散。

2）网控微机具有远动功能，不再另设独立的 RTU。

3）保护设备下放。

国外做法的主要区别在于：是将控制、保护设备尽量做到分散布置，即在一次设备就地设置微机控制终端和保护单元，将就地所有电流、电压等模拟量及各种开关量集中到一起。再通过光缆传输到主机接收。这种做法真正体现了分散控制系统的设计思想，即功能分散、地点分散。而在我国，由于有些设备不具备下放就地的条件（因就地条件较差），因而只能集中布置，但从结构上看，系统本身还是分散式的。

（三）网控微机的设计原则

（1）取消常规监控设备。常规监控设备和网控微机的双重设置造成了大量的浪费，也极大地限制了微机监控系统功能的发挥。因此，新建大型电厂一般都取消常规的监控设备，由网控微机取而代之。

（2）网控微机系统的设计思想。在做网控微机系统的设计时，要考虑：

1）可靠性。这是所有控制系统均须保证的条件。

2）实用性。简单易学，使运行人员容易掌握，且人机界面直观明了，操作方便。

3）开放性。即系统可与商用软件兼容，可与其他公司的控制保护设备连接，扩展方便。

（3）系统功能。系统与用户之间的交互界面为视窗图形化显示，利用鼠标控制所有功能键的方式，使操作人员能直观地进行各种操作，用户利用菜单可以容易到达各个控制画面，每个菜单的功能键上均有清楚的文字说明其用途及可以到达哪一个画面。每个画面都有瞬时报警显示，当收到报警时，无论操作人员在任何画面，均会跳到报警显示。所有系统之原始数据，均为实时采集。

系统应用程序的每一项功能均能按用户要求及系统设计而修改，并可随扩建或运行的需要而进行扩充和修改。一般情况下，系统应配有以下基本功能：

1）系统配置状况显示。以图形或表格的方式显示整个系统的配置状况及系统软件配置，并显示当前的运行状态信息。

2）接线图显示。分层显示接线图画面，并显示出各被控对象的运行状态并动态更新。

3）数据采集、处理。将有关信息，如开关量、模拟量、外部信号等数据，传至监控系统做实时处理，更新数据库及显示画面，为系统实现其他功能提供必需的运行信息。

4）报警。按系统实际需要，用户可以指定在某些事件发生时或保护动作时自动发出报警，如一般可设置在以下情况下系统将发出报警：开关量突然变位；断路器位置不对应；模拟量越限等。

5）事件顺序记录（SOE）。根据运行需要，可将某些事件，如继电保护动作、断路器跳闸等的动作时间及有关信息做记录，供事故分析等使用。

6）遥控修改继电器整定值。经授权之操作人员可以通过系统主机或工作站遥控修改各继电器的保护功能和整定值。

7）操作闭锁。系统上所有操作对象均可设定闭锁功能，以防止操作人员误操作。

8）趋势图。

（4）模拟量采用交流采样方式，不设直流变送器。

（5）由微机监控系统传送远动信息到区调或总调，不另设独立的 RTU。

（6）可设一块由微机监控系统驱动的主接线模拟屏，进行主要设备的状态及主要模拟量的动态显示。

（7）就地设备和网控微机之间用光缆连接。

（8）设置一套独立的 UPS 系统。

（9）关于继电保护。目前国内外关于高压开关站内设备的保护，已广泛采用了微机型保护装置，国外很多公司的做法是将保护下放到配电装置，这种方案节省了大量电缆，而且可靠性也比较高。国内因设备质量问题，保护还不能下放，而是集中在继电器室内，这种做法有利于设备在较好的环境下运行，因而也是可以接受的。根据我国目前的实际情况，不必刻意追求保护下放。

（10）关于网控微机和 DCS 的信息交换。根据生产调度的需要，单元机组控制系统和网控之间需要有必要的信息交换，这种信息交换以往都是通过硬接线实现的。网控部分采用微机监控系统以后，这种信息交换可通过软接口进行。

第二节　调度自动化

一、发电厂在电网调度自动化系统中的地位

电力系统是由发电厂、输变电系统、配电系统和各种不同类型的负荷等组成，由各级调度控制中心对全系统运行进行统一管理。对生产过程的监控，按地域的远近，可分为近程监控和远程监控两大类。发电厂内部的锅炉、汽轮机、发电机等所配备的自动装置、监控系统属于近程监控范畴，而调度控制中心要对电力系统中分布地域辽阔的发电厂、变电所（站）进行的监控属于远程监控。电力系统调度自动化，也称电力系统远程监控。

现代的电力系统，调度控制中心需采集和处理的数据多、实时性要求高，早期那种依靠电话采集数据、下达命令的调度手段显然已无法满足要求。特别是在事故情况下，抓不住时机就会造成极大的危害。科学技术的发展为调度自动化提供了有力的支持，目前普遍使用电子计算机对电力系统进行监视和控制。采用计算机进行监控的电网调度自动化系统也称为电网监控系统。

发电厂是电力系统中最重要的电源，特别是大容量机组电厂，机组的稳定、经济、可靠运行，对电力系统正常、灵活运行起着至关重要的作用。电力调度自动化系统，一方面将遍布各地的电厂、变电所的实时信息采集到调度中心，另一方面将调度中心的命令传送到各发电厂和变电所，对设备进行控制和调节。

二、电力系统的分层控制

电力系统是一个分布面广、设备量大、信息参数多的系统。电能的生产、输送分配和消费均在一个电力系统中进行。我国电力体制改革后从行政上分为国家电网公司和南方电网公司，从电网建构上已建成华北电网、东北电网、华东电网、华中电网、西北电网和南方电网，并且在大网之间通过联络线进行能量交换。随着三峡工程的建成，西北 750kV 电网建设的加快，全国统一大电网的格局也将渐呈雏形。

按照我国行政体制的划分，电力系统的运行管理本身是分层次的：区域网公司、省电力公司、各市县电力局等，它们的运行方式和负荷的分配正逐步按照市场需求进行管理。为保证整个电力系统能够安全、经济、稳定运行，为国民经济提供高质量的电能，我国电网实行五级分层调度管理：国家调度控制中心、大区电网调度控制中心、省电网调度控制中心及地（市）、县电网调度控制中心，电力系统分层控制的示意图如图 11-3 所示。

电网调度管理实行分层管理，因而调度自动化系统的配置也必须与之相适应，信息分层采集，逐级传送，命令也按层次逐级下达。分级调度可以简化网络的拓扑结构，使信息

的传送变得更加合理，从而大大节省了通信设备，并提高了系统运行的可靠性。为了保证电力系统的安全、经济、高质量地运行，对各级调度自动化系统都规定了一定的职责。

电网调度的任务是控制整个电网的运行方式，使电网无论在正常或故障情况下，都能满足安全、经济和高质量供电的要求。

（1）保证优质电能。保证有功功率平衡，维持系统频率在额定值附近。保证无功功率（就地）平衡，维持母线电压在额定值附近。安排合理的运行方式和检修计划。

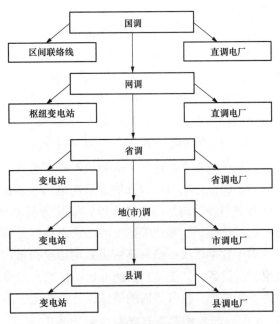

图 11-3　电网分层控制示意图

（2）保证运行经济性。电力系统经济性取决于两个方面：（前）系统规划设计、（后）调度运行方式。运行方式安排：机组出力大小、备用机组和容量、网损计算分析等。决定基本运行方式后，电网调度自动化自动完成实时经济调度。

（3）选用有较高安全水平的运行方式。预想若干事故进行分析和计算后，选用后果较轻的运行方式，即安全水平较高的运行方式。应用现代电子计算机可以实现实时安全分析。

（4）保证提供强有力的事故处理措施。对于非正常运行状态，调度要采取相应措施使之恢复到正常状态。特别是紧戒状态和紧急状态情况下，要采取及时、正确的措施。

三、调度自动化系统的结构

以计算机为核心的电网监控与调度自动化系统的基本结构如图 11-4 所示，按其功能可以分成如下四个子系统。

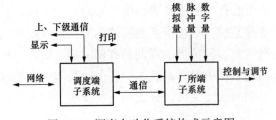

图 11-4　调度自动化系统构成示意图

（一）信息采集和命令执行子系统

信息采集和命令执行子系统是指设置在发电厂和变电站中的远动终端 RTU（包括变送器屏、遥控执行屏等）。远动终端与主站配合可以实现"四遥"功能：RTU 遥测方面的主要功能是采集并传送电力系统运行的实时参数，如发电机功率、母线电压、系统中的潮流、有功负荷和无功负荷、线路电流、电度量以及事故追忆等；RTU 在遥信方面的主要功能是采集并传送继电保护的动作信息、断路器的状态信息、形成事件顺序记录等；RTU 在遥控方面的主要功能是接收并执行从主站发送的遥控命令，并完成对断路器的分闸或合闸操作；RTU 在遥调方面的主要功能是接收并执行从主站发送的遥调命令，调整发电机的有功功率或无功功率等。

（二）信息传输子系统

信息传输子系统按信道的制式不同，可分为模拟传输系统和数字传输系统两类。

对于模拟传输系统（其信道采用电力线载波机、模拟微波机等），远动终端输出的数字信号必须经过调制后才能传输。模拟传输系统的质量指标可用其衰耗—频率特性，相移—频率特性、信噪比等来反映，它们都将影响到远动数据的误码率。

对于数字传输系统（其信道采用数字微波、数字光纤等），低速的远动数据必须经过数字复接设备，才能接到高速的数字信道。随着通信技术的发展，数字传输系统所占的比重将不断增加，信号传输的质量也将不断地提高。

（三）信息的采集处理和控制子系统

为了实现对整个电网的监视和控制，需要收集分散在各个发电厂和变电站的实时信息，对这些信息进行分析和处理，并将结果显示给调度员或产生输出命令对系统进行控制。

（四）人机联系子系统

高度自动化技术的发展要求调度人员在先进的自动化系统的协助下，充分、深入和及时地掌握电力系统实时运行状态，作出正确的决策和采取相应的措施，使电力系统能够更加安全、经济地运行。从电力系统收集到的信息，经过计算机加工处理后，通过各种显示装置反馈给运行人员。运行人员收到这些信息做出决策后，再通过键盘、鼠标、显示屏触摸等操作手段，对电力系统进行控制，这就是人机联系。

大型电厂通常与省调和网调分别相接。调度自动化系统的构成如图 11-4 所示。

四、调度自动化系统的基本功能

电网调度自动化是一个总称，由于各级调度中心的职责不同，调度控制的功能也有所区别，但都需要数据采集和监控。系统安全监控的功能由各级高度共同承担，而自动发电控制与经济调度由大区网调或省调负责。网调和省调应具有安全分析和校正控制的功能。

电网监控与调度自动化系统由电力系统中的各个监控与调度自动化装置的硬件和软件组成，按其分布特点与实现的功能又可以分成一定的层次，而其高一级的功能往往建立在一定的基础功能之上。

（一）变电站综合自动化

变电站是电力系统中的一个重要组成部分，其实现综合自动化是电网监控与调度自动化得以完善的重要方面。变电站综合自动化采用分布式系统结构、组网方式、分层控制，其基本功能通过分布于各电气设备的 RTU 对运行参数与设备状态的数字化采集处理、继电保护微机化，监控计算机与微机继电保护装置的通信，完成对变电站运行的综合控制，完成遥测、遥信数据的远传与控制中心对变电站电气设备的遥控及遥调，实现变电站的无人值守。

对于传统的变电站无人值班的改造，则是考虑从经济的角度出发，在保留原有的基本设备的前提下，通过对控制回路、信号回路以及模拟远动装置数字化的改造，实现变电站远方遥测、遥信、遥控及遥调。

（二）配电网管理系统

配电管理系统（distribution management system，DMS）是一种对变电、配电到用电过程进行监视、控制、管理的综合自动化系统，其中包括配电自动化（DA）、地理信息系统（GIS）、配电网络重构、配电信息管理系统（MIS）、需方管理（DSM）等几部分。

（三）能量管理系统（EMS）

能量管理系统（EMS）是现代电网调度自动化系统硬件和软件的总称，主要包括数据采集与监控（SCADA）、自动发电控制与经济调度（AGC/EDC）、系统状态估计与安全分析（SE/SA）、配电自动化与管理（DA/DMS）、调度员模拟培训系统（DTS）等。

下面简单介绍各功能的内容和含义。

（1）数据采集和监控（SCADA）功能。SCADA是调度自动化系统的基础功能，也是地区或县级调度自动化系统的主要功能。它主要包括以下方面：

1）数据采集。包括模拟量、数字量、脉冲量等。

2）信息的显示和记录。包括系统或厂站的动态主接线、实时的母线电压、发电机的有功和无功出力、线路的潮流、实时负荷曲线、负荷日报表的打印记录、系统操作和事件顺序记录信息的打印等。

3）控制和调节。包括断路器和有载调压变压器分接头的远方操作，发电机有功出力和无功出力的远方调节。

4）越限告警。

5）实时数据库和历史数据库的建立。

6）数据预处理。包括遥测量的合理性检验、遥测量的数字滤波、遥信量的可信度检验等。

7）事故追忆（PDR）。对事故发生前后的运行情况进行记录，以便分析事故的原因。

（2）自动发电控制功能（AGC）。自动发电控制功能是以SCADA功能为基础而实现的功能，一般写成SCADA＋AGC。自动发电控制是为了实现下列目标：

1）对于独立运行的省网或大区统一电网，AGC功能的目标是自动控制网内各发电机组的出力，以保持电网频率为额定值。

2）对于跨省的互联电网，各控制区域（相当于省网）AGC的功能目标是既要承担互联电网的部分调频任务，以共同保持电网频率为额定值，又要保持其联络线交换功率为规定值，即采用联络线偏移控制的方式（在这种情况下，网调、省调都要承担AGC任务）。

（3）经济调度控制功能（EDC）。与AGC相配套的在线经济调度控制是实现调度自动化系统的一项重要功能。如果AGC功能主要保证电网频率质量，那么EDC则是为了提高电网运行的经济性。

EDC 通常都与 AGC 相配合进行。当系统在 AGC 下运行较长时间后，就可能会偏离最佳运行状态，这就需要按一定的周期（通常可设定为 5~10min），启动 EDC 程序重新分配机组出力，以维持电网运行的经济性，并恢复调频机组的调节范围。

（4）能量管理系统 EMS 的其他功能。SCADA、AGC/EDC 上面已作介绍，下面简单介绍 EMS 的其他功能。

1）状态估计（SE）根据有冗余的测量值对实际网络的状态进行估计，得出电力系统状态的准确信息，并产生"可靠的数据集"。

2）安全分析（SA）安全分析可以分为静态安全分析和动态安全分析两类。

①静态安全分析。一个正常运行着的电网常常存在着许多潜在危险因素，静态安全分析的方法就是对电网的一组可能发生的事故进行假想的在线计算机分析，如按 $N-1$ 原则进行事故预想，校核这些事故发生后电力系统稳态运行方式的安全性，从而判断当前的运行状态是否有足够的安全储备。当发现当前的运行方式安全储备不足时，就要修改运行方式，使系统在有足够安全储备的方式下运行。

②动态安全分析。动态安全分析就是校核电力系统是否会因为一个突然发生的事故而导致失去稳定。校核因假想事故后电力系统能否保持稳定运行的稳定计算。由于精确计算工作量大，难以满足实施预防性控制的实时性要求，因此人们一直在探索一种快速而可靠的稳定判别方法。

（5）调度员模拟培训系统（DTS）。调度员模拟培训系统的主要作用如下：

1）使调度员熟悉本系统的运行特点、熟悉控制系统设备和电力系统应用软件的使用。

2）培养调度员处理紧急事件的能力。

3）试验和评价新的运行方式和控制方法。

调度自动化系统的功能是随着电力系统发展的需要和计算机技术及通信技术提供的可能而变化的，电网调度自动化技术的发展，可以使电网运行的安全性和经济性达到更高的水平。

五、远程终端单元（RTU）

（一）RTU 概述

远程终端单元 RTU 是调度自动化系统终端基础设备。它安装于各发电厂、变电站内，负责采集所在发电厂或变电站表征电力系统运行状态的模拟量或数字量，监视并向调度中心传送这些模拟量或数字量，执行调度中心发往所在发电厂或变电站的控制和调节命令。早期的远动终端是由一些分立元件构成的电子设备，它所能采集的信息量很少，功能较为简单。随着集成电路的布线逻辑式远动终端的产生，它所采集的信息量明显增加，实现的功能也有所增强。直到 20 世纪 80 年代初，远动终端采用了微型计算机，才使其发展到一个崭新的阶段。现代的远动终端是一个以微型计算机为核心的具有多输入多输出通道，功能较为齐全的计算机系统。

随着电力系统的迅速发展，对电网的监视和控制要求日益提高。作为采集电网运行数据和执行调度命令的远动终端，其作用也越来越重要。由远动终端提供完备可靠的实时数据，并正确执行控制和调节命令，是实现系统安全、可靠、经济运行的必不可少的手段之一。

（二）RTU 的主要功能

在电网监控系统中，RTU 的功能是指 RTU 对电网的监视和控制能力，也包括 RTU 的自检、自调和自恢复等能力。由于电网监控系统面对一个庞大而错综复杂的对象，RTU 所承担的任务不仅数量多，而且复杂。现仅就 RTU 的远方功能和当地功能作简单介绍。

（1）远方功能。RTU 是安装在发电厂或变电站的远动装置，它与调度中心相距遥远，与调度中心计算机通过信道相连接。RTU 与调度中心之间通过远距离信息传输所完成的监控功能，称为 RTU 的远方功能。远方功能有以下几种：

1）遥测（telemetering）。遥测即远程测量。它是将采集到的被监控发电厂或变电站的主要参数按规约传送给调度中心。为了突出脉冲量和数字量，这里遥测仅指模拟量的测量。模拟量参数包括：全厂总有功功率、总无功功率及厂用总有功功率（调度端进行加总）；全厂总有功电能量、厂用总有功电能量（调度端进行加总）；发电机的有功功率、无功功率、电压、电流、有功电能量及无功电能量；主变压器 500kV 侧和启动变压器高压侧有功功率、无功功率、电流、有功电能量及无功电能量；500kV 线路的有功功率、无功功率、电流、有功电能量及无功电能量；500kV Ⅰ、Ⅱ 母线电压及频率；主变压器的上层油温；厂用高压变压器、励磁变压器高压侧有功功率、无功功率、有功电能量及无功电能量；用于自动发电控制（AGC）的机组热力系统运行状态的热工量信息，包括汽轮机主蒸汽压力、温度、给水温度、凝汽器真空度、再热蒸汽温度、锅炉排烟温度。

通常，一台 RTU 可以处理几十个甚至上百个遥测量。此外，RTU 还可以传送数字值（digital measured value）。这些数字值是指直接以数字的形式输入给 RTU 的一些物理量。它通常指电力系统中电能频率信号量、水力发电厂的水库水位等。RTU 按规约将这些数字量送往调度中心。

计数脉冲（counter pulse）也是一种特殊的模拟量，在电网监控系统中，RTU 所采集的脉冲量是指反映电能量的脉冲信号量。RTU 能直接接收和累计这些脉冲信号，将其处理成电能信息，定时发送给调度中心。一台 RTU 一般可接收多达几十路电量脉冲信号。

2）遥信（teleindication 或 telesignalisation）。遥信即远程信号。它是将采集到的被监控发电厂或变电站的设备状态信号，按规约传送给调度中心。遥信参数包括：全厂事故总信号；断路器位置信号；发电机各种保护动作信号；变压器各种保护动作信号（包括主变压器、厂用高压变压器、励磁变压器及启动变压器）；线路主保护及重合闸、断路器失灵以及母线保护动作信号；500kV 断路器间短引线保护动作信号；与电厂运行方式关系密切的隔离开关及接地开关位置信号；与自动调频有关的热力系统信号，如机、炉跳闸信号；机炉协调控制系统运行状态信号等；按照调度自动化设计技术规程规定的其他信号。这些设备状态可能是断路器、隔离开关的位置状态，继电保护和自动装置的动作状态，发电机组、远动设备的运行状态等。通常，一台 RTU 可能处理几十个甚至几百个遥信量。

3）遥控（telecommand）。遥控即远程命令。它是从调度中心发出改变运行设备状况的命令。这种命令包括操作发电厂或变电站各级电压回路的断路器、投切补偿电容器和电抗器、发电机组的开停等。因此，这种命令只取两种状态命令，如断路器的"合"或"分"命令。一台 RTU 可以实现对几十个设备的远方操作。

4）遥调（teleadjusting）。遥调即远程调节，它是从调度中心发出命令实现远方调整发电厂或变电站的运行参数。发电机有功功率自动调节、遥控、AGC 命令有效、AGC 命令退出和变压器分接头位置调整等。一台 RTU 可以实现对几个甚至十几个这类装置的远方调节。

5）事件顺序记录（SOE）及事故追忆。当 RTU 检测到发生遥信状态变位时，应立即组织变位信息，在 CDT 规约下优先插入向调度中心传送，同时记录发生遥信变位的时刻、变位状态和变位断路器或变位设备序号，组成事件记录信息向调度中心传送。事故追忆是当故障时，故障前后相应量的打印记录，以供事故分析用。

6）电力系统统一时钟。在电力系统中，因设备或输电线路的故障等，可能引起一系列的跳、合闸动作。为区分事件的前因后果，分布在同一电网中的不同发电厂或变电站应按同一时钟去记录发生事件的时间，这就要求电网内的时钟是统一的。为了及时纠正 RTU 时钟运行的误差，RTU 就必须具备对时功能。

7）转发。转发是指接收别的 RTU 送来的远动信息，根据上级调度的需要，按规约编辑组装后转发给指定的调度中心。

8）适合多种规约的数据远传。RTU 与调度中心之间的远距离信息交换是按一定规约传送的，RTU 至少采用一种规约与调度中心通信。为了适应与几个调度中心的通信，RTU 必须能运行相应的 CDT 和 POLLING 通信规约。

（2）当地功能。RTU 的当地功能是指 RTU 通过自身或连接的显示、记录设备，就地实现对电网的监视和控制的能力。具体地说，电厂的 RTU 功能，就是在电厂的网控室实现对本厂电气部分的监视和控制的功能。当地功能有以下几种：

1）CRT 显示。与 RTU 相连的 CRT 显示器可以显示所在发电厂或变电站的电气主接线图。在这个主接线图上可实时显示发电机组的运行状态、断路器的位置状态等重要遥信量；也可在线显示发电厂或变电站的实时运行参数。同时，事故变位遥信和遥测越限告警也可通过 CRT 显示器醒目地显示出来。

2）汉字报表打印。与 RTU 相连接的打印机可以实现将数据信息打印记录，存档以备查索。通常打印机可完成三种类型的打印任务，即定时制表打印、召唤打印和事件记录随机打印。

3）本机键盘、显示器。RTU 都有一块操作面板，在面板上带有小键盘和显示器，通过操作小键盘，显示器上显示有关信息，以实现巡测、定测、选测、显示等功能。

（3）其他功能。RTU 的自检与自调功能反映了装置的可维护能力；可维护能力越强，RTU 的可用率将越高。RTU 的程序自恢复能力是指 RTU 在受到某种干扰影响而使程序"走飞"时，能够恢复正常运行的能力。

六、自动发电控制

(一) 自动发电控制的作用和任务

自动发电控制（AGC）是建立在以计算机为核心的能量管理系统（或调度自动化系统）及发电机组协调控制系统之上并通过高可靠信息传输系统联系起来的远程闭环控制系统。AGC 是建设大规模电力系统，实现自动化生产运行控制的一项最基本、最实用的功能。AGC 集中地反映了电力系统在计算机技术、通信技术和自动控制技术等领域的应用实践和综合水平。因此，AGC 也是衡量电力系统现代化水平和综合技术素质的重要标志。

（1）AGC 的作用。基于电能生产的特点，电力系统的负荷瞬息万变，因此，独立电力系统必须满足电能的供需平衡，维护正常频率，保证控制内部的电能质量；联合电力系统还必须保证联络线交换功率按交易计划运行，加强联络线控制能力，使整个系统协调稳定运行。然而，依靠人工调节方式无论从反应速度还是调节精度都难以满足电力系统安全、优质、协调、经济运行的要求。显然，要实现现代化的电网管理，进一步提高整个电力系统的电能质量和联络线交换功率的控制水平，需要提供相应的自动化技术手段来提供实质性的保障。解决这一问题的最佳途径就是 AGC。

（2）AGC 的任务。AGC 是以满足电力供需实时平衡为目的，使电力系统的发电功率与用电负荷相匹配，以实现高质量电能供应。其根本任务是实现下列目标：

1）维持电力系统频率在允许误差范围之内，频率偏移累积误差引起的电钟与标准钟之间的时差在规定限值之内；

2）控制互联电网净交换功率按计划值运行，交换功率累积误差引起无意交换电量在允许范围之内；

3）在满足电网安全约束条件、电网频率和互联电网净交换功率计划的情况下协调参与 AGC 调节的电厂（机组）按市场交易或经济调度原则优化运行。

(二) AGC 的基本原理

电力系统正常运行状态下最重要的任务之一就是维持有功功率平衡，其平衡方程为

$$\sum_{i=0}^{m} P_{Gi} - \sum_{j=0}^{n} P_{Lj} = P_{Loss}$$

式中　P_{Gi}——发电机组的出力；

　　　P_{Lj}——电力系统的负荷；

　　　P_{Loss}——损失负荷。

电力系统的负荷无时无刻不在发生不规则的变动，分析负荷变动的特性，可将其变动规律分解为几种不同变化的分量，一般分成三种：第一种是变化幅度很小但周期很短（10s 以内），具有很大的偶然性；第二种是变化幅度较大、周期较长（10s～3min 之间）的脉动负荷，如电炉、冲压机械、电气机车等带有冲击性的负荷；第三种是幅度大、周期很缓慢的持续变动负荷，如生产、生活、商业、气象等因素影响的负荷。

按照负荷变化三种分量的分解，电力系统的有功功率平衡及其频率调整大体上也分为一、二、三次调节：

对于变化周期很短（10s以内）幅度很小的负荷波动，由发电机组的机械惯性和负荷本身的调节效应自然吸收；

对于周期较短（1～3min）而幅值较小的负荷变化，由发电机组的调速器自动调节，通常称为一次调节；

对于周期较长（10min以内）而幅值较大的负荷变化，则通过控制发电机组的调频器来跟踪，通常称为二次调节；

对于周期长（10min以上）而幅值大的负荷变化，则需要根据负荷预测、确定机组组合并安排发电计划曲线进行平衡，通常称为三次调节。

若要力图使运行成本最小化，在发电机组之间按最优化原则分配发电出力，就属于经济优化调度的任务了。电力系统典型日负荷曲线如图11-5所示。

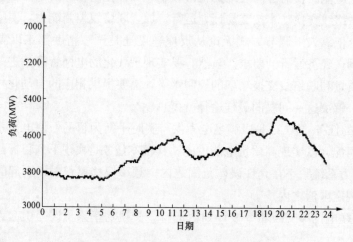

图 11-5　电力系统典型日负荷曲线如图

表征电能产品质量的标准是频率、电压和波形等三项主要指标。在稳态情况下，同一交流电力系统的频率是一致的。当电力系统发电出力与系统负荷不平衡时，频率将随之发生变化。因此，频率是最为敏感、最能直接反映电力系统有功功率平衡运行参数，因而也是电能质量指标中要求最为严格的一项指标。所以，对电力系统有功功率进行平衡的问题也就成了对系统频率的监视和对发电机功率的调节问题。电力系统典型日频率曲线如图11-6所示。

（三）AGC系统体系

（1）AGC的系统构成。AGC是一个大型的实时控制系统，主要由以下三部分组成：

1）调度中心具备自动发电控制功能的自动化系统构成控制中心部分；

2）调度中心自动化系统与发电厂计算机监控系统或远动终端之间的信息通道构成通信链路部分；

3）发电厂计算机监控系统（包括机炉协调控制系统）或远动终端、控制切换装置、发电机组及其有功功率调节装置构成执行机构部分。

4）人—机界面工作站：通过显示画面、报表等媒介，向调度员提供电力系统运行信息；向调度员提供输入控制指令的手段，如图11-7所示。

（2）控制回路。AGC是一个闭环控制系统，整个系统包括三种闭环。ACE调节控制

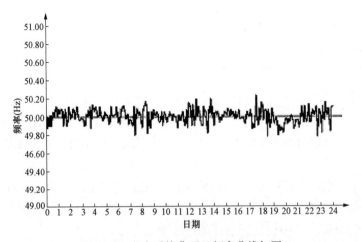

图 11-6 电力系统典型日频率曲线如图

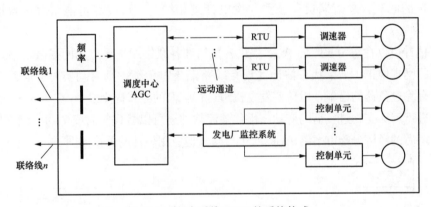

图 11-7 电力系统 AGC 的系统构成

是 AGC 系统的闭环，机组调节控制是发电厂监控系统的闭环，机组单元控制是机组本地控制单元的闭环，如图 11-8 所示。

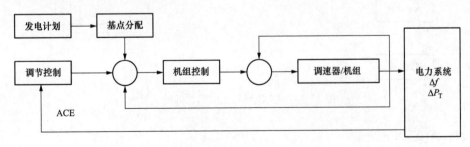

图 11-8 机组闭环控制

（3）AGC 与能量管理系统的关系。AGC 是基于能量管理系统（EMS）（或电网调度自动化系统）的数据采集与监控系统（SCADA）的一项高级应用功能。AGC 以应用软件的形式附加在能量管理系统（或电网调度自动化系统）之中，而不作为独立的系统存在。一方面，AGC 所需要的量测数据，均来自 SCADA 中的实时数据库，另一方面 AGC 所发

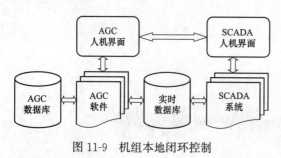

图 11-9　机组本地闭环控制

出的有功功率调节控制信号，要通过 SCADA 中的调节与控制输出来发送。对于具有开放式人机交互界面接口的能量管理系统（或电网调度自动化系统），还将在此基础上实现 AGC 的人机交互界面。AGC 与能量管理系统（或电网调度自动化系统）的结合情况如图 11-9 所示。

（4）AGC 与其他应用软件的关系。AGC 是能量管理系统（EMS）的一个组成部分，因此与其他应用软件有着密切的关系。

系统负荷预测、交换计划、水电计划、机组组合协调为发电计划，然后以负荷曲线按一定周期提交给 AGC，其中包括计划外的负荷变动。

AGC 不仅需要短期负荷预测（日～周），而且还需要超短期负荷预测，尤其是在系统负荷峰谷交替的时刻，超短期负荷预测与发电计划相结合，可以尽可能跟踪大幅度的负荷变动。

状态估计可以在每 10min 向 AGC 提供各机组和各联络线交界点的网损微增率，使 AGC 做到恰当的网损修正。如果状态估计发现有线路潮流过负荷，则启动实时安全约束调度软件，提出解除过负荷的措施，以改变发电机组运行限值的方式提交给 AGC，在下一个调节周期自动地进行解除支路过负荷的变动。优化潮流软件还可以替代实时安全约束调度软件提供网损修正之后的经济分配方案给 AGC。AGC 与其他应用软件的关系如图 11-10 所示。

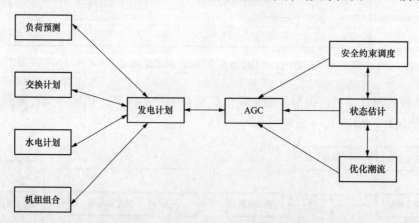

图 11-10　AGC 与其他应用软件的关系

（四）AGC 工作流程

当 AGC 投运之后，LFC 按照预先设定的周期反复运行，其工作流程如图 11-11 所示。从图 11-11 中可以看出 AGC 工作流程的基本情况，即：

按照选定的区域控制误差（ACE）算法从 SCADA 实时数据库中提取当前频率遥测值并与频率基准值相比较，计算出频率偏差；从 SCADA 实时数据库中提取当前联络线交换功率的合计值并与联络线净交换功率计划值相比较，计算出联络线有功功率偏差，求出

RAW ACE。

启用低通滤波器对 RAW ACE 进行滤波，对 ACE 进行时差、误差补偿和趋势预测修正得出可用于调节控制的 ACE 结果值。

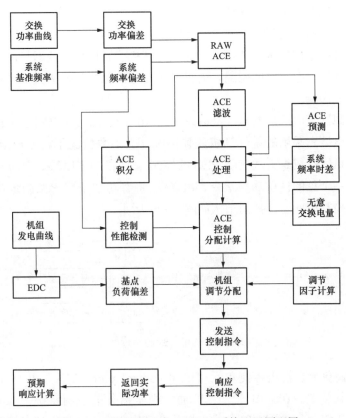

图 11-11　某公司远动（RTU）系统配置原理图

判断 ACE 大小和落入的控制区段，决定控制策略，计算出控制区域的有功功率要求和规范化的分配系数。

根据当前控制区段和机组参与调节的模式组合，结合分配系数，分别计算各受控发电机组的期望发电值，比较期望发电值和实际功率，计算机组控制偏差并判断功率的增减方向。

根据机组调节速率计算控制周期，以决定是否可以向机组发出调节指令，如果机组上次调节周期结束，则经远动通道向发电厂控制器（PLC）或直接向机组单元控制器（LCU）发出调节指令，否则等待调节周期结束。

发电厂控制器（PLC）或机组单元控制器（LCU）接收调节指令并作出响应。

从 SCADA 实时数据库中提取机组实际发电功率，计算预期响应情况。

（五）AGC 的控制对象

AGC 的最终控制作用对象就是具备 AGC 功能的发电厂及其发电机组。根据发电厂控制装置的不同，AGC 有多种控制类型，所采用的控制指令信号和处理方法是不同的。通常控制指令信号有两种类型，即：

设点功率控制类型：这种类型的控制信号是由当前实发值加调节增量构成的有功功率的模拟量。其优点是期望目标准确，给定数据没有时间间隔限制，缺点是在发电机组参与遥调之前，需将当前实际发电功率发送给发电机组装置，初始化设点功率，防止当地因实际发电功率与设点偏差过大引起误调。

升降脉冲控制类型：这种类型的控制信号是由时间可变长度构成的升降脉冲宽度数据，不同的脉宽对应不同的调节增量。其优点是直接控制机组调速器增减有功功率，响应灵敏，缺点是脉冲指令存在时间间隔，连续发送会导致脉冲间隔丢失而产生累积，形成很大的调节幅度造成误调。

（1）电厂控制器。电厂控制器（plant local control，PLC）也叫上位机，现在许多发电厂（特别是水电厂）采用的是计算机监控系统，大多数情况下，一台 PLC 能同时控制多台机组，各台机组以成组方式接受 PLC 的控制。AGC 对 PLC 采用设点功率控制信号，向多台机组给定一个总的设点功率指令，由 PLC 将有功功率要求按当地策略分配给参加成组调节的机组控制单元。其控制结构如图 11-12 所示。

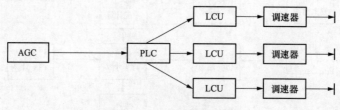

图 11-12　电厂控制结构图

（2）机组控制单元。机组控制单元（local control unit，LCU）也叫下位机，通常是指水电机组的控制装置。在火电厂，LCU 通常则是指分散控制系统（distributed control system，DCS）。LCU 响应来自 PLC 或直接从调度中心发出的设点功率控制指令，经分析比较后以增减功率的变脉宽信号发送给机组调速器并跟踪机组实发功率，直到逐渐逼近期望值。DCS 一般是直接响应从调度中心发出的设点功率控制指令，经分析比较后，协调控制机炉辅助系统并跟踪机组实发功率，直到逐渐逼近期望值。其控制单元结构如图 11-13 所示。

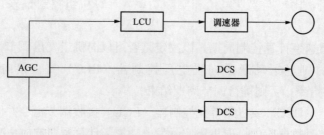

图 11-13　机组控制单元

（3）RTU 控制装置。远动终端（remote terminal unit，RTU）控制装置是一种简易的发电机组控制方法，这种装置接收从调度中心发出的机组发电功率升降脉冲控制指令，直接控制调速器增减有功功率，其功率期望值的逼近是由 AGC 来判断的，没有中间闭环处理，如图 11-14 所示。

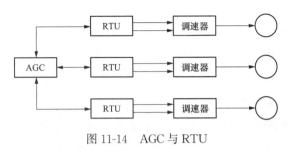

图 11-14　AGC 与 RTU

第三节　计算机监控系统

计算机分散控制系统在新建大容量火力发电厂的汽轮机、锅炉等工艺系统中得到了成功的应用，大大提高了机组运行的安全可靠性和经济性，这就使得中、小容量机组采用DCS 从而替代老式的控制系统成为可能。当机组监控采用了 DCS 控制系统，且其电气设备的控制均纳入 DCS 以实现炉机电协调控制时，其电力网络元件的控制可采用计算机实现，以便与全厂的自动化水平协调一致。

网络计算机监控系统（network computerized monitoring and control system，NCS）应能完成以下主要任务：①对电力网络电气设备的安全监控；②满足电网调度自动化要求，完成遥测、遥信、遥调、遥控等全部的远动功能；③电气参数的实时监测，也可根据需要实现其他电气设备的监控操作；④当电厂无 SIS 系统时，实现各机组之间功率的经济分配和电厂运行管理功能。

瑞金电厂二期采用 NS3000 计算机监控系统（UNIX 平台），该采用面向对象技术进行系统设计，软件采用 C++、TCP/IP、SQL、MOTIF、QT 等国际标准，具有很好的开放性，广泛应用于各种电压等级的变电站和发电厂集控中心。

一、NS3000 系统主要特点

（1）遵循国际标准，满足开放性要求。采用符合 POSIX 和 OSF 标准的 UNIX 操作系统，数据库访问语言采用满足 ANSI 标准的 SQL 语言和 C/C++语言函数接口，人机界面采用 OSF/Motif 标准和 QT，网络通信采用 TCP/IP 协议。

（2）网络体系结构。所有功能采用 Client/Server 模式分布于网络中，网络中的任何一台机器都可在线同时访问到系统中的所有功能，实现完全意义上的功能分布，真正做到与地理位置无关。虽然各个功能是分布在各个不同机器上的，但在任何一台机器上都可以访问到所有功能，就像访问本地功能一样。

（3）数据库采用实时数据库和商用数据库相结合的方式。既满足实时性的要求，又具有商用数据库的特性，便于保存大量的历史数据和各种管理信息、设备信息方便地与地理信息等其他系统实现信息共享。

（4）采用目前国际上流行的面向对象的设计思想和编程技术。编程语言采用

C/C++，数据库以电力系统中各种设备为对象进行设计，便于电力系统模型的建立和高级应用软件的计算和处理。

（5）图形系统。可制作多层多平面的地理信息图和电网接线图，具有导游功能，并可多屏显示，AM/FM功能快速简洁，界面友好、风格统一、便于使用和维护。具有图形制导录入数据库功能，可在图形上直观地根据图形上的设备，如开关、变压器、母线等把相应的遥信、遥测参数录入数据库中。

（6）具有智能的网络管理功能。无论用于使用单网还是双网，低速网还是高速网，是FDDI还是ATM网，系统都能自动适应，并自动检测网络运行情况和网络流量的分布情况，保证网络高速可靠运行。

（7）具有网络拓扑着色功能。区分电网带电情况，在单线图上对系统带电或不带电的孤岛设置不同的颜色，颜色由用户定义。网络拓扑着色可以由网络拓扑的变化，如开关开合、人工置开关而激活执行。

（8）具有处理微机保护信息的功能。可远程查询、修改保护定值，远程取测量值，处理保护告警等。

（9）先进的前置接收系统。采用终端服务器方式接收RTU信息，终端服务器直接挂在网上，通过网络与后台机相互交换信息，完全实现双机双通道切换。

（10）具有远程诊断服务功能。可在远地对用户系统进行维护，修改程序等，对用户要求做到及时响应。

（11）配置手段灵活。用户可根据自己情况和功能要求任意增减工作站，任意组合多种功能，所有功能都以模块化封装，可以独占一台机器，也可以分布在几台机器上。

（12）扩充性好。支撑平台采用国际标准进行开发，所有功能模块之间接口标准统一，提供程序级的数据库接口和图形接口，便于增加各种新功能和使用商用工具。

（13）丰富的应用管理工具。无论管理用户还是管理外设、管理网络都提供了可视化图形界面，免除用户敲命令行的烦恼。

（14）多媒体功能。各种图像、扫描图形都可接入图形系统，并可语音告警。

在使用手册中，从应用监控软件的使用人员的角度出发，介绍了NS3000变电站计算机监控系统（UNIX平台）的典型系统结构及一些具体的功能，如告警窗、控制台、图形显示功能、设备的遥控、遥调、设置标志牌、光字牌的使用、统计报表、曲线功能、公式分量显示、历史告警浏览查询、历史遥测数据浏览查询、保护操作界面（常规及IEC 61850）、前置监视工具、电压无功控制系统、五防操作票系统。

二、NS3000系统结构

NS3000变电站计算机监控系统采用分层分布式模块化思想设计，系统分为站控层和间隔层两层。站控层与间隔层之间通过通信网络相连。其典型结构如图11-15所示。

站控层设备一般由主机（主备冗余配置）、操作员工作站（可按需配置）、工程师工作站、NSC200远动工作站、智能接口管理机等部分组成，全面提供变电站设备的状态监视、控制、信息记录与分析等功能。

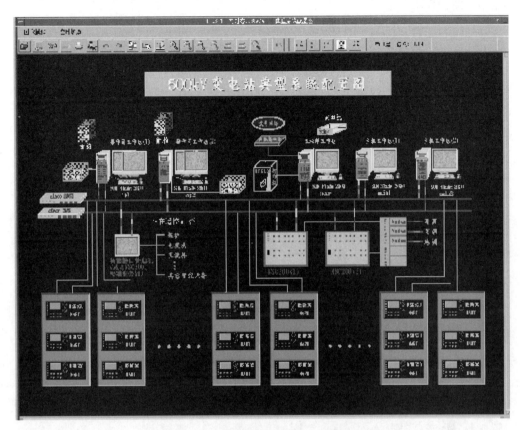

图 11-15　测控装置直接上网典型配置

间隔层设备主要是测控装置，用于采集变电站或电厂现场断路器等一次设备的各种电气量和状态量，同时站控层设备通过间隔层设备实现对一次设备的遥控。各间隔相互独立，仅通过通信网互联。

间隔层设备主要是：国电南瑞科技股份有限公司的 NSD 系列线路测控装置。也可以接入其他型号的测控装置，如 SIMENS 的测控装置、GE 的测控装置。

NSC200 远动工作站主要用于与上级调度交换现场的数据，主备配置确保可靠性。

智能接口管理机主要用于与变电站或电厂内第三方的智能设备（如保护装置、直流屏、电度表等）进行通信，以达到信息共享的目的，方便运行监视。

智能接口管理机与站内其他智能设备通过 NSC200 通信控制器的集中接入方案；通过终端服务器就地接入方案；通过工控机加串口卡的接入方案。

当采用其他厂家型号的测控装置时，常见的系统结构见图 11-16，增加了两台主从备用的通信控制器，站控层设备通过通信控制器获取测控设备的信息，不直接接触。

常规 IEC 61850 数字化变电站的系统结构配置见图 11-17。

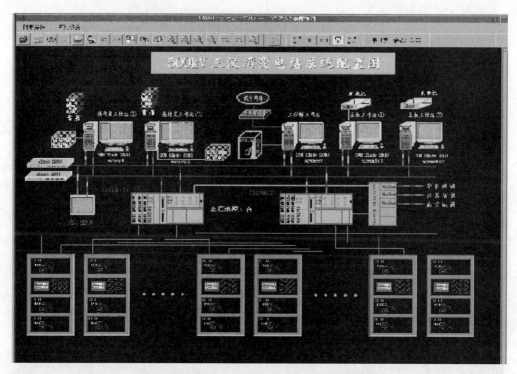

图 11-16　测控装置通过通信管理单元上网配置

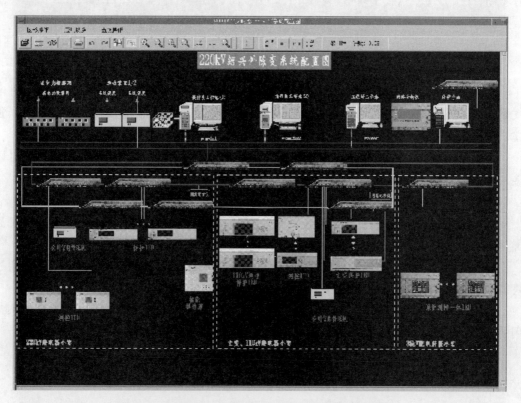

图 11-17　应用 IEC 61850 标准的数字化变电站典型结构

第四节　保护测控装置

随着电力工业的迅速发展，电力系统的规模不断扩大，系统的运行方式越来越复杂，对自动化水平的要求越来越高，从而促进了电力系统自动化技术的不断发展。微机保护、故障录波器、计算机监控系统、计算机调度自动化等都已很好地应用在电力系统中，尤其监控系统在电力系统中得到广泛应用。

瑞金电厂二期工程的厂用电监控系统采用的是江苏金智科技股份有限公司生产的DCAP4000变电站综合自动化监控系统，DCAP4000系列数字式保护测控装置适用于110kV以下电网及发电厂的厂用电系统，具备完善的保护、测量、控制与监视功能，为低压电网及厂用电系统的保护与控制提供了完整的解决方案，可有力地保障低压电网及厂用电系统的安全稳定运行。

DCAP4000变电站综合自动化监控系统由一台或多台计算机组成，对整个变电站内的一次和二次设备运行状态监控及其电气参数的监测，以及通过计算机对一次设备的操作，最为常见的就是通过此计算机来远方遥控开关的分合。并且为了方便用户运用和维护，在此计算机上作出相应的功能，如历史数据查询、保护装置动作的报告及故障录波、操作记录查询、历史报表、历史曲线等一些常见的功能，将包含以上功能汇集在计算机上，此计算机的监控系统也称之为后台。DCAP4000变电站综合自动化监控系统组成见图11-18。

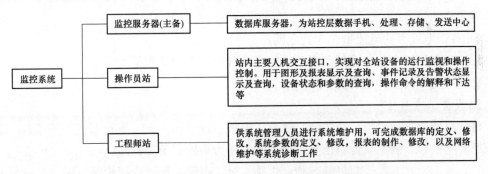

图11-18　DCAP4000变电站综合自动化监控系统组成

DCAP4000变电站综合自动化监控系统具有如下基本功能。

1. 信息采集功能

分布式自动化系统的变电站，信息由间隔层I/O单元采集；常规四遥功能的变电站，信息由RTU采集。电能量的采集宜用单独的电能量采集装置。系统对安全运行中必要的信息进行采集，主要包括以下几个方面：

（1）遥测量。

1）主变压器：各侧的有功功率、无功功率、电流，主变压器上层油温等模拟量，模拟量均采用交流采样，以提高精度。主变压器有载分接开关位置（当用遥测方式处理时）。

2）线路：有功功率、无功功率、电流。

①母线分段断路器：相电流。

②母线：母线电压、零序电压。

③电容器：无功功率、电流。

④消弧线圈：零序电流。

⑤直流系统：浮充电压、蓄电池端电压、控制母线电压、充电电流。

⑥所用变压器：电压。

⑦系统频率、功率因数、环境温度等。

（2）遥信量。

1）断路器、隔离开关位置信号。

①断路器远方/就地切换信号。

②断路器异常闭锁信号。

③保护动作、告警信号，保护装置故障信号。

2）主变压器有载分接开关位置（当用遥信方式处理时），油位异常信号，冷却系统动作信号。

3）自动装置（功能）投切、动作、故障信号，如电压无功综合控制、低周减载、备用电源装置等。

4）直流系统故障信号。

5）所用变压器故障信号。

6）其他的信号。包括全站事故总信号、预告总信号；各段母线接地总信号；各条出线小电流接地信号。

7）各馈电线有功电能量、无功电能量。

①用户专用线有功电能量、无功电能量及其分时电能量和最大需量。

②所用变压器有功电能量。

2. 报警、监测功能

（1）对站内各种越限，开关合、跳闸，保护装置动作，上、下行通道故障信息，装置主电源停电信号，故障及告警信号进行处理并作为事件记录及打印。

（2）输出形式有：音响告警、画面告警、语音告警、故障数据记录显示（画面）和光字牌告警。其中包括一次设备绝缘在线监测、主变压器油温监测、火警监测、环境温度监测等内容。当上述各参量越过预置值时，发出音响和画面告警，并作为事件进行记录及打印。

3. 数据处理及打印功能

（1）母线电压和频率、线路、配电线路、变压器的电流、有功功率、无功功率的最大值和最小值以及时间。

（2）断路器动作次数及时间。

（3）断路器切除故障时故障电流和跳闸次数的累计值。

1）用户专用线路的有功、无功功率及每天的峰值和最小值以及时间。

2）控制操作及修改整定值的记录。

（4）实现站内日报表、月报表的生成和打印，可将历史数据进行显示、打印及转储，并可形成各类曲线、棒图、饼图、表盘图，该功能在变电站内及调度端均能实现。

4. 人机接口功能。

（1）具有良好的人机界面，运行人员可通过屏幕了解各种运行状况，并进行必要的控制操作。

（2）人机联系的主要内容包括显示画面与数据、人工控制操作、输入数据、诊断与维护。

（3）当有人值班时，人机联系功能在当地监控系统的后台机上进行，运行人员利用CRT屏幕和键盘或鼠标器进行操作。当无人值班时，人机联系功能在上级调度中心的主机或工作站上进行。

第十二章　高压电气设备绝缘试验

发电厂高压电气设备绝缘试验是发电厂电气设备检修的重要内容，涵盖了几乎所有的高压一次设备。绝缘试验有严格的试验规程、标准和操作方法。本章主要介绍同步发电机、电力变压器、高压断路器及隔离开关、金属氧化物避雷器、电力电缆等高压电气设备的试验项目和试验方法，并介绍了同步发电的电位外移法绝缘试验、轴电压及其测量。

第一节　同步发电机试验

一、发电机定子绝缘的性能及其结构

（一）发电机定子绝缘性能

发电机定子绝缘性能包括电气性能、热性能、机械性能和化学性能。电气性能是指绝缘具有的耐电强度，并能承受过电压侵袭的能力。通常在工作电压及工作温度下，绝缘的介质损耗因数 $\tan\delta$ 很小且较稳定，同时具有较高的起始游离电压，绝缘寿命一般可达 $25\sim30$ 年以上。热性能是指绝缘应具有承受持续热作用的耐热性能，在发电机工作温度条件下，不应有浸渍漆和黏合剂流出，以及迅速老化的现象。机械性能是指发电机绝缘在制造过程及运行中受到各种机械力作用时，其耐电强度不应有明显降低。汽轮发电机定子绝缘受到的机械应力特别高，其主要因素如下。

（1）绝缘材料的膨胀延伸。由于定子线棒的夹层绝缘温度膨胀系数不同，沿线槽长度和宽度上的温升不同，在绕组加热及冷却时铜线、绝缘和定子铁芯的延伸各不相同，因而使绝缘中不可避免地出现巨大的机械应力。这样，久而久之就使绝缘弹性衰减而发生裂纹，结构破坏甚至在运行中发生击穿。

（2）端接部分电动力。正常运行及突然短路时端接部分中发生的电动力。

（3）幅向交变电动力。定子绕组的横向磁通使导体受到幅向的交变电动力。此外，在额定电流下汽轮发电机单根线棒上也会产生数值达几千牛的力，并以 100 次/s 的频率作用于线棒绝缘。短路时这些力可能达到数百吨的瞬间冲击。如果线棒绝缘的机械强度不足和机械固定松弛，则将使绝缘断裂或磨损，而导致绝缘击穿。

严重的电晕会产生臭氧和各种氧化氮，前者是强烈的氧化剂，侵蚀大多数有机材料；后者遇到水分形成硝酸或亚硝酸，致使纤维材料变脆及金属腐蚀。所以使用耐电晕的材料和防止电晕的产生，是高压电机绝缘的重要问题。

（二）发电机定子绝缘结构及其等效电路

发电机定子绕组绝缘结构除应满足以上要求外，还应保证在耐电强度有一定裕度的条

件下，选用尽可能小的绝缘厚度，以充分利用槽的截面积和有较好导热性。如在 10kV 以上的电动机中，如果绝缘厚度减少 1mm，电动机的容量可以提高 10%。因此，适当选择绝缘结构和改进工艺，对保证电动机长期可靠运行，提高电动机技术经济指标有重大意义。

现代高压同步发电机的定子绝缘结构，主要的有片云母带沥青浸胶绝缘、云母虫胶黏结热烘整体衬套绝缘和粉云母带环氧热固性绝缘三种。由于后者的耐电、耐热、机械性能和抗腐蚀性能都比前两者好，且粉云母的来源也易解决，故目前高压大型发电机基本上都采用这种绝缘。这些绝缘结构均属夹层复合绝缘，其等效电路如图 12-1 所示。

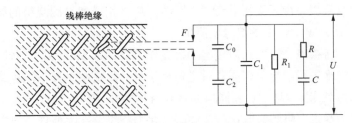

图 12-1　发电机线棒夹层绝缘等效电路

R_1—稳态绝缘电阻；R、C—不同介质间所形成的电阻、电容；

C_0、C_2—介质中含有气隙时的电容分路；F—局部放电间隙

二、绝缘电阻及吸收比测量

测量高压发电机定子绕组绕缘电阻和吸收比，是一种最常用的绝缘状态检查方法。

试验时，发电机本身不得带电，端口出线必须和外部连接母线以及其他连接设备断开，尽可能避免外部的影响。如果各绕组的首末端单独引出，则应分别测量各绕组对机壳及绕组相互间的绝缘电阻，这时所有其他绕组应同机壳做电气连接。当中性点不易分开时，则测量所有连在一起的绕组对机壳的绝缘电阻，在分析判断时要考虑外部连接部分的影响。被测发电机定子绕组相间及相对地间试前必须充分放电（现场叫预放电），放电时间应大于充电时间好几倍才行。否则所测得的绝缘电阻值将会偏大，而吸收比又会偏小。

由于高压发电机几何尺寸较大，定子绝缘都是夹层复合绝缘，几何电容电流和吸收电流都较大，测试时选用的绝缘电阻表要能满足吸收过程的容量要求。对于空冷、氢冷及水冷绕组水回路干燥或吹干测量，应采用量程不低于 10 000MΩ 的 2500V 绝缘电阻表；对于水冷绕组通水测量应采用水内冷电机绝缘测试仪（简称专用绝缘电阻表）。

对于水内冷绕组，绝缘电阻测量值受内冷水水质的影响，因此试验时应水质良好，电导率小于 2 μS/cm。如果测量带着封闭母线，有时绝缘电阻会较低，但达到 (U_N+1)MΩ 时，机组即可启动（其中 U_N 为发电机额定电压，kV）。

（一）测量方法

测量前要把所有发电机出口电压互感器拉出或拆掉电压互感器的一次熔断器。被测如果是水内冷发电机，将汇水管用导线引至试验场地。把汇水管所有引下线拧在一起，用万

用表测量汇水管对地电阻，通常应达到 30kΩ 以上。

分相或分支测量时，每相或每个分支的绕组必须头尾短接，并将非被试绕组、转子绕组连接至机壳，而测量绕组整体的绝缘电阻时，一般在发电机中性点接地变压器或电抗器隔离开关上口进行。

测量定子绕组相间、相对地间绝缘电阻时的接线如图 12-2 所示，测量引线应具有足够的绝缘水平，绕组 B、Y 两端应用导线将绝缘表面加以屏蔽，从而消除边缘泄漏对测量值的影响。

测量时地线和发电机外壳应接触良好，用绝缘把手将相线接触到被测量绕组的引出端头上。启动绝缘电阻表，待表头指示到"∞"时，再将相线和被测绕组的导体接触，同时记录时间，读取 15、60、600s 的绝缘电阻值。

测量完毕后，将被测绕组回路对接地的机壳作电气连接 5min 以上，使其充分放电。

对整个定子绕组进行绝缘电阻测量时，每相绕组必须头尾短接，以免绕组线匝间分布电容的影响。测量 A 相时，B、C 相同样要各自首尾短路接地，如此轮换三次，即得到每相对地及各相间的绝缘电阻和吸收比。有并联支路的绕组，在大修或事故检修时，尚须测量同相分支间的绝缘电阻。

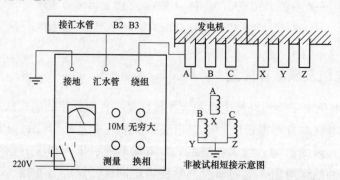

图 12-2 测量发电机定子绕组绝缘电阻及吸收比的接线

（二）测量结果的分析判断

发电机定子绕组的绝缘电阻受脏污、潮湿、温度等的影响很大，所以现行有关规程不作硬性规定，而只能与历次测量数据比较，或三相数据相互比较，同类型电动机比较。若在相近试验条件下，绝缘电阻值低到历年正常值 1/3 以下时，应查明原因。各相或分支绝缘电阻的差值不应大于最小值的 100%。吸收比不小于 1.6 或极化指数不小于 2.0，水内冷绕组自行规定，200MW 以上机组推荐极化指数。

（1）最低绝缘电阻值。一般情况下，可按下式估算发电机定子绕组绝缘电阻值的最低允许值

$$R_{i75} = \frac{U_N}{1000 + \dfrac{P_N}{100}} \tag{12-1}$$

式中 R_{i75}——75℃时发电机定子绕组一相对其他两相及外壳之间在 60s 时的绝缘电阻值，MΩ；

P_N——发电机的额定容量，kVA；

U_N——发电机额定线电压，V。

（2）定子绕组绝缘电阻与温度的关系。绝缘电阻是随温度按指数规律变化的，计算式如下

$$\frac{R_{it1}}{R_{it2}}=10^{\alpha^{(t_1-t_2)}} \tag{12-2}$$

式中　R_{it1}——温度 t_1 时测得的绝缘电阻值，MΩ；

R_{it2}——温度 t_2 时测得的绝缘电阻值，MΩ；

α——温度系数，取决于绝缘材料的性能。

根据我国大量的测试数据表明，式（12-2）中的 α 值不是一个常数，它不仅取决于绝缘材料的性能，而且与绝缘结构、绝缘工艺、运行条件和运行年限等因素有关。在实际工作中，通常采用如下两种换算方法。

1）指数换算公式

$$R_{i75}=\frac{R_{it}}{2^{\frac{75-t}{10}}} \tag{12-3}$$

式中　R_{it}——温度为 t 时所测得的绝缘电阻；

t—测量时的温度，℃。

式（12-3）表示温度每升高 10℃，绝缘电阻下降一半，如果以此为基点，则式（12-2）中的 α 值约为 $-\frac{1}{33}$。应当指出，由于受多方面因素的影响，α 值并不是一个定值，按式（12-3）的换算结果往往与实际测量值相差很多，应注重实践经验。

2）对数换算公式。为了能较准确的进行换算，应对每一台发电机都能测取温度系数 α，以作为温度换算的依据。一般可在发电机大修干燥后，降温过程中测取各种温度下的绝缘电阻值（每次充电时间应相同，可取 1min）。式（12-2）的对数形式为

$$\lg\frac{R_{it1}}{R_{it2}}=\alpha(t_1-t_2) \tag{12-4}$$

然后在半对数坐标纸上绘出 $R_{it}=f(t)$ 关系曲线，利用该曲线可以方便地求得 α 值。

（3）吸收比的测量。发电机定子绕组绝缘，如受潮气、油污的侵入，不仅会使绝缘下降，而且会使其吸收特性的衰减时间缩短，即 R_{60}/R_{15} 的比值减小。由于吸收比对绝缘受潮反应特别灵敏，所以一般以它作为判断绝缘是否干燥的主要指标之一。一般将 60s 和 15s 的绝缘电阻之比称为吸收比（即 $K=R_{60}/R_{15}$），10min 和 1min 的绝缘电阻之比称为极化指数（即 $K_1=R_{10}/R_1$）。后者显然对大型发电机更准确些，但必须用整流型绝缘电阻表，或电动绝缘电阻表才能满足试验的要求。我国 DL/T 596—1996《电力设备预防性试验规程》中规定 200MW 及以上机组推荐测量极化指数。

国家标准规定，沥青浸胶及烘卷云母绝缘吸收比不应小于 1.3 或极化指数不应小于 1.5；环氧粉云母绝缘吸收比不应小于 1.6 或极化指数不应小于 2.0。高于上述数值即认为发电机定子绕组没有严重受潮。

（三）发电机转子绕组绝缘电阻的测量

发电机转子绕组绝缘电阻的测量，分静态和动态两种方式。

（1）静态测量。由于发电机转子绕组的额定电压一般都不超过 500V，所以应使用 500～1000V 绝缘电阻表测量。试验时，发电机转子在静止状态下，提起碳刷，将绝缘电阻表的相线接于转子滑环上、地线接于转子轴上（不宜接在机座或电机外壳上）。测量前必须将两滑环短路接地放电。

（2）动态测量。动态测量又分为空转测量和负荷状态下测量两种情况。

空转测量时，将发电机与系统断开，励磁回路进行灭磁，将碳刷提起，在各种转速下直接在转子滑环上测量，这是为了检查转子绕组动态下的绝缘状况。绘制绝缘电阻与转速的关系曲线，从而可以清楚地看出转子绝缘电阻受离心力的影响。除此之外，还有温度影响的因素，为此，在负荷状态下测量转子绝缘电阻也是十分有意义的。

负荷状态下测量转子绕组的绝缘电阻，目前我国仍限于用电压表法，其试验原理接线如图 12-3 所示。

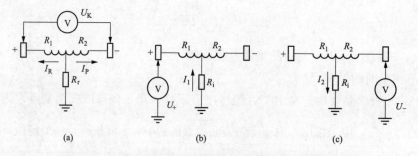

图 12-3 负荷下用电压表法测量转子绕组绝缘电阻的接线

(a) 测量滑环间电压 U_x；(b) 正极滑环对轴的电压 U_+；(c) 负极滑环对轴的电压 U_-

设通过转子绕组的电流为 I_R，转子绕组电阻为 R_1 及 R_2，电压表内阻为 R_V，转子绕组对轴的绝缘电阻为 R_i，通过绝缘电阻 R_i 和电压表内阻 R_V 的电流为 I_1 及 I_2。

由图 12-3（a）可得

$$U_K = I_R R_1 + I_R R_2 \tag{12-5}$$

由图 12-3（b）可得

$$I_R R_1 = (R_v + R_i) I_1 = (R_v + R_i) \frac{U_+}{R_v} \tag{12-6}$$

由图 12-3（c）可得

$$I_R R_2 = (R_v + R_i) I_2 = (R_v + R_i) \frac{U_-}{R_v} \tag{12-7}$$

将式（12-6）、式（12-7）代入式（6-5）中并化简，得

$$R_i = R_v \left(\frac{U_K}{U_+ + U_-} - 1 \right) \times 10^{-6} \tag{12-8}$$

测量时选用的直流电压表内阻 R_v 应足够大。一般不小于 50 000Ω，否则将会带来很大的误差，在现场实测工作中，经常选用内阻为 20 000Ω/V 准确度为 1.5 级的万用表，即

可获得满意的测量结果。

这种测量接线，显然包括励磁回路在内的综合绝缘电阻，故测量前应保证励磁回路的绝缘良好。

电压表与滑环或转子轴接触时，应用有绝缘手柄的特制铜刷。

发电机转子绕组绝缘电阻值，应以电压等级来考虑，一般在工作温度下取 $1M\Omega/kV$，由于转子绕组电压一般都低于 500V，故定为 $0.5M\Omega$。室温下，水内冷转子绕组绝缘电阻值一般不小于 $5k\Omega$。

三、直流泄漏及直流耐压试验

直流泄漏的测量和绝缘电阻的测量在原理上是一致的，所不同的是前者的电压较高，泄流和电压成指数关系上升；而后者一般成直线关系，符合欧姆定律。所以直流泄漏试验能进一步发现绝缘的缺陷。

在直流泄漏和直流耐压的试验过程中，可以从电压和电流的对应关系中观察绝缘状态，在大多数情况下，可以在绝缘尚未击穿前就能发现或找出缺陷。直流试验时，对发电机定子绕组绝缘是按照电阻分压的，因而能较交流耐压更有效地发现端部缺陷和间歇性缺陷。另外，击穿时对绝缘的损伤程度较小，所需的试验设备容量也小。由于它有这些优点，故已成为发电机绕组绝缘试验中普遍采用的方法。

（一）试验设备与接线

对空冷、氢冷绕组和水冷绕组水路吹净测量时，推荐使用直流发生器，要求输出电压高于试验电压，输出电流大于绕组的泄漏电流，通常在 0.5mA 以上，电压脉动因数小于3%。在保证精度的前提下，可使用直流发生器自带的电压表（1.5 级）和微安表（0.5级）。

对水冷绕组通水测量时，试验变压器高压侧额定电压通常高于试验电压 1.2 倍以上，容量通常为 20kVA，调压器容量通常与试验变压器匹配。高压整流硅堆的额定整流电流通常大于 1A，额定峰值电压高于试验电压 1.2 倍以上。直流电压测量设备可选用合适量程的高压静电电压表，或合适变比的分压器和合适量程的低压电压表，要求整体测量精度1.5 级以上。

试验时，应根据相关规程和发电机的额定电压确定试验电压，并根据试验电压和发电机容量选择合适电压等级的电源设备、测量仪表和保护电阻。应尽量在停机后清除污秽前热状态下进行试验，交接或处于备用时可在冷态下进行。

对于水内冷发电机汇水管直接接地者，应在不通水和引水管吹净条件下进行试验，如图 12-4 所示；对于水内冷发电机汇水管有绝缘者，应采用低压屏蔽法接线，如图 12-5所示。

近年来，随着电子技术的广泛应用，出现了晶体管直流高压试验器和以倍压整流产生高压或经可控硅逆变器再进行倍压整流获得高压的成套试验装置。如 KGF 系列、JGS 系列和 JGF 系列等，电压等级 30～400kV，设备体积小，质量轻，广泛用于试验现场。其使用与操作方法可参照相应试验装置的说明书。

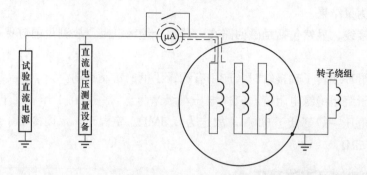

图 12-4　对空冷、氢冷绕组和水冷绕组水路干燥或吹干时的直流泄漏试验接线示意图

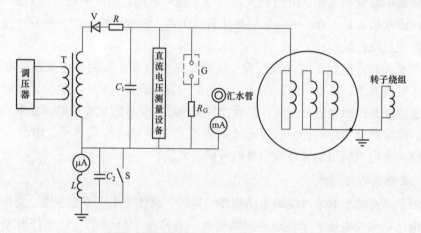

图 12-5　低压屏蔽法测量通水绕组泄漏电流试验接线示意图

T—试验变压器；V—高压硅堆；R—限流电阻；C_1—稳压电容，约 1μF；

C_2—抑制交流分量的电容，一般为 0.5~5μF；L—抑制交流分量的电感，约几十毫亨至 1H；

S—开关；G—过电压保护球隙；R、R_G—保护水电阻，其值为 0.1~1Ω/V

（二）试验步骤

（1）转子绕组在滑环处接地，发电机出口电流互感器二次绕组短路接地，埋置检温元件在接线端子处电气连接后接地，对绕组进行充分放电。

（2）按接线图准备试验，保证所有试验设备、仪表仪器接线正确、指示正确。

（3）记录绕组温度、环境温度和湿度。

（4）如低压屏蔽法测量水冷绕组的泄漏电流，在空载条件下，按试验电压的 1.05~1.1 倍调整保护铜球间隙。

（5）确认一切正常后开始试验，先空载分段加压至试验电压以检查试验设备绝缘是否良好、接线是否正确。

（6）将直流电源输出加在被试相或分支绕组上，从零开始升压，试验电压按 $0.5U_N$ 分阶段升高，每阶段停留 1min，并记录每段电压开始和 1min 时微安表的电流值。

（7）该相或分支试验完毕，将电压降为零，切断电源，必须等到 10kV 以下充分放电后再改变接线对另一绕组进行试验或进行其他操作（特别是非水内冷发电机）。

（三）试验注意事项

（1）对水内冷绕组，泄漏电流测量值受内冷水水质的影响，因此试验时冷却水质应透明、纯净，无机械杂质，电导率在20℃时要求：对开启式水系统不大于$5\mu S/cm$，对独立的密闭循环水为$1.5\mu S/cm$。

（2）对氢冷发电机应在充氢后氢气纯度为96％以上或排氢后含氢量在3％以下时进行，严禁在置换过程中进行试验。

（3）试验过程中，如发现泄漏电流随时间急剧增长，或有绝缘烧焦气味，或冒烟，或发生响声等异常现象时，应立即降低电压断开电源停止试验，将绕组接地放电后再进行检查。

（四）直流泄漏电流及直流耐压试验的分析判断

在规定的试验电压下，各相泄漏电流的差别不应大于最小值的100％，最大泄漏电流在$20\mu A$以下者，相间与历次试验结果比较，不应有显著的变化。

泄漏电流不应随时间的延长而增大，任一级试验电压稳定时，泄漏电流的指示不应有剧烈摆动，试验过程中应无异常放电现象。

直流耐压试验时，每分段电压取$0.5U_n$为宜，整个试验电压分段最好不少于五段，每段停留1min读取泄漏电流，各段升压速度应相等，从而绘制出泄漏电流I_x与试验电压U_T的关系曲线$I_x = f(U_T)$。

试验过程中，如泄漏过大超出表12-1中的数值时，必须终止试验，找出原因，并计算非线性系数K_{ul}

$$K_{ul} = \frac{I_{xmax}}{I_{xmin}} \frac{U_{min}}{U_{max}} \tag{12-9}$$

式中　I_{xmax}——最高试验电压时的泄漏电流，μA；

$\quad\quad I_{xmin}$——最低试验电压时（$0.5U_N$）的泄漏电流，μA；

$\quad\quad U_{max}$——最高试验电压，V；

$\quad\quad U_{min}$——最低试验电压（$0.5U_N$），V。

对于正常的绝缘，系数K_{ul}不超过2～3；受潮或脏污的绝缘，K_{ul}则大于3～4。但有时绝缘严重受潮或脏污，K_{ul}反而小于2～3，这时应对照绝缘电阻值来判断。

表 12-1　　　　　　　　　　　　　　试验分段电压倍数下的泄漏电流值

试验分段电压倍数	0.5	1.0	1.5	2.0	2.5	3.0
最大允许泄漏电流（μA）	250	500	1000	2000	3000	3500

注　定子绕组温度为10～30℃。

若泄漏电流随时间的增长而升高，说明有高阻性缺陷和绝缘分层、松弛或潮气浸入绝缘内部。

若电压升高到某一阶段，泄漏电流出现剧烈摆动，表明绝缘有断裂性缺陷，大部分在槽口或端部绝缘离地近处，或出线套管有裂纹等。

若各相泄漏电流相差超过30％，但充电现象还正常，说明其缺陷部位远离铁芯的端部，或套管脏污。

对同一相，在相邻阶段电压下，泄漏电流随电压不成比例上升超过20％，表明绝缘受潮或脏污。

若无充电现象或充电现象不明显，泄漏电流增大，表明绝缘受潮或严重脏污，或有明显贯穿性缺陷。

对测试结果进行分析比较时，要确保测量数值准确，特别注意表面泄漏的屏蔽和温度的测量、换算。温度换算公式为

$$I_{x75} = I_{xt} \times 1.6^{\frac{75-t}{10}} \qquad (12\text{-}10)$$

式中 t——试验时被试绕组绝缘温度，℃；

　　I_{xt}——t℃时测得的泄漏电流，μA；

　　I_{x75}——换算到75℃时的泄漏电流，μA。

四、发电机工频交流耐压试验

工频交流耐压试验是发电机绝缘试验项目之一，它的优点是试验电压和工作电压的波形、频率一致，在试验电压作用下，绝缘内部的电压分布及击穿性能接近于发电机的工作状态。无论从劣化或热击穿的观点来看，交流耐压试验对发电机主绝缘是比较可靠的检查考验方法。因此，交流耐压试验在电机制造、安装、检修和运行以及预防性试验中得到普遍采用，成为必做项目。

试验电压倍数是按发电机绝缘可能遭受过电压水平确定的。

发电机通常为星形连接，绕组的端口对地承受着相电压U_{ph}，而当网路有一相接地故障时，其他两相对地电压就升高至线电压U_l，所以工频对地试验电压最小不能低于发电机的工作线电压。

实际上，试验电压倍数主要是考虑操作过电压和大气过电压的作用。对于大气过电压，按照我国目前大气过电压保护水平和运行经验，基本上能够防止它们对发电机的侵袭。且在电机制造厂出厂试验时，已进行过相当于现有大气过电压保护水平下，使发电机可能遭受大气过电压幅值的交流电压的耐压试验。对现行的预防性试验来说，绝缘水平也有相当的裕度。多年来，根据电力系统的运行经验，由于大气过电压击穿正常绝缘的电机事例还没有发现，而且大型机组都无直馈线，因此预防性耐压试验主要是从操作过电压来考虑的。

大多数情况下，操作过电压的幅值不超过$3U_{ph}$，约等于$1.7U_l$，一般都不大于$1.5U_l$。另外考虑到我国电机绝缘水平，不宜将试验电压提得过高。长期经验表明，我国预防性试验规程中规定为$1.5U_l$的耐压标准是合理可行的，对发电机可靠运行，防止运行中绝缘击穿事故起了重要作用。

发电机工频交流耐压试验推荐采用谐振方法，可根据设备情况选择并联或串联谐振。

并联谐振耐压的并联电抗器可使用定值电抗器组或可调电抗器，必要时也可二者组合使用。电抗器的额定电压应高于试验电压U_x(kV)，电感量L用下式估算

$$L = \frac{1}{\omega^2 C_x}(H) \qquad (12\text{-}11)$$

其中 $\omega = 2\pi f$

式中　f——试验电源频率，通常为 $50\mathrm{Hz}$；

　　　C_x——被试绕组对地等效电容，$\mu\mathrm{F}$。

电抗器额定电流应大于试品所需电流 I_x，其中 I_x 可按下式估算

$$I_x = 2\pi f C_x \times 10^{-3}(\mathrm{A}) \tag{12-12}$$

试验变压器高压侧额定电压 U_N 应高于 U_x，容量和高压侧额定电流 I_N 可用下式估算

$$\left. \begin{aligned} S &> \frac{I_x U_x}{Q}(\mathrm{kVA})(\text{电源频率可调,完全补偿时}) \\ S &> \left| \frac{U_x^2}{\omega L} - U_x^2 \omega C_x \right|(\mathrm{kVA})(\text{非完全补偿时}) \\ I_N &= S/U_N(\mathrm{A}) \end{aligned} \right\} \tag{12-13}$$

$$Q = 2\omega f L/R$$

式中　Q——电抗器的品质因数，一般电抗器的 Q 值为 $10\sim40$；

　　　R——电抗器的电阻，Ω。

对于串联谐振耐压，串联电抗器的耐压应高于试验电压 $U_x(\mathrm{kV})$，电感量和额定电流估算同并联谐振。试验变压器的额定电流 I_N 应大于试品所需电流 I_x（估算公式同并联谐振），容量和高压侧额定电压 U_N 可用下式估算

$$\left\{ \begin{aligned} S &> \frac{I_x U_x}{Q}(\mathrm{kVA})(\text{电源频率可调,完全补偿时}) \\ U_N &= \frac{S}{I_N}(\mathrm{kV}) \\ U_N &> \left| \omega L - \frac{1}{\omega C_x} \right| \cdot I_x(\mathrm{kV})(\text{非完全补偿时}) \\ S_N &= U_N I_N(\mathrm{A}) \end{aligned} \right. \tag{12-14}$$

（一）交流耐压试验的接线和步骤

试验前，将发电机转子绕组在滑环处接地，发电机出口电流互感器二次绕组短路接地，埋置检温元件在接线端子处电气连接后接地，水内冷发电机汇水管接地。

发电机定子绕组交流耐压试验接线见图 12-6。所有设备、仪表接好线后，在空载条件下调整保护间隙，使其放电电压在试验电压的 $110\%\sim120\%$ 范围内（如采用串联谐振需要另外的变压器调整保护间隙）。并调整试验电压在高于试验电压 5% 下维持 $2\mathrm{min}$ 后将电压降至零，拉开电源。经过限流电阻 R 在高压侧短路，调整过流保护跳闸的可靠性。非被试绕组电气连接后接地。被试绕组首尾连接后引出。

电压和电流保护调试检查无误，各种仪表接线正确后，即可将高压引线接到被试绕组上进行试验。

升压必须从零开始，升压速度在 40% 试验电压以内可不受限制，其后应均匀升压，速度约 $3\%/\mathrm{s}$ 的试验电压。升至试验电压后维持 $1\mathrm{min}$。

将电压降至零，拉开电源，该试验绕组试验结束。依次对其他相或分支绕组进行试验。

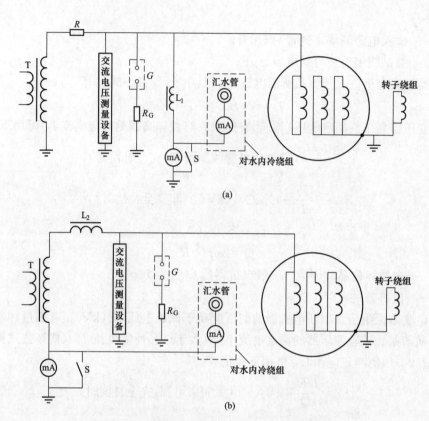

图 12-6 发电机定子绕组交流耐压试验接线示意图

(a) 并联谐振；(b) 串联谐振

T—试验变压器；L_1—并联电抗器；L_2—串联电抗器；S—开关；G—过电压保护球隙；R、R_G—保护水电阻

限流电阻 R 通常取 $0.2 \sim 1\Omega/V$，过电压保护球隙按高压电气设备绝缘试验电压和试验方法规定选择球隙和球径。球隙保护电阻 R_G 通常取 $1\Omega/V$，也可按下式近似计算

$$R_G \geqslant 2\frac{U_S\sqrt{2}}{3\alpha C_X} \tag{12-15}$$

式中 α——允许波头的陡度，取 $\alpha = 5\text{kV}/\mu\text{s}$。

交流电压测量设备应根据试验电压选择合适变比的分压器（或电压互感器）和合适量程的电压表，要求整体测量精度 1.5 级以上。

应尽量在停机后清除污秽前的热状态下进行工频交流耐压试验。交接或处于备用时可在冷态下进行。水内冷发电机应在绕组通水的情况下进行，若试验变压器容量不足，可在不通水的情况下进行，但必须将绝缘引水管中的水吹干。

试验前先进行绝缘电阻和吸收比、直流泄漏等试验，各项试验合格后再进行工频交流耐压试验。试验后再进行一次绝缘电阻和吸收比测量，比较试验前后的变化。

如果试验设备容量允许，可以同时对各相或各分支进行试验。

（二）交流耐压试验的分析判断

若出现下述情况，表明绝缘将要击穿或已经击穿，必须及时采取应急措施，并找出原因：①电压表指针摆动很大；②毫安表的指示急剧增加；③绝缘有烧焦气味或冒烟；④被试发电机内部有放电响声；⑤过电流跳闸等。

如果耐压后的绝缘电阻比耐压前降低30%以上，则认为试验未通过。

五、串联谐振交流耐压设备简介

随着发电机容量的不断增大，发电机定子绕组的对地或相间电容量大大增加。若采用常规交流耐压试验方法，不仅试验设备笨重、调压设备难以齐备，而且常规大容量试验设备短路容量大，一旦发电机定子绕组绝缘被击穿，故障点短路电流大，造成烧损铁芯，使发电机修复困难。因此，大型发电机交流耐压需采用谐振耐压。

大容量串联谐振耐压设备分为高电压型和大电流型两大类。前者适用于GIS等超高电压的输变电设备，后者适用于大型发电机、电容器、电缆等大电容量的设备。

目前国内外大容量谐振耐压设备都是串联谐振型，这是因为：①串联谐振电路实际上是一个基波电流的串联谐振滤波电路，通过滤波后几乎是完全正弦形的电流在被试电容（发电机）上压降的波形（试验电压波形），当然是很好的正弦波，畸变率极低；②发电机定子绕组绝缘发生击穿，可能烧伤定子铁芯。串联谐振电路在发生被试品击穿时，立即脱谐，相当于立即串入了一个大的限流电抗器，随着击穿的发生，电流立即下降为正常试验电流的$1/Q$（Q为试验回路品质因数，一般$Q = 10 \sim 50$），可确保击穿后定子铁芯绝对安全；③串联谐振和并联谐振一样，由于谐振将使无功功率得到全补偿，使电源容量和试验设备的容量降为实际试验容量的$1/Q$。

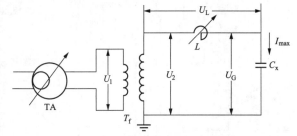

图12-7　串联谐振试验设备原理图
TA—调压器；L—调谐电感；
T_f—供电变压器；C_x—试品电容

串联谐振试验适用于电缆、电容器和GIS等大电容量试品的工频高压试验。如图12-7所示，在供电变压器的二次侧附加了一个调谐电感，它和试品电容处于工频谐振状态，即$\omega L = 1/\omega C$；其中$\omega = 2\pi f$，$f = 50\text{Hz}$。

流过高压回路的电流，在谐振状态时达到最大值，即

$$I_{max} = \frac{U_2}{r} \qquad (12\text{-}16)$$

式中　r——高压回路等效电阻。

谐振回路的品质因数为

$$Q = \frac{\sqrt{\dfrac{L}{C}}}{r} = \frac{\omega L}{r} = \frac{1}{\omega r C} \qquad (12\text{-}17)$$

试品上的电压U_c是变压器二次侧电压U_2的Q倍。这时，加在调谐电感两端的电压也就等于U_c。Q远大于1，为$20 \sim 50$。

这种设备的优点是：波形畸变很小；供电变压器和调压器的容量小；被试品击穿时，

谐振就自动停止，电压自动跌落，同时调谐电感的阻抗限制了知路电流。

若需产生更高的电压，可以采用图 12-8 的串级连接方式。图 12-8（a）中，T1 和 T2 是调谐变压器，L_{x1} 和 L_{x2} 是调谐电抗。调谐电抗在设计时应考虑尽量使匝间电容小，电感可调节，绝缘水平与调谐变压器低压侧绕组相同。调谐电抗器的电感量按下式计算

$$L_x = \frac{1}{nk^2 \omega C_x} - L_1 - \frac{L_2}{k^2}(\text{H}) \tag{12-18}$$

式中　n——串级的调谐变压器的台数；

　　　k——调谐变压器的电压比；

　　　C_x——试品电容，F；

　　　L_1——调谐变压器低压侧漏感，H；

　　　L_2——调谐变压器高压侧漏感，H；

　　　ω——角频率。

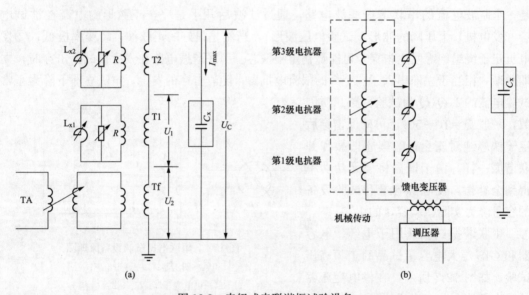

图 12-8　串级式串联谐振试验设备

（a）高压电抗器并联调谐变压器；（b）高压电抗器串联谐振变压器

TA—调压器；Tf—供电变压器；C_x—试品电容；R—调整电阻

调谐变压器高压侧的额定电压 U_T 应大于 U_c/n，高压侧额定电流应大于 $I_{\max}$。供电变压器高压侧的额定电压应大于 U_c/Q，容量一般取 $U_c I_{\max}$ 的 $1/10\sim1/7$。调压器容量等于或稍大于供电变压器的容量。

品质因数 Q 也可用改变电阻值来调整。通常 Q 值调在 $10\sim20$ 之间。

六、电位外移法绝缘试验

发电机定子绕组端部手包绝缘部试验也叫电位外移试验，或称表面测量试验，是一种新的检测发电机定子线棒绝缘缺陷的测量方法，可以发现交、直流耐压试验无法发现的端部绝缘缺陷。电位外移试验的主要目的是检测定子端部手包绝缘的密实性和绝缘强度，也

可以发现引线手包绝缘不良，线圈鼻端绝缘包扎缺陷，绝缘盒端填充泥缺陷或填充不满，绑扎涤玻绳固化不良以及端部接头处定子空心铜线焊接质量不良造成的渗漏，水内冷发电机组端部汇水管与线圈连接部位水盒绝缘的局部性缺陷、绝缘受潮、绝缘的工艺质量以及环氧胶固化等缺陷。

电位外移试验的针对性强，试验方法简单易行，快速便捷，无需特别的试验设备，各生产厂家、发电厂均可自行开展，不仅可以在新机组投运、机组大修时进行，必要时也可将其列为预防性试验或小修试验项目。

（一）电位外移法试验的基本原理

当直流试验电压加在发电机定子线棒上时，发电机定子线棒对地电压按绝缘的电阻阻值分布。当绝缘正常时，线棒绝缘的体积电阻 R_v 远远大于表面电阻 R_s，直流试验电压主要降落在体积电阻 R_v 上。此时，被测处绝缘表面的对地电位很低。当绝缘存在缺陷时，体积电阻 R_v 减小，R_v 上的电压降也减小，致使被测处绝缘表面的对地电位升高。当绝缘有贯穿性缺陷时，该处电位可能升高至导线电位。这种绝缘表面对地电位的明显增大，形象地称之为电位外移。

电位外移法试验类似于用测量绝缘子串电位分布的方法来寻找有缺陷的绝缘子，当绝缘子串某一个绝缘子上存在缺陷时，在外加试验电压一定时，有缺陷的绝缘子上的电压降将要减小或接近于零，同时使位于下一个绝缘子上的电位将有所上升，根据电位上升的大小可以判断绝缘子有无缺陷。

在发电机定子线棒上施加直流试验电压时，测量绝缘表面的电压相当于测量线棒绝缘的表面电阻 R_s 与体积电阻 R_v 的分压值，电位外移法试验的基本原理如图 12-9 所示。

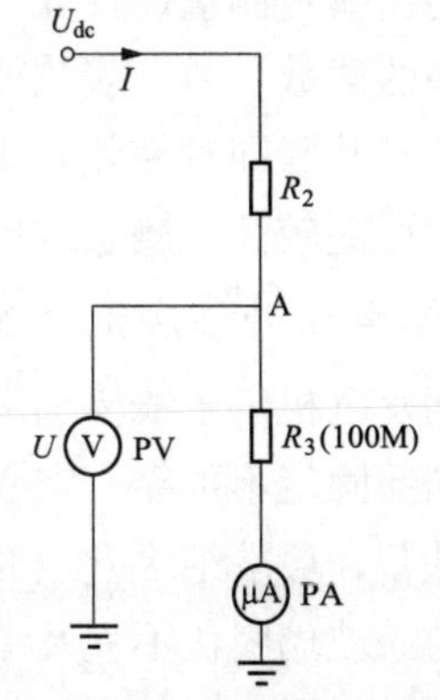

由图 12-9 可知，静电电压表测得的电压为

$$V = U_{dc} R_2 / (R_2 + R_3) \quad (12-19)$$

随着 R_2 的减小（即发电机定子线棒绝缘电阻降低），A 点电位将升高。

（二）电位外移法试验方法

电位外移法试验通常采用正接法，即在定子两端手包绝缘外包上金属箔纸，在定子绕组对地施加 1 倍额定电压的直流电压，用一根内装 100MΩ 电阻的绝缘棒（电阻末端串微安表后接地，头部接一探针，同时并接静电电压表），搭在金属箔纸上，读取静电电压表及微安表的读数，当电压或电流超过某标准值时即认为该外绝缘有缺陷。基本测试方法如图 12-10 所示。

图 12-9　电位外移法原理示意图

R_2—被试绝缘的绝缘电阻；

R_3—外加分压电阻；

U_{dc}—外加直流试验电压；

PV—静电电压表；PA—微安表

试验时，定子绕组通水循环，水质导电度必须合格。采用常规的直流耐压试验接线，对发电机定子线棒加压，试验电压值一般取发电机额定电压 U_N。对已作通耐压试验的机组进行试验时，可对三相定子绕组同时施加直流试验电压，逐点测试引线手包绝缘与鼻端绝缘盒。将被试处依次编号，以便记录试验结果，查找绝缘薄弱点。金属箔纸包扎部位包括手包锥形绝缘、手包锥形绝缘与绝缘盒接缝处，以及绝缘盒与定子线棒接缝处，包扎部位如图 12-11 所示。

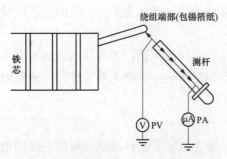

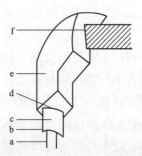

图 12-10　电位外移法试验接线图
PV—静电电压表；PA—微安表

图 12-11　电位外移法试验时接线
盒用金属箔纸包扎的部位
a—引水管；b—手包锥形绝缘与引水管；
c—引水管处手包锥形绝缘；
d—手包锥形绝缘与绝缘盒接缝处；
e—绝缘盒；f—绝缘盒与线棒接缝处

用绝缘棒将测量探针逐个接触发电机定子线棒端部待试部位，读取并记录静电电压表和微安表的读数。微安表数值应事先用静电电压表进行校验，使读数等效，微安表与静电电压表务必并联同时使用。如果单独使用静电电压表，测量到的仅仅是表面静电感应电压，数值可能较高，测量结果无法正确反映发电机定子线棒的绝缘状况。

（三）电位外移法试验结果分析方法

引起发电机定子线棒端部电位外移的原因很多，主要原因有：产品结构不合理，绝缘施工与端部固定不可靠，空心铜线焊接工艺差，绝缘材料选择不当等。其中，引线手包绝缘整体性差，鼻端绝缘盒填充不满，绝缘盒与立绝缘末端及引水管搭接处绝缘处理不当，绑扎用的涤玻璃固化不良及端部固定薄弱等问题尤为突出。此外，运行中发电机存在密封瓦漏油，轴封漏气及机内氢气湿度过高等，也会导致电位外移较多。

当发电机端部绝缘正常时，静电电压表和微安表的读数几乎为零；当发电机端部绝缘存在缺陷时，静电电压表和微安表的读数将升高。根据 DL/T 596—1996《电力设备预防性试验规程》的规定，手包绝缘引线接头、汽轮机侧隔相接头的泄漏电流不大于 20μA，100MΩ 电阻上的压降值不大于 2kV；端部接头（包括引水管锥体绝缘）和过渡引线并联块的泄漏电流不大于 30μA，100MΩ 电阻上的压降不大于 3kV。

七、轴电压及其测量

（一）产生轴电压的原因

汽轮发电机转轴是一个在定子磁场中高速旋转的细长旋转体，两端由轴承支撑，发电机轴系示意图见图 12-12。发电机组在运行过程中，由于磁通不平衡、高速蒸汽泄漏等原因，导致沿转子轴向感应出轴电动势，形成轴电压。产生轴电压的原因主要有如下几个方面。

（1）磁通不平衡。定子与转子气隙不均匀、定子扇形硅钢片电导率不同、定子铁芯局部导磁不良（铁芯锈蚀、分瓣铁芯组装时接合不好）、分数槽发电机的电枢反应不均匀、发电机定子绕组端部连接线分布不对称、转子绕组两点接地短路或匝间短路产生轴向不平衡磁通等，由此产生"单极效应"，导致轴电动势。

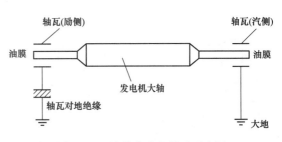

图 12-12　汽轮发电机轴系示意图

（2）高速蒸汽泄漏。由于汽轮发电机的轴封不好，沿轴高速蒸汽泄漏使轴带电荷。这种性质的轴电动势有时很高，但它不易传导至励磁机侧。

（3）静电荷。在汽轮机的低压缸内，蒸汽和汽轮机叶片之间摩擦产生静电荷，在电荷的静电场作用下产生轴电压，此种轴电压值有时可达 500～700V。

（4）静态励磁引起的轴电压。静止可控整流励磁系统中晶闸管的导通，在励磁电流中出现峰值脉冲，在磁路不平衡情况下，这些峰值脉冲也会产生轴电压，叠加到基本轴电压上。

轴电压大小随各机组情况而有所不同。一般说来，机组容量越大，其气隙磁通和结构的不对称性也越大，而磁场中谐波分量和铁芯饱和程度以及定子的不平整度也越大，轴电压峰值就越高。轴电压的波形具有复杂的谐波分量，采用静止可控整流励磁的机组，其轴电压波形中有很高的脉冲分量。

（二）轴电压的危害

轴电动势将沿着转子轴、轴承、机座形成闭合回路，在回路中产生轴电流。若汽轮发电机组的轴电流很大，则轴电流通过的轴颈、轴瓦等部件将被烧坏，汽轮机主油泵的传动蜗杆和蜗轮将损坏。轴电流引起的电弧会烧蚀轴承部件并使轴承的润滑油老化，加速轴承的机械磨损。轴电流会使汽轮机部件、发电机端盖、轴承和环绕轴的其他部件强烈磁化，并在轴颈和叶轮处产生单极电动势。

励磁电流的脉冲将会在发电机磁场中依次产生脉冲，当发电机磁场不对称时，就会产生与这些脉冲相同性质的轴电压，该电压具有快速上升的时间特性，因而对轴承油膜更具有破坏性。

通常，在发电机转子一端轴承与机座间加一绝缘垫，阻止轴电流流动。在机组安装和运行中，应检测发电机轴承对机座的绝缘电阻或轴承对机座的轴电压，以判断机座轴承的绝缘性能。

（三）轴电压的测量

被试发电机应在额定电压、额定转速下空载和带不同负荷运行状态下，测量发电机大轴间的交流电压。对于端盖式轴承可仅测汽侧轴对地电压。对静态励磁的发电机，建议同时用示波器或录波仪测量轴电压波形。

轴电压测量原理接线如图 12-13 所示。

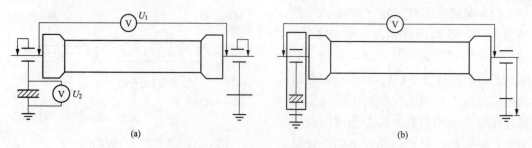

图 12-13　发电机轴电压测量原理接线图
(a) 座式轴承轴电压测量；(b) 端盖式轴承轴电压测量

测量轴电压时，应将轴上原有的接地保护电刷抬起。对于座式轴承，按图 12-13 (a) 将两侧轴与轴承用铜刷短路，测量轴电压 U_1 和轴承座对地电压 U_2。对于端盖式轴承按图 12-13 (b) 将汽侧轴用铜刷接地，测量轴电压 U。

轴对地电压一般小于 10V。对于座式轴承，若 $U_2 \approx U_1$，表明绝缘垫的绝缘情况较好；若 $U_2 < U_1$（低于 90% U_1），表明绝缘垫的绝缘不好。若 $U_2 > U_1$，表明测量不准，应检查测量方法及仪表。

第二节　电力变压器试验

变压器绝缘试验包括绝缘电阻、吸收比、泄漏电流、介质损失、绝缘油、交流耐压及感应耐压等一系列试验。此外，还包括变压器绕组的直流电阻测量和变压器的极性及组别试验等。

一、测量绝缘电阻及吸收比

测量绝缘电阻和吸收比，是检查变压器绝缘状态简便而通用的方法。一般对绝缘受潮及局部缺陷，如瓷件破裂、引出线接地等，均能有效地查出。经验表明，变压器的绝缘在干燥前后，其绝缘电阻变化的倍数，比介质损失角变化的倍数大得多，所以变压器在干燥过程中主要使用绝缘电阻表来测量绝缘电阻和吸收比，以了解变压器的绝缘状态。

变压器绕组的绝缘电阻测定，一般在大修时或运行 1～3 年进行一次。额定电压为 1kV 以上的绕组通常采用 2500V、1200mm 刻度盘、量程 10 000MΩ 以上，准确度 1.5 级，在指示量限处仪表误差不大于±2.5%，并带有水平检查装置的晶体管式绝缘电阻表。最好带有电动操作装置，以提高测量准确度。对于额定电压为 1kV 以下者用 1000V 绝缘电阻表测量。在测量前后均应将变压器绕组短路接地，使其充分放电。变压器瓷套管应该擦拭干净，去除污垢。在对刚停止运行的变压器测量绝缘电阻时，应将变压器从电网上断开，待其上、下层油温基本一致后，再进行测量。若此时线圈、绝缘和油的温度基本相同，才能用上层油温作为线圈温度。对于新投入或大修后的变压器应在充油后静置一定时间，如 8000kVA 及以上的大型变压器需静置 20h 以上，电压为 3～10kV 级的小容量变压器需静置 5h 以上，待气泡逸出以后，才能测量绝缘电阻。测量的内容是依次测量各线圈对地的绝缘电阻，只有对 16 000kVA 及以上的变压器才测量线圈间的绝缘电阻。测量时，被测线圈的引线端应短接，非被测试的线圈引线端均应短路接地。

由于绝缘电阻与变压器的容量和电压等级有关，随其几何尺寸、结构、材质和干燥处理情况而不同。同型号变压器的绝缘电阻可能相差很大，无法规定统一的标准。因此，对于所测得的数值，通常是和同批生产的同类型变压器进行比较，或者把被试变压器的各线圈历次测量的数值相互进行比较。表 12-2 列出了变压器绝缘电阻的允许值供参考。

表 12-2　　　　　　　　　油浸电力变压器绕组绝缘电阻的允许值（MΩ）

高压绕组电压等级（kV）	温度（℃）							
	10	20	30	40	50	60	70	80
3～10	450	300	200	130	90	60	40	25
20～35	600	400	270	180	120	80	50	35
63～220	1200	800	540	360	240	160	100	70

注　1. 同一变压器中压绕组和低压绕组的绝缘电阻标准与高压绕组相同。

　　2. 高压绕组的额定电压为 13.8kV 和 15.7kV 的，按 3～10kV 级的标准；额定电压为 18、40kV 的，按 20～35kV 级的标准。

此外，绝缘电阻还随温度变化，温度每上升 10℃，绝缘电阻将降低约 1.5 倍。因此，在比较绝缘电阻的数值时，应换算到同一温度，可以按下式进行温度换算

$$R_2 = R_1 \times 10^{\alpha(t_2 - t_1)} \tag{12-20}$$

式中　R_1——温度 t_1 时所测得的绝缘电阻，MΩ；

　　　R_2——换算到温度为 t_2 时的绝缘电阻，MΩ；

　　　α——绝缘的温度系数，$\alpha = \dfrac{1}{58} = 0.017\,24/℃$（油浸变压器）。

也可以按下式计算

$$R_2 = R_1 K \tag{12-21}$$

式中，R_1、R_2 的意义和计量单位同式（12-20），K 为温度换算系数，其值列于表 12-3 中，此系数只是参考值，为避免因折算而引起误差，应尽量在绝缘温度相近的情况下进行测量和比较。

表 12-3　　　　　　　绝缘电阻 R_1 的温度换算系数 K（油浸式变压器）

$t_1 - t_2$（℃）	5	10	15	20	25	30	35	40
K	1.22	1.49	1.81	2.21	2.70	3.29	4.01	4.89

用绝缘电阻表对变压器绕组加压时间为 60s 和 15s 时所测得的绝缘电阻的比值称为吸收比，用 R_{60}/R_{15} 表示。吸收比对绝缘受潮反应比较灵敏，对于新装电力变压器，当绝缘温度在 10～30℃ 时，35～60kV 级变压器的吸收比不低于 1.2，110～330kV 级变压器的吸收比不低于 1.3。小于上述数值时可能是干燥不良或绝缘有局部缺陷。整体或局部严重受潮时，吸收比接近于 1。

二、测量泄漏电流

测量泄漏电流与测量绝缘电阻相似，但因施加的试验电压较高，因而能发现某些绝缘电阻试验不能发现的绝缘缺陷，如变压器绝缘的部分穿透性缺陷和引线套管缺陷等。试验时的加压部位与测量绝缘电阻相同。试验电压的标准见表 12-4。

表 12-4　　　　　　　　　变压器泄漏试验时的试验电压标准

绕组额定电压（kV）	2～5	6～15	20～35	35 以上
直流试验电压（kV）	5	10	20	40

将电压升至试验电压后，在高压端读取 1min 时通过被试绕组的直流电流，即为所测得的泄漏电流值。

泄漏电流的大小与变压器的绝缘结构、试验温度和测量方法等因素有关。当绝缘良好时，利用泄漏电流值换算的绝缘电阻与使用绝缘电阻表加屏蔽测得的绝缘电阻值接近。在互相比较时，可用下式换算到同一温度下进行

$$I_{t2} = I_{t1} e^{\beta(t_2 - t_1)}$$

(12-22)

式中　I_{t1}——温度 t_1 时测得的泄漏电流值，μA；

I_{t2}——换算温度 t_2 时的泄漏电流值，μA；

β——温度系数，0.05～0.06/℃。

对测量结果进行分析判断时，主要是与同类型变压器的历年试验数据进行比较，不应有显著变化。若其数值逐年增大，则应引起注意，这通常是由于绝缘逐渐劣化（包括绝缘油质）所致；若测量结果与历年数据比较突然增大，则说明绝缘可能有严重缺陷，应查明原因。

对于电压为 35kV 及以上且容量为 10 000kVA 及以上的变压器应在大修时或 1～3 年进行一次绕组连同套管的泄漏电流测量。油浸电力变压器绕组泄漏电流的允许值列于表 12-5。

表 12-5　　　　　　　　油浸电力变压器绕组泄漏电流允许值（μA）

额定电压（kV）	温度（℃）							
	10	20	30	40	50	60	70	80
2～3	11	17	25	39	55	83	125	170
6～35	22	33	50	77	112	166	250	310
20～35	33	50	74	111	167	250	400	570
63～330	33	50	74	111	167	250	400	570

三、测量介质损失（tanδ）

对容量为 3150kVA 及以上的变压器应在大修时或者有必要时进行绕组连同套管一起的介质损失角正切值（tanδ）的测量。这项测量主要是为了检查变压器是否受潮、绝缘老化、油质劣化、绝缘上附着油泥及严重局部缺陷等。有时为了检查套管的绝缘状态，可单

独测量套管的介质损失角正切值。由于测量结果常受试品表面状态和外界条件（如电场干扰、空气湿度）的影响，要采取相应的措施。如试验时远离或通过操作切除干扰源，采用屏蔽法消除电场干扰和表面泄漏的影响，用倒相法、移相法等减小测量误差。测量时被测绕组两端短接，非测量绕组均要短路接地，以避免由于绕组电感与电容的串联作用，改变了电压与电流的相角差而给测量结果带来误差。当绕组两端短路后，由于电容电流从绕组两端进入，在电感线圈流动的方向相反，产生的磁通互相抵消，使电感最小，故由电感带来的误差将大为减小。

在测量介质损失角正切值时，因变压器的外壳直接接地，所以只能采用 QS1 型（或同类型）交流电桥反接线进行。测量部位按表 12-6 进行。

表 12-6　　　　　　　　　测量绕组和接地部位

序号	双绕组变压器		三绕组变压器	
	被测绕组	接地部位	被测绕组	接地部位
1	低压	外壳和高压	低压	外壳、高压和中压
2	高压	外壳和低压	中压	外壳、高压和低压
3	—	—	高压	外壳、中压和低压
4	高压和低压	外壳	高压和中压	外壳和低压
5	—	—	高压、中压和低压	外壳

变压器的介质损失角正切值（tanδ）（％）应不大于表 12-7 所列的数值。

表 12-7　　　　　　　油浸式电力变压器绕组的 tanδ 允许值（％）

高压绕组电压等级（kV）	温度（℃）						
	10	20	30	40	50	60	70
35 以上	1.0	1.5	2.0	3.0	4.0	5.0	6.0
35 及以下	1.5	2.0	3.0	4.0	6.0	8.0	11.0

另外，测量得到的 tanδ 值（％）与历年的数值比较不应有显著变化。当被测变压器的温度与制造厂试验时的温度不同时，应将制造厂所测数据换算到试验温度下的数据再进行比较，当由较高温度向较低温度换算时应除以表 12-8 中所列的温度换算系数。

表 12-8　　　　　　油浸式电力变压器绕组 tanδ 的温度换算系数

温度（℃）	5	10	15	20	25	30	35	40	45	50	55	60
换算系数	1.15	1.3	1.5	1.7	1.9	2.2	2.5	3.0	3.5	4.0	4.6	5.3

四、交流耐压试验

交流耐压试验是考验被试品绝缘承受各种过电压能力的有效方法，对保证设备安全运行具有重要意义。

当变压器经过绝缘电阻及吸收比测量，直流泄漏电流测量以及介质损失角正切值等一系列的绝缘特性试验后，可以检查出变压器绝缘的缺陷。为了进一步考核变压器主绝缘强度，检查局部缺陷，在变压器经过大修后、更换绕组后或在必要时应对变压器的绕组连同套管一起进行交流耐压试验。通过这个试验可以有效地发现绕组主绝缘受潮、开裂或在运输过程中因振动而引起的绕组松动、移位等造成的引线距离不够以及绕组绝缘上附着污物等情况。当变压器的绝缘电阻、吸收比、泄漏电流和 $\tan\delta$ 测量均合格后，才能进行交流耐压试验。试验之前，必须在变压器内充满合格的绝缘油，并静置一定的时间，待气泡充分逸出之后，且油温正常时才能加电压进行试验。试验时非被试绕组均应接地，各绕组都应短路连接。

在交流耐压试验中，试验电压的标准和耐压时间的确定是非常重要的。总的要求是希望能有效地发现绝缘缺陷，既不至于因试验电压太高，在试验时使被试品发生击穿；也不至于因试验电压太低，使被试品在运行中击穿的可能性增加。试验电压标准可查阅 DL/T 596—2021《电力设备预防性试验规程》中的有关规定。

（一）试验接线

对变压器进行工频交流耐压试验的接线如图 12-14 所示。被试变压器的接线一定要正确，否则，将可能使变压器的绝缘受到损坏。接线必须要注意被试绕组各端应短接，所有非被试绕组均应短路接地。当被试变压器的电容量较大时，电容电流在试验变压器的漏抗上会产生较大的压降，且与被试品上的电压相反，因而有可能使被试变压器上的电压比试验变压器的输出电压还高，所以应在被试变压器的高压侧直接测量电压。

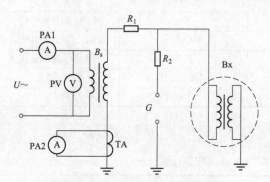

图 12-14　变压器交流耐压试验接线

B_s—试验变压器；R_1—保护电阻；

R_2—限流、阻尼电阻；G—保护球隙；

PA1、PA2—电流表；PV—电压表；

TA—电流互感器；Bx—被试变压器

（二）试验结果的分析判断

被试变压器进行交流耐压试验时，在规定的耐压时间内，不击穿者为合格，反之为不合格。

对被试变压器是否被击穿，主要根据仪表指示，监听放电声音和观察有无冒烟、冒气等异常情况进行判断。

（1）由仪表的指示判断。试验过程中若仪表指示不抖动，无放电声音，则说明被试变压器能经受试验电压而无异常，若电流表指示突然上升，且被试变压器发出放电响声，同时保护球隙有可能放电，或者电流表指示突然下降，都表明被试变压器内部击穿。

（2）由放电或击穿的声音判断。若在加压过程中，被试变压器内部发出像金属撞击油箱的声音，且电流表指示突变；或者第二次放电的声音较第一次出现的要小，仪表指示摆动不大，这两种情况属于油中气体间隙放电，当重复试验时，放电电压不会明显下降或是放电消失，则应作为试验合格。若放电电压在重复试验时明显降低，则是固体绝缘击穿；若出现嘶嘶的放电声，或是沉闷的响声，电流表指示突增则是内部固体绝缘爬电，重复试验时，放电电压也明显降低，以及当外部试验回路绝缘（或球隙）发生明显的响声和放电火花，则这些现象均应作为试验不合格。

此外，在试验时，空气中有轻微电晕或瓷件表面有轻微的树枝状放电乃属于正常现象。

五、感应耐压试验

感应耐压试验的目的是：①检查全绝缘变压器的纵绝缘（绕组层间、匝间及段间）；②检查分级绝缘变压器主绝缘（绕组对地、相间及不同电压等级的绕组间的绝缘）和纵绝缘。

由于在做全绝缘变压器的交流外施耐压试验时，只考验了变压器主绝缘的电气强度，而纵绝缘并没有承受电压，所以要作感应耐压试验。而且现在许多大中型变压器中性点是降低绝缘水平的，如电压为 110、220kV 级的变压器，其中性点分别为 35kV 和 110kV 级的绝缘。这种产品称为中性点分级绝缘或半绝缘的变压器。其绕组的电压值和对地绝缘，从绕组末端到首端逐步增加，故首末两端宜施加不同的电压。

对分级绝缘的变压器，主绝缘试验不能采用一般的外施高压法，只能采用感应耐压试验。为了同时满足主绝缘和纵绝缘试验的要求，通常要把中性点的电位抬高，即借助于辅助变压器或非被试相绕组支撑，把感应耐压和交流耐压结合在一起进行。

对于全绝缘的变压器，可按图 12-15 的接线施加两倍及以上频率的两倍额定电压进行试验。这种接线只能满足线间达到试验电压。由于中性点对地的电压很低，因此对中性点和绕组还需进行一次外施高压主绝缘耐压试验。试验时由互感器监视电压和电流。纵绝缘是否承受住了感应耐压，这需要根据试验后的空载损耗测试，与试验前的测量值进行比较才能判断。

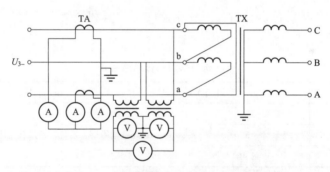

图 12-15　全绝缘变压器感应耐压试验接线

TA—电流互感器；TX—被试变压器

分级绝缘的三相变压器不能用外施电压试验其主绝缘，也不能用三相感应耐压试验主绝缘。因为变压器分级绝缘的绕组是接成星形的，所以当绕组出线端相间达到试验电压（U_T）时，其相对地的电压为 $\dfrac{U_T}{\sqrt{3}}$。根据变压器设计的绝缘水平和试验标准的要求，对分级绝缘的变压器，其相间及相对地的绝缘水平相同。如 220kV 级的产品，对地及相间试验电压为 400kV；110kV 级的产品，对地及相间试验电压为 200kV。所以两者不可能同时达到试验电压的要求。因此，分级绝缘的变压器，只能采用单相感应耐压进行试验。为此，要分析产品结构，比较不同的接线方式，计算出线端相间及对地的试验电压，选用满足试验电压的接线。一般要借助辅助变压器或非被试相绕组支撑，轮换三次，才能完成一台分级绝缘变压器的感应耐压试验。

六、绝缘油试验

在变压器中，绝缘油是主要的绝缘和冷却介质。油的质量直接影响整个变压器的绝缘性能和寿命。

变压器油是一种复杂的碳氢化合物的混合物，在运行一段时间之后，油的颜色会由微黄色逐渐加深变为棕褐色，其透明度也随之显著降低，黏度变大，并会有黑褐色固态或半固态物质（油泥）产生，表明变压器油出现劣化。油泥附在线圈之上，堵塞油道，妨碍散热。变压器局部过热，使油氧化分解，导致变压器油的闪点温度降低和酸价增加。水分和脏污将使油的绝缘电阻下降，击穿电压降低，$\tan\delta$ 值上升。因此，测量介质损失角能灵敏地反映油的初期老化程度，水分和脏污程度。

在取油样和分析试验过程中，如发现有水珠，必须查明原因，并采取有效措施（如滤油、烘烤等）。实践证明，有这种情况的变压器在运行中极易损坏而造成严重事故。另外，对于套管中的油，也应和变压器油箱中的绝缘油一样，定期进行油试验，这是保证变压器安全运行的可靠措施。

此外，对大型变压器的内部可能存在局部过热点、断续放电等潜伏性故障，这些故障会使绝缘（包括变压器油）分解，产生微量气体溶解于变压器油中。因此，每三个月应对330kV 及以上的变压器和每 6 个月对 220kV 的变压器，每年对 8000kVA 及以上的变压器进行一次油中溶解气体的色谱分析。当变压器内部的氢和烃类气体超过表 12-9 中的所列数值时应引起注意。

表 12-9　　　　　　　　　　变压器中熔解气体含量标准

气体种类	含量（$\times 10^{-6}$，$\mu L/L$）	说　　明
总烃	150	
乙炔	5	总烃是指甲烷、乙烷、乙烯和乙炔四种气体总和
氢气	150	

第三节　互感器试验

互感器是电力系统中供测量和保护用的重要设备，分为电压互感器和电流互感器两大类。电压互感器能将系统的高电压变成标准的低电压（100V 或 $100/\sqrt{3}$ V）；电流互感器能将高压系统中的电流或低压系统中的大电流变成低压的标准的小电流（5A 或 1A）。由于有了互感器，使测量仪表、继电保护和自动装置与高压电路隔离，从而保证了低压仪表、装置以及工作人员的安全。

互感器试验分为绝缘试验和特性试验两大类。

一、电容式电压互感器试验

电容式电压互感器绝缘试验项目包括：①中间变压器一、二次绕组的直流电阻测量；

②各电容器单元及中间变压器各部位绝缘电阻测量；③电容器各单元的电容量及 tanδ 测量；④交流耐压试验与局部放电测试。

一般情况下，应先进行低电压试验再进行高电压试验；应在绝缘电阻测量之后再进行 tanδ 及电容量测量。交流耐压试验后，进行局部放电测试，还应重复介质损耗/电容量测量，以判断耐压试验前、后试品的绝缘有无变化。推荐的试验程序如图 12-16 所示。

图 12-16 电容式电压互感器绝缘试验推荐程序

（一）中间变压器一、二次绕组的直流电阻测量

测量二次绕组使用双臂直流电阻电桥，测量一次绕组使用双臂直流电阻电桥或单臂直流电阻电桥。当一次绕组与分压电容器在内部连接而无法测量时可不测。

试验结果与出厂值或初始值比较，应无明显差别。

（二）各电容器单元及中间变压器各部位绝缘电阻测量

测量电压互感器的绝缘电阻时，一次绕组用 2500V 绝缘电阻表，二次绕组用 1000V 或 2500V 绝缘电阻表，并使所有非被测绕组全部短路接地。

对于各电容器单元，应测极间绝缘电阻；对于中间变压器，应测各二次绕组、N 端、X 端等绝缘电阻。

电容器单元极间绝阻一般不低于 5000MΩ；中间变压器一次绕组（X 端）对二次绕组及地的绝缘电阻应大于 1000MΩ，二次绕组之间及对地绝缘电阻应大于 10MΩ。同时，应与历次试验值比较，以及和同类型的电压互感器相互比较，以判断绝缘的情况。

测量二次绕组绝缘电阻时，其他绕组及端子应接地，时间应持续 60s，以替代二次绕组交流耐压试验。

（三）电容器各单元的电容量及 tanδ 测量

电容器各单元的电容量及 tanδ 测量使用电容/介质损耗电桥（或自动测量仪）及标准电容器、升压装置（有的自动介损测量仪内置 10kV 标准电容器和升压装置）等测量仪器。现场用测量仪应选择具有较好抗干扰能力的型号，并采用倒相、移相等抗干扰措施。

220kV 及以上电压等级的电容式电压互感器的高压电容器 C_1 一般会分节，对于其中各独立电容器分节，宜采用正接线测量，测量电压 10kV。

对于 C_1 下节连同中压电容器 C_2，建议采用自激法（一般分两次分别进行，个别型号的仪器一次接线可同时完成测量），测量电压一般不应超过 2kV。对于某些型号的电容式电压互感器，自激法测试不理想，也可采用测量 C_1 串联 C_2 的总体电容量及介质损耗。介质损耗仪用正接线测量方式，从下节电容器高压侧施加电压，中间变压器 X 端子悬空，N 端子（有时称 J 或 δ）不接地、接入介质损耗仪测量信号端，测量电压为 5kV。

如果电容式电压互感器下节带有中压测试抽头，则优先采用利用测试抽头的接线方法，即：测量 C_1 下节时从电容器高压侧一次加压，从测试抽头取信号，而 X 端子及 N 端应悬空，介质损耗仪用正接线测量方式，测量电压 10kV；测量中压电容器 C_2 时从测试抽头加压，从 N 端取信号，而电容器高压侧应悬空、X 端子应悬空，介质损耗仪用正接线测量方式，测量电压不应高于 C_2 在正常工作时的电压。

每节电容值应不超出额定值的 $-5\%\sim+10\%$，电容值大于出厂值的 102% 时应缩短试验周期；一相中任两节实测电容值差应不超过 5%。

交接时，膜纸复合绝缘型的 $\tan\delta$ 不超过 0.0015，油纸绝缘型不超过 0.005。运行中，膜纸复合绝缘型不超过 0.003，超过 0.0015 的应加强监视，超过 0.003 的应更换；油纸绝缘型不超过 0.005，超过 0.005 但与历年测试值比较无明显变化且不大于 0.008 的可监督运行。

（四）交流耐压试验与局部放电测试

高压电容器 C_1 中各独立分节宜分节进行交流耐压试验与局部放电试验，耐压值为出厂值的 75%，耐压 60s 应无内外绝缘闪络或击穿。耐压后将电压降至局部放电测试预加电压 $0.8\times1.3U_m$，历时 10s，再降至局部放电测量电压 $1.1\dfrac{U_m}{\sqrt{3}}$ 保持 60s，局部放电量不应大于 10pC。如果耐压值低于局部放电测试预加电压 $0.8\times1.3U_m$，则只进行局部放电测试，不耐压。

对于下节整体，不进行耐压试验，局部放电试验不进行预加压，测量电压为 $1.2\dfrac{U_n}{\sqrt{3}}$，局部放电量不应大于 15pC。

对于高压电容器的各分节，计算上述试验电压时，U_m 和 U_n 应采用该电容式电压互感器设备的相应参数除以节数。

二、电流互感器试验

电流互感器试验项目包括：①二次绕组的直流电阻测量；②绕组及末屏的绝缘电阻测量；③极性检查；④变比检查；⑤励磁特性曲线；⑥主绝缘及电容型套管末屏对地的 $\tan\delta$ 及电容量测量；⑦交流耐压试验；⑧局部放电测试。

一般情况下，应先进行低电压试验再进行高电压试验。推荐的试验程序如图 12-17 所示。

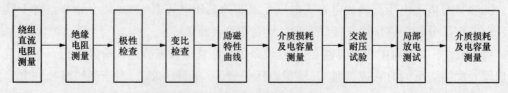

图 12-17　电流互感器试验推荐程序

（一）二次绕组的直流电阻测量

一般使用双臂直流电阻电桥测量电流互感器二次绕组的直流电阻，个别参数型号的二次绕组直流电阻超过 10Ω，则使用单臂直流电阻电桥。

试验结果与出厂值或初始值比较，应无明显差别。

（二）绕组及末屏的绝缘电阻测量

应选用 2500V 绝缘电阻表测量一次绕组、各二次绕组及末屏的绝缘电阻。测量时，非被试绕组（或末屏）、外壳应接地。

500kV 电流互感器具有两个一次绕组时，还应测量一次绕组间的绝缘电阻。

测得的绕组绝缘电阻不应低于出厂值或初始值的 60%。电容型电流互感器末屏对地绝阻一般不低于 1000MΩ。

测量二次绕组绝缘电阻时，非被试绕组及端子应接地，时间应持续 60s，以替代二次绕组交流耐压试验。

（三）极性检查

应分别检查各二次绕组的极性。将指针式直流毫伏表的"＋""－"输入端接在待检二次绕组的端子上，方向必须正确："＋"端接在 s1（或 k1），"－"端接在 s2 或 s3 上（或 k2、k3）；将电池负极与 TA 一次绕组的 L2 端相连，从一次绕组 L1 端引一根电线，用它在电池正极进行突然连通动作。此时，指针式直流毫伏表的指针应随之摆动，若向正方向摆动，则表明被检二次绕组为"减极性"，极性正确。反之，则极性不正确。

作电流互感器极性检查时，接线本身的正负方向必须正确。检查时，应先将毫伏表放在直流毫伏的一个较大挡位，根据指针摆动的幅度对挡位进行调整，使得既能观察到明确的摆动又不超量程打表。电池连通后立即断开，以防电池放电过量。

（四）变比检查

可以用测量电流比或电压比的方法，确定绕组安装正确性及运输途中无硬性损伤的核实性检查。当计量有要求时，更换绕组后应进行准确级的角比误差检定。

（1）测量电流比法。由调压器及升流器等构成升流回路，待检电流互感器一次绕组串入升流回路。同时，用测量用电流互感器和交流电流表测量加在一次绕组的电流 I_1，用另一块交流电流表测量待检二次绕组的电流 I_2。根据待检电流互感器的额定电流和升流器的升流能力选择量程合适的测量用电流互感器和电流表。

计算 I_1/I_2 的值，判断是否与铭牌上该绕组的额定电流比（I_{1N}/I_{2N}）相符。

应对各二次绕组及其各分接头分别进行检查。测量某个二次绕组时，其余所有二次绕组均应短路，不得开路。

（2）测量电压比法。待检电流互感器一次绕组及所有二次绕组均开路，将调压器输出接至待检二次绕组端子。缓慢升压，同时用交流电压表测量所加二次绕组的电压 U_2，用交流毫伏表测量一次绕组的开路感应电压 U_1。

计算 U_2/U_1 的值，判断是否与铭牌上该绕组的额定电流比（I_{1N}/I_{2N}）相符。

应对各二次绕组及其各分接头分别进行检查。二次绕组所施加的电压不宜过高，防止电流互感器铁芯饱和。

（五）励磁特性曲线

在继电保护有要求时，应对 P 级绕组进行励磁特性曲线测量。对 0.2、0.5 级测量绕组一般不进行此项试验。对 TPY 级暂态保护绕组，由于其励磁特性曲线饱和点电压一般很高，现场检查时如进行工频试验，则在电压不超过 2kV 时进行检查性比较，建议创造条件进行降低频率的试验。

多抽头的绕组可在使用抽头或最大抽头测量。

应对各二次绕组分别进行励磁特性曲线检查。待检电流互感器一次及所有二次绕组均开路，将调压器或试验变压器的电压输出高压端接至待检二次绕组的一端，待检二次绕组另一端通过电流表（或毫安表，视量程需要）接地，试验变压器的高压尾接地。接好测量用电流互感器、电压表后，缓慢升压，同时读出并记录各测量点的电压、电流值。

测得的励磁特性曲线与同类型电流互感器励磁特性曲线、制造厂的特性曲线以及自身的历史数据比较，应无明显差异。

试验时，应先去磁，然后将电压逐渐升至励磁特性曲线的饱和点即可停止。如果该绕组励磁特性的饱和电压高于 2kV，则现场试验时所施加的电压一般应在 2kV 截止，避免二次绕组绝缘承受过高电压。记录点的选择应便于计算饱和点、便于与出厂数据及历史数据进行比较，一般不应少于 5 个记录点。

（六）电容型电流互感器主绝缘、末屏对地的 tanδ 及电容量测量

固体绝缘电流互感器一般不进行 tanδ 测量。SF₆ 气体绝缘电流互感器是否应进行 tanδ 测量以及测量标准，可参阅其出厂技术条件。

测量电容型电流互感器的主绝缘时，二次绕组、外壳等应接地，末屏（或专用测量端子）接测量仪信号端子，采用正接线测量，测量电压 10kV。某些型号的气体绝缘电流互感器无专用测量端子，无法进行正接线测量，则用反接线。当末屏对地绝阻低于 1000MΩ 时，应测量末屏对地的 tanδ，测量电压为 2kV。

20℃时主绝缘的 tanδ 值不应大于表 12-10 中数值，且与历年数据比较，不应有显著变化。

表 12-10　　　电流互感器主绝缘的 tanδ 值（%）

额定电压等级（kV）		35	110	220	500
交接时大修后	充油型	3.0	2.0	—	—
	油纸电容型	—	1.0	0.7	0.6
	胶纸电容型	2.5	2.0		
运行中	充油型	3.5	2.5	—	—
	油纸电容型	—	1.0	0.8	0.7
	胶纸电容型	3.0	2.5		

油纸电容型绝缘的电流互感器的 tanδ 一般不进行温度换算。

末屏对地的 tanδ 不应大于 2%。复合外套干式电容型绝缘电流互感器、SF₆ 气体绝缘电流互感器的 tanδ 值的限值参阅其出厂技术条件。

当 tanδ 与出厂值或上一次测量值比较有明显变化或接近上述限值时，应综合分析 tanδ 与温度、电压的关系。必要时，进行额定电压下的测量。当 tanδ 随温度升高明显变

化，或试验电压由 10kV 升到 $U_m/\sqrt{3}$ 时，若 tanδ 增量超过±0.3％，则不应继续运行。

电容型电流互感器的主绝缘电容量与出厂值或上一次测量值的相对差别超过±5％时，应查明原因。

（七）交流耐压试验

一般采用 50Hz 交流耐压 60s，应无内外绝缘闪络或击穿，一次绕组交流耐压值见表 12-11。二次绕组之间及对地交流耐压 2kV（可用 2500V 绝缘电阻表代替）。

全部更换绕组绝缘后应按出厂值进行耐压。对于 110kV 以上高电压等级电流互感器的主绝缘，现场交接试验时，可随所连断路器进行变频（一般 30～300Hz）耐压试验。

表 12-11 电流互感器一次绕组交流耐压值（kV）

额定电压	3	6	10	15	20	35	110	220	500
最高工作电压	3.6	7.2	12	18	24	40.5	126	252	550
出厂耐压值	25	30（20）	42（28）	55	65	95	200	395	680
交接时、大修后耐压值	23	27（18）	38（25）	50	59	85	180	356	612

注 1. 括号内为低电阻接地系统。

2. 110kV 及以上电压等级的 TA 如果现场不具备条件可不进行耐压试验。但 SF$_6$ 绝缘电流互感器则必须在现场进行耐压试验。

充油设备试验前，应保证被试设备有足够的静置时间：500kV 设备静置时间应大于 72h，220kV 设备静置时间应大于 48h，110kV 及以下设备静置时间应大于 24h。

耐压试验后，宜进行局部放电测试，还应重复进行主绝缘的介质损耗/电容量测量，注意耐压前后应无明显变化。

第四节 高压断路器及隔离开关试验

高压断路器是电力系统中最重要的控制和保护设备之一，在实际运行中，要求高压断路器能在正常的运行情况下（空载或负载）能切、合高压电路，又能在高压电路发生故障时开断巨大的故障电流。因此，高压断路器对系统安全、可靠和经济的运行有着直接的影响。高压断路器的性能包括热、机械和电气等几个方面。

断路器的绝缘试验包括：测量绝缘电阻，测量介质损失角正切值 tanδ，测量泄漏电流，交流耐压试验和绝缘油试验（对于油断路器而言）等。

一、断路器的绝缘电阻测量

测量绝缘电阻是断路器试验的基本项目。一般在大修时或 1～3 年进行 1 次绝缘电阻的测量。通过绝缘电阻的测量能有效地发现断路器的受潮和贯穿性缺陷（如拉杆受潮、弧道伤痕、裂缝等）对于断路器的一次回路部分，应在断路器合闸状态下测量导电部分对地的绝缘电阻，以及在断路器分闸状态下测量断口间的绝缘电阻。测量时，分别检查拉杆、绝缘子，套管、灭弧室的绝缘是否受潮或有其他缺陷。测量时应使用 2500V 绝缘电阻表。

在 DL/T 596—2021《电力设备预防性试验规程》中，对于断路器的整体绝缘电阻没有作具体规定，可与出厂值及历年试验结果或同类型的断路器作相互比较来判断。对于 110kV 及以上 SF_6 断路器，一次回路对地绝缘电阻应大于 5000MΩ。用有机物制成的拉杆，因为绝缘拉杆用于实现跳合闸操作的传动，当断路器合闸后，它处于全电压的作用之下，其绝缘电阻不应低于表 12-12 中所列数值。

表 12-12　　　　　　　　用有机物制成的拉杆绝缘电阻值（MΩ）

试验类别	额定电压（kV）			
	3～15	20～35	63～220	330
大修后	1000	2500	5000	10 000
运行中	300	1000	3000	5000

在断路器安装或大修过程中，对绝缘拉杆的绝缘电阻的测定，应在断路器调整完毕，油箱注油（或气箱充气）之前进行。当断路器已经注油（或充气）后，或在预防性试验中，为了判断拉杆是否受潮，可在断路器合闸和跳闸两种状态下，分别测量套管引出线对外壳的绝缘电阻，如两次测量值相近，并且绝缘电阻值不低于表 12-12 中的规定时，说明拉杆绝缘良好，如果断路器在跳闸状态测得的绝缘电阻值比合闸状态时测得的值要高得多，则说明拉杆受潮。

二、断路器的泄漏电流测量

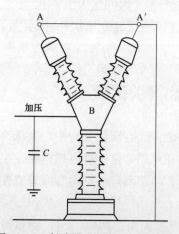

图 12-18　断路器泄漏电流试验接线图

测量泄漏电流是 35kV 及以上少油断路器和空气断路器的重要试验项目。一般在大修时或 1～3 年进行 1 次测量。通过泄漏电流测量能比较灵敏地发现断路器表面的严重污秽，能有效地发现绝缘拉杆受潮、瓷套裂纹、灭弧室受潮及油质劣化、碳化物过多、空气断路器中因压缩空气相对湿度增高带进潮气，使管壁结露等缺陷。

对于少油断路器和空气断路器可按图 12-18 的接线方式进行试验。试验应在断路器跳闸状态下进行。将 A、A′端接地，试验电压加在 B 处。这种接线方式可以同时对三个元件施加直流电压。试验时滤波电容 C 取 0.01～0.1μF 即可。

在试验前须先空试线路，并记录下此空试线路的泄漏电流值，然后再正式进行断路器试验，并将此微安读数减去空试线路时的微安数作为断路器的泄漏电流测试结果，否则将引进误差。尤其是当断路器绝缘较好泄漏电流很小时，所引进的误差相对较大，甚至会导致错误的判断。

进行断路器泄漏电流试验时，每一元件的直流试验电压标准如表 12-13 所示。

表 12-13 高压断路器泄漏电流试验时的直流试验电压标准

额定电压（kV）	35	35 以上
直流试验电压（kV）	20	40

三、断路器的交流耐压试验

断路器的交流耐压试验是鉴定断路器缘绝强度最有效和最直接的方法，断路器的交流耐压试验应在上述绝缘试验项目以及绝缘油击穿电压试验合格之后方可进行。对于过滤油和新加油的油断路器，应在油经过充分静置、油中的气泡全部逸出之后才能进行交流耐压试验，以免油中气泡引起不必要的放电或击穿。对于 SF_6 断路器则应在充满合格的 SF_6 气体后进行试验。

断路器的交流耐压试验一般在大修时进行。10kV 及以上的油断路器，真空断路器 1～3 年进行 1 次，在必要时，对 63kV 及以上的油断路器进行交流耐压试验，对于 SF_6 断路器则在灭弧室解体大修时进行。

断路器的交流耐压试验应在合闸状态下，于导电部分对地之间和跳闸状态下的断口间进行（多油断路器不进行断口间耐压试验）。对三相在同一箱中的断路器，各相应分别进行试验，对一相进行耐压试验时，其余二相和外壳应一起接地。110kV 及以上断路器，若因现场试验设备限制可以不作整体交流耐压试验。对于 SF_6 断路器应在分、合闸状态下分别进行试验，试验电压标准按出厂试验电压的 80%。其他类型断路器的试验电压标准如表12-14 所示。

表 12-14 高压断路器交流耐压试验时的试验电压标准

额定电压（kV）	3	6	10	15	20	35	44	60	110	154	220	330
出厂（kV）	24	32	42	55	65	95	—	155	250	—	470	570
交接或大修（kV）	22	28	38	50	59	85	105	140	220(260)	(330)	425	—

注 括号中数值适用于小接地短路电流系统。

四、隔离开关试验

对于有机材料支持绝缘子及提升杆的绝缘电阻，应在大修后或 1～3 年用 2500V 绝缘电阻表测量胶合元件分层绝缘电阻和有机材料传动提升杆的绝缘电阻。测得的绝缘电阻值不得低于表 12-15 中的数值。

表 12-15 高压隔离开关胶合元件分层绝缘电阻
和有机材料传动提升杆绝缘电阻最低允许值（MΩ）

试验类别	额定电压（kV）	
	<24	24～40.5
大修后	1000	2500
运行中	300	1000

高压隔离开关的二次回路，应在大修后、1～3 年或必要时，用 1000V 绝缘电阻表测量其绝缘电阻，测量值不得低于 2MΩ。

高压隔离开关大修后，必须进行工频交流耐压试验，试验电压值按 DL/T 593—2016《高压开关设备和控制设备标准的共用技术要求》规定。对于单个或多个元件支柱绝缘子组成的隔离开关进行整体耐压有困难时，可对各胶合元件分别做耐压试验。在交流耐压试验前、后应测量绝缘电阻，且耐压后的绝缘电阻值不得降低。同时，还需要对其二次回路进行交流耐压试验，试验电压为 2kV。

高压隔离开关的电动、气动或液压操动机构线圈的最低动作电压一般应在操作电源额定电压的 30％～80％范围内。通常是在大修后作此项试验，试验时，对于气动或液压操动机构，应在气压或液压为额定值下进行。

隔离开关大修后，须测量导电回路电阻，测量值不得大于制造厂规定值的 1.5 倍。可以用直流压降法测量，但测试电流不小于 100A。

隔离开关大修后，必须检查操动机构动作情况。电动、气动或液压操动机构应在额定操作电压（气压、液压）下分、合闸 5 次，且动作正常；手动操动机构操作时应灵活自如，无卡涩现象；闭锁装置应可靠。

第五节　金属氧化物避雷器试验

避雷器是一种过电压保护装置，当电网电压升高达到避雷器规定的动作电压时，避雷器动作，释放过电压负荷，将电网电压升高的幅值限制在一定水平之下，从而保护设备绝缘不受损坏。实际上，避雷器并不是避免电气设备遭受雷击的装置，而是将雷击引起的过电压限制到设备绝缘所能承受的水平。除了限制雷击过电压外，有的避雷器还能限制一部分操作过电压。

避雷器在制造过程中可能存在缺陷而未被检查出来，装配出厂时，预先带进潮气。避雷器在运输过程中可能受损，如内部瓷碗破裂、并联电阻震断等。避雷器在运行过程中，可能发生密封橡胶垫圈老化变硬、瓷套裂纹、并联电阻和阀片老化等情况。这些劣化都可以通过预防性试验来发现，从而防止避雷器在运行中误动作和爆炸等事故。

金属氧化物避雷器（MOA）是一种新型的避雷器，其试验方法和试验设备都不很完善。随着 MOA 在电力系统中的推广和应用，对 MOA 的研究也越来越深入，运行经验也在逐渐积累，随之也发现了一些重要问题，如：①MOA 阀片性能不佳，参数设计不合理；②内部绝缘部件爬电距离不够和材质不良，内部结构不合理；③在装配中受潮或密封不良造成运行中受潮；④额定电压选择不合理等。

随着运行时间的增加，MOA 阀片在长期运行电压下的老化问题也变得突出。因此，加强投运前的交接验收试验和运行中的监测，及时总结运行经验，是提高 MOA 运行可靠性的重要措施。

目前国内电气设备预防性试验规程对 MOA 的试验有三项规定：①绝缘电阻试验；②直流 1mA 下电压及 75％该电压下泄漏电流的测量；③运行电压下交流泄漏电流及阻性

分量的测量（有功分量和无功分量）。

一、金属氧化物避雷器的绝缘电阻试验

测量金属氧化物避雷器的绝缘电阻，可以初步了解其内部是否受潮，还可以检查低压金属氧化物避雷器内部熔丝是否断掉，及时发现缺陷。其测量方法与其他避雷器的绝缘电阻试验相同。测量电压等级在 35kV 及以下金属氧化物避雷器绝缘电阻采用 2500V 的绝缘电阻表，35kV 以上用 5000V 绝缘电阻表。绝缘电阻测量值在 35kV 以上者不低于 2500MΩ，35kV 及以下者不低于 1000MΩ。

由于氧化锌阀片在小电流区域具有很高的阻值，故绝缘电阻主要取决于阀片内部绝缘部件和瓷套。

进口避雷器一般按厂家的标准进行绝缘电阻试验。

二、测量避雷器通过 1mA 电流时的直流电压值 U_{1mA}

氧化锌阀片的电阻值和通过的电流有关，电流大时电阻小，电流小时电阻大。氧化锌阀片的非线性特性表明：在运行电压下，阀片相当于一个阻值很高的电阻，阀片中流过的电流很小；当雷电电流流过时，它又相当于很小的电阻，维持一适当的残压，从而起到保护设备安全的作用。

U_{1mA} 直接反应避雷器承受短时过电压和系统额定电压的运行能力，可以检查避雷器的保护特性、装配质量和老化程度。规范规定该值与初始值相差不得大于 5％。由于避雷器型号规格不同、通流量不等、厂家不同等原因，该电压差值较大。

该项试验有利于检查 MOA 直流参考电压及 MOA 在正常运行中的荷电率，对确定阀片片数，判断额定电压选择是否合理及老化状态都有十分重要的作用。其试验原理接线图如图 12-19 所示。

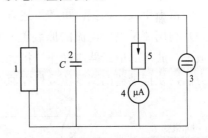

图 12-19　金属氧化物避雷器直流试验接线图
1—直流电压发生器；2—滤波电容；
3—静电电压表；4—直流微安表；5—试品

试验步骤：先以指针式微安表监测泄漏电流值，升至 1mA 停止升压确定此时电压值，再降压至该电压的 75％时，测量其泄漏电流，因该电流值较小，应用数字式万用表来检测。

试验中应注意的问题：①试验必须与地绝缘，外表面应加屏蔽，屏蔽线要封口；②直流电压发生器应单独接地；③试品底部与匝绝缘应保持干燥；④现场测量应注意场地屏蔽。

试验分析：①试验中如 U_{1mA} 电压比工厂所提供的数据偏差较大，与铭牌不符时，应与厂家进行联系。②通常在 $70％U_{1mA}$ 下的电流值偏大或电压加不上去，则有可能严重受潮；电流大于 $50\mu A$，则可能受潮。

投运后，随着运行时间增加，电流有一定增大，但不能超过 $50\mu A$。

三、工频参考电压的测量

工频参考电压是无间隙金属氧化物避雷器的一个重要参数，它表明阀片伏安特性曲线饱和点的位置。运行一定时期后，工频参考电压的变化能直接反映避雷器的老化、变质程度。

所谓工频参考电压，是指将制造厂规定的工频参考电流（以阻性电流分量的峰值表示，通常为 1～20mA），施加于金属氧化物避雷器，在避雷器两端测得的峰值电压，即为工频参考电压。

由于在带电运行条件下受相邻相间电容耦合的影响，金属氧化物避雷器的阻性电流分量不易测准，当发现阻性电流有可疑迹象时，应测量工频参考电压，它能进一步判断该避雷器是否能够继续使用。

判断的标准是与初始值和历次测量值比较，当有明显降低时就应对避雷器加强监视，110kV 及以上的避雷器，参考电压降低超过 10％时，应查明原因，若确系老化造成的，宜退出运行。

该试验与测量直流泄漏电流 1mA 时的参考电压试验作用相同，该电压稍大于避雷器承受的短时过电压和系统额定电压，使实验更接近于实际。部分厂家产品说明书提供该参考电压值，实测值与厂家提供数值相差不应大于 5％。

四、放电记录器动作试验

避雷器的放电记录器，用于自动记录避雷器的放电次数，以便评价避雷器的质量以及作为分析雷击事故的根据。可按下述方法进行放电记录器动作试验。

（1）利用测量电导电流的原装置，拆除微安表，将电压升至 2～3kV，用绝缘棒对记录器放电，放电的记录器应动作，指针向前跳进一位数，说明放电记录器动作正常。以后照此方法，使记录器回到零位或停在原有的位数。

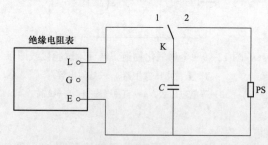

图 12-20　用绝缘电阻表检查放电记录器的接线

PS—放电记录器

（2）利用 2500V 绝缘电阻表，并按图 12-20 接线。

试验时先将开关 K 倒向位置"1"，启动绝缘电阻表对电容放电，待绝缘电阻表指针稳定后，把开关 K 迅速投向位置"2"，放电记录器应动作，指针向前跳进一位数，则说明放电记录器动作正常。最后应使放电记录器返回零位或指示原来的数位。

所使用的电容 C，电容量为 5～10μF，电压为 500V 以上。

参 考 文 献

[1] 熊信银 . 发电厂电气部分 . 4 版 . 北京：中国电力出版社，2009.

[2] 宗士杰，黄梅 . 发电厂电气设备及运行 . 3 版 . 北京：中国电力出版社，2016.

[3] 孙春顺 . 电气设备检修 . 北京：中国电力出版社，2009.

[4] 谭绍琼，周秀珍，刘建月，杜远远 . 火电厂电气设备及运行 . 北京：中国电力出版社，2001.